特大型碳酸盐岩气藏高效开发丛书

安岳气田龙王庙组气藏钻完井技术

郑有成　陈　刚　李　杰　郭建华　等编著

石油工业出版社

内 容 提 要

本书以特大型碳酸盐岩气藏——安岳气田龙王庙组气藏钻完井工程设计为主线,重点阐述了安岳气田龙王庙组气藏钻井、固井、完井、测试、储层改造、井完整性管理与评价工程等内容,介绍了设计重点、技术路线、技术要求、应用技术和现场效果,是国内第一本特大型碳酸盐岩气藏钻完井工艺方面的技术专著。

本书可供从事天然气开发工作的管理人员、工程技术人员,以及大专院校相关专业师生参考使用。

图书在版编目(CIP)数据

安岳气田龙王庙组气藏钻完井技术 / 郑有成等编著.
—北京:石油工业出版社,2020.12
(特大型碳酸盐岩气藏高效开发丛书)
ISBN 978-7-5183-2956-4

Ⅰ. ①安… Ⅱ. ①郑… Ⅲ. ①碳酸盐岩油气藏–油田开发–研究 Ⅳ. ①TE344

中国版本图书馆 CIP 数据核字(2018)第 227766 号

出版发行:石油工业出版社
　　　　(北京安定门外安华里2区1号楼　100011)
　　　　网　　址:www.petropub.com
　　　　编辑部:(010)64523537　图书营销中心:(010)64523633
经　销:全国新华书店
印　刷:北京中石油彩色印刷有限责任公司

2020年12月第1版　2020年12月第1次印刷
787×1092毫米　开本:1/16　印张:20.25
字数:470千字

定价:160.00元
(如出现印装质量问题,我社图书营销中心负责调换)
版权所有,翻印必究

《特大型碳酸盐岩气藏高效开发丛书》
编委会

主　　任：马新华

副 主 任：谢　军　徐春春

委　　员：(按姓氏笔画排序)

马辉运　向启贵　刘晓天　杨长城　杨　雨
杨洪志　李　勇　李熙喆　肖富森　何春蕾
汪云福　陈　刚　罗　涛　郑有成　胡　勇
段言志　姜子昂　党录瑞　郭贵安　桑　宇
彭　先　雍　锐　熊　钢

《安岳气田龙王庙组气藏钻完井技术》
编写组

组　　长：郑有成
副组长：陈　刚　李　杰　郭建华
成　　员：胡锡辉　唐　庚　李　力　陈力力　赵俊生
　　　　　邓传光　何　飞　陈志学　张荣志　郑友志
　　　　　焦利宾　张　华　朱达江　刘　飞　马　勇
　　　　　徐冰青　周　朗　王　林　李朝林　周井红
　　　　　刘　强　何　柳　曹　权　沈欣宇　伍　葳
　　　　　周柏年　文春宇　李　斌　孟鎣桥　李玉飞
　　　　　张华礼　张　林　周长林　曾　冀　杨　哲

序

全球常规天然气可采储量接近50%分布于碳酸盐岩地层,高产气藏中碳酸盐岩气藏占比较高,因此针对这类气藏的研究历来为天然气开采行业的热点。碳酸盐岩气藏非均质性显著,不同气藏开发效果差异大的问题突出。如何在复杂地质条件下保障碳酸盐岩气藏高效开发,是国内外广泛关注的问题,也是长期探索的方向。

特大型气藏高效开发对我国实现大力发展天然气的战略目标,保障清洁能源供给,促进社会经济发展和生态文明建设,具有重要意义。深层海相碳酸盐岩天然气勘探开发属近年国内天然气工业的攻关重点,"十二五"期间取得历史性突破,在四川盆地中部勘探发现了高石梯—磨溪震旦系灯影组特大型碳酸盐岩气藏,以及磨溪寒武系龙王庙组特大型碳酸盐岩气藏,两者现已探明天然气地质储量9450亿立方米。中国石油精心组织开展大规模科技攻关和现场试验,以磨溪寒武系龙王庙组气藏为代表,创造了特大型碳酸盐岩气藏快速评价、快速建产、整体高产的安全清洁高效开发新纪录,探明后仅用三年即建成年产百亿立方米级大气田,这是近年来我国天然气高效开发的标志性进展之一,对天然气工业发展有较高参考借鉴价值。

磨溪寒武系龙王庙组气藏是迄今国内唯一的特大型超压碳酸盐岩气藏,历经5亿年地质演化,具有低孔隙度、基质低渗透、优质储层主要受小尺度缝洞发育程度控制的特殊性。该气藏中含硫化氢,地面位于人口较稠密、农业化程度高的地区,这种情况下对高产含硫气田开发的安全环保要求更高。由于上述特殊性,磨溪寒武系龙王庙组气藏高效开发面临前所未有的挑战,创新驱动是最终成功的主因。如今回顾该气藏高效开发的技术内幕,能给众多复杂气藏开发疑难问题的解决带来启迪。

本丛书包括《特大型碳酸盐岩气藏高效开发概论》《安岳气田龙王庙组气藏特征与高效开发模式》《安岳气田龙王庙组气藏地面工程集成技术》《安岳气田龙王庙组气藏钻完井技术》和《数字化气田建设》5部专著,系统总结了磨溪龙王庙组特大型碳酸盐岩气藏高效开发的先进技术和成功经验。希望这套丛书的出版能对全国气田开发工作者以及高等院校相关专业的师生有所帮助,促进我国天然气开发水平的提高。

中国工程院院士

前　　言

　　四川盆地川中古隆起是加里东运动定型的大型古隆起，以志留系剥蚀区计算，古隆起面积超过 $6\times10^4\,\mathrm{km}^2$，主要目的层为震旦系—下古生界。古隆起的油气勘探活动始于 20 世纪 50—60 年代，并于 1964 年在威远构造发现了中国最古老的震旦系气田，其后 40 余年虽坚持勘探，但始终未获重大发现。2006 年以来，中国石油天然气股份有限公司加强了对川中古隆起东部高石梯—磨溪地区的研究与风险勘探。2011 年 7 月，高石梯构造的 GS1 井在寒武系龙王庙组发现气层、震旦系灯影组获日产百万立方米高产气流，取得了重大勘探突破。此后，按照"整体研究、整体部署、整体勘探"的原则，加大了对高石梯—磨溪地区的勘探力度，发现了震旦系—寒武系天然气富集区块，储量规模超万亿立方米。

　　安岳气田是迄今我国发现的单体规模最大的碳酸盐岩整装气藏，探明天然气地质储量 $4403.83\times10^8\,\mathrm{m}^3$。安岳气田位于四川盆地中部遂宁市、资阳市及重庆市潼南区境内。2012 年 9 月，位于磨溪构造东高点的 MX8 井试油获气，揭开了安岳气田寒武系龙王庙组气藏的勘探开发序幕，随后 MX9、MX10、MX11 等井于龙王庙组相继获高产工业气流。为了进一步扩大勘探成果，尽快探明磨溪地区寒武系龙王庙组气藏，先后部署和实施了 MX12 井等 12 口探井，主探寒武系龙王庙组和震旦系灯影组，同时部署了 MX201—MX205 井等 5 口针对龙王庙组的专层井，测试 7 口井均获工业气流。自 2012 年 12 月 5 日以来，MX8 井等 8 口井先后投入试采，截至 2017 年 10 月 26 日，磨溪区块龙王庙组气藏投入生产井 45 口，开井 45 口，日产气 $2697.37\times10^4\,\mathrm{m}^3$，累计产气 $253.79\times10^8\,\mathrm{m}^3$。为适应碳酸盐岩气田开发的需要，推广特大型气田建设经验，中国石油西南油气田分公司的科研设计人员对安岳气田钻完井工程技术进行了系统总结。

　　全书由郑有成、陈刚、李杰、郭建华统稿。第一章由郭建华、马勇、曹权、沈欣宇编写，李杰审定。第二章由郭建华、徐冰青、周井红、周柏年编写，陈力力审定。第三章由何飞、何柳、文春宇编写，胡锡辉审定。第四章由陈志学、李洪、刘力、黄洪春、伍葳编写，邓传光审定。第五章由张荣志、苏强、杨哲、孟鐾桥编写，赵俊生审定。第六章由郭建华、焦利宾、张华、郑友志、李斌编写，陈刚审定。第七章由朱达江、李玉飞、张华礼、王林、李朝林编写，唐庚审定。第八章由刘飞、周长林、曾冀、周朗编写，李力审定。第九章由朱达江、张林、刘强编写，郑有成审定。全书初稿完成后，刘同斌、吴仕荣对全书进行了统一修改。

　　由于笔者水平有限，书中难免有疏漏或值得探讨之处，敬请批评指正。

目　　录

第一章　概述 ··· (1)
 第一节　勘探开发历程 ··· (1)
 第二节　地层特征及钻完井工程难点 ··· (5)
 第三节　钻完井工程要求 ··· (9)
 参考文献 ··· (12)

第二章　井身结构优化设计 ··· (13)
 第一节　井身结构设计原则和依据 ··· (13)
 第二节　地应力与三压力计算 ··· (15)
 第三节　井身结构设计 ··· (24)
 第四节　龙王庙组气藏井身结构优化 ··· (28)
 参考文献 ··· (33)

第三章　定向井、水平井钻井 ··· (34)
 第一节　龙王庙组气藏钻井概况 ·· (34)
 第二节　井眼轨迹设计优化 ·· (35)
 第三节　井眼轨迹测量技术 ·· (45)
 第四节　减摩降扭技术 ··· (53)
 参考文献 ··· (59)

第四章　钻井提速技术 ··· (60)
 第一节　岩石力学及抗钻特性参数分析 ·· (60)
 第二节　钻头选型与优化 ··· (79)
 第三节　复合钻井配套技术 ·· (93)
 第四节　高石梯—磨溪区块提速技术应用情况 ································ (107)
 参考文献 ··· (108)

第五章　钻井液技术 ··· (110)
 第一节　钻井液体系优选与性能评价 ··· (110)
 第二节　防漏堵漏技术 ··· (113)
 第三节　提高地层承压能力技术 ·· (118)
 第四节　储层保护技术 ··· (124)
 第五节　高石梯—磨溪区块钻井液应用情况 ··································· (129)
 参考文献 ··· (134)

第六章　固井技术 ·· (135)
 第一节　含硫气井固井实验技术 ·· (135)
 第二节　固井工作液体系 ··· (155)

第三节　固井工具及附件 …………………………………………………………（169）
　　第四节　高石梯—磨溪区块固井技术应用情况 ………………………………（182）
　　参考文献 ………………………………………………………………………………（188）
第七章　完井试油工艺技术 ………………………………………………………………（190）
　　第一节　完井方式 ……………………………………………………………………（190）
　　第二节　腐蚀与防腐 …………………………………………………………………（210）
　　第三节　生产管柱及工具 ……………………………………………………………（212）
　　第四节　管柱力学与冲蚀分析 ………………………………………………………（221）
　　第五节　试油工艺技术 ………………………………………………………………（227）
　　第六节　磨溪区块完井技术应用情况 ………………………………………………（237）
　　参考文献 ………………………………………………………………………………（241）
第八章　储层改造技术 ……………………………………………………………………（244）
　　第一节　储层伤害评价及改造需求分析 ……………………………………………（244）
　　第二节　长井段酸化设计 ……………………………………………………………（249）
　　第三节　长井段酸化工艺 ……………………………………………………………（260）
　　第四节　暂堵转向酸液及材料 ………………………………………………………（270）
　　第五节　磨溪区块储层改造技术应用实例 …………………………………………（272）
　　参考文献 ………………………………………………………………………………（278）
第九章　井完整性管理与评价技术 ………………………………………………………（279）
　　第一节　井屏障划分 …………………………………………………………………（279）
　　第二节　井完整性管理技术 …………………………………………………………（282）
　　第三节　大产量气井管柱力学完整性评价 …………………………………………（291）
　　第四节　井筒完整性检测配套技术 …………………………………………………（310）
　　参考文献 ………………………………………………………………………………（313）

第一章 概 述

四川盆地川中古隆起是加里东运动定型的大型古隆起,以志留系剥蚀区计算,古隆起面积超过 $6\times10^4 km^2$,主要目的层为震旦系—下古生界。古隆起的油气勘探活动始于 20 世纪 50—60 年代,并于 1964 年在威远构造发现了中国最古老的震旦系气田,其后 40 余年虽坚持勘探,但始终未获重大发现。2006 年以来,中国石油天然气股份有限公司加强了对川中古隆起东部高石梯—磨溪地区的研究与风险勘探。2011 年 7 月,高石梯构造的 GS1 井在寒武系龙王庙组发现气层、震旦系灯影组获日产百万立方米高产气流,取得了重大勘探突破。此后,中国石油天然气股份有限公司按照"整体研究、整体部署、整体勘探"的原则,加大了对高石梯—磨溪地区的勘探力度,发现了震旦系—寒武系天然气富集区块,储量规模超万亿立方米。

安岳气田是迄今我国发现的单体规模最大的碳酸盐岩整装气藏,探明天然气地质储量 $4403.83\times10^8 m^3$。目前已建成年产 $50\times10^8 m^3$ 生产规模,正在推进年产 $110\times10^8 m^3$ 生产能力建设。安岳气田位于四川盆地中部遂宁、资阳市及重庆市潼南区境内。2012 年 9 月,位于磨溪构造东高点的 MX8 井试油获气,揭开了安岳气田寒武系龙王庙组气藏的勘探开发序幕,随后 MX9、MX10、MX11 等井龙王庙组相继获高产工业气流。为了进一步扩大勘探成果,尽快探明磨溪地区寒武系龙王庙组气藏,2012—2013 年部署三维地震勘探 $1650km^2$,磨溪地区先后部署和实施了 MX12 井等 12 口探井,主探寒武系龙王庙组和震旦系灯影组,同时部署了 MX201—MX205 井等 5 口针对龙王庙组的专层井,测试 7 口井均获工业气流。自 2012 年 12 月 5 日以来,MX8 井等 8 口井先后投入试采,截至 2017 年 10 月 26 日,磨溪区块龙王庙组气藏投入生产井 45 口,开井 45 口,日产气 $2697.37\times10^4 m^3$,累计产气 $253.79\times10^8 m^3$ [1-7]。

第一节 勘探开发历程

一、勘探历程

安岳气田位于四川盆地中部遂宁、资阳市及重庆市潼南区境内,东至武胜县—合川县—铜梁县、西达安岳县安平店—高石梯地区、北至遂宁—南充一线以南,南至隆昌县—荣昌县—永川一线以北的广大区域内。区内地面出露侏罗系砂泥岩地层,丘陵地貌,地面海拔 $250\sim400m$,相对高差不大。气候温和,年平均气温 17.5℃,公路交通便利,水源丰富,涪江水系从本区通过,自然地理条件和经济条件相对较好,具有较好的市场潜力,为天然气的勘探开发提供了有利条件。

安岳气田区域构造位置处于四川盆地川中古隆起平缓构造区威远—龙女寺构造群乐山—龙女寺古隆起区(图 1-1),东至广安构造,西邻威远构造,北邻蓬莱镇构造,西南到荷包场、界石场潜伏构造,与川东南中隆高陡构造区相接。作为四川盆地的组成部分,本区同样经历了四川盆地的历次沉积演化和构造运动,乐山—龙女寺古隆起是在加里东运动时期于地台内部形成的、影响范围最大的一个大型古隆起,自西而东从盆地西南向北东方向延伸,该隆起和盆地中部硬性基底隆起带有相同的构造走向,组成该隆起核部最早的地层为震旦系和寒武系,外围坳陷区为志留系。构造从震旦纪以来,一直处在稳定隆起基底背景之上,虽经历数次构造作用,但其作用方式主要表现为以水平挤压、升降运动为主。古今构造的生成与发展具有很强的继承性,其构造格局于志留纪末加里东期定型,晚三叠世末的印支运动得到较大发展,到喜马拉雅三幕最终定型,才形成现今的构造格局。

安岳气田龙王庙组处在川中加里东古隆起核部,该古隆起一直以来都被地质家认为是震旦系—下古生界油气富集的有利区域。对四川盆地加里东古隆起的勘探始于20世纪50年代中期,迄今已有半个多世纪的历史。大体可以分为三个主要阶段。

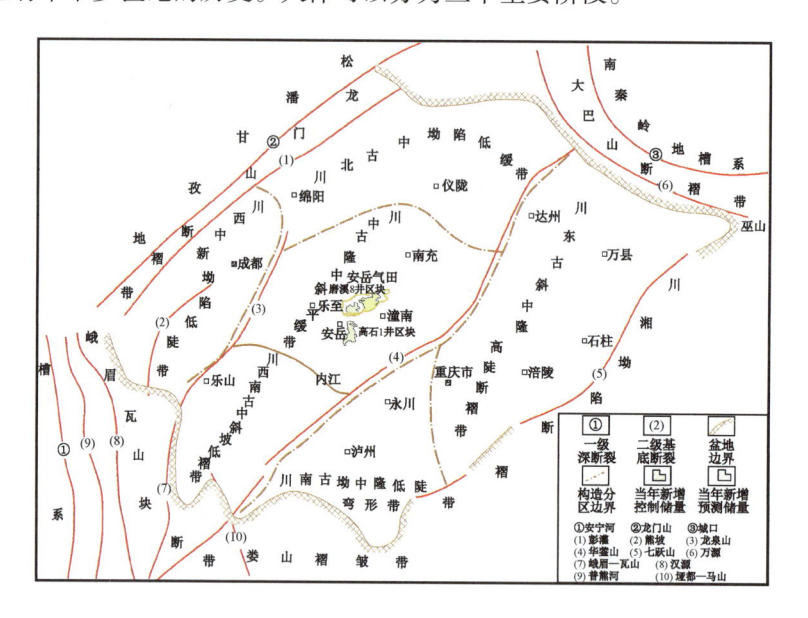

图1-1 磨溪区块区域构造位置示意图

(一)艰难探索阶段(1964—2005年)

1956年威基井钻至下寒武统,1963年加深威基井,1964年9月获气,发现了震旦系气藏,至1967年,探明我国第一个震旦系大气田——威远震旦系气田,探明地质储量$400 \times 10^8 m^3$。自1964年威远气田发现至2005年年底,川中古隆起震旦系—寒武系勘探潜力一直被地质家所看好,并进行了持续的探索。先后共钻探井21口,获气井4口,发现了资阳含气构造,但由于受地质认识、资料程度、勘探技术、装备能力等多种因素的制约,一直未获得大突破。前期持续钻探和地质研究认为,古隆起震旦系灯影组具有良好的成藏条件:下寒武统筇竹寺组发育了全盆地最优质的烃源岩,且广覆式分布;钻井揭示从川西—川中广大古隆起范围内,震旦系灯影组均见到白云岩孔洞型储集层,非均质性较强;从威远气田到龙女寺构造,海拔落差超过2000m、横跨近200km的广大区域内,均不同程度见到气层,资阳古圈闭获气流,GK1井、AP1井、女基井油气显示良好。研究和勘探实践表明大型古隆起普遍含气,具有良好的勘探潜力。

（二）风险勘探阶段（2006—2011年）

2006年，川中古隆起震旦系—寒武系被列为中国石油重点风险勘探领域，中国石油天然气股份有限公司组织多家单位进行系统研究并开展地震老资料处理解释攻关，开展了多轮次风险勘探目标评价。2007年开始，先后部署实施了风险探井MX1井、BL1井和HS1井。MX1井由于二叠系长兴组获气提前完钻；BL1井以长兴组台内生物礁为主要目的层，加深钻至下古生界，寒武系龙王庙组储集层欠发育，洗象池组获低产气流；HS1井灯影组储集层发育，由于保存条件差，测试产水。新一轮风险勘探再次证实震旦系灯影组、寒武系普遍含气，但储集层非均质性强，寻找有利储集层发育区和保存条件较好的继承性构造是该领域获得突破的关键。

2009年，中国石油开展了新一轮震旦系—寒武系地层统层对比、构造演化分析、沉积储集层解剖、老井复查等基础研究工作，进一步落实构造圈闭，锁定了高石梯、磨溪、螺观山3个勘探有利目标。特别针对高石梯—磨溪构造主要目的储集层非均质性强的瓶颈，组织多家单位进行了磨溪构造三维地震（面积为215km²）及高石梯构造二维地震资料（累计测线长度1100km）的平行处理解释攻关。通过这一轮系统研究和攻关，总体认为处于古隆起东部的高石梯—磨溪地区埋藏深度较大，保存条件好；震旦系灯影组、寒武系龙王庙组分布面积较大，烃类检测含气性好，地震预测储集层发育。

2009年12月，中国石油组织开展了GS1井、MX8井、LG1井风险探井的论证，并决定先实施LG1井、GS1井钻探，MX8井则视GS1井钻探情况择机进行。LG1井钻探主要目的层为寒武系龙王庙组，但龙王庙组在该地区沉积相带发生变化，导致储集层不发育而未获工业发现，仅在二叠系茅口组测试获日产气 $45 \times 10^4 m^3$；GS1井在震旦系灯影组获高产气流，取得重大突破。

GS1井位于高石梯构造，设计井深5370m，于2010年8月20日开钻，2011年6月17日钻至5841m（震旦系陡山陀组）完钻。完井综合解释灯影组4956～5390m井段气层13层，共150.4m，差气层12层，共41.9m，寒武系龙王庙组发现气层（未试油）。2011年7月，震旦系灯影组灯二段射孔酸化联作测试，获日产天然气 $102.14 \times 10^4 m^3$，硫化氢含量 $14.7 g/m^3$。GS1井获高产气流，使历经半个世纪持续探索、47年来久攻不克的川中古隆起天然气勘探取得重大突破。

（三）整体评价阶段（2011—2013年）

GS1井获得重大突破后，中国石油基于对川中地区古隆起成藏条件的宏观把握，首先确定了川中大型古隆起"整体研究、整体部署、整体勘探、分批实施、择优探明"的工作部署原则。其次，在地质认识难题及关键技术瓶颈、地质研究上，着力解决制约勘探的油气成藏主控因素、分布与富集规律、有利于评价与井位优选等关键地质问题，指导勘探部署；工程技术上，开展地震储层与流体预测、复杂岩性测井解释、安全快速钻完井、储层改造等4个技术瓶颈的技术攻关，为高效勘探提供技术支撑。通过持续不断的研究和探索勘探，逐步深化地质认识和优选钻探目标，终于取得了乐山—龙女寺古隆起震旦系—下古生界油气勘探的重大突破。

为了解高石梯—磨溪地区震旦系灯影组及上覆层系储层发育及含流体情况，2011年磨溪区块部署了 MX8、MX9、MX10、MX11 井等 4 口探井,高石梯区块部署了 GS2、GS3、GS6 井等 3 口探井。同时部署三维地震勘探 790km²。2012 年 9 月,位于磨溪构造东高点的 MX8 井试油获气,揭开了安岳气田寒武系龙王庙组气藏的勘探开发序幕,随后 MX9、MX10、MX11 等井龙王庙组相继获高产工业气流。为了进一步扩大勘探成果,尽快探明磨溪地区寒武系龙王庙组气藏,2012—2013 年部署三维地震勘探 1650km²,磨溪地区先后部署和实施了 MX12 井等 12 口探井,主探寒武系龙王庙组和震旦系灯影组,同时部署了 MX201—MX205 井等 5 口针对龙王庙组的专层井,测试 7 口井均获工业气流。在高石梯区块先后部署和实施了 GS9 井、GS10 井、GS17 井 3 口探井,主探寒武系龙王庙组和震旦系灯影组,为重点评价和探明磨溪区块龙王庙组气藏奠定了坚实的基础。

二、开发简况

2012 年 11 月编制完成了《安岳气田磨溪区块龙王庙组气藏试采方案》,2013 年 2 月编制完成了《安岳气田磨溪区块龙王庙组气藏开发概念设计》。为了了解储层渗流特征,明确气井产能,评价气藏稳产能力,掌握局部封存水对气藏生产效果的影响,自 2012 年 12 月 5 日以来,MX8、MX9、MX10、MX11、MX12、MX13、MX204、MX205 井先后投入试采。在第一口大斜度井 MX009 – X1 井获得 263.47×10⁴m³/d 高产工业气流后,为了试验大斜度井增产能力,为后续开发井型提供基础,该井于 2014 年 1 月 21 日也投入试采。截至 2017 年 10 月 26 日,磨溪区块龙王庙组气藏投入生产井 45 口,开井 45 口,日产气 2697.37×10⁴m³,累计产气 253.79×10⁸m³(图 1 – 2)。

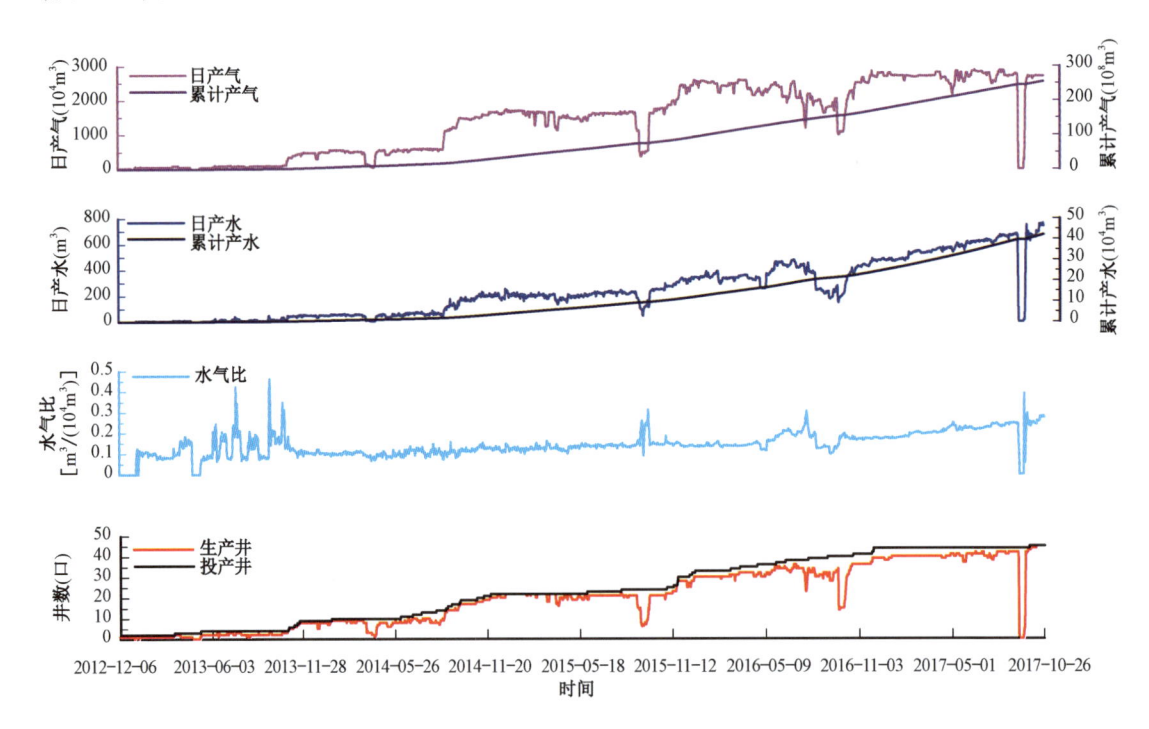

图 1 – 2 磨溪区块龙王庙组气藏采气曲线

第二节　地层特征及钻完井工程难点

一、地层特征

安岳气田地面出露地层为上侏罗统遂宁组或者中侏罗统沙溪庙组沙二段，自上而下依次为侏罗系、三叠系、二叠系、奥陶系、寒武系和震旦系（表1-1）。由于加里东古隆起的抬升，石炭系、泥盆系、志留系和奥陶系中上统被剥蚀，局部井区奥陶系残留中下统。龙王庙组储层在纵向上主要有2段，发育在地层的中下部和上部位置。磨溪龙王庙组储层发育，多套储层相互叠置，连片性好，分布稳定。

表1-1　安岳气田地层层序表

地层	岩　性	底界垂深(m)	垂厚(m)
沙溪庙组	泥岩夹粉砂岩、页岩	1265	1265
凉高山组	泥岩夹粉砂岩	1345	80
自流井组	泥岩、介壳灰岩、粉砂岩、页岩	1700	355
须家河组	砂岩、泥页岩	2265	565
雷口坡组	白云岩、石灰岩、石膏	2775	480
嘉陵江组	膏岩、白云岩、石灰岩	3430	655
飞仙关组	泥岩、石灰岩、页岩、石膏岩	3885	455
长兴组	泥—粉晶灰岩夹页岩	3995	110
龙潭组	页岩夹粉砂岩、泥岩及煤，偶夹铝土质泥岩	4155	160
茅口组	粉晶灰岩、泥晶硅质灰岩	4350	195
栖霞组	粉晶灰岩、泥—粉晶灰岩夹粉晶灰岩硅质灰岩	4370	120
梁山组	页岩、粉砂岩、铝土质泥岩	4480	10
洗象池组	泥—粉晶白云岩，夹砂质白云岩、生物白云岩及粉晶鲕粒白云岩	4540	60
高台组	白云质粉砂岩、粉砂岩、粉砂质泥岩夹白云岩、页岩	4590	50
龙王庙组	白云岩、泥质白云岩	4690	100
沧浪铺组	粉砂岩、泥质粉砂岩	4710	20

二、储层特征

四川盆地龙王庙组为碳酸盐岩台地沉积环境，区域上以混积潮坪、颗粒滩、潟湖和滩间海亚相为主，受乐山—龙女寺古隆起控制，颗粒滩相围绕古隆起呈半环带状展布。安岳气田磨溪区块龙王庙组厚80~110m，地层分布较为稳定，纵向上呈现出水体向上变浅的两个短期旋回特征，颗粒滩亚相最发育。磨溪区块龙王庙组顶界构造为大型低幅断鼻构造，被①号断层分为磨溪主高点圈闭和磨溪南断高圈闭，总体具有构造平缓、南陡北缓、闭合度小(145m)、闭合面积较大（磨溪主高点圈闭510.9km²）、多高点、断层欠发育、断距小(10~160m)的特点。

安岳气田磨溪区块龙王庙组储集岩主要为砂屑白云岩、残余砂屑白云岩和细—中晶白云岩,储集空间主要为粒间溶孔、晶间溶孔、溶洞,裂缝和喉道为主要渗流通道,裂缝可以大幅提高储层渗透性,储集类型为裂缝—孔隙(洞)型、孔隙型(图1-3和图1-4)。

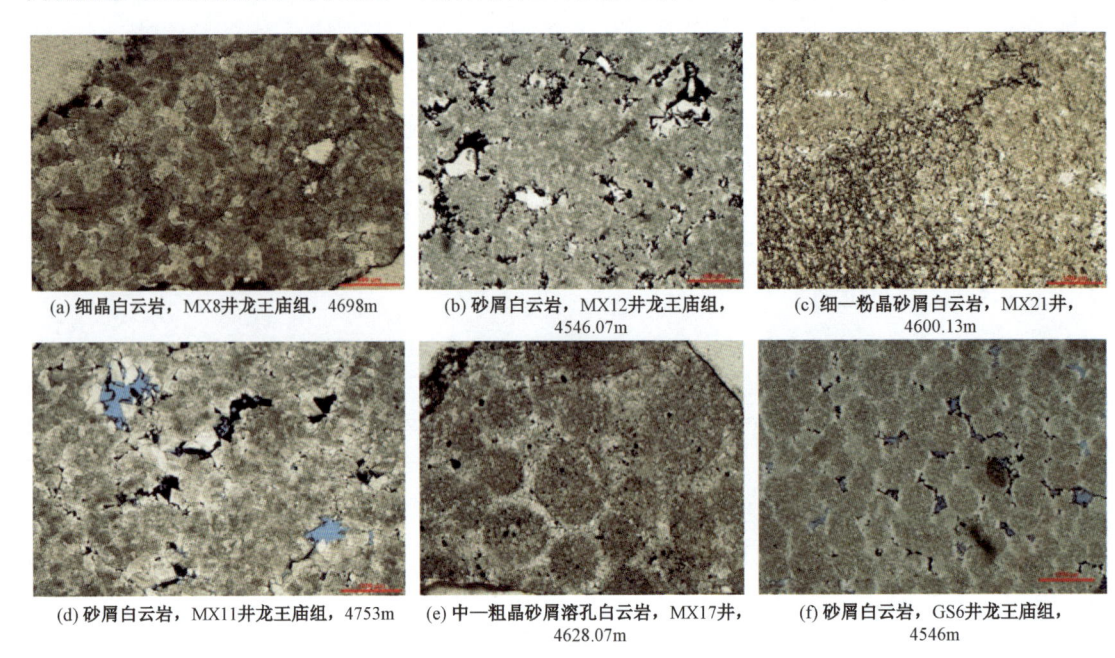

(a) 细晶白云岩,MX8井龙王庙组,4698m
(b) 砂屑白云岩,MX12井龙王庙组,4546.07m
(c) 细—粉晶砂屑白云岩,MX21井,4600.13m
(d) 砂屑白云岩,MX11井龙王庙组,4753m
(e) 中—粗晶砂屑溶孔白云岩,MX17井,4628.07m
(f) 砂屑白云岩,GS6井龙王庙组,4546m

图1-3 磨溪区块龙王庙组储层岩性特征

图1-4 MX202井4668.81m岩心、成像测井图

储层段孔隙度分布在2.0%~8.0%(图1-5),渗透率分布在0.01~100mD(图1-6),总体表现出低孔、中—低渗特征;试井解释储层表现中—高渗透特征。基质孔隙度与渗透率存在一定的相关性,微裂缝提高了储层渗透性。磨溪区块范围内储层纵向上分为上、下两套,横向连片分布,已完钻井单井储层厚度最薄的为23.5m,最厚的为64.5m。储层距顶界0.6~15.3m。以孔隙度大于4%的储层为主,纵横向分布不均,延展2~3个井距。

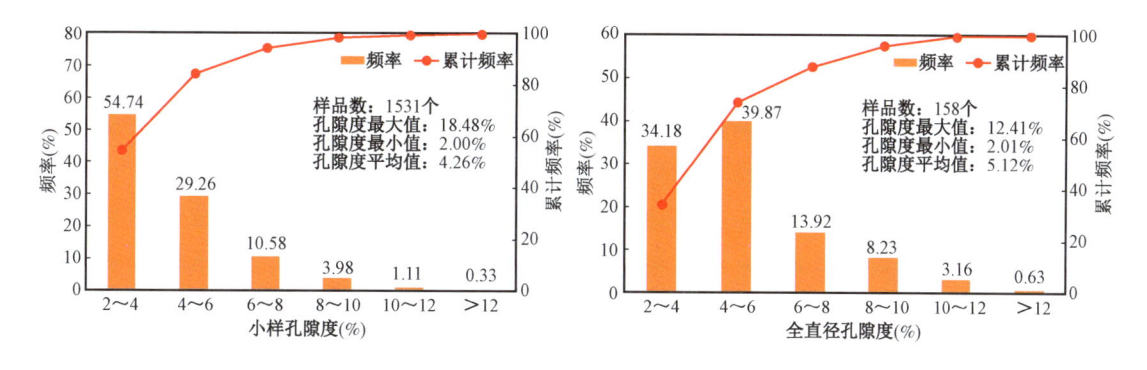

图1-5 龙王庙组储层孔隙度分布直方图（岩心分析）

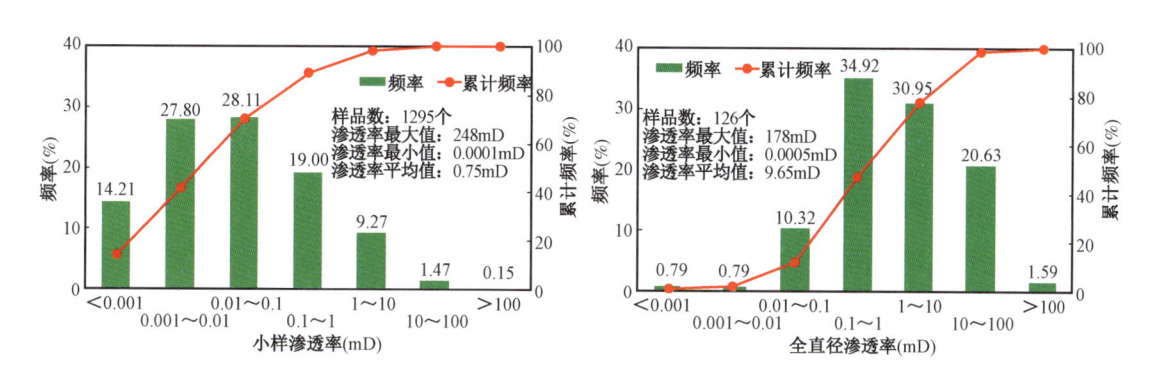

图1-6 龙王庙组储层渗透率分布直方图（岩心分析）

从MX8、MX11井酸化前后测试资料的对比说明（表1-2）：储层在酸化前近井地带污染比较严重，包括钻井污染（采用密度2.10g/cm³以上钻井液）、固井污染等；酸化能够较好地解除近井地带污染、提高单井产量。

表1-2 MX8、MX11井龙王庙组酸化前后试井分析结果

井名	层位	参数	酸化前	酸化后
MX8	龙王庙组下段	测试产量(10^4m³/d)	16.38	107.18
		生产压差（MPa）	19.980	0.207
		表皮系数	5000.000	1.622
		近井区渗透率（mD）	86.00	119.86
		无阻流量(10^4m³/d)	25.99	1214.65
MX11	龙王庙组下段	测试产量(10^4m³/d)	12.04	109.49
	龙王庙组上段	测试产量(10^4m³/d)	31.82	108.04

根据MX8井等多口井测试资料（表1-3），龙王庙组为高温、高压气藏，气藏中部温度137.19~147.70℃，平均值为141.39℃，压力系数1.63左右。

表1-3 磨溪区块龙王庙组气藏温度压力测试情况表

井号	测压垂深(m)	产层中深(m)	产层中部海拔(m)	中部地层压力(MPa)	中部地层温度(℃)	折算到海拔-4310m压力(MPa)	压力系数	备注
MX8	4548.91	4677.65	-4339.15	75.9971	142.53	75.9152	1.624	投产前测压
MX9	4398.28	4578.21	-4255.74	75.7449	140.59	75.8994	1.654	投产前测压
MX10	4558.76	4670.26	-4348.82	75.9648	141.88	75.8539	1.626	投产前测压
MX11	4597.42	4711.74	-4372.74	76.0934	147.70	75.9155	1.615	投产前测压
MX13	4500.00	4621.20	-4328.18	75.8719	141.25	75.8211	1.641	投产前测压
MX17	4492.73	4638.15	-4325.28	75.9341	140.05	75.8912	1.637	试油压恢
MX101	4497.04	4615.44	-4304.94	75.9080	137.19	75.9224	1.644	试油压恢
MX205	4379.99	4618.04	-4353.85	75.8196	140.64	75.6925	1.641	投产前测压

磨溪区块龙王庙组气藏为高压、中含 H_2S、低—中含 CO_2、存在局部封存水的岩性—构造圈闭气藏。MX8、MX9、MX10、MX11 井气分析相对稳定，H_2S 含量为 4.58~11.68g/m³，CO_2 含量为 26.29~48.83g/m³，见表 1-4。

表1-4 磨溪区块龙王庙组气藏气样分析对比表

井号	取样个数(个)	层位	氦	氮	二氧化碳	硫化氢	甲烷	乙烷	丙烷	相对密度	二氧化碳含量(g/m³)	硫化氢含量(g/m³)	取样阶段
MX8	4	下段	0.03	0.06	1.99	0.68	97.07	0.15	0.01	0.5801	39.08	9.83	测试
	1	上段	0.02	0.01	2.23	0.67	96.9	0.15	0.01	0.5829	43.81	9.64	
	1	全段	0.03	0.03	2.26	—	97.51	0.15	0.01	0.5774	44.32	—	
	23	全段	0.01	0.96	2.04	0.68	95.98	0.22	0.01	0.5838	32.04~42.10	6.73~11.19	试采
MX9	2	全段	0.02	0.35	2.37	0.49	96.66	0.14	—	0.5793	45.41	6.96	测试
	20	全段	0.02	1.12	2.01	0.54	95.78	0.43	0.01	0.5840	29.50~41.59	7.10~11.68	试采
MX11	3	下段	0.02	0.36	1.83	0.47	97.17	0.13	0.01	0.5767	36.04	6.70	测试
	3	上段	0.02	0.20	2.24	0.44	96.96	0.13	0.01	0.5815	44.08	6.36	
	21	全段	0.02	1.10	1.78	0.44	96.23	0.32	0.01	0.5807	26.81~48.83	4.58~6.83	试采
MX16	1	全段	0.03	0.62	6.71	0.25	92.24	0.15	0.01	0.6243	131.79	3.63	测试
MX21	3	全段	0.02	0.02	3.48	0.17	95.45	0.29	0.03	0.5930	68.18	2.59	测试
MX202	2	全段	0.02	0.36	3.11	0.77	95.56	0.16	0.01	0.5918	61.07	10.97	测试
MX204	1	2683m	0.02	0.91	1.08	—	97.85	0.15	0.01	0.5696	21.17	—	MDT
MX205	1	全段	0.05	0.71	3.15	0.77	95.10	0.21	0.01	0.5939	61.82	11.04	测试

磨溪区块龙王庙组气藏储层具有厚层块状、连片叠置分布特征，层间隔夹层少且分布局限，纵向上可作为一套开发层系。

三、钻完井工程难点

（1）纵向上具有多产层、多压力系统的特点，钻井显示频繁，气体钻井提速受限。

(2)中上部(沙溪庙组—珍珠冲组)地层易垮塌,对钻井液抑制性能要求较高。该段地层岩性主要以泥岩、砂岩、页岩为主。从 MX11 井自流井组实钻情况来看,井壁存在一定程度的垮塌,后期电测资料也予以证实,ϕ311.2mm 井眼最大井径达到了 377mm 左右。MX21 井,用密度 1.15g/cm³ 钻井液钻至 1341m 时起钻困难,提升密度至 1.62g/cm³,倒划眼起钻完耗时近 70h,返出大量掉块。

(3)中下部地层(嘉二段—龙王庙组)存在高低压互层,井漏、溢流复杂情况多。

(4)二叠系以下地层可钻性差,机械钻速低。

(5)高温、高压、含硫,对钻井液、定向工具、井口装置等性能要求较高。MX8、MX11 等井实测龙王庙组产层温度平均为 142.26℃ 左右,硫化氢含量为 4.58~11.68g/m³,该区域嘉陵江组及以下海相沉积地层钻进中也表现出含有硫化氢。钻井液性能的维护、主要仪器装备抗温、抗硫能力的选择要求高。

(6)勘探初期探井采用了国产 EE 级、P-U 级和 FF-NL 级、P-X 级两种类型的井口装置,试采过程中井口温度高、CO_2 分压大,国产井口 EE 级材质和密封件不能满足安全生产需要(图 1-7 和图 1-8)。

图 1-7 MX8 井井口渗漏示意图　　图 1-8 MX9 井井口渗漏示意图

(7)由于龙王庙组储层物性较好,探井二次完井时压井液漏失严重,MX12 井二次完井漏失密度为 1.75~1.81g/cm³ 的钻井液 81.66m³,堵漏剂 11.8m³,MX204 井漏失水和压井液混浆 46.8m³,储层污染堵塞比较严重。

(8)MX8 井试采气量为 100×10⁴m³/d 左右时,井口温度为 90~95℃,井口装置出现抬升现象,最高抬升高度为 51mm。降产至 62×10⁴m³/d,井口温度下降至 83℃,井口装置抬升高度下降至 38.8mm。井口抬升对套管、井口装置、生产管线等造成极大的安全隐患。

第三节　钻完井工程要求

一、开发原则

(1)按中国石油天然气股份有限公司发布的《天然气开发管理纲要》要求,应高效、快速建产,确保气田开发技术经济指标一流,气藏稳产10~15年。

(2)方案设计中充分采用成熟和先进技术,采用大斜度井、水平井开发,提高单井产能,尽量利用老井井场"按丛式井组部署",节约耕地。

(3)钻采工程紧密结合地质与气藏工程方案,突出技术的适用性、井筒的完整性和安全性。

(4)地面工程体现先进高效、安全环保、低碳节能,推行标准化设计、一体化集成、工厂化预制、模块化建设。

(5)气田开发管理努力实现数字化、智能化。

二、开发方案设计

设计方案采速2.87%,年产规模$90 \times 10^8 m^3$(产能规模$110 \times 10^8 m^3/a$),气藏稳产期15.5年,稳产期末采出程度46.43%,预测期末采出程度69.05%,累计产气$2163.18 \times 10^8 m^3$。设计总井数77口,其中新钻井61口(新部署开发井42口,备用井5口,评价井3口,回注井11口),利用探井16口(探井转生产井11口,探井转观察井3口,利用外围探井试采2口);投产53口(利用探井11口,新部署开发井42口)。

三、井型及配产

新钻开发井以大斜度井为主,主要部署在储层物性好、厚度大(30~50m)、跨度大(70m)、隔夹层薄(5~15m)区块,最大井斜角为80°左右,要求斜穿全部产层,储层段长200~300m,增加储层钻遇率和泄流面积,提高单井产量;在部分滩体低渗、叠置厚度小、储层相对薄而集中、物性差的区域部署水平井,井斜角大于85°,水平段长800~1000m。采用定向井+丛式井组,井场部署2~4口井,井间距10~15m。共部署开发井53口,其中大斜度井28口,水平井14口,探井转生产井11口,单井配产$(20~120) \times 10^4 m^3/d$(表1-5)。

表1-5 安岳气田磨溪区块龙王庙组气藏开发井统计表

井型	布井位置	参数要求	配产 ($10^4 m^3/d$)	井数
大斜度井	储层厚度大(30~50m)、跨度大(70m)、隔夹层薄(5~15m)	井斜角为75°~85°,斜穿全部产层,储层段长200~300m	20~120	28 (含2口试采井)
水平井	滩体低渗、叠置厚度小、储层相对薄而集中、物性差的区域	井斜角大于85°,揭开全部产层,水平段长800~1000m		14 (含1口试采井)
直井	—	—		11 (探井转生产井)
备用井				5
生产井合计				58

四、钻完井工程质量要求

钻完井工程质量要求主要包括井身质量、钻井液质量、取心质量、套管与固井质量及测井质量要求等[8-9]。

(一)井身质量要求

直井井身质量要求包括井斜角、全角变化率、水平位移和井眼扩大率;定向井、水平井井身质量要求包括狗腿严重度、最大井斜角、中靶质量和井眼扩大率。直井段和稳斜段全角变化率不大于3°/(30m),定向井造斜和扭方位井段全角变化率不大于5°/(30m),长半径水平井造斜和扭方位井段全角变化率不大于6°/(30m),中短半径水平井根据实际需求进行设计;直井段数据采集间隔不大于100m,斜井段数据采集间隔不大于30m;丛式井防碰设计时应采用最近距离扫描法,轨迹分离系数不小于1.5或中心距不小于15m,防碰扫描间距不大于10m,邻井造斜点深度差不小于30m。

(二)钻井液质量要求

钻井液质量要求包括钻井液密度和钻井液滤失量等(表1-6)。

表1-6 钻井液质量要求

项目	名称	质量标准	
钻井液	油层段密度	$\rho \leq \rho_{设计}$	水基
	API 失水量(mL)	≤5	水基
	HTHP 失水(mL)	≤12	水基

(三)取心质量要求

包括取心收获率,密闭取心时要求密闭率(表1-7)。

表1-7 取心质量要求

项目	名称	质量标准	
取心质量	取心收获率(%)	松软地层	85
		其他地层	95

(四)套管与固井质量指标

包括水泥浆密度、水泥浆失水量、固井质量检测、水泥封固高度、井口及套管试压、油层套管内人工井底(表1-8)。

表1-8 套管与固井质量要求

项目	名称	质量标准
固井质量	水泥浆密度(g/cm³)	$-0.02 \leq \Delta\rho \leq 0.02$
	水泥浆失水量(mL)	≤50
	固井质量检测(CBL/VDL)	中国石油天然气集团公司颁布的标准
	水泥封固高度	返至地面
	井口及套管试压	满足设计要求
	油层套管内人工井底	满足试油、后期生产要求

(五)测井质量评价指标

包括测井项目、资料要求、沉砂要求等(表1-9)。

表1-9 测井质量要求

项目	名称	质量标准
测井质量	沉砂要求	不超过1‰
	资料要求	中国石油天然气集团公司颁布的标准
	测井项目	完成设计的全部测井项目

参 考 文 献

[1] 马新华. 创新驱动助推磨溪区块龙王庙组大型含硫气藏高效开发[J]. 天然气工业,2016,36(2):1-8.

[2] 杜金虎,邹才能,徐春春,等. 川中古隆起龙王庙组特大型气田战略发现与理论技术创新[J]. 石油勘探与开发,2014,41(3):268-277.

[3] 邹才能,杜金虎,徐春春,等. 四川盆地震旦系—寒武系特大型气田形成分布、资源潜力及勘探发现[J]. 石油勘探与开发,2014,41(3):278-293.

[4] 魏国齐,杜金虎,徐春春,等,四川盆地高石梯—磨溪地区震旦系—寒武系大型气藏特征与聚集模式[J]. 石油学报,2015,36(1):1-12.

[5] 王修齐,许红,宋家荣,等. 高石梯—龙王庙大气田发现与四川盆地震旦—寒武系油气地质特征及成藏[J]. 海洋地质前沿,2016,3(32):24-32.

[6] 刑梦妍,胡明毅,高达,等. 川中地区龙王庙组储层发育模式研究[J]. 能源与环保,2017,39(2):59-64.

[7] 代华明,王波,刘莉,等. 龙王庙组气藏安全优质高效勘探开发经验与启示[J]. 天然气技术与经济,2014,8(5):63-66.

[8] 《钻井手册》编写组. 钻井手册[M]. 2版. 北京:石油工业出版社,2013.

[9] 赵金洲,张桂林. 钻井工程技术手册[M]. 2版. 北京:中国石化出版社,2014.

第二章　井身结构优化设计

井身结构主要包括套管层次和每层套管的下入深度,以及套管和井眼尺寸的配合。井身结构的设计是钻井工程的基础设计,它不但关系到钻井工程的整体效益,而且还直接影响气井的质量和寿命,因此在进行钻井工程设计时首先要科学地进行井身结构设计。井身结构优化设计需要综合考虑地质构造、井控安全、优快钻井、固井质量、成本控制、开发寿命等多方面因素,其主要任务是确定套管下入层次、下入深度、套管与钻头尺寸及其配合等[1-4]。

安岳气田龙王庙组气藏上部地层井壁稳定性差、纵向上具有多产层(纵向8个产层)、多压力系统等特征。根据高石梯—磨溪地区已钻井测井资料,考虑全井在不同井深、层位可能出现的地质及工程风险,优化形成了安全、快速、适用的井身结构系列和井眼轨迹优化设计方案。根据高石梯—磨溪地区地质特点和已钻井测井资料,建立了高石梯—磨溪地区地层三压力剖面;在保障井控安全的条件下,大幅缩短大尺寸井眼井段,科学合理确定套管必封点,封隔异常高压层和异常低压层,形成了安全、快速、适用的井身结构系列。

第一节　井身结构设计原则和依据

一、设计原则

(1)立足于"安全第一、环保优先、科学先进、经济高效"的原则,提升应对深井超深井钻井过程中井下复杂情况的能力,确保钻开主要地质目的层,井眼状况满足油气发现、测井、地质资料录取要求。

(2)尽可能避免"喷、漏、塌"等复杂情况发生,为全井顺利钻井和复杂情况处理创造条件。

(3)套管和井眼间隙要有利于套管顺利下入和提高固井质量、有效封隔目的层。

(4)根据现有的工艺技术水平和实现大产量高效开发方案需要,目的层套管尺寸要满足试油、开采及井下作业等方面的要求。

(5)有利于提高钻井速度,缩短钻井周期,钻井成本经济合理。

二、设计依据及基础数据

(一)设计依据

(1)钻井地质设计。
(2)地层孔隙压力、地层破裂压力及坍塌压力剖面。
(3)地层岩性剖面。
(4)完井方式和油层套管尺寸要求。
(5)相邻区块参考井、同区块邻井实钻资料。

(6)根据当前钻井工艺技术水平并综合考虑钻井工具、设备的配套情况进行设计和优化设计方案,满足储层油气评价、测井、测试、地质资料录取和高效开发的需要。

(7)含 H_2S 地层、严重坍塌地层、严重漏失层、盐膏层和暂不能建立压力曲线图的裂缝性地层,均应根据实际情况确定各层套管的必封点深度。

(8)井位附近河流河床底部深度、饮用水水源的地下水底部深度、附近水源分布情况、地下矿产采掘区开采层深度。

(9)钻井技术规范。

(二)基础数据及取值范围

1. 抽吸压力系数

上提钻柱时,由于抽吸作用使井内液柱压力降低的值,用当量密度表示,一般取 $0.015 \sim 0.040 \text{g/cm}^3$。

2. 激动压力系数

下放钻柱时,由于钻柱向下运动产生的激动压力使井内液柱压力的增加值,用当量密度表示,一般取 $0.015 \sim 0.040 \text{g/cm}^3$。

3. 破裂压力安全系数

为避免上部套管鞋处裸露地层被压裂而使地层破裂压力安全增加值,用当量密度表示,该安全系数的大小与地层破裂压力的预测精度有关,一般取 0.03g/cm^3。

4. 井涌余量

井涌关井后因井口回压引起井内液柱压力上升,井涌余量表示关井前后允许井内液柱压力的增加值。与地层孔隙压力预测的精度及井控技术有关,用当量密度表示,一般取 $0.05 \sim 0.10 \text{g/cm}^3$。

5. 压差允许值

裸眼井段所允许的井内液柱压力与地层孔隙压力之间的最大压差。裸眼井段的压差控制在该允许范围内,可以避免钻进和固井过程中的压差卡钻和压差卡套管问题。该值大小与钻井工艺技术和钻井液性能有关,也与裸眼井段的地层孔隙压力和渗透性有关。若正常地层压力和异常高压处于同一个裸眼井段,卡钻易发生在正常压力井段,所以压差允许值又有正常压力井段和异常压力井段之分。正常压力井段的压差允许值一般取 12~15MPa,异常压力井段的压差允许值一般取 15~20MPa。

(三)基础数据的求取

1. 抽吸压力系数和激动压力系数的确定

对于抽吸和激动压力系数可通过以下步骤求出:

(1)收集所研究地区常用钻井液体系的性能,主要包括密度和流变参数(黏度、切力、流性指数和稠度系数等);

(2)收集所研究地区常用的套管、钻头系列、井眼尺寸及钻具组合;

(3)根据稳态或瞬态波动压力计算公式,计算不同钻井液性能、井眼尺寸、钻具组合以及起下钻速度条件下的井内波动压力,根据波动压力和井深计算抽吸压力和激动压力系数。

2. 破裂压力安全系数的确定

在井身结构设计中,可根据对地层破裂压力预测或测试结果的可信程度来定。对于测试数据(漏失试验)较充分或地层破裂压力预测结果较准确的区块,破裂压力安全系数取值可小一些;而在测试数据较少、探井或在地层破裂压力预测中把握较小时,破裂压力安全系数取值需大一些。一般可取 0.03g/cm³。可通过以下步骤求出:

(1)收集所研究地区不同层位的破裂压力实测值和破裂压力预测值;

(2)根据实测值与预测值的对比分析,找出统计误差作为破裂压力安全系数。

3. 井涌余量的确定

井涌余量的选取和确定一般根据异常高压地层压力预测和检测的误差来确定。现场控制井涌的技术和装备条件较好时,可取低值;对风险较大的高压气层和浅气层应取高值。可通过以下步骤求出:

(1)统计所研究地区异常高压层,以及井涌事故易发生的层位、井深、关井求压计算的地层压力值、发生井涌时的钻井液密度等;

(2)根据现有地层压力检测技术水平以及井涌报警的精度和灵敏度,确定允许地层流体进入井眼的体积量(如果井场配有综合录井仪,一般将地层流体允许进入量的体积报警限定为 2m³);

(3)计算地面溢流量达到报警限时井底压力的降低值;

(4)根据异常高压层所处的井深、真实地层压力值、溢流报警时的井底压力降低值、井涌时的钻井液密度等,计算各样本点的井涌余量,然后根据多样本点的统计结果确定出所研究地区的井涌余量值。

4. 压差允许值的确定

在井身结构设计中应避免压差卡钻和压差卡套管事故的发生,具体方法就是在井身结构设计时保证裸眼段任何部位钻井液液柱压力与地层压力的差值小于某一安全的数值,即压差允许值。各个地区,由于地层条件、所采用的钻井液体系、钻井液性能、钻具结构、钻井工艺措施有所不同,因此压差允许值也不同,应通过大量的现场统计获得。可通过以下步骤求出:

(1)收集压差卡钻资料,确定出易压差卡钻的层位、井深及卡钻层位的地层压力值;

(2)统计压差卡钻发生前同一裸眼段曾用过的最大安全钻井液密度,以及卡钻发生时的钻井液密度;

(3)根据卡钻井深、卡点地层压力、井内最大安全钻井液密度值,计算单点压差卡钻允许值;

(4)根据多样本点的统计结果,确定出适合于所研究地区的压差卡钻允许值。

第二节 地应力与三压力计算

一、地应力大小与方向

(一)地应力大小

地应力大小可用三个主地应力表示:一个是上覆地层压力;另两个为最大、最小水平主地应力(图2-1)。由于地质构造运动的方向性,两个水平向的地应力是不同的。产生区域性地质构造运动的原因也是很复杂的,而且其作用的大小及方向也会随时间和地点的不同而异。历史上构造运动所形成并遗留下来的各种类型的断层、褶皱可供判断当时地质的构造力的大小及方向。

上覆地层压力由岩石的自重产生,可由密度测井曲线求得,其式为:

$$\sigma_v = \int_0^H \rho(z)g\mathrm{d}z \tag{2-1}$$

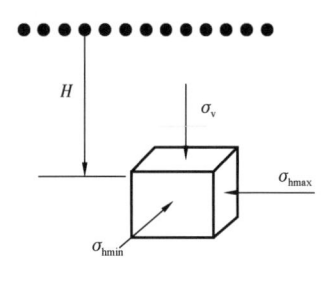

图2-1 地应力示意图

式中 σ_v——深度 H 处的上覆地层压力,MPa;

$\rho(z)$——地层密度,由密度测井求得,是深度 z 的函数,g/cm³;

g——重力加速度,m/s²。

两个水平向的主地应力应通过试验法来求得。目前,比较公认而又可靠的测定深部地层地应力的方法有现场水力压裂试验法和室内声发射试验法。

1. 现场水力压裂试验

现场水力压裂试验法测定地应力是根据试验测得的地层破裂压力、瞬时停泵压力及裂缝重张压力反算地应力。为了能较准确地求得地应力,现场水力压裂试验应遵循以下步骤进行:

(1)下套管固井后,钻开几米裸眼井段;

(2)用水泥车以恒定的低速度泵入钻井液,记录下井口压力随泵入时间的变化曲线,直至地层产生破裂;

(3)地层破裂后,继续向井内泵入流体,直至裂缝延伸到离开井壁应力集中区,即6倍井眼半径以远时(估计从破裂点起约历时3~5min,约合300~400L流体),进行瞬时停泵,记录下瞬时停泵压力;

(4)停泵压力平稳后,重新开泵,记录下裂缝重张压力。

典型的水力压裂试验曲线如图2-2所示。从图中可以确定以下压力值:

地层破裂压力 p_f:为井眼所能承受的最大内压力,是地层破裂造成钻井液漏失时的井内液体压力。

瞬时停泵压力 p_s:瞬时停泵,裂缝不再向前扩展,但仍保持开启,此时瞬时停泵压力应与垂直裂缝的最小地应力值相平衡,即 $p_s = \sigma_{hmin}$。

裂缝重张压力 p_r:瞬时停泵后启动注入泵,从而使闭合的裂缝重新张开。由于张开闭合裂缝所需的压力 p_r 与破裂压力 p_f 相比,不需要克服岩石的拉伸强度 S_t,因此可以近似地认为破裂层的拉伸强度等于这两个压力的差值,即:

$$S_t = p_f - p_r \tag{2-2}$$

利用上述三个压力值,根据多孔弹性介质理论可以得到反算地应力的公式为:

$$\begin{cases} \sigma_{hmin} = p_s \\ \sigma_{hmax} = 3\sigma_{hmin} - p_f - \alpha p_p + S_t \\ S_t = p_f - p_r \end{cases} \tag{2-3}$$

式中 $\sigma_{hmax},\sigma_{hmin}$——分别为最大、最小水平主地应力,MPa;

p_p——地层孔隙压力,MPa;

S_t——地层抗拉强度,MPa;

α——有效应力系数;

p_r——裂缝重张压力,MPa;

p_f——地层破裂压力,MPa;

p_s——瞬时停泵压力,MPa。

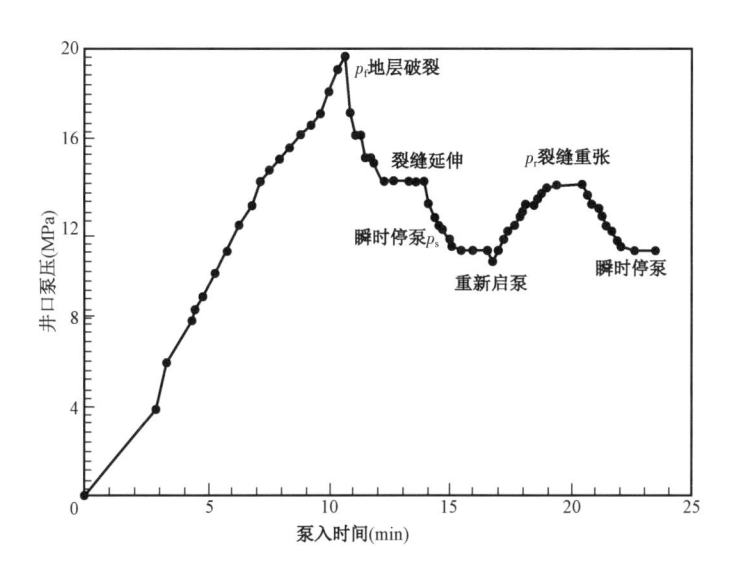

图 2-2 某井水力压裂试验曲线

井深 4340m;钻井液密度 1.70g/cm³;孔隙压力系数 1.20g/cm³;
$p_f=19.5$MPa;$p_s=11.0$MPa;$p_r=14.0$MPa;$S_t=5.0$MPa

2. 室内声发射试验

利用声发射凯塞尔效应法测定地下岩层的地应力,首先是由 Kanagawa 于 1977 年提出的。当对取自现场的岩样在室内进行匀速加载时,岩样中由于裂纹的出现将产生一系列声信号,当所加载达到岩样在地下所受过的最大应力时,岩样中产生的声信号将有一个突然显著的增加,这种现象称为凯塞尔效应。它不仅在岩石类材料中存在,在其他材料中也同样能观察到。利用岩石的凯塞尔效应,通过观察岩样在加载过程中发出的声信号变化,即可测出岩样在地下所受到的地应力。

为了测定岩样在地下所受的三个主地应力(一个垂直方向,两个水平方向),可通过对岩样在不同方向取心进行试验来得到。一般要测得三个主地应力,则至少应在四个方向(一个垂直方向,三个各相隔 45°的水平方向)取出四个小岩心,然后通过声发射法测得该四个岩心在地下所受的正应力,并将其代入式(2-4)即可求得试样在地下所受的三个主应力:

$$\begin{cases} \sigma_{hmax} = \dfrac{\sigma_1 + \sigma_3}{2} + \dfrac{\sigma_1 - \sigma_3}{2}\sqrt{1 + \tan^2 2\alpha} \\ \sigma_{hmin} = \dfrac{\sigma_1 + \sigma_3}{2} + \dfrac{\sigma_1 - \sigma_3}{2}\sqrt{1 + \tan^2 2\alpha} \\ \tan 2\alpha = \dfrac{\sigma_1 + \sigma_3 - 2\sigma_2}{\sigma_1 - \sigma_3} \\ \sigma_v = \sigma_\perp \end{cases} \quad (2-4)$$

式中 $\sigma_1,\sigma_2,\sigma_3$——水平面内三个各相隔45°岩心的凯塞尔点正应力,MPa;

$\sigma_\perp$——垂直方向岩心的凯塞尔点正应力,MPa;

$\sigma_{hmax},\sigma_{hmin}$——最大、最小水平主地应力,MPa;

σ_v——上覆地层压力,MPa。

如果试样为定向岩心,则最大、最小水平主地应力的方向亦可通过实验得到。

(二)地应力方向

非均匀水平地应力作用下,井壁坍塌将形成椭圆形井眼,椭圆形井眼的短轴方向为最大水平主地应力方向,如图2-3所示。由于井壁崩落椭圆因崩落的长轴方向总是与最小水平主地应力方向一致,即与最大水平地应力方向垂直,因此可借用井壁崩落椭圆来确定地应力的方向。

在地层倾角测井记录上,一条井径曲线比较平直或等于钻头直径,而另一条井径曲线则比钻头直径大得多,而非应力孔眼井径曲线则表现为钻头孔截面没有明显的长轴方向。根据上述井壁崩落椭圆的特征,井壁崩落段的识别有以下几种标志:

(1)井壁崩落椭圆段必须具有明显的扩径现象,在四臂地层倾角仪井径记录图上表现为具有明显的井径差;

(2)井壁崩落椭圆段具有一定的长度,在这段长度上长轴取向基本一致。椭圆孔段的顶、底面,曲线方位有所变化,变化范围为0°~360°,表现为顶、底面做旋转运动。

利用地层倾角测井资料,经计算机处理后得到水平主应力方向的玫瑰图,如图2-4所示。

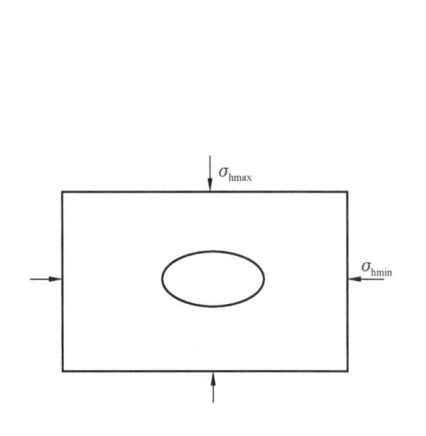

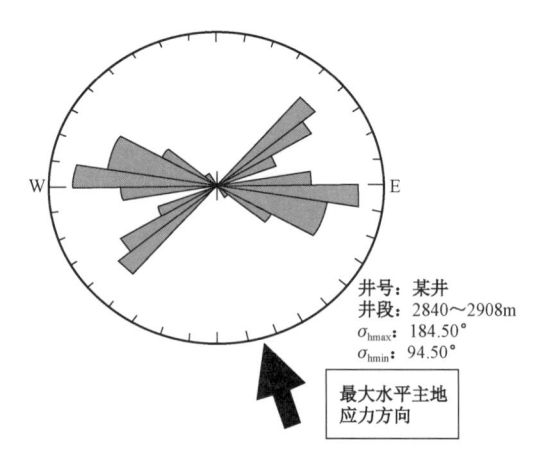

图2-3 井壁崩落椭圆   图2-4 井壁坍塌椭圆玫瑰图及最大水平主地应力方向

二、三压力计算

以邻井测井资料为基础,采用等效深度法和伊顿法(Eaton)计算地层孔隙压力,结合水平地应力和垂直地应力计算结果求取地层坍塌压力和破裂压力,建立区域地层三压力预测剖面,为井身结构优化设计提供指导。

(一)地层孔隙压力计算

计算地层孔隙压力的方法主要有等效深度法、伊顿法和层速度法。在利用等效深度法和伊顿法计算地层压力时,需做地层泥岩压实趋势线;而层速度计算公式中的相关参数较多,确定难度较大,并且人为因素对计算结果影响较大,不宜采用。为进一步优选出适合高石梯—磨溪地区地层的计算方法,将等效深度法和伊顿法计算地层压力结果对比分析后,发现在较浅地层,等效深度法计算的效果明显优于伊顿法,而在较深地层或碳酸盐岩地层,伊顿法的计算结果较好。

1. 基于等效深度法计算地层孔隙压力

基于声波测井的等效深度法,是指在不考虑温度影响的情况下,如果正常趋势线上某一点的 Δt 值与超压带上某一点的 Δt 值相同,则反映这两点孔隙结构和压实程度相同,两点具有等效性,与超压点测值等值的正常趋势线上某点的深度即为等效深度(图2-5)。

A点和B点 Δt 值相同,则 H_B 即为 H_A 的等效深度。依据公式 $\sigma = p_0 - p_p$,可知:B 点 $p_{0B} = \sigma_B + p_B$;A 点 $p_{0A} = \sigma_A + p_A$。由于A、B两点等效,即 $\sigma_A = \sigma_B$,所以A点的地层孔隙压力为 $p_A = p_{0A} - (p_{0B} - p_B)$,即:

$$p_A = G_0 H_A - (G_0 - G_n) H_B \quad (2-5)$$

式中 G_0——上覆岩层压力梯度,MPa/m;
G_n——静水柱压力梯度,MPa/m;
H_A——实际地层深度,m;
H_B——等效深度,m。

p_p 可以采用式(2-6)计算:

$$p_p = G_0 H_A + (G_n - G_0) H_B \quad (2-6)$$

式中 p_p——地层孔隙压力,MPa。

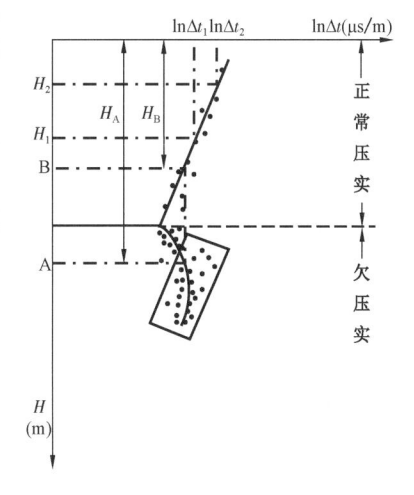

图2-5 压实曲线和等效深度示意图

上覆岩层压力梯度 G_0 可以用全井段的密度测井曲线或岩屑相对密度来取得。原则上来讲,由于岩石压实作用不同,上覆岩层压力梯度可能发生变化,但是实例计算表明,采用其理论值 2.31g/cm³ 计算得到的结果与实测静压值相比较,误差在允许范围之内。而静水柱压力梯度 G_n 主要与地层水矿化度有关,它随着矿化度的增高而增大。同时,由于等效深度法只考虑了泥岩的垂直应力,没有考虑泥岩岩性、地温、沉降速度等因素的影响,所以当地层压力系数较大、异常压力点与等效深度点相距较远时,误差较大。鉴于此,计算时把经验法与等效深度法相结合来预测地层孔隙压力。

2. 基于伊顿法计算地层孔隙压力

伊顿法是计算地层孔隙压力的另一种常用的方法,使用前需要作出相应参数的正常压实趋势线,其计算公式见式(2-7)。

$$p_p = p_0 - (p_0 - p_w)(L/L')^x \qquad (2-7)$$

式中 p_0——上覆地层压力,MPa;

p_w——地层水静液柱压力,MPa;

x——伊顿指数;

L,L'——所选取的测井或钻井参数,可以为声波时差、电阻率、层速度、d_c 指数等,且满足 $L/L' < 1$。

当选取的参数随深度的增加而增大时,L/L' 表示实测参数值与标准参数值(计算点深度对应的正常趋势线上的参数值)之比,反之亦然。例如,所选参数为电阻率时,随深度增大,地层电阻率增大,L/L' 表示实测地层电阻率与标准电阻率之比;所选参数为声波时差时,随深度增大,声波时差值减小,L/L' 则表示标准声波时差与实测声波时差之比。

伊顿法和等效深度法一样也需要做正常压实趋势线,根据压实趋势线计算实际深度点的等效深度或标准参数,可以选择声波时差、密度、电阻率等测井数据,也可以选 d_c 指数等钻井参数。应用这两种方法的关键是要获取可靠的钻、测井参数资料,剔除资料中的异常数据,这样做出的地层正常压实趋势线才能准确预测地层孔隙压力。

(二)地层破裂压力计算

利用声波测井资料可以求得岩石的动态弹性模量、动态泊松比及岩石的强度参数值,这些参数确定后再根据地下的地应力状态就可以对井壁稳定(包括压裂及坍塌)情况进行预测,其计算公式见式(2-8)。

$$p_f = \frac{\xi_1 E_s}{1-\mu_s} - \frac{2\xi_2 E_s}{1+\mu_s} + \frac{2\mu_s}{1+\mu_s}(S - \alpha p_p) + S_t \qquad (2-8)$$

式中 p_f——地层的破裂压力,MPa;

E_s——静态弹性模量,MPa;

μ_s——静态泊松比;

S——上覆地层压力,MPa;

p_p——地层孔隙压力,MPa;

S_t——岩石的抗拉强度,MPa;

α——有效应力系数;

ξ_1,ξ_2——构造地应力系数。

该计算模式不仅考虑了岩层泊松比的作用,同时也包括了弹性模量的影响,并考虑到由于地质构造运动而产生的构造地应力的影响。为了使用式(2-8)实现地层破裂压力预测,需要解决式中各参数的确定问题。

(1)模式中的地层孔隙压力可通过电测的自然电阻率曲线的分析,或者根据已掌握的地下孔隙流体的密度及试井资料所建立的地层压力梯度公式确定,也可以用钻井过程中的多种检测地层压力的方法求得,由于砂泥岩地层压力预测技术已比较成熟,因此所得结果可直接引用。

(2)关于有效应力系数值,可以根据声波测井及密度测井用式(2-9)计算得到,即：

$$\begin{cases} \alpha = 1 - \dfrac{K_B}{K_m} \\ K_B = \rho_\theta \left(\dfrac{1}{\Delta t_p^2} - \dfrac{4}{3\Delta t_s^2} \right) \times 10^6 \\ K_m = \rho_m \left(\dfrac{1}{\Delta t_{mp}^2} - \dfrac{4}{3\Delta t_{ms}^2} \right) \times 10^6 \end{cases} \quad (2-9)$$

式中 ρ_θ——岩石的密度,g/cm³;

$\Delta t_p, \Delta t_s$——纵、横波时差,μs/m;

ρ_m——岩石骨架的密度,g/cm³;

K_B——岩石体积模量,MPa;

K_m——岩石骨架体积模量,MPa;

$\Delta t_{mp}, \Delta t_{ms}$——岩石骨架的纵、横波时差,μs/m。

除了具有十分低的渗透性外,根据特查希(Terzadhi)理论,一般砂岩的有效应力系数可取 $\alpha=1$。

(3)静态弹性参数 E_s, μ_s 的确定。声波测井可以连续测取地层的纵、横波时差,从而可计算出动态杨氏弹性模量 E_d 和动态泊松比 μ_d。由于井下岩石处于静力状态,因此在应用时应先将其转换成静态弹性模量 E_s 和静态泊松比 μ_s。岩石动、静态泊松比和动、静态弹性模量的相关关系都是线性关系,即：

$$\begin{cases} \mu_s = A_1 + K_1 \mu_d \\ E_s = A_2 + K_2 E_d \end{cases} \quad (2-10)$$

式中 A_1, A_2, K_1, K_2——转换系数。

这些系数不仅与岩石性质有关,而且与岩石所受的差应力有关,对于砂岩地层推荐取值为：

$$\begin{cases} A_1 = 0.2453 - 0.155483 \lg\sigma \\ K_1 = 0.050248 + 0.364781 \lg\sigma \\ A_2 = 198.4 + 1810.2 \lg\sigma \\ K_2 = 0.066184 + 0.160931 \lg\sigma \end{cases} \quad (2-11)$$

式中 σ——岩石所受差应力,MPa。

$$\sigma = S - p_i \quad (2-12)$$

式中 S——上覆地层压力,MPa;

p_i——测井时的井内液柱压力,MPa。

(4)岩石抗拉强度 S_t 的确定。由声波测井资料及密度测井资料先求得 E_s, μ_s,再由伽马测

井求得泥质含量 V_{cl}，代入式(2-13)即可求得 S_t：

$$S_t = \frac{[0.0045E_d(1-V_{cl}) + 0.008E_dV_{cl}]}{12} \qquad (2-13)$$

式中　V_{cl}——砂岩的泥质含量，即泥质的体积占岩石总体积的比。

(5) 构造应力系数 ξ_1、ξ_2 的确定。首先确定该地区的地应力，则有：

$$\begin{cases} \xi_1 = \dfrac{1}{E_s}[(\sigma_{hmax} + \sigma_{hmin} - 2\alpha p_p)(1-\mu_s) - 2\mu_s(S - \alpha p_p)] \\ \xi_2 = \dfrac{1}{E_s}(\sigma_{hmax} - \sigma_{hmin})(1+\mu_s) \end{cases} \qquad (2-14)$$

对于某一构造区域，构造应力系数是一个常数，因此只要井下某处的应力系数确定后，即可应用于全区域。

(三) 地层坍塌压力计算

声波测井可以求得地层的强度参数 C、ϕ 值，若假设地层的破裂服从库仑准则(对硬脆性泥页岩，该准则比较适用)，则根据井壁中的力学分析可以得到井壁坍塌时的钻井液密度为：

$$\begin{cases} \gamma_i = \dfrac{\eta(3\sigma_{hmax} - \sigma_{hmin}) - 2CK + \alpha p_p(K^2 - 1)}{(K^2 + \eta)H} \\ K = \cot\left(45° - \dfrac{\phi}{2}\right) \end{cases} \qquad (2-15)$$

式中　H——井深，m；
　　　γ_i——钻井液密度，g/cm³；
　　　η——非线性修正系数，对泥页岩可取为 0.95；
　　　K——转换系数；
　　　C——岩石的内聚力，MPa。

$$C = A(1-2\mu_d)\left(\frac{1+\mu_d}{1-\mu_d}\right)^2 \rho^2 v_p^4 (1+0.78V_{cl}) \qquad (2-16)$$

式中　A——常数，取决于公式推导的条件和所采用的计算单位；
　　　v_p——纵波速度，m/s；
　　　ϕ——岩石内摩擦角，一般取 30°。
　　　ϕ 也可采用式(2-17)计算：

$$\phi = 36.545 - 0.4952C \qquad (2-17)$$

三、高石梯—磨溪地区三压力剖面建立

以邻井测井资料为基础，采用等效深度法和伊顿法计算地层孔隙压力，结合水平地应力和垂直地应力计算结果求取地层坍塌压力和破裂压力，建立区域地层三压力预测剖面(图2-6)，为井身结构优化设计提供指导。

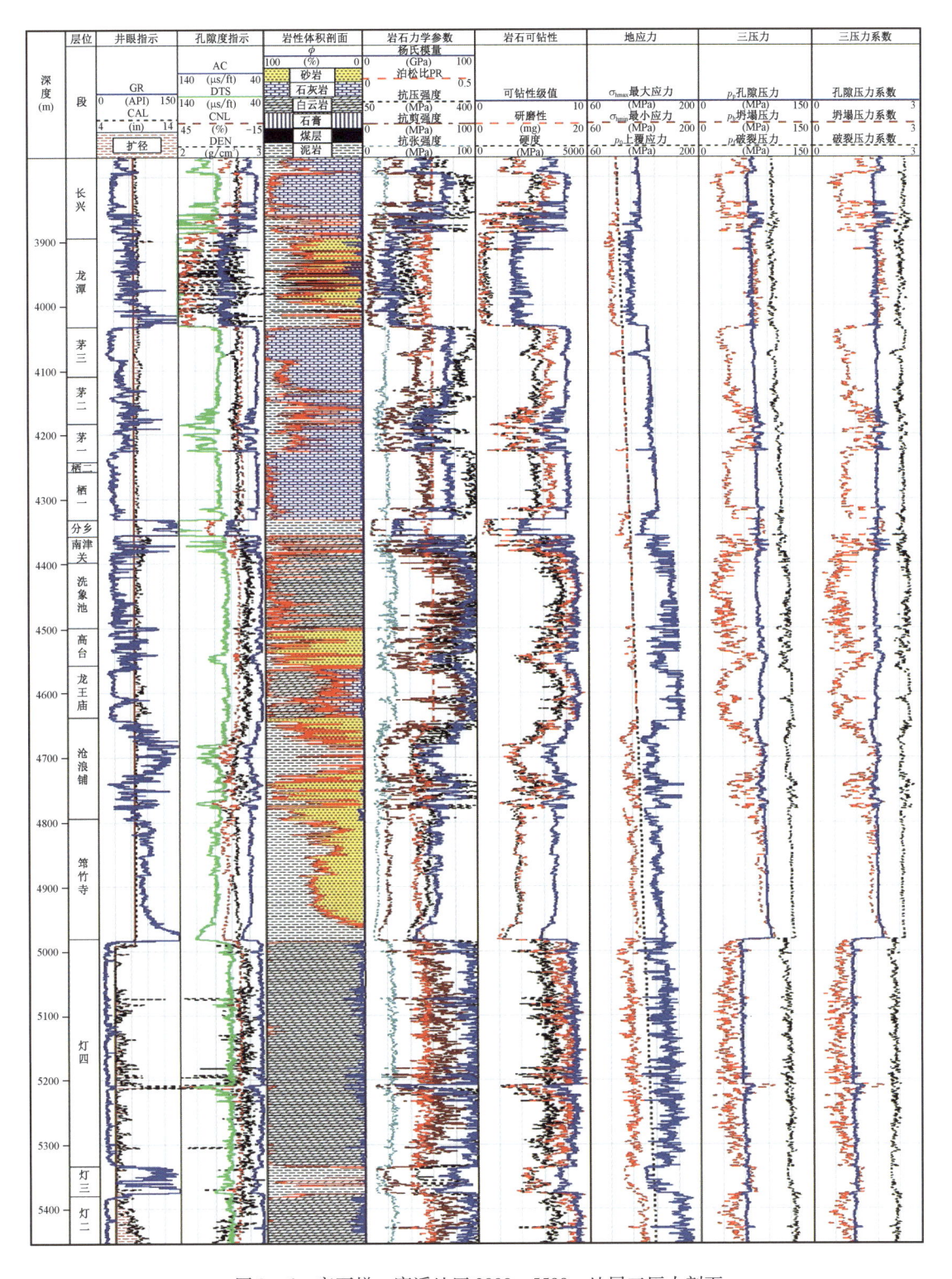

图2-6 高石梯—磨溪地区3800~5500m地层三压力剖面

(1)地层孔隙压力:根据地层压力计算方法分析,高石梯—磨溪地区地层压力自上而下逐渐增大,并明显分为几个压力带;须家河组出现异常压力,须五段薄砂体为异常高压,计算压力系数 1.51,飞仙关组底部呈现高压,雷口坡组可能存在异常高压,二叠系至寒武系地层压力系数 1.84,震旦系灯影组地层压力系数 1.12~1.24,表现为常压—异常压力。

(2)地层坍塌压力:区域地层坍塌压力基本规律整体上是自上而下逐步增大;侏罗系沙溪庙组主要以泥岩、细砂岩为主,坍塌压力系数为 0.5 左右;大安寨段、东岳庙段岩性为介壳灰岩,但含泥质较多,地层较不稳定,平均坍塌压力系数在 0.8 左右;珍珠冲组至须家河组为砂泥岩地层,坍塌压力系数在 1 左右,但珍珠冲组部分井段坍塌压力波动剧烈,钻井过程中也出现遇阻遇卡;三叠系雷口坡组以下地层基本为白云岩,分乡组含泥岩层,坍塌压力系数值不稳定,扩径明显,多井段出现井眼垮塌。

(3)地层破裂压力:地层破裂压力自上而下整体上是逐步减小的,研究认为本地区最低为 2.06,三叠系雷口坡组—震旦系灯影组破裂压力系数最低 2.4。

通过上述压力剖面分析,建立了高石梯—磨溪地区三压力剖面,为钻井必封点选取、套管选择、井身结构优化设计等提供了重要依据。

第三节　井身结构设计

一、必封点确定

(一)根据压力剖面确定

合理套管层次是为了在裸眼井段钻进中及井涌压井时不会压裂地层、不发生压差卡钻。按照压力平衡理论,从中间套管开始逐层向上确定套管下深,主要满足不等式(2-18):

$$\begin{cases} \rho_{pmax} + S_g + S_f + S_b \leqslant \rho_f \\ \rho_{pmax} + S_b + S_f + S_k \dfrac{H_{pmax}}{H_{ni}} \leqslant \rho_f \\ 0.0981(\rho_{pmax} + S_b - \rho_{pmin})H_{pmin} \leqslant \Delta p_N \end{cases} \quad (2-18)$$

将式(2-18)中前两项合并:

$$\begin{cases} \rho_{pmax} + S_b + S_f + \dfrac{S_g}{2} + \dfrac{S_k H_{pmax}}{2 H_{ni}} \leqslant \rho_f \\ 0.0981(\rho_{pmax} + S_b - \rho_{pmin})H_{pmin} \leqslant \Delta p_N \end{cases} \quad (2-19)$$

式中　ρ_{pmax}——第 n 层套管以下井段预计最大地层孔隙压力当量密度,g/cm³;

H_{ni}——第 n 层套管以下深度初选点,m;

ρ_{pmin}——该井段内最小地层孔隙压力当量钻井液密度,g/cm³;

H_{pmin}——该井段内最小地层孔隙压力当量钻井液密度所处的深度,m;

H_{pmax}——该井段内最大地层孔隙压力当量钻井液密度所处的深度,m;

ρ_f——地层破裂压力当量密度,g/cm³;
Δp_N——不发生压差卡钻的最小压差,MPa;
S_b——抽吸压力系数,g/cm³;
S_g——激动压力系数,g/cm³;
S_f——地层压裂安全增加值,g/cm³;
S_k——井涌余量,g/cm³。

(二)根据井下复杂情况确定

井身结构设计理论上是以压力剖面为依据,按照井筒压力平衡理论确定套管层次和下深。但考虑到目前某些影响钻进的井下复杂情况还不能反映到压力剖面上,如吸水膨胀易垮塌泥页岩、胶结差的砂岩、盐层蠕变、膏层等;同时某些复杂情况的产生又与时间因素有关,如长时间浸泡下,上部某些地层易发生膨胀、缩径、坍塌等情况。为此,需结合实钻资料反映的井下复杂情况来确定必封点,以封隔某些特殊地层。

(三)高石梯—磨溪地区必封点确定

根据三压力剖面,结合实钻情况分析,确定了套管的几个主要必封点:
(1)表层套管封隔上部易塌层,并建立安全钻井的井控条件;
(2)技术套管封隔嘉二³亚段以上相对低压地层,为嘉二³亚段—寒武系底部高密度安全钻井提供条件;
(3)油层套管下至震旦系顶部,为降密度打开储层提供条件。

二、生产套管设计

开发井套管设计应当以生产管柱尺寸为依据,按从内到外的原则设计。

(一)尺寸匹配要求

生产套管既要满足生产油管的下入要求,也要满足钻头钻进要求,其相互匹配关系见表2-1和图2-7。

表2-1 气井油、套管尺寸匹配表

油管外径(mm)	生产套管尺寸(mm)	油管外径(mm)	生产套管尺寸(mm)
≤60.3	127.0	127.5	177.8~193.7
73.0	139.7	139.7	193.7~244.5
88.9	168.3~177.8	177.8	244.5
101.6	177.8	193.7	273.1
114.3	177.8	244.5	339.7

注:如果井下下入安全阀,为满足安全阀外径下入要求,某些安全阀以上的生产套管可加大一级,一般距地表约为100~200m。

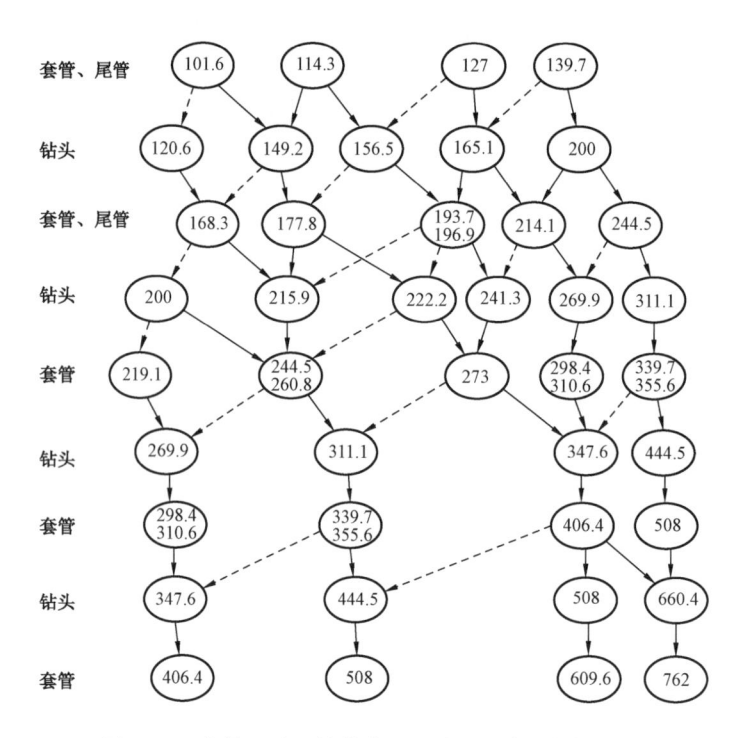

图 2-7 套管尺寸和钻井井眼尺寸的配合（单位:mm）

（二）安全生产要求

生产套管柱的设计原则是既安全又经济,即:根据套管柱在井下的工况,建立套管强度与套管柱受力之间的平衡关系,确保安全第一。目前的解决方法主要是按生产套管柱在井下最危险的工况来确定受力大小,进而采取合理的套管柱强度设计方法,确保套管柱的安全。

（三）完井要求

由于射孔完井能最大限度地改善多层系储集层的层间干扰问题,因此绝大部分气井都是采用射孔完成。由于射孔对生产套管的强度和使用寿命有一定影响,因此,应选用射孔后保持不裂或不变形的优质套管。

采用封隔器完井的气井,应考虑到长期开采过程中,由于封隔器失效或套管螺纹密封损坏,气体进入套管与油管环形空间,在这种情况下,生产套管将承受很高的内压力。因此,应严格进行生产套管抗内压强度校核。

（四）抗腐蚀要求

不同类型气藏,其地层流体的性质不尽相同,有的地层水矿化度高。生产套管在与这些地层流体长期接触的过程中,加上井下高温、高压的影响,很容易产生腐蚀破坏。因此,防止气井生产套管的腐蚀破坏,延长气井寿命已成为增加产量、降低生产成本、提高生产效益的重要问题。

三、套管层次和下入深度确定

套管层次和下入深度的确定主要根据研究区块的地质情况和开发方案的要求。油层套管的下入深度取决于气层的位置和完井方法,设计步骤一般从中间套管开始。

(一)求中间套管下入深度的假定点

确定套管下入深度的依据,是在钻下部井段的过程中预测的最大井内压力,该压力不致压裂套管鞋处的裸露地层。利用压力剖面中最大地层压力梯度求上部地层不致被压裂所应具有的地层破裂压力梯度的当量密度 ρ_f。ρ_f 的确定有两种方法,当钻下部井段时如肯定不会发生井涌,可用式(2-20)计算:

$$\rho_f = \rho_{pmax} + S_b + S_g + S_f \qquad (2-20)$$

式中 ρ_{pmax}——地层压力剖面图中最大地层压力梯度的当量密度,g/cm³。

在地层三压力剖面图横坐标上找出地层的设计破裂压力梯度当量密度 ρ_f,从该点向上引垂直线与破裂压力线相交,交点所在的深度即为中间套管下入深度假定点(D_{21})。

若预计要发生井涌,可用式(2-21)计算:

$$\rho_f = \rho_{pmax} + S_b + S_f + \frac{D_{pmax}}{D_{21}} \times S_k \qquad (2-21)$$

式中 D_{pmax}——地层压力剖面图中最大地层压力梯度点所对应的深度,m。

式(2-21)中的 D_{21} 可用试算法求得。

(二)验证中间套管下到深度 D_{21} 是否有被卡的危险

先求出该井段最小地层压力处的最大静止压差:

$$\Delta p = 0.00981(\rho_m - \rho_{pmin})D_{pmin} \qquad (2-22)$$

式中 Δp——压力差,MPa;

ρ_m——当钻进深度为 D_{21} 时使用的钻井液密度,g/cm³;

ρ_{pmin}——该井段内最小地层压力当量密度,g/cm³;

D_{pmin}——最小地层压力点所对应的井深,m。

若 $\Delta p < \Delta p_N$,则假定点深度为中间套管下入深度;若 $\Delta p > \Delta p_N$,则有可能产生压差卡套管,这时中间套管下入深度应小于假定点深度。在第二种情况下,中间套管下入深度按下面的方法计算。在压差 Δp_N 下所允许的最大地层压力当量密度为:

$$\rho_{pper} = \frac{\Delta p_N}{0.00981 D_{pmin}} + \rho_{pmin} - S_b \qquad (2-23)$$

在压力剖面图上找出 ρ_{pper} 值,该值所对应的深度即为中间套管下入深度 D_2。

(三)求尾管下入深度的假定点

当中间套管下入深度小于假定点时,则需要下尾管,并确定尾管的下入深度。

根据中间套管下入深度 D_2 处的地层破裂压力梯度当量密度 ρ_{f2}，由式(2-24)可求得允许的最大地层压力梯度当量密度：

$$\rho_{pper} = \rho_{f2} - S_b - \frac{D_{31}}{D_2} \times S_k \tag{2-24}$$

式中　D_{31}——尾管下入深度的假定点，m。

(四)校核尾管下到假定深度 D_{31} 处是否会产生压差卡套管

校核方法同中间套管验证方法。

(五)计算表层套管下入深度 D_1

根据中间套管鞋处(D_2)的地层压力梯度，给定井涌条件 S_k，用试算法计算表层套管下入深度。每次给定 D_1，并代入式(2-25)计算：

$$\rho_{fe} = (\rho_{p2} + S_b + S_f) + \frac{D_2}{D_1} \times S_k \tag{2-25}$$

式中　ρ_{fe}——井涌压井时表层套管鞋承受的压力的当量密度，g/cm^3；
　　　ρ_{p2}——中间套管鞋 D_2 处的地层压力当量密度，g/cm^3。

试算结果，当 ρ_{fe} 接近或小于 D_2 处的破裂压力梯度当量密度 $0.024\sim0.048g/cm^3$ 时符合要求，该深度即为表层套管下入深度。

第四节　龙王庙组气藏井身结构优化

针对地层多压力系统、须家河组以上地层垮塌严重等问题，根据已建立的三压力剖面，结合钻井方式，通过 GS1 井，适于气体钻井、全井采用个性化 PDC 钻头提速的三轮井身结构优化改进，形成了适用于高石梯—磨溪地区安全、快速钻井的井身结构。

一、优化设计难点

上部地层井壁稳定性差，垮塌严重。高石梯—磨溪区块上部地层以砂泥岩为主，且富含水敏泥页岩，段长 2200m 左右，在 PDC 钻头快速钻进中，易发生缩径、垮塌、卡钻等复杂情况。GS1 井在自流井段最大扩大率达 39%；须家河组以上地层井眼扩大率达 28% 左右。

纵向上具有多产层、多压力系统特点，套管层次设计难以满足正常施工要求。高石梯—磨溪地区实钻过程中，在侏罗系、三叠系、二叠系、奥陶系、寒武系等上部地层均有油气显示；地层压力系数纵向上相差较大(压力系数 1.0~2.1，图 2-8)，三叠系嘉陵江组、雷口坡组、二叠系—寒武系异常高压，最高压力系数达到 2.1，后效频发，复杂多，对找准必封点、优化井身结构提出了挑战。

海相地层层系之间孔隙压力变化大且普遍存在高压，故地层孔隙压力预测检测难度大。应用于陆相地层钻井中的 dc 指数法、sigma 法、温度梯度法、地震预测法等预测地层孔隙压力的方法都不适用于海相地层，目前尚没有准确预测海相地层孔隙压力的有效方法。采用常规方法所预测的地层孔隙压力与实钻数据相差较大,MX17 井雷口坡组预测地层孔隙压力与实际相差较大(图 2-9)。

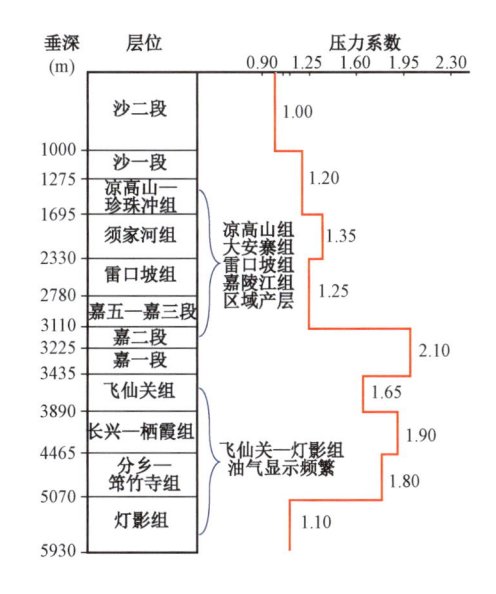

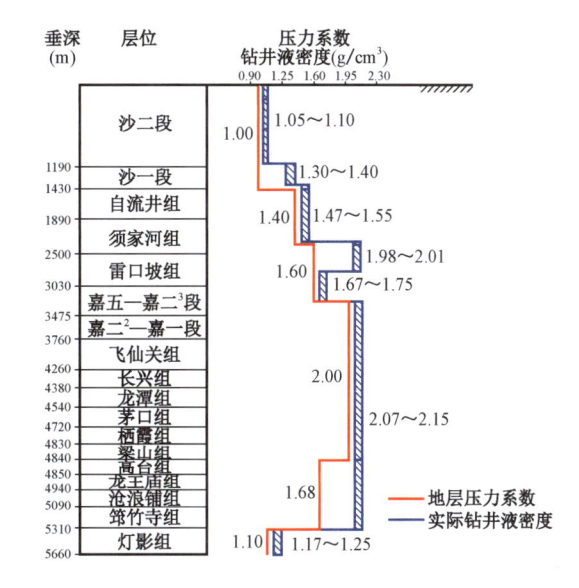

图 2-8 地层孔隙压力示意图

图 2-9 地层孔隙压力与实际钻井液密度对比情况

二、第一轮探井井身结构优化

2010 年开钻的 GS1 井,借鉴了 GK1 井成功的套管必封点经验,并对 GK1 井身结构尺寸进行了优化缩小。该井采用 ϕ444.5mm 钻头钻表层、ϕ149.2mm 钻头钻达完钻井深,有效地发挥了 ϕ311.2mm、ϕ215.9mm 井眼段便于提速的优势,并节省了钻井投入。同时,GS1 井也通过借鉴相邻区块提速经验,将表层套管下深至 800m,提高井控能力;在 ϕ311.2mm 井段采用了气体钻井技术进行提速,但 ϕ311.2mm 井眼雾化钻进至 1014.97m 时,地层出水量达 15~20m^3/h,雾化钻进携砂困难,为避免卡钻等事故复杂,结束雾化钻井,转换为钻井液钻井。为此,对 GS1 井井身结构进行以下优化设计,如图 2-10 所示。

(1)ϕ508mm 套管设计 50m 左右,封隔地表窜漏层及垮塌层,安装简易井口,为气体钻井提供条件。

(2)ϕ339.7mm 套管下深 1100m 左右,封隔地层水,为下部自流井组试验气体钻井技术提供条件。实施空气钻井,若出水,则转雾化钻井。

(3)ϕ244.5mm 技术套管下至嘉二^{3}亚段,封隔浅油气层、垮塌层、膏盐层段,为下部钻遇异常高压地层创造条件。沙溪庙—须家河组实施空气钻井,地层若出气,则转氮气钻井,出水、出油则转泥浆。

(4)ϕ177.8mm 油层套管下至震旦系顶部,封隔上部异常高压井段,为储层保护和安全钻进提供保障。

(5)ϕ149.2mm 钻头完钻,下 ϕ127mm 尾管,射孔完成。

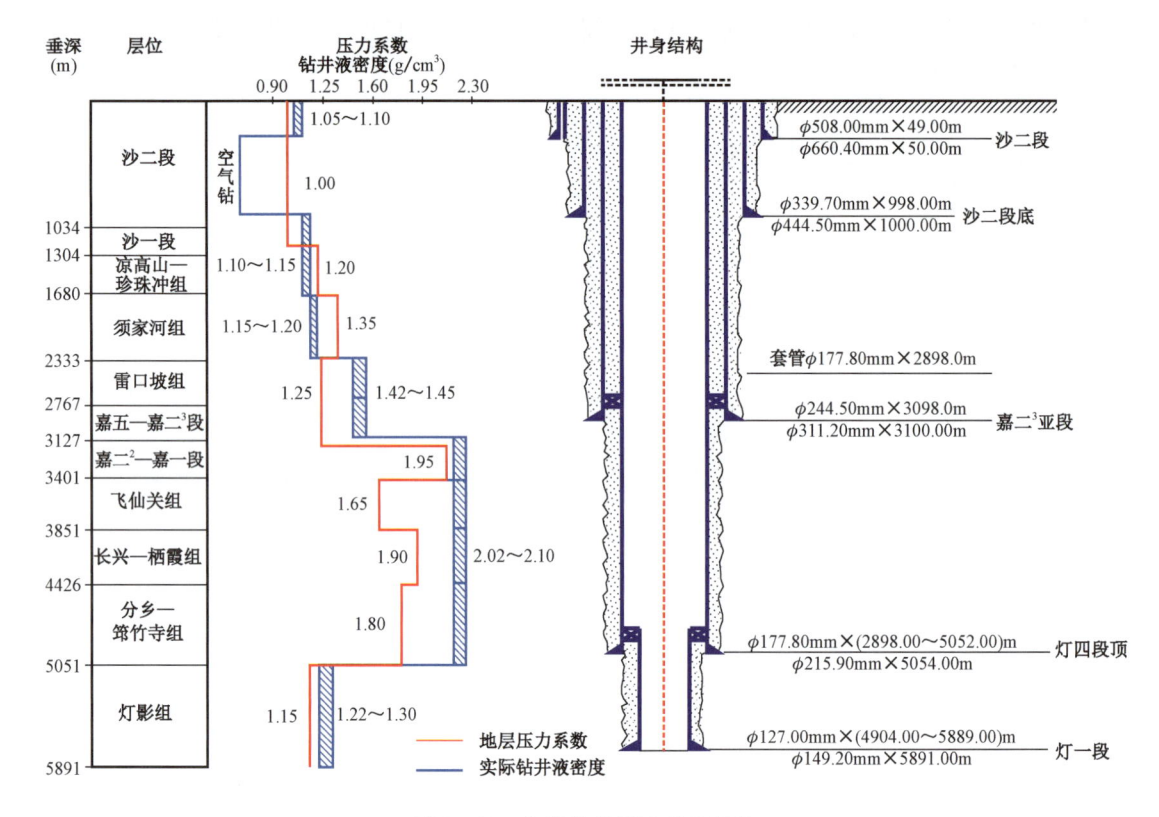

图 2-10 气体钻井提速井身结构

气体钻井提速在井身结构中实施在 2 口井上,因地层出水、出油,气体钻井提前结束,被迫转为雾化和氮气钻井。虽然机械钻速取得了明显的效果,但气体钻进有效井段受限,综合效果差。因此,需要重新考虑其他提速技术措施,并进行相应的井身结构优化设计。

三、第二轮探井井身结构优化

在气体钻进不适合本区域上部地层的情况下,井身结构优化立足于缩短大尺寸井眼段长度,节省作业时间。经过优化,形成适合全井、采用个性化 PDC 钻头+螺杆复合钻进安全、快速钻进的井身结构。

(1)将 ϕ508mm 导管下深由 50m 调整为 30m。

(2)将 ϕ339.7mm 套管下深由 1100m 缩短为 500m 左右,封隔上部易垮层,既保证了关井能力,又大幅减少了大尺寸井段(图 2-11)。

(3)ϕ244.5mm 技术套管下至嘉二^{3}亚段,封隔浅油气层、垮塌层、膏盐层段,为下部钻遇异常高压地层创造条件。

(4)ϕ177.8mm 油层套管下至震旦系顶部,封隔上部异常高压井段,为储层保护和安全钻进提供保障。

应用优化井身结构,大尺寸井段施工时间同比减少 7~8d,钻井实践证明该套井身结构完全能满足钻井和后期生产需求,推广应用于 130 余口井,有效降低钻井过程中事故和复杂情况。

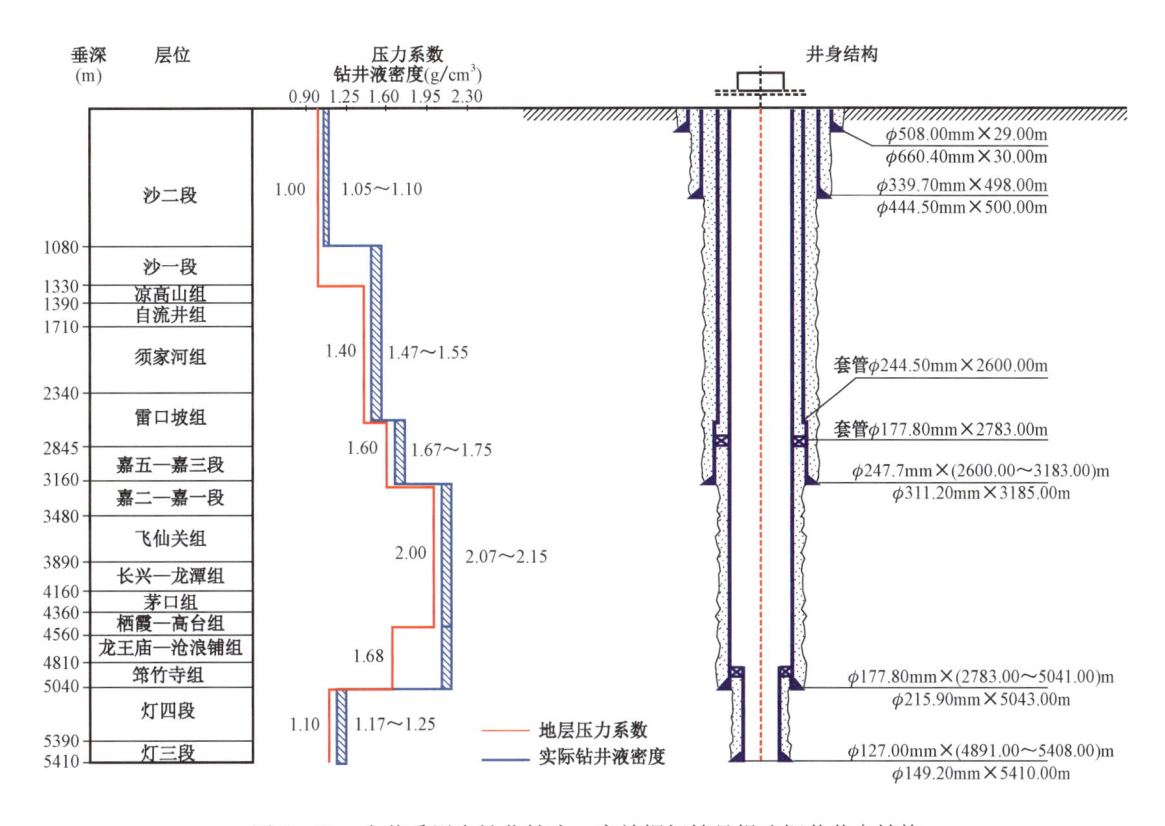

图 2-11　全井采用个性化钻头+高效螺杆钻具提速探井井身结构

针对该区块珍珠冲组、雷四—雷二段可能钻遇高压,邻井 MX1 井钻至珍珠冲组(井深 1600m)钻井液密度 1.37g/cm³ 时发生溢流,逐步加重密度至 1.70g/cm³ 时正常,须家河组采用密度 1.55~1.70g/cm³ 共发生 9 次气测异常,同时 MX1 井在雷口坡组也钻遇局部高压,雷四—雷二段采用 1.93~1.98g/cm³ 钻井液钻进,共发生 3 次气测异常,一次气侵,后密度提高到 2.01g/cm³ 左右时正常,因此珍珠冲组、雷四—雷二段可能钻遇高压,钻井井控风险大。雷一¹气藏地层压力低,在钻井过程中存在低压漏失、压差卡钻的风险。磨溪构造经过 10 多年的开发,构造中部的雷一¹气藏压力明显下降。距 MX1 井最近的一口井 M71 井,两井相距 1.5km。M71 井于 2004 年 8 月雷一¹测压 24MPa,累计产量 0.83×10⁸m³,到目前已累产 1.53×10⁸m³,预计雷一¹的地层压力系数可能在 0.6 左右。该井钻井过程中存在低压漏失、压差卡钻的风险。从已钻高石梯—磨溪实钻资料分析,龙潭组、分乡组、南津关组上部地层岩性泥质重、塑性强,PDC 钻头难以吃入,机械钻速低;沧浪铺组上部、灯四段中下部和灯三段及部分井的高台组,地层石英含量重、研磨性特别强,钻头磨损严重,寿命短。栖霞组—灯影组井漏严重,MX10 井采用密度 2.26g/cm³ 钻井液钻至 4468.32m(栖一段),井漏失返,5 次采用 HHH 堵漏浆堵漏才堵住。洗象池组—筇竹寺组也多次钻遇井漏,MX9 井龙王庙组密度 2.3g/cm³ 钻井液井漏失返,其余磨溪构造井茅口组—寒武系多次出现井漏复杂。为确保钻井安全,优化形成一套非常规尺寸井身结构(图 2-12)。

(1)ϕ365.1mm 套管设计下深 498m,钻井液返至地面,安装井口装置,套管鞋座于稳定砂岩或硬地层上。

(2) φ273.05mm 技术套管设计下至三叠系雷一段顶部,封隔侏罗系珍珠冲组、三叠系雷口坡组高压层,为下部安全钻井创造条件。

(3) φ219.08mm 套管设计专门用于封隔三叠系雷一段—嘉二^{3}亚段低压漏失层,为保证封隔的有效性,219.08mm 套管与上层套管重合 300m。

(4) φ168.28mm 设计下至震旦系顶部,封隔三叠系嘉二段—寒武系的异常高压层,油层套管采用先悬挂,钻完目的层后再回接的方式下入。φ140mm 钻头钻至井底,尾管固井,射孔完成目的层。

该井身结构在 MX17 井进行应用,确保该井顺利钻达设计井深。

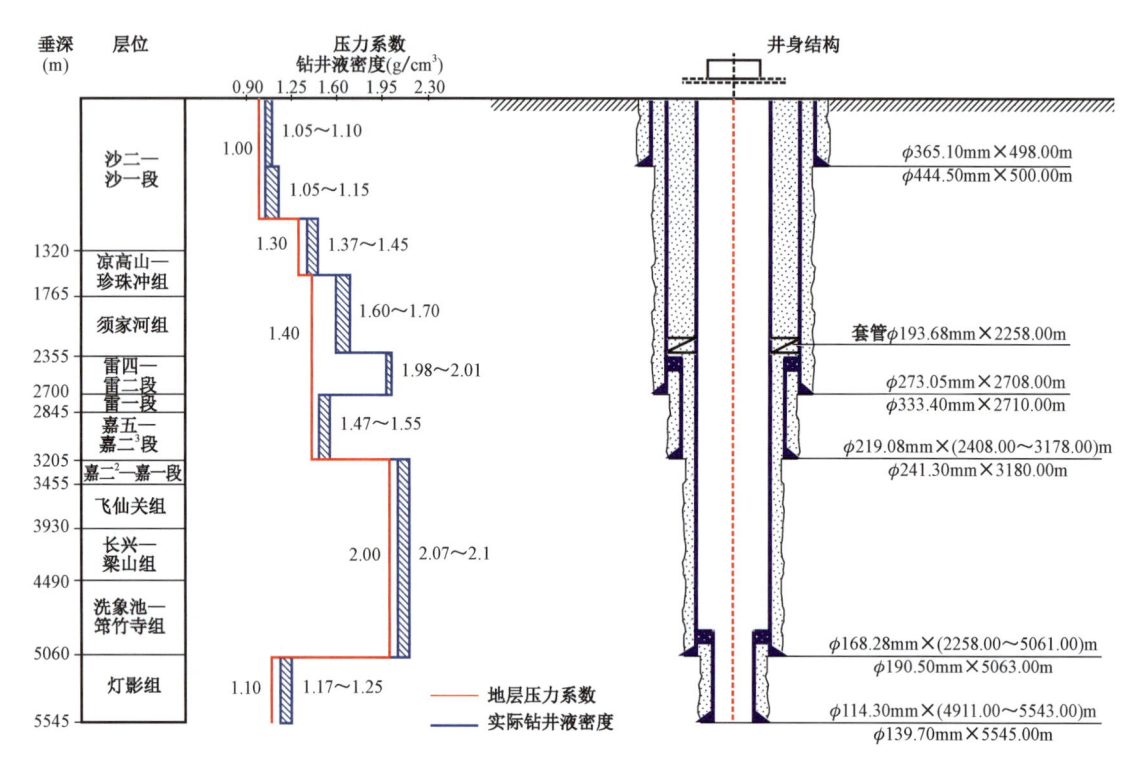

图 2-12 非常规井身结构图

四、开发井井身结构优化

开发井井身结构探井在第二轮优化的井身结构基础上,综合考虑单井配产及增产措施进行优化。

本区沙一段以下地层油气显示频繁,表层套管必须下入沙二段稳定地层,为二开钻井做井控准备。嘉二^{3}亚段以下地层高压,技术套管需要下至嘉二^{3}亚段,封隔上部相对低压层,为三开高密度钻进做准备。龙王庙地层压力系数相对嘉二^{3}亚段以下地层低,且缝洞发育,高密度钻井易井漏,且储层污染较严重,因此油层套管应下至龙王庙组顶部,实现储层专打,优化形成四开井身结构。

(1) φ339.7mm 表层套管下至 500m 左右,封固上部地层,并为二开做井控准备。

(2)φ244.5mm 技术套管下至嘉二³亚段中部白云岩地层,封隔上部相对低压、漏失、垮塌层,为下部高密度钻进创造条件。

(3)由于龙王庙组裂缝、孔洞发育,前期钻井用高密度钻井液在该段钻进存在井漏和储层污染的问题,因此开发井井身结构三开设计采用 φ215.9mm 钻头钻至龙王庙组顶部,下入 φ177.8mm 悬挂套管封隔上部高压层。

(4)四开采用 φ149.2mm 钻头降密度钻完目的层,直井、大斜度井下入 φ127mm 尾管固井射孔完成,水平井裸眼完成;钻完目的层后回接 φ177.8mm 套管至井口。

该井身结构在磨溪区块龙王庙组应用于 22 口井,确保大斜度井、水平井安全快速钻进,为后期高产稳产改造创造了条件。

表 2-2 开发井井身结构

开钻次序	井段（m）	钻头尺寸（mm）	套管尺寸（mm）	套管程序	套管下入地层层位	套管下入深度（m）	钻井液返高（m）
一开	500	406.4	339.7	表层套管	沙二段	0~498	地面
二开	3130	311.2	244.5	技术套管	嘉二³亚段	0~3128	地面
三开	4740	215.9	177.8	油层回接		0~2928	地面
			177.8	油层悬挂	龙王庙组顶部	2928~4738	2828
四开	5241	149.2	127.0	尾管悬挂	沧浪铺组	4588~5239	4488~5239

技术套管、油层套管全部使用气密扣。另外,为防止雷口坡组、嘉陵江地层膏盐挤毁套管,采用 φ247.7mm 高抗挤套管增加抗挤性能。高磨地区龙王庙组气藏各开次套管选型见表 2-3。

表 2-3 开发井套管选型及技术参数

套管程序	井段（m）	规范 尺寸（mm）	规范 扣型	长度（m）	钢级	壁厚（mm）	抗外挤 强度（MPa）	抗外挤 安全系数	抗内压 强度（MPa）	抗内压 安全系数	抗拉 强度（kN）	抗拉 安全系数
表层套管	0~498	339.70	偏梯	498	J-55	10.92	10.60	1.97	21.30	2.90	4279	11.00
技术套管	0~2000	244.50	气密封	2000	TP-110S	11.99	48.95	1.23	65.19	1.25	6481	3.64
	2000~3198	247.65	气密封	1198	TP-110TT	13.84	77.00	1.58	63.00	1.50	6900	8.38
油层回接	0~2998	177.80	气密封	2998	TP-110S	11.51	74.40	1.37	85.90	1.36	4528	4.15
油层悬挂	2998~3800	177.80	气密封	802	TP-110TS	12.65	92.33	1.18	94.50	1.99	4528	5.99
	3800~4540	177.80	气密封	740	TP-140V	12.65	120.04	1.26	120.20	3.15	5849	18.55
	4540~4994	177.80	气密封	454	125 合金	12.65	98.70	1.02	107.30	3.63	5146	26.53
尾管悬挂	4844~5498	127.00	气密封	654	110 合金	9.19	93.00	1.06	96.00	3.56	2580	5.10

参 考 文 献

[1] 高德利. 复杂地质条件下深井超深井钻井技术[M]. 北京:石油工业出版社,2004.
[2] 刘良跃,刘建明,刘小刚,等. 海上科学探索井钻井设计与施工技术[M]. 北京:石油工业出版社,2013.
[3] 曹耀峰. 超深高酸性气田钻井工程技术与实践[M]. 北京:中国石化出版社,2011.
[4] 万仁溥,张琪. 油井建井工程——钻井、油井完井[M]. 北京:石油工业出版社,2001.

第三章 定向井、水平井钻井

安岳气田龙王庙组气藏开发井型以大斜度定向井和水平井为主。针对龙王庙气藏定向井、水平井钻井过程中造斜段穿越层段多、高密度钻井液井段长、井温高、井底位移大导致摩阻扭矩大等难点,开展了井眼轨迹设计优化、测量工具优选、减摩降扭工具等技术研究,形成了以"五段制优化井身剖面设计、耐高温高可靠性测量工具、先进减摩降扭工具"为主体的定向井、水平井配套技术,保障了龙王庙组气藏的快速有效开发。

第一节 龙王庙组气藏钻井概况

龙王庙组气藏共部署开发井53口,其中大斜度定向井28口,储层段穿越长度200~300m;水平井14口,水平段长800~1000m;直井11口,均为探井转开发生产井。优选采用丛式井组开发,每个井场部署2~4口井,井间距10~15m。截至2017年10月,磨溪区块龙王庙组气藏共完钻开发井32口,其中大斜度定向井23口,占71.9%;水平井9口,占28.1%。

大斜度定向井平均完钻井深5436.05m,平均钻井周期160.58d,平均完井周期49.41d,平均机械钻速3.24m/h,平均复杂事故时效4.56%,见表3-1。

表3-1 龙王庙组气藏大斜度定向井钻井指标情况

完钻年份	井号	完钻井深 (m)	钻井周期 (d)	完井周期 (d)	机械钻速 (m/h)	复杂事故时效 (%)
2013	MX008-X2	5467	182.29	31.29	2.37	0.61
2014	MX008-6-X1	5530	195.18	35.44	3.41	21.27
	MX008-6-X2	5280	145.37	40.92	4.21	2.60
	MX009-3-X1	5470	175.73	50.90	3.39	0.72
	MX009-4-X1	5460	146.96	40.58	3.20	3.84
	MX009-X2	5425	134.29	27.58	3.37	1.42
	MX009-X5	5730	152.67	61.00	2.89	2.61
	MX009-X6	5200	114.92	39.38	3.80	0.81
2015	MX008-X16	5470	168.24	48.84	2.90	1.24
	MX008-11-X1	5650	140.24	31.03	3.94	1.42
	MX008-17-X1	5400	124.78	81.11	3.84	0.17
	MX008-7-X2	5585	212.00	51.00	3.59	21.94
	MX009-4-X2	5380	231.76	78.70	2.34	1.29
	MX008-18-X1	5460	119.96	72.54	4.13	13.03
	MX009-3-X2	5360	117.74	39.74	5.23	4.84

续表

完钻年份	井号	完钻井深（m）	钻井周期（d）	完井周期（d）	机械钻速（m/h）	复杂事故时效（%）
2015	MX008-12-X1	5400	211.18	39.74	2.33	0.84
	MX009-8-X1	5240	164.84	50.94	3.05	3.92
	MX008-11-X2	5610	147.98	32.19	3.21	0.47
	MX008-20-X1	5520	138.40	47.64	4.04	0.72
2016	MX009-3-X3	5600	185.86	48.21	2.91	0.98
2017	MXX210	5206	152.44	60.15	3.80	6.74
	MXX211	5150	169.83	78.15	2.53	8.96
平均	—	5436.05	160.58	49.41	3.24	4.56

水平井平均完钻井深5741.44m,平均水平段长699.38m,平均钻井周期148.71d,平均完井周期43.71d,平均机械钻速3.46m/h,平均复杂事故时效2.13%,见表3-2。

表3-2 龙王庙组气藏水平井钻井指标情况

完钻年份	井号	完钻井深（m）	水平段长（m）	钻井周期（d）	完井周期（d）	机械钻速（m/h）	复杂事故时效（%）
2013	MX008-H1	5436	586.00	115.17	44.71	4.18	0.81
2014	MX008-7-H1	5530	635.00	136.25	41.92	4.33	2.44
	MX008-H3	5890	1143.16	142.00	43.57	3.23	2.47
	MX008-H8	5950	184.24	171.98	37.15	3.07	1.92
	MX008-H19	5600	700.00	114.12	41.21	4.12	2.47
2015	MX008-15-H1	5950	930.00	144.44	43.06	3.73	0.60
	MX008-20-H2	5830	480.00	204.24	66.99	2.97	1.02
	MX009-2-H2	5627	507.00	159.38	39.88	3.25	0.06
2016	MX008-H21	5860	1129.00	150.83	35.08	4.37	7.96
平均	—	5741.44	699.38	148.71	43.73	3.46	2.13

第二节　井眼轨迹设计优化

一、井眼轨迹设计难点

高石梯—磨溪区块大斜度井、水平井钻井存在高密度钻井液井段长,造斜段穿越层段多,夹强研磨性、易垮塌地层,地层变异大等特点,给井眼轨迹设计与控制带来诸多困难。采用常规井眼轨迹设计方案存在的问题主要表现为机械钻速慢、轨迹控制困难、事故复杂多、钻井周期长等。

(一) 高密度钻井液井段长

由于区域上嘉陵江组、茅口组、栖霞组、梁山组等层系存在局部异常高压,因此从嘉二^{3}亚段开始至龙王庙组顶部,长达1700余米井段的钻井液密度高达 2.02~2.10g/cm^3。造斜段全部位于高密度钻井液井段,造成机械钻速慢、定向托压、黏附卡钻等,给井眼轨迹控制及钻井安全带来极大挑战。

(二) 造斜段穿越层段多

高石梯—磨溪区块大斜度井、水平井造斜段跨越渗透性好的飞仙关组和长兴组、泥质重易垮塌的龙潭组和梁山组、硅质含量高的栖霞组、致密砂岩研磨性极强的高台组等诸多地层,井眼轨迹设计困难。

高石梯—磨溪区块前期部分大斜度井和水平井设计造斜点高,斜井段需穿过强研磨、易垮塌地层,复合钻进井眼轨迹不易控制,定向钻进风险大。MX48井设计从飞仙关组二段定向(最大井斜40°),该井从飞仙关组二段钻至茅口组三段,进尺700m,用时31d,而直井钻进该段只需要6~7d(从现场施工效果来看,茅口组造斜是比较经济合理的);MX008-6-X1井在高台组因井斜特别大,致使高台段长近390m,仅高台段钻进时间就需32d。

(三) 地层变异大

区块存在地层变异大、地质分层不确定的情况。MX008-6-X1和MX009-3-X1两口井在ϕ215.9mm井眼施工期间,地层实钻与设计出现较大差异。特别是MX009-3-X1井地质设计缺失洗象池组,但实钻中钻遇洗象池组,造成实钻地层垂厚加深36.48m。由于在接近入靶前地层垂深发生了大的变化,给井眼轨迹调整带来较大困难。

二、定向井井眼轨迹优化设计

定向井轨迹设计首先要以经济的成本以特定的方向钻达规定的目标靶区,这是定向井设计的主要依据和基本原则。设计人员应根据不同的钻探目的对设计井的井身剖面类型、井身结构、钻井液类型、完井方法等进行合理设计,以利于安全、优质、快速钻井[1-2]。

(一) 轨迹剖面优选

按在空间坐标系中的几何形状,定向井井身剖面可分为二维定向井剖面和三维定向井剖面两大类。二维定向井剖面是指设计井眼轴线仅在设计方位线所在的铅垂平面上变化的井;三维定向井剖面是指在设计的井身剖面上,既有井斜角的变化,又有方位角的变化。三维定向井常用于以下情况,在地面井口位置与设计目标点之间的铅垂平面内,存在着井眼难于直接通过的障碍物(如已钻的井眼、盐丘、气顶等),设计井需要绕过障碍才能钻达目标点。

定向井的井身剖面多种多样,各种定向井剖面的用途见表3-3。常用的剖面类型有三段制("J")、五段制("S")剖面。定向井工程设计人员可根据钻井目的、地质要求等具体情况,选用合适的剖面类型来进行定向井井身剖面设计。

表 3-3　各种定向井井型统计

序号	剖面类型	井眼轨迹	用途特点
1	斜直井	稳	开发浅层油气藏
2	二段制	直—增	开发浅层油气藏
3	三段制	直—增—稳	常规定向井剖面,应用较普遍
4		直—增—降	多目标井,不常用
5	四段制	直—增—稳—降	多目标井,不常用
6		直—增—稳—增	用于深井与小位移常规定向井
7	五段制	直—增—稳—增—稳	用于深井与小位移常规定向井

定向井剖面类型设计原则:
(1)根据油气田勘探、开发布置要求,保证实现钻井目的;
(2)根据油气田的构造特征、油气层产状、采油采气工艺,选择有利于提高油气产量和采收率、改善投资效益的工艺;
(3)在满足钻井目的的前提下,应尽可能选择比较简单的剖面类型,尽量使井眼轨迹短,以减小井眼轨迹控制的难度和钻井工作量,且有利于采油采气工艺的实施;
(4)在选择造斜点、井眼曲率、最大井斜角等参数时,应有利于钻井、完井及采油和修井作业。

由于龙王庙组气藏目的层埋藏深度较深(4600m左右),气藏地质存在一定的不确定性,开发要求将井斜控制在85°以内斜穿气层600m,因此,优选"直—增—稳—增—稳"五段制剖面。一增段增至井斜70°左右,稳斜钻至龙王庙组顶部,下入ϕ177.8mm油层套管,增斜至预定井斜80°~85°后稳斜钻进。

(二)定向井轨迹设计主要参数选择

1. 造斜点选择

造斜点的选择应遵循以下原则。
(1)造斜点应选在比较稳定的地层,避免在岩石破碎带、漏失地层、流砂层或容易坍塌等复杂地层进行定向造斜,以免出现井下复杂情况,影响定向施工。
(2)应选在可钻性较均匀的地层,避免在硬夹层、薄互层定向造斜,这类地层造斜时工具面难以稳定。
(3)造斜点的深度应根据设计井的垂直井深、水平位移和选用的剖面类型决定,并要满足采油采气工艺的需要。如在设计垂深大、位移小的定向井中,应采用深层定向造斜,以简化井身结构和强化直井段钻井措施,加快钻井速度;在设计垂深小、位移大的定向井中,则应提高造斜点的位置,在浅层进行定向造斜,这样既可以减少定向施工的工作量,又可满足大水平位移的要求。
(4)在井眼方位漂移严重的地层钻定向井,选择造斜点位置时应尽可能使斜井段避开方位自然漂移大的地层或利用井眼方位漂移的规律钻达地质目标。
(5)造斜点的选择还应兼顾后期采油与井下作业的需要,考虑造斜点位置对泵的下深、套管与抽油杆磨损等带来的影响。

龙王庙组气藏区域内,飞仙关组至栖霞组以页岩、石灰岩为主,地层均质性较好,地层性质稳定,适合造斜,且复杂事故情况发生概率相对较小。因此,综合考虑造斜率和造斜段长度,造斜点优选在茅口组较为合适。

2. 最大井斜角选择

大量定向井钻井实践表明,当井斜角小于15°时,井眼轨迹方位不稳定,容易发生漂移。当井斜角大于45°时,测井和完井作业施工难度较大,扭方位困难,转盘扭矩大,携岩难度较大,且容易发生井壁坍塌等现象,发生阻卡的风险较高。所以,综合考虑方位稳定性以及测井和完井作业施工难度等因素,一般常规定向井的最大井斜角尽可能控制在15°~45°之间。

为保证气藏地质开发效果,提高单井产量,龙王庙组气藏开发定向井均设计为大斜度定向井,最大井斜角控制在80°~85°以内。

3. 井眼曲率选择

井眼曲率不宜过小,以免造斜井段过长,增加轨迹控制的工作量。井眼曲率也不宜过大,以免造成钻具偏磨,摩阻过大、产生键槽和给其他作业(如测井、固井、射孔等)带来困难。常规定向井设计时,井眼曲率宜控制在1.5°/(30m)~4°/(30m),最大不超过5°/(30m)。不同钻井方式对井眼曲率的选择范围不同,井下动力钻具钻进时,造斜率一般取3°/(30m)~5°/(30m);转盘钻进时,不同增斜钻具组合增斜率不同,通常较大增斜率钻具方位漂移大,因此钻增斜井段的增斜率通常取1°/(30m)~2.5°/(30m),钻降斜段利用钟摆钻具或光钻铤的降斜率一般取1°/(30m)~2°/(30m)。

为了保证造斜钻具和套管安全顺利入井,必须对设计剖面的井眼曲率进行校核,使井身剖面的最大井眼曲率小于井下动力钻具组合和入井套管抗弯曲强度允许的最大曲率值。

井下动力钻具定向造斜及扭方位井段的井眼曲率K_m应满足:

$$K_m < \frac{(D_b - D_T) - f}{L_T^2} \times 10.011 \tag{3-1}$$

式中　K_m——井眼曲率,(°)/(30m);

　　　D_b——钻头直径,mm;

　　　D_T——井下动力钻具外径,mm;

　　　f——间隙值,软地层取$f=0$mm,硬地层取$f=3~6$mm;

　　　L_T——井下动力钻具长度,m。

龙王庙组气藏开发定向井靶前距大多在500~800m范围内(平均靶前距630m),靶前距相对较大,因此,设计轨迹造斜率整体控制在6°/(30m)以内即可满足轨迹优化设计需求,具体在ϕ215.9mm井眼狗腿度控制在5°/(30m)以内,ϕ149.2mm井眼狗腿度控制在6°/(30m)以内。

(三)定向井轨迹设计优化实例

以MX008-X22井为例,优化采用"直—增—稳—增—稳"五段制剖面,设计造斜点4170m,位于茅口组稳定地层,ϕ215.9mm井眼增斜段狗腿度优选4°/(30m),增斜至73.8°后稳斜202m钻至目的层龙王庙组顶部,再下入ϕ177.8mm油层套管封固上部斜井段,为下部气层稳斜段创造有利条件。φ149.2mm 井眼优选狗腿度 5.74°/(30m)，最大井斜控制在 85°以内，斜穿储层 600m 完钻（表 3-4、图 3-1）。

表 3-4　大斜度定向井轨迹剖面优化设计结果

井眼尺寸 （mm）	节点	测深 （m）	井斜 （°）	网格方位 （°）	垂深 m	狗腿度 [（°）/(30m)]	闭合距 （m）	闭合方位 （°）
φ215.9	造斜点1	4170	0	21.76	4170	0	0	0
	一增结束点	4724	73.80	21.76	4583	4.00	310	21.76
	龙王庙组顶部（A点）	4922	73.80	21.76	4638	0	500	21.76
	油套下入点	4927	73.80	21.76	4640	0	505	21.76
φ149.2	造斜点2	4947	73.80	21.76	4645	0	524	21.76
	二增结束点	4985	80.98	21.76	4653	5.74	561	21.76
	完钻点	5530	80.98	21.76	4739	0	1100	21.76

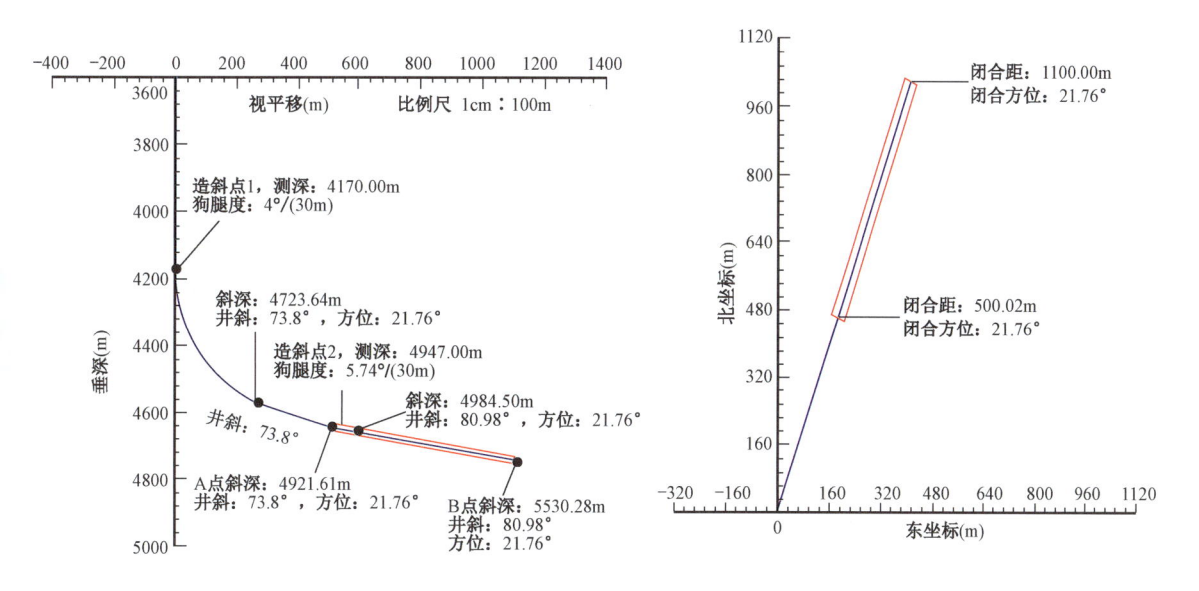

图 3-1　大斜度井定向井设计轨迹示意图

三、水平井井眼轨迹优化设计

水平井井眼轨迹设计是水平井钻井配套技术的首要环节，也是关键环节，水平井井眼轨迹设计工作的优劣，决定着水平井钻井施工能否顺利地进行，乃至能否取得预期的地质效果和开发效果。钻水平井的目的主要是解决地下油气藏的效益和产量问题，问题的性质已经从钻井工程技术本身进一步扩展到地质与油藏工程方面。为了达到提高水平井单井产量的根本目的，水平井的设计思路和方法与常规的直井、定向井不同，它把产层的油藏特性描述和地质设计作为整个设计工作的重点。

水平井按井眼轨迹的曲率半径可分为四类：长曲率半径水平井、中曲率半径水平井、短曲率半径水平井、超短曲率半径水平井。

长曲率半径水平井(简称长半径水平井)最大狗腿度小于6°/(30m),可以使用常规定向钻井的设备、工具和方法,其固井、完井也与常规定向井相同,只是施工难度较大。若使用导向钻井系统,不仅可以较好地控制井眼轨迹,也可以提高钻井速度。它的主要缺点是钻进井段长,摩阻大,起下管柱难度大;它的优势是一次起下钻可以钻较长的水平井段,因此适合于长水平段水平井与大位移井。

中曲率半径水平井(简称中半径水平井)最大狗腿度在(6°~20°)/(30m)范围内,是目前实施较多的水平井类型。其增斜段均要用外弯壳井下动力钻具或导向系统进行增斜,使用随钻测量仪器进行井眼轨迹控制,需使用加重钻杆等特殊井下钻具,固井方式灵活。与长半径水平井相比,靶前无用进尺少,摩阻扭矩小,中靶精度高于长半径水平井。

短曲率半径水平井(简称短半径水平井)最大狗腿度在(20°~300°)/(30m)范围内,多用于老井侧钻,少数也用于新井。此类水平井需要特殊的造斜工具,完井多采用裸眼或割缝筛管完井。由于中靶精度高,施工快速,特别是用连续管施工时速度更快,其投入产出比相对更具优势。

超短曲率半径水平井(简称超短半径水平井)也称为径向水平井,最大狗腿度大于300°/(30m),仅用于老井复活。通过转动转向器,可以在同一深处水平辐射钻出多个水平井眼(一般4~12个)。这种井增产效果显著,而且地面设备简单,钻速也快,前景广阔,但需要特殊的井下工具和钻完井工艺。

(一)水平井靶区参数设计

与定向井的靶区不同,水平井的靶区一般是一个包含水平段井眼轨道的长方体或拟柱体。靶区参数主要包括水平段的井径、方位、长度、井斜角、水平段在油层中的垂向位置以及水平井的靶区形状和尺寸,即水平段允许的偏差范围。确定这些参数要综合考虑地质、采油气和钻井工艺的要求和限制,以保证高产、安全、低成本目的的实现。

1. 水平段长度设计

水平段长度设计方法如下:根据油气井产量要求,按照所期望的产量比值(即水平井日产量是临近直井日产量的倍数),来求解满足钻井工艺方面的约束条件的最佳水平段长度值。这些约束主要是指包括钻柱摩阻、钻机能力、井眼稳定周期及油层伤害状况等因素的限制。

水平井产量主要受水平段长度、储层厚度、物性、压力、流体性质、边底水锥进、钻井时储层伤害等多因素控制,其中水平段长度是可控主导因素。理论上水平段越长,单井产量越高,但水平段长度也受水平段内流动压力损失的制约,且储层随钻井时间延长,伤害程度也增加。水平段在一定程度上适当延长时,其增加的钻井成本相对较少,因此增加水平段长度有利于提高单井产量。目前,世界水平井发展趋势是采用欠平衡、加强油气层保护等措施来减少水平段施工中对储层的伤害,尽可能延长水平段长度,以最大幅度提高单井产量。

综合考虑气藏性质、产量与成本等因素,龙王庙组气藏水平段长优化设计为500~1200m(平均700m)。

2. 水平井井斜角确定

确定水平段井斜角的设计值一般应综合考虑地层倾角、地层走向、油气层厚度以及具体的勘探或开发要求,我国对油气水平井的水平段井斜角设计值的要求一般不小于86°。通常情况下,水平段与油气层面保持平行。

龙王庙组气藏位于构造整体比较平缓的地带,地层倾角范围3°~15°,水平井布井均为气层下倾方向,井斜角与目的层保持平行,因此,水平井井斜角一般为75°~88°范围内。

3. 水平段垂向位置确定

油气藏性质决定了水平段的设计位置,对于无底水的油气藏或无气顶的油藏,水平段宜置于油气层中部;对于有底水的油气藏或有气顶的油藏,设计原则是水平段应尽量远离油水或气水界面;对于同时存在底水和气顶的油藏,应以尽量减少水锥和气锥速度为原则来确定水平段位置;对于重油油藏,为提高采收率,水平段应在油层下部,以便使密度较大的稠油借助重力流入水平井眼。

龙王庙组气藏一般将水平段布于气层顶部以下15m左右的气层中上部,这样有利于水平段在最有利区带穿行,以获得更高的单井产量。

4. 水平井靶体设计

水平井的靶体设计实质上就是要确定水平段位置的允许偏差范围,一方面要严格控制允许偏差,有利于把井眼轨道控制在最有利的地质储层内;另一方面对允许偏差限制过严会加大实际钻井中井眼轨迹控制的难度,加大钻井成本。因此,在进行靶体设计时应综合考虑所钻油气层的地质特性、钻井技术水平和经济成本等因素,在满足钻井目的前提下,尽量放宽允许偏差,以降低控制难度和钻井成本。靶体的垂向允许偏差即靶体的高度,它与油层厚度及油藏形态有关,必须等于或小于油层厚度。靶体的上、下边界应避开气顶和底水的影响,保证把水平段的井眼轨道限定在有利的范围内。一般来说,靶体上下边界对称于水平段的设计位置,但在有特殊要求的情况下并不必须对称,即上、下偏差可以是不等值的。靶体的宽度一般是其高度的几倍(大多为5倍)。靶体的前端面称为靶窗,后端面称为靶底,常见的靶体是以矩形靶窗为端面的长方体。

龙王庙组气藏目的层厚度较厚(一般为30~40m),垂向上和水平向上对水平井轨迹控制要求不高。轨迹设计时,一般要求垂向上靶体控制精度为±5m,水平向上靶体控制精度为±20m。

(二)水平井剖面类型

水平井剖面设计首要根据水平段位置、长度、油气藏开发要求、现有工具、工艺的特点,优选水平井的斜井段轨迹;水平段轨迹受地质构造、储层厚度、含油饱和度、原油物性、储层渗透率等多种因素的影响。

水平井的轨迹剖面类型按空间位置可分为二维剖面和三维剖面,按施工增斜特点可分为单圆弧剖面、双增剖面(双圆弧剖面)、三圆弧剖面等,如图3-2所示。在地面、地质条件允许的条件下,应尽可能设计为二维剖面,但随着地下易采油藏的减少,页岩气等非常规油气藏开发进程的加快,以及地面条件的限制,三维剖面应用得越来越多。

由于龙王庙组气藏地质认识存在不确定性,轨迹剖面设计时一般考虑在入靶前有充分的调整余地,故需要稳斜探到气层顶后再增斜至预定井斜,以降低地质着陆风险。因此,综合考虑开发需求和轨迹控制需要,采用"直—增—稳—增—稳—增—稳"七段制,即"双圆弧+着陆"剖面。

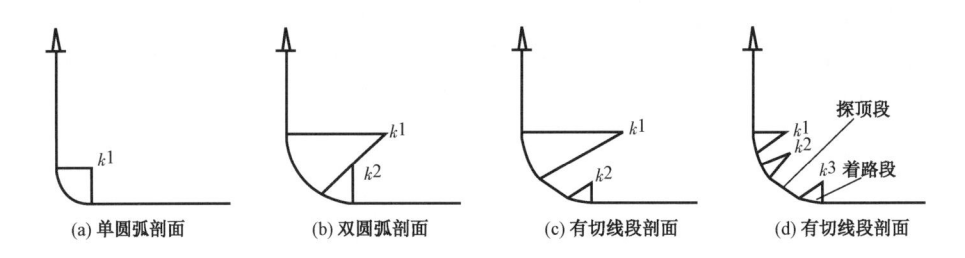

(a) 单圆弧剖面　　(b) 双圆弧剖面　　(c) 有切线段剖面　　(d) 有切线段剖面

图 3-2　水平井井身剖面主要类型示意图

(三) 水平井轨迹设计方法[3]

1. 水平井剖面设计流程

水平井剖面的设计流程如下：

(1) 根据地质提供的入靶点和止靶点三维坐标数据，计算水平段长、水平段稳斜角及设计方位角；

(2) 确定剖面类型，考虑是否需要第一稳斜段，并考虑第一次增斜角的范围；

(3) 确定水平井钻井方法及造斜率；

(4) 计算井身剖面分段数据，根据水平井剖面设计中可供选择的五个基本参数（即造斜点、第一造斜率、第一稳斜角、第一稳斜段长度及第二造斜率），选择其中的任意三个，求出其他两个参数后，再进行井身剖面分段数据计算；

(5) 对初选剖面进行摩阻、扭矩计算分析，通过调整设计的基本参数，选取摩阻及扭矩最小的剖面。

2. 水平井剖面设计的原理和方法

(1) 水平段的数据计算。

假设水平段入靶点为 A 点，止靶点为 B 点，X 为南北坐标（纵坐标），Y 为东西坐标（横坐标），A 点垂深为 H_A，B 点垂深为 H_B（以转盘面为基准），地质提供的三维坐标可表示为 A 点坐标 (X_A, Y_A, H_A)，B 点坐标 (X_B, Y_B, H_B)。

水平段垂深 ΔH 的计算：

$$\Delta H = H_B - H_A \tag{3-2}$$

若 $\Delta H > 0$，说明水平段井斜角 $\alpha_{max} < 90°$；若 $\Delta H = 0$，说明水平段井斜角 $\alpha_{max} = 90°$；若 $\Delta H < 0$，说明水平段井斜角 $\alpha_{max} > 90°$。

水平段平增 ΔS 的计算：

$$\Delta S = \sqrt{(X_B - X_A)^2 + (Y_B - Y_A)^2} \tag{3-3}$$

水平段井斜角 α_{max} 的计算：

$$\alpha_{max} = 90° - \arctan\left(\frac{\Delta H}{\Delta S}\right) \tag{3-4}$$

水平段长 ΔL 的计算：

$$\Delta L = \frac{\Delta S}{\sin\alpha_{\max}} \qquad (3-5)$$

设计方位角 φ 的计算：

$$\varphi = \arctan\frac{Y_B - Y_A}{X_B - X_A} \qquad (3-6)$$

（2）增斜段的考虑因素、设计方法、数据计算。

增斜率的确定首先应根据气藏特性及工程地质条件,确定水平井的类型。通常选长半径水平井,造斜率应小于 $6°/(30m)$;若选中半径水平井,造斜率应大于 $6°/(30m)$。其次,造斜率的大小要考虑现有造斜工具的能力,并留有适当的余地以便进行调节。再者,造斜率的大小应考虑地面因素的影响,当地面条件决定了靶前位移较大时,则选用较低的造斜率,相反,则选用较高的造斜率。最后,在没有其他条件限制时,在现有工具造斜率的范围内,尽可能选用较高的造斜率,根据水平井摩阻与扭矩分析计算,在长、中半径水平井中,造斜率越高,则摩阻及扭矩越小。

龙王庙组气藏开发水平井靶前距大多在 500m 左右,靶前距相对较大,因此,设计为长半径水平井比较合理。现有造斜工具能力也非常匹配,优选轨迹造斜率整体 $6°/(30m)$ 左右,具体在 $\phi215.9mm$ 井眼狗腿度控制在 $5°/(30m)$ 以内,$\phi149.2mm$ 井眼狗腿度控制在 $6°/(30m)$ 以内。

（3）稳斜段设计方法、考虑因素及数据计算。

设计稳斜段的目的。首先是在现有工具造斜率不稳定的情况下,设计稳斜段以便用来调节井眼轨迹。若施工中第一造斜段造斜率大于设计造斜率,则可通过适当延长稳斜段来解决;反之,若第一增斜段造斜率小于设计造斜率,则可通过适当缩短稳斜段,增加第一增斜段长度。稳斜段的存在也能比较灵活地调整进入靶点的垂深及水平位移,同时为调整井斜角及方位角提供井段,实现水平井的矢量入靶。其次是在有明显标准层的情况下,尤其对于中半径水平探井设计稳斜段,以便采用转盘钻进方式探明标准层的位置,调节入靶垂深。最后,在复杂地层设计稳斜段,包括易发生事故或可钻性较差、机械钻速比较慢的地层,以便用转盘钻进方式穿越这段复杂地层,可有效减少井下复杂事故发生率、提高钻井速度、缩短钻井周期。

稳斜角大小的确定。稳斜角一般选在 $40° \sim 75°$,这样的目的主要有：第一,若此时井斜角、方位角不合适,或者实钻井眼轨迹与设计轨迹偏离较大时,有较大余地进行调节;第二,稳斜段在垂深上应尽量接近标准层,便于采用较大钻压和排量,利于岩屑的携带。

稳斜段长度的确定。稳斜段长度的大小主要受下面因素的影响：第一,受地面条件的影响,靶前位移很大时,应适当增加稳斜段的长度,反之减小;第二,受地下复杂情况的影响,若需用转盘钻钻过这段地层,复杂地层越厚,所需要的稳斜段也就越长;第三,受数据分析的影响,稳斜段的最短井段应保证能进行两个测点的测斜,因为只有知道两点的数据后,才能确定本趟钻具组合所用钻井参数是否合适,一般稳斜段应不低于 25m。

因此,龙王庙组气藏水平井稳斜角一般优选为 $70° \sim 75°$,稳斜段长 $400 \sim 500m$,为水平段着陆创造良好的条件。当实钻地层与设计相差较大时，有充足的空间调整井眼轨迹，而不会对井眼轨迹整体造成大的影响，提高设计轨迹的科学性和现场可操作性。

（四）水平井轨迹设计优化实例

首先参考邻井资料，考虑全井在不同井深、层位可能出现的地质及工程风险，对井眼轨迹进行优化设计。首先保证轨迹平滑，其次考虑实钻轨迹漂移情况，尽量避开在易塌、易漏、压力异常等复杂层段定向，充分利用自然造斜规律，合理分配复合、滑动井段，提高复合钻比例，从而保证安全、顺利、高效率地钻达目的层。

优选造斜点位置：为避免在飞仙关组、长兴组易黏卡地层定向，斜井段避开龙潭组易垮塌地层，减少复杂层段暴露长度，避免井下复杂，将造斜点优选在茅二段—栖霞组地层。为更利于提高井眼轨迹控制效率和机械钻速，将区块水平井井眼轨迹设计方案由常规的"直—增—稳"三段制剖面，优化为"直—增—稳—增—稳—增—稳"七段制。优选定向层段，适当提高造斜率：为实现在梁山组易垮塌地层和高台组强研磨地层采用复合钻进，提高机械钻速，选择在茅二段及栖霞组中上部地层、洗象池组、龙王庙组进行定向轨迹控制，根据实际情况，适当将造斜率提高至4.8°/(30m)以上。

以MX008-15-H1井为例，优化采用"直—增—稳—增—稳—增—稳"七段制剖面，设计造斜点4215m，位于茅二段稳定地层，ϕ215.9mm井眼先以4.83°/(30m)狗腿度增斜至43.5°，稳斜穿越梁山组易垮塌层段后，再增斜至71.3°，稳斜穿越研磨性强、可钻性差的高台组地层，为提高钻井速度，稳斜钻至目的层龙王庙组顶部后，下入油层套管封固上部井段，为下部气层水平段奠定基础。ϕ149.2mm井眼狗腿度控制在9°/(30m)以内，水平段井斜设计为87°左右，水平段长807m（表3-5、图3-3）。

表3-5 水平井轨迹剖面优化设计结果

井眼尺寸（mm）	节点	测深（m）	井斜（°）	网格方位（°）	垂深（m）	狗腿度[(°)/(30m)]	闭合距（m）	闭合方位（°）
ϕ215.9	造斜点	4215.0	0	0	4215.00	0	0	0
	一增结束	4483.5	43.5	330	4458.44	4.86	97.12	330
	稳斜段（梁山组易垮层）	4516.0	43.5	330	4482.01	0	119.49	330
	二增结束	4688.5	71.3	330	4574.04	4.83	263.40	330
	龙王庙组顶部（高台组强研磨层）	4863.0	71.3	330	4629.99	0	428.68	330
	油套底	4883.0	71.3	330	4636.40	0	447.63	330
ϕ149.2	增斜段	4920.3	82.0	330	4645.00	8.61	483.87	330
	增斜段	4940.5	87.9	330	4646.78	8.76	503.98	330
	A点	5030.0	87.9	330	4650.06	0	593.42	330
	B点	5837.0	86.4	330	4690.18	0	1399.40	330

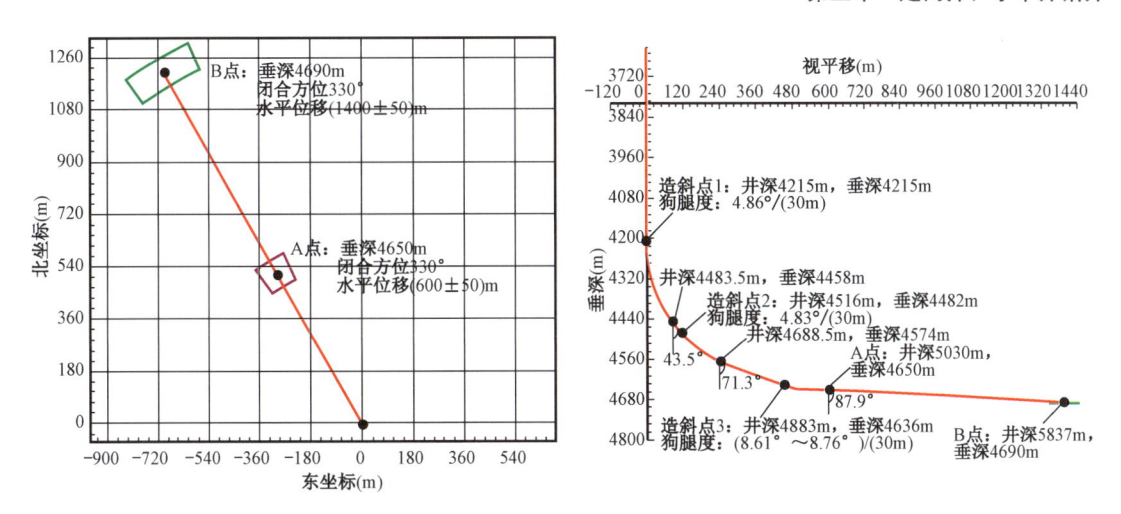

图 3-3　水平井设计轨迹示意图

(五)水平井地质导向设计

设计前应收集水平井邻井的地质录井、测井资料,进行地层小层对比,全面细致地认识目的层地质特征和电性特征。确定地层对比标志层,制订目的层地质录井标准和测井解释标准。利用地质资料研究水平井部署井区目的层特征,建立水平段油藏地质模型,校核原地质设计,制订水平井地质导向方案,设计导向仪器与导向工艺。

导向仪器选择对储层追踪的效果与钻井成本具有重要影响。如果需要采用随钻测井仪器,应选择储层与上下层特征差异明显的随钻测井仪器组合,并尽可能降低导向仪器的使用成本。

导向设计的第一步是分析设计井储层以上标志层、储层与上下地层的特征信息,如钻时曲线、岩性、气测参数、钻井参数、电性特征曲线等,建立设计剖面的预测曲线,供现场地质导向参考。

根据钻井、录井、随钻测井等资料设计出现场地质导向工艺措施,包括以下几个方面。

(1)标志层识别。提出标志层的钻井、录井与随钻测井特征,以及标志层与目标层的垂直距离,提出井眼轨迹入靶控制要求。

(2)井眼轨迹在储层最佳位置设计。根据不同的油气藏特点与开发工艺,提出最佳水平段在油气层内的控制目标,以实现最佳的开发效果。

(3)储层追踪工艺。提出综合运用随钻测量、岩屑录井、岩屑荧光录井、气测录井、钻时录井、钻井参数监测等手段以提高储层钻遇率,保证水平井眼在储层最佳位置钻进的技术措施。

(4)根据地层的钻井、录井、测井特征,按经济有效的原则设计导向的仪器及其测量参数组合。

第三节　井眼轨迹测量技术

随着定向井、水平井、大位移井等特殊工艺井的广泛应用,以及勘探开发难度的日益增大,对钻井的要求也越来越高,为了满足定向钻井实时监控井斜、方位、工具面等参数的需求,石油科技人员研发了一种能够实时提供井下轨迹参数并能将这些参数及其他参数一起传输到地面的测量工具来替代早期的单点和多点测量,这就是随钻测量技术(MWD)。随钻测量技术的发展促进了钻井、录井、测井乃至地震(随钻地震 SWD)和地质(实时评价 FEWD)的多学科交叉融合,实现了在钻井的同时对钻井作业的综合评价和实时测井作业,简化了钻井作业程序,提高了钻井作业精度,节省了钻机时间,降低了成本,能够实时检测到地层变化以便及时对钻井设计予以必要的调整,最大限度地在油气藏中最优质层钻井,提高了油气采收率。该技术已成为高效开发复杂油气藏的最重要手段。

测量仪器就是钻井工作者的眼睛,是实现井眼轨迹控制必不可少的工具。定向钻井技术的发展主要依赖于先进的测量仪器和井下工具。测量仪器的基本用途是测量井眼轨迹的几何参数(井深、井斜角、井斜方位角)、定向参数(工具面角)、地质参数(自然伽马、电阻率、岩石密度、中子孔隙度等)和钻井工艺参数(钻压、转速、泵压)等,为井眼轨迹控制提供依据。

目前,国际上的 MWD、LWD(随钻测井)能够测量 30 多种参数,仪器外径范围 ϕ44.5～216.0mm,基本上能满足各种定向钻井的需要。世界上大的石油技术服务公司近年加强了随钻技术的研发力度,国外已有 8 家公司拥有该项技术,其中以斯伦贝谢、贝克休斯和哈里伯顿公司最为著名。斯伦贝谢为随钻测量技术的集大成者,服务领域从早期主要集中在海洋钻井平台服务逐步向陆地推进。在北海、墨西哥湾、中东、西非以及中国南海、东海、渤海等区域,MWD、LWD 正越来越多地取代电缆测井而成为常规服务项目。据国外资料统计,在海上钻井作业中,使用 MWD、LWD 的比例高达 95% 以上[4-8]。

国内随钻测量技术的研发和应用起步较晚,中国海洋石油在随钻测量技术应用上最早也最广泛,但基本上也是以国外技术为主,我国许多重点井的随钻技术多是由国外公司直接提供服务。随着陆地大位移井、水平井的大范围应用,随钻测量技术的应用也越来越普遍,中国石油、中国石化两大公司每年已有数百口井应用,且呈快速递增趋势。

一、测量的性质和特点

(一)测量的方法、媒介和基准

石油钻井过程中的测量属于工程测量的一种,从物理意义上讲,测量井下钻具的工具面角,即为井下钻具定向或测量井眼的轨迹均属于空间测量。由于石油钻井工程的特殊性使得这一测量过程必须借助专门的工具和仪器,采取间接测量的方法来完成。目前,石油钻井过程中的井眼轨迹测量需要借助三种媒介,即大地的重力场、大地磁场和天体坐标系,由此产生了与这三种测量媒介有关的测量仪器。

(1)借助于重力场测量井斜角或高边工具面,采用的测量原件为测角器、罗盘重锤或重力加速度计等。这类仪器的测量基准是测点与地心的连线,即铅垂线。

(2)借助于地磁场测量方位角或磁性工具面,采用的测量原件为罗盘或磁通门等。这类仪器的测量基准是磁性北极,所以磁性仪器测量的方位角数据必须根据当地的磁偏角修正成地理北极的数据。

(3)借助于天体坐标系测量方位角或磁性工具面,采用的测量原件为陀螺仪。陀螺仪为惯性测量仪器,这类仪器入井前必须对其自转轴进行地理北极的方位标定。

(二)测量的特点

(1)钻井过程中的测量是间接测量,必须借助于专用工具和仪器完成。而且根据测量仪器的数据记录和传输方式的不同,钻井测量分为实时测量和事后测量。

(2)测量仪器的尺寸受到井眼和钻井工具的限制,特别是入井仪器的径向尺寸必须能够下入套管和钻具内,而且不会因仪器的下入而影响钻井液的流动或产生过大的钻井液压降。

(3)入井仪器会承受地层和钻井液的高压,仪器的保护筒和密封件必须能够承受这种高压,而且还应具备一定的安全系数。

(4)由于地层的温度随着井深变化,入井仪器是在高于地面温度的环境里工作,要求下井仪器具有良好的抗高温性能。一般耐温125℃以下的仪器称为常温或常规仪器,耐温125~182℃的仪器称为高温仪器。

(5)某些仪器在使用过程中要承受冲击(如需要投测的单多点测斜仪)、钻具转动(如MWD仪器)、钻头和钻具在钻进过程中的震动(如MWD和有线随钻测斜仪)等。

二、测量仪器的分类和应用范围

(一)测量仪器的分类

按测量原理分为以下四类:(1)液面原理仪器(液面类),包括虹吸测斜仪、氢氟酸测斜仪;(2)重力原理仪器(罗盘类),包括磁罗盘单点照相测斜仪、磁罗盘多点照相测斜仪;(3)磁北极原理仪器(电磁类),包括有线随钻测斜仪、无线随钻测斜仪(MWD)、电子多点测斜仪;(4)陀螺原理仪器(陀螺类),包括照相陀螺测斜仪、电子陀螺测斜仪。

按测量仪器是否在线分为以下两类:(1)离线测量仪器(间断测量仪器),包括虹吸测斜仪、单(多)点照相仪、电子单(多)点测斜仪等;(2)在线测量仪器,包括MWD、LWD等。

按信号传输方式分为以下两类:(1)有线测量仪器,SST;(2)无线测量仪器,MWD、LWD、EWD等。

(二)常用测量仪器的应用范围

1. 磁罗盘单(多)点照相测斜仪

磁罗盘单(多)点照相测斜仪适用于普通定向井和无邻井磁干扰的丛式井中,与无磁钻铤配合使用,为井下钻具组合定向或测取井身轨迹数据。ϕ35mm外径的常规单点和多点照相测斜仪适应温度小于125℃的井眼,而ϕ25mm外径的常规单点和多点照相测斜仪适应温度小于182℃的井眼。

2. 有线随钻测斜仪

有线随钻测斜仪适用于较深的定向井和无邻井磁干扰的丛式井或大斜度井、水平井中,与无磁钻铤配合使用,为井下钻具组合定向。

3. 无线随钻测斜仪

无线随钻测斜仪适用于超深定向井、大斜度井、水平井中或海洋钻井平台上,与无磁钻铤配合使用,为井下钻具组合定向或测取井身轨迹数据。

4. 电子多点测斜仪

电子多点测斜仪适用于精度要求较高的定向井、无邻井磁干扰的丛式井、大斜度井、水平井中或海洋钻井平台上，与无磁钻铤配合使用，为井下钻具组合定向或测取井身轨迹数据。

5. 照相单点和多点陀螺测斜仪

这类仪器适用于已下套管的井眼中测取井身轨迹数据，或在丛式井、套管开窗侧钻井中为井下钻具组合定向。

6. 电子陀螺测斜仪

电子陀螺测斜仪适用于已下套管的井眼中测取较高精度的井身轨迹数据，或在丛式井、套管开窗侧钻井中为井下钻具组合定向。

三、MWD 无线随钻测斜仪简介

MWD 无线随钻测斜仪是在有线随钻测斜仪的基础上发展起来的一种新型随钻测量仪器。它与有线随钻测斜仪的主要区别在于井下测量数据以无线方式传输。

（一）信号传输方法

MWD 无线随钻测斜仪按传输通道分为钻井液脉冲、电磁波、声波和光纤四种方式。其中钻井液脉冲和电磁波方式已广泛应用于生产实践，钻井液脉冲方式应用最为广泛。

1. 钻井液脉冲传输方式

（1）连续波方式。

连续发生器的转子在钻井液的作用下产生正弦或余弦压力波，由井下探管编码后的测量数据通过调制系统控制的定子相对于转子的角位移使这种正弦或余弦压力波在时间上出现位移，在地面连续地检测这些相位移的变化，并通过译码、计算得到测量数据，见图 3-4。这种方式的优点是数据传输速度快、精度高；缺点是结构复杂，数字译码能力较差。

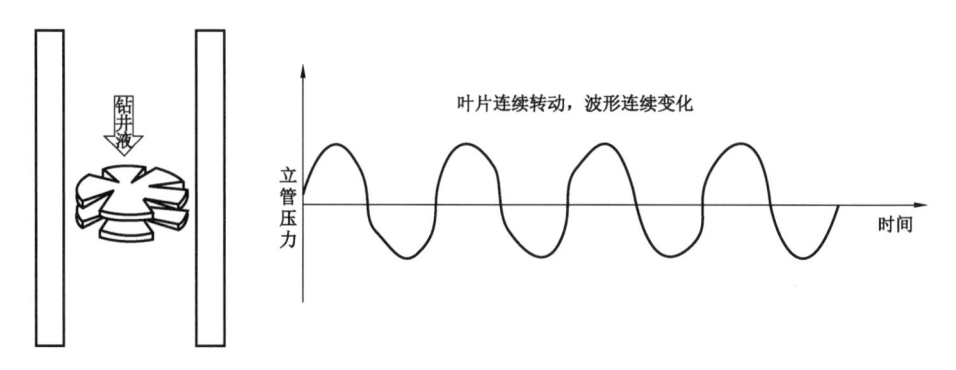

图 3-4 连续波方式钻井液脉冲传输示意图

（2）正脉冲方式。

钻井液正脉冲发生器的针阀与小孔的相对位置能够改变钻井液流道在此的截面积，从而引起钻柱内部钻井液压力的升高，针阀的运动是由探管编码的测量数据通过驱动控制电路来实现，见图 3-5。由于用电磁铁直接驱动针阀需要消耗很大的功率，通常利用钻井液的动力，采用小阀推大阀的结构。在地面通过连续地检测立管压力的变化,并通过译码转换成不同的测量数据。这种方式的优点是下井仪器结构简单、尺寸小、使用操作和维修方便、不需要专门的无磁钻铤;缺点是数据传输速度慢、不适合传输地质资料参数。

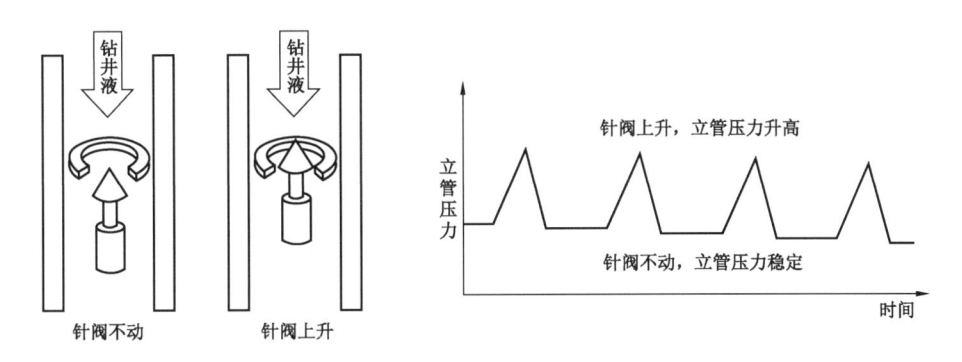

图3-5 正脉冲方式钻井液脉冲传输示意图

(3)负脉冲方式。

钻井液负脉冲发生器需要安装在专用的无磁短节中使用,开启钻井液负脉冲发生器的泄流阀,可使钻柱内的钻井液经泄流阀与无磁钻铤上的泄流孔流到井眼环空,从而引起钻柱内部钻井液压力降低,泄流阀的动作是由探管编码的测量数据通过驱动控制电路实现的,见图3-6。在地面通过连续地检测立管压力的变化,并通过译码转换成不同的测量数据。这种方式的优点是数据传输速度较快、适合传输定向和地质资料参数;缺点是下井仪器结构较复杂,组装、操作和维修不便,需要专用的无磁钻铤。

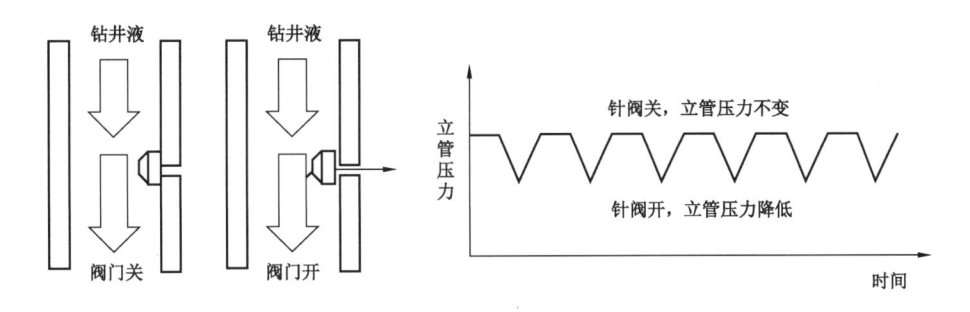

图3-6 负脉冲方式钻井液脉冲传输示意图

2. 电磁波传输方式

电磁波信号传输主要是依靠地层介质来实现的。井下仪器将测量的数据加载到载波信号上,测量信号随载波信号由电磁波发射器向四周发射,见图3-7。地面检波器在地面将检测到的电磁波中的测量信号卸载并编码、计算,得到实际的测量数据。这种方式的优点是数据传输速度较快,适合于普通钻井液钻井、泡沫钻井液钻井、气体钻井、激光钻井等钻井施工中传输定向和地质资料参数;缺点是地层介质对信号的影响较大、低电阻率的地层电磁波不能穿过、电磁波传输的距离也有限、不能满足深井施工。

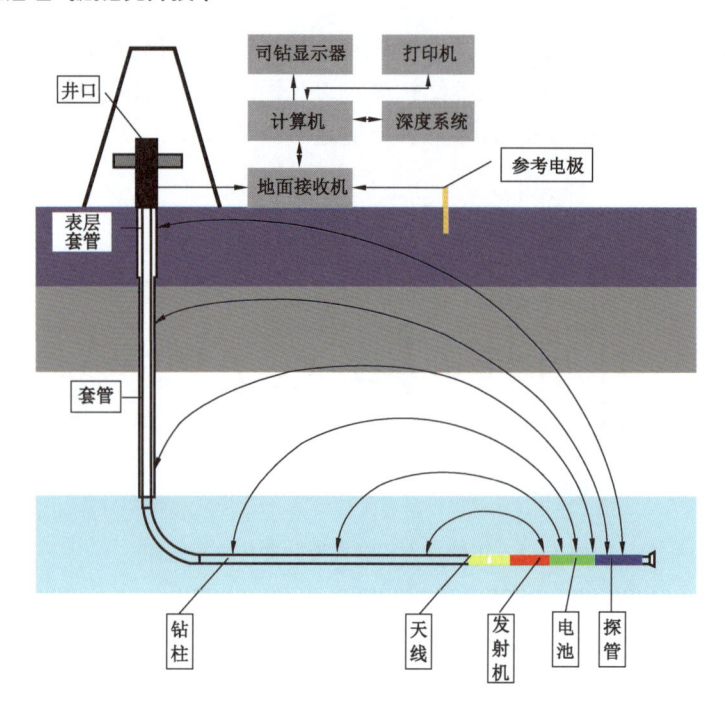

图 3-7　电磁波传输方式示意图

(二) 系统组成与规格参数

典型的钻井液脉冲式 MWD 随钻测斜仪主要由 6 部分组成：(1)地面计算机及外部设备(包括终端、打印机、记录仪和供电电源等)；(2)数据检测设备；(3)司钻阅读器；(4)测量探管总成；(5)钻井液脉冲发生器；(6)供电系统(电池或涡轮发电机)。通过井内钻井液的压力脉冲传递井下探测仪器测取的井眼轨迹参数的编码数据，由地面接收压力传感器测量此脉冲，然后由地面计算机进行解码处理，以数字形式显示和打印出来，定量指导定向现场施工。

无线随钻测斜仪克服了有线随钻测斜仪的缺点，但由于信号的传输是靠压力脉冲实现的，因此信号的传输速度较慢，在传输过程中会受到较大的外界干扰。它的优点是可以对井眼轨迹进行实时监测、实时调整，控制更加精确，从而使井眼更加光滑。同时简化了施工程序，节约了定向造斜工作时间。当需要改变定向工具面时，MWD 系统可以通过转动转盘来调整，操作方便、快捷，使井眼轨迹控制更加容易。施工中可随时活动钻具、转动转盘，在测斜时不需要长时间停泵，不用卸方钻杆，降低了黏附卡钻事故发生的概率。由于不使用电缆绞车，不会出现断钢丝绳和井口密封失效事故，进一步提高了定向钻井施工效率。国外常见 MWD 仪器规格见表 3-6。

表 3-6　国外 MWD 仪器规格

公司		TELEO	Sperry-Sun	Geolink	SMITH	EASTMAN
仪器精度	井斜角(°)	±0.25	±0.2	±0.1	±0.2	±0.2
	方位角(°)	±1.5	±1.5	±1.0	±1.0	±2.0
	工具面角(°)	±3.0	±2.8	±1.0	±1.0	±2.0

续表

公司		TELEO	Sperry–Sun	Geolink	SMITH	EASTMAN
脉冲方式		正脉冲	负脉冲	正脉冲	正脉冲	负脉冲
能否回收		不可回收	不可回收	不可回收	可回收	不可回收
耐温(℃)		125	125	150	125	125
耐压(MPa)		105	105	105	140	140
对钻井液的要求	含砂	<1%	<2%	<1%	<1%	<1%
	排量(L/s)	12.6~69.3	9.45~75.6	5~69.3	5~50	不限
	黏度(mPa·s)	无限制	50	50	无限制	50
测量内容		定向参数	定向参数	定向参数	定向参数	定向参数
电源		发电机	发电机	电池	电池	电池
仪器总长(m)		D:10.4 DG:11	D:4.92 DG:7.13	5.64	14.6 包括钻铤	5.5
钻铤规格(in)		特殊钻铤 6¾、7¾、8¼、9½	标准钻铤 4¾~9½	标准钻铤 4¾~9½	标准钻铤 4¾~9½	标准钻铤 6¾、7¾、8、9、9½

四、龙王庙组气藏随钻测量工具优选

龙王庙组气藏定向井、水平井斜井段井温普遍较高(一般在140~150℃范围内),液柱压力高(一般高于80MPa),钻井液密度高,排量较小,信号传输距离远(5500m左右的完钻井深),对定向井随钻测量设备的技术要求更加严格。国内常规的MWD仪器抗高温、抗高压性能等难以满足定向现场施工要求。

本区定向施工过程中,定向井和水平井造斜段均优选采用进口哈里伯顿APS 650型抗高温MWD(抗温能力达到175℃,抗压达到138MPa),水平井水平段优选采用进口斯伦贝谢ImPluse小井眼抗高温MWD(抗温能力达到175℃,抗压达到170MPa)。其信号传输方式均为钻井液脉冲传输方式。为确保深井高温环境下MWD仪器信号的顺利传输,优选经济、可靠实用的旋转阀式脉冲发生器。

旋转阀式脉冲发生器是一种电子式脉冲发生器,通过电子软件控制,具有多种输出方式。主要由阀组部件、脉冲器驱动组件、运动驱动组件、流量开关检测模块等组成。其工作原理为(图3-8):阀系中的转子在受控驱动下,产生与定子的相对运动,导致定子与转子之间孔间隙的变化,实现对通道内流体的阻流作用而产生正压力脉冲,转子受控驱动调整。

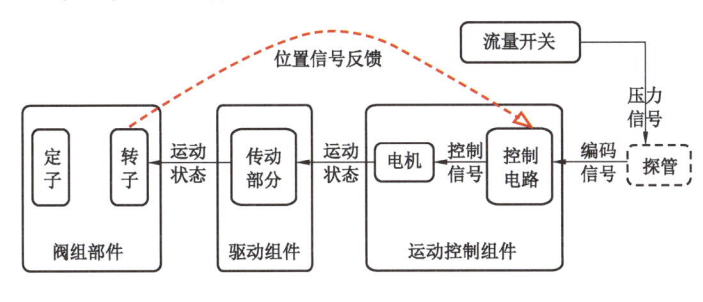

图3-8 旋转阀式脉冲发生器工作原理图

无线随钻测量仪器提供井下实时测量数据,而井下随钻测量探管和脉冲发生器是井下信号向上传输的关键执行部件,直接关系到井下实时测量数据的可靠传输。测量探管负责测量、处理原始数据,控制传输井斜、方位、工具面、井下温度等参数。脉冲发生器主要是产生钻井液压力脉冲,将井底压力信号无线传输至井口传感器。目前,钻井液脉冲器根据节流方式可分为针阀式、旋转阀式和连续波脉冲发生器,三种类型脉冲发生器特性见表3-7。

表3-7 三种类型脉冲发生器的特性

类型	特性	说明
针阀式脉冲发生器	(1)仪器结构简单,操作使用维修方便; (2)数据传输速度较慢; (3)对钻井液和堵漏材料有一定的要求限制,易被堵漏材料堵塞; (4)仪器耐温耐压低,一般不超过150℃、140MPa,当井下温度超过120℃后仪器易失效	使用最普遍、最稳定
旋转阀式脉冲发生器	(1)仪器生产成本较高; (2)数据传输速度较慢; (3)能在不同相对密度的钻井液中和不同的井内条件下使用,能够最大程度地降低阻塞几率; (4)仪器抗温175℃,抗压170MPa	一般用在深井和超深井中
连续波脉冲发生器	(1)传输速度快,可达到5~10bit/s,实现数据的实时传递并且传输速度可调; (2)由于信号受噪声干扰影响比较大,因此对信号处理系统的要求比较严格,有一定技术难度	国外的成熟技术,价格昂贵

龙王庙组气藏钻井过程中栖一段、洗象池组等容易发生漏失,在加入堵漏剂堵漏后容易造成针阀式脉冲发生器堵塞,导致仪器无信号,因此应尽可能选择较大的阀口,最大程度地降低阻塞几率。同时,通过前期的研究,国内一直在持续开展超深高温水平井技术和相关装备的研制工作,积累了丰富的旋转阀式高温仪器使用和维修经验,可满足工业化生产应用。

2015—2017年,旋转阀式脉冲器在龙王庙组气藏MX009-3-X3井等30余口井进行了现场应用(表3-8),入井使用100余次,累计钻井进尺21466m,最长单趟钻井进尺764m,累计入井使用时间13391h,最长单趟入井使用时间268h,使用效果良好。现场应用表明,旋转阀式脉冲器入井后能保证较长的正常工作时间,同时传输数据波形清晰,信号强度0.7MPa左右,数据解码准确,能够按设置发送波形,无漏波现象,能够满足定向施工需要。

表3-8 旋转阀式脉冲发生器现场使用效果统计

年度	钻井进尺(m)	入井次数(次)	入井时间(h)	仪器故障率(%)
2015	13724	57	7226	3.50
2016	6444	36	4831	2.78
2017	1298	10	1334	0

第四节 减摩降扭技术

针对高石梯—磨溪区块井温高、造斜段和水平段滑动钻井过程中井下摩阻大导致定向托压严重、页岩段地层易跨等技术难点,开展了水力振荡器、钻柱扭摆系统等减摩降扭工具的研究与应用,确保大斜度定向井、水平井斜井段定向施工顺利高效,同时降低复杂事故发生率。

一、水力振荡器

（一）工作原理

水力振荡器主要由三个机械组成部分(图3-9):(1)振荡短节;(2)动力部分;(3)阀门和轴承系统。

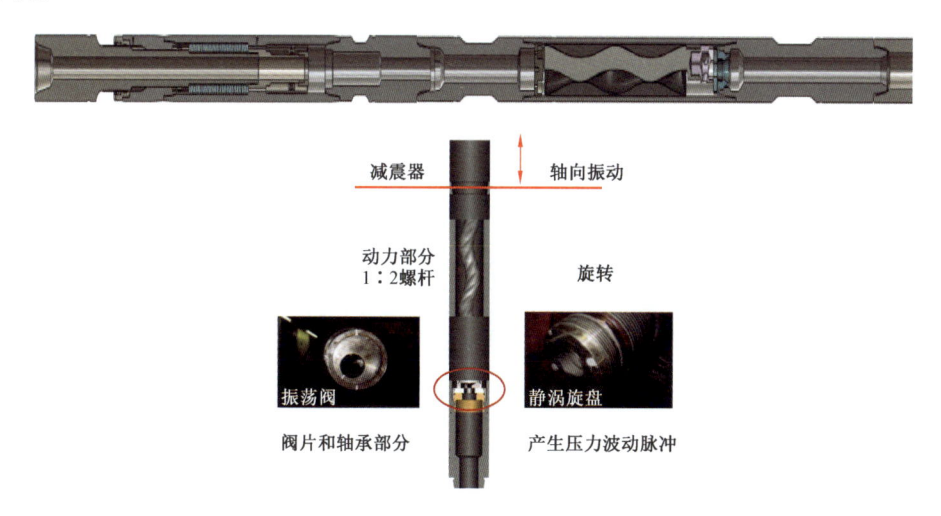

图3-9 水力振荡器结构图

工具的动力部分是由1/2头的动力钻具组成,直达转子的下端固定一个阀片。钻井液通过动力部分时,驱动转子转动,转子末端阀片即动阀片在一个平面上往复运动。动阀片的下端装有一定阀片,动阀片和定阀片紧密配合,由于转子的转动,导致两个阀片过流面积周期性交替变换,从而引起上部钻井液压力发生变化。由水力振荡器产生的上部钻井液压力变化,作用在振荡短节内的活塞上,由于压力时大时小,短节的活塞就在压力和弹簧的双重作用下轴向上往复运动,从而使水力振荡器上下的钻具在井眼产生轴向的往复运动,钻具在井底暂时的静摩擦变成动摩擦,摩擦阻力大大降低。因此水力振荡器可以有效地减少因井眼轨迹而产生的钻具托压现象,保证有效的钻压传递。

水力振荡器是一种通过产生轴向振动减少钻具与井壁间摩擦力的装置,通过与导向动力钻具配合,来改善对工具面的控制和增加机械钻速。转盘钻进时可以降低钻进过程中的黏滑振动来增加机械钻速和延长钻头使用寿命。

(二)技术优势

水力振荡器的功效主要包括以下五个方面:(1)可以显著改善钻压在钻进过程中的损失,减少井壁与管柱之间的摩阻;(2)可以与MWD、LWD配合使用,不会损害MWD仪器,不会干扰MWD的信号传输,并可以有效减小钻具的横向振动和扭转振动,与钻具组合时,可以连接在MWD工具的上部或者下部;(3)与钻头配合使用时,可以和牙轮钻头或者任何固定切削齿类型的钻头配合使用,不会对钻头的切削齿或者轴承造成冲击破坏,钻压传递平稳,可以有效延长PDC钻头的使用寿命,不会产生顿钻现象;(4)加强钻具的定向能力,防止钻具重量叠加在钻具的一点或者一段,从而更好地控制工具面,在不能施加大钻压的滑动钻进过程中有效地提高机械钻速,在减小钻杆压缩量的情况下,有效地将钻压传递到钻头;(5)可以用于打捞作业,有效提高解卡效率。

水力振荡器可以应用于所有的钻进模式中,特别是在有螺杆的定向钻进过程中,它能有效改善钻压的传递,达到平滑稳定的钻压传递,减少扭转振动。甚至在经过大的方位角变化后的复杂地层中,对PDC钻头工具面角也具有很强的调整控制能力,可以使钻具组合钻达更深的目的层,并且在钻进过程中不需要过多的工作来调整钻具,很快就可以调整和稳定工具面角,从而有效提高机械钻速,缩短钻井周期。

(三)技术规格

常用水力振荡器技术规格见表3-9。

表3-9 常用水力振荡器技术规格

公称尺寸	3⅜in 85.725mm	3¾in 95.250mm	4¾in 120.650mm	6¾in 171.450mm	8in 203.200mm	9⅝in 244.475mm
总长	6.5ft 1.98m	6.5ft 1.98m	9.0ft 2.74m	9.0ft 2.74m	11.0ft 3.35m	12.5ft 3.81m
重量	125lb 56.70kg	125lb 108.86kg	310lb 140.61kg	1000lb 453.59kg	1600lb 725.74kg	2000lb 907.18kg
推荐排量	90~140gal/min 5.67~8.82L/s	90~140gal/min 5.67~8.82L/s	150~270gal/min 9.45~17.01L/s	400~600gal/min 25.2~37.8L/s	500~1000gal/min 31.5~63L/s	600~1100gal/min 37.8~69.3L/s
工作温度	150℃	150℃	150℃	150℃	150℃	150℃
工作频率	26Hz (7.56L/s)	26Hz (7.56L/s)	18~19Hz (15.75L/s)	16~17Hz (31.5L/s)	16Hz (56.7L/s)	12~13Hz (56.7L/s)
工作产生压差	450~700psi 3.10~4.82MPa	500~700psi 3.45~4.82MPa	550~650psi 3.79~4.48MPa	600~700psi 4.14~4.83MPa	600~700psi 3.10~4.83MPa	500~700psi 3.45~4.82MPa
最大拉力	184000lbf 818.47kN	250000lbf 1112.05kN	354000lbf 1574.67kN	693000lbf 3082.62kN	990000lbf 4403.74kN	184000lbf 5604.76kN
接头类型	2⅜in REG 2⅞in REG	2⅜in IF 2⅞in IF	3½in IF	4½in IF	6⅝in REG	7⅝in REG

（四）安放位置

在使用过程中,根据水力振荡器工作时的振动频率、振动幅度、振动加速度、钻井液密度、钻井液排量、井斜条件、地层可钻性以及钻头、钻具尺寸等参数,采用钻柱力学、水力学等方法模拟计算,得出在不同井斜条件下,水力振荡器距钻头的最佳安放位置(图3–10)。利用现场试验数据进行修正,得出了以下水力振荡器推荐加放位置。

（1）井斜0°~20°井段,水力振荡器推荐加放位置为距钻头100~150m。
（2）井斜20°~80°井段,水力振荡器推荐加放位置为距钻头40~60m。
（3）井斜80°~90°井段,水力振荡器推荐加放位置为距钻头100~120m。
（4）水平段,水力振荡器距钻头位置为已钻水平段长的¼~⅓。

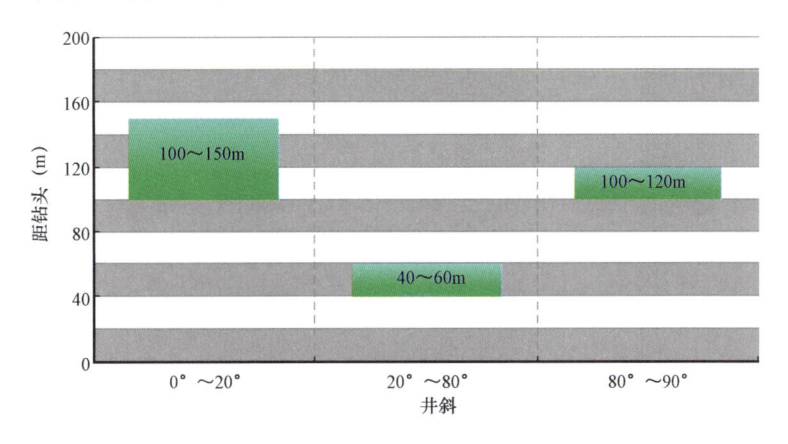

图3–10 水力振荡器推荐安放位置

（五）现场应用情况

龙王庙组气藏定向井、水平井定向增斜时,由于茅口组地层渗透性好、泥质含量高而易形成虚厚滤饼、滑动定向钻井方式托压严重,导致单次定向进尺短、滑动定向造斜率不稳定、定向施工效率低、钻具黏卡风险高。为解决该难题,在高石梯—磨溪地区开展了水力振荡器试验应用20余口井,水力振荡器在7口典型井中的使用效果见表3–10。

表3–10 水力振荡器现场应用效果对比

序号	井号	井段（m）	井斜（°）	层位	平均机械钻速（m/h）	工具使用	应用效果评价
1	GS3	4641.10~5013.75	9.10~51.30	沧浪铺—筇竹寺组	0.98	未使用	提速21.4%,基本无托压现象
	GS12	4675.56~4965.4	11.20~49.00		1.19	使用	
2	MX008–H3	4566.06~4639.80	40.70~56.60	洗象池组	1.52	未使用	提速13.2%,基本无托压现象
		4639.80~4740.00	56.60~66.70		1.72	使用	
3	MX008–H8	4143.29~4297.53	0.60~19.00	龙潭组—栖一段	1.43	未使用	提速35.0%,托压情况有所缓解
		4297.53~4400.40	19.00~35.00		1.93	使用	
4	MX009–3–X1	4140.00~4204.00	0.57~13.00	茅二组—栖霞组	0.97	未使用	提速96.9%,基本无托压现象
		4277.54~4413.07	27.80~49.80		1.91	使用	

续表

序号	井号	井段（m）	井斜（°）	层位	平均机械钻速（m/h）	工具使用	应用效果评价
5	MX009-4-X1	4042.00~4222.50	12.75~24.39	龙潭组—栖一段	1.19	未使用	提速29.4%，托压情况有所缓解
		4222.50~4404.50	24.39~66.53		1.54	使用	
6	MX009-X6	4076.31~4247.83	1.97~13.20	龙潭组—栖一段	1.85	使用	平均机械钻速高，有效避免滑动托压
		4416.04~4466.1	29.15~37.25				

现场应用井 MX009-3-X1 井第一趟钻未使用水力振荡器，在茅口组、栖霞组平均机械钻速仅为 0.97m/h，滑动定向钻进 1~2m 则需上提钻具一次，平均增斜率为 5°/(30m)~6°/(30m)。第二趟钻投入使用水力振荡器，入井总时间为 151h，纯钻时间 71h，进尺 135.53m，机械钻速较未使用水力振荡器提高约 1 倍，达到 1.91m/h（图 3-11），其中滑动定向进尺 57.35m，纯钻时间 38.98h，托压情况有所缓解，滑动定向约 3m 上提一次。茅二段同比滑动定向平均机械钻速由 0.89m/h 提高至 1.47m/h，提速 40%，相比 MX009-X2 井 1.09m/h 提速 25.9%。茅一段滑动定向平均机械钻速 1.44m/h，相比 MX009-X2 井 1.28m/h 提速 11.3%，平均增斜率稳定在 6°/(30m)。

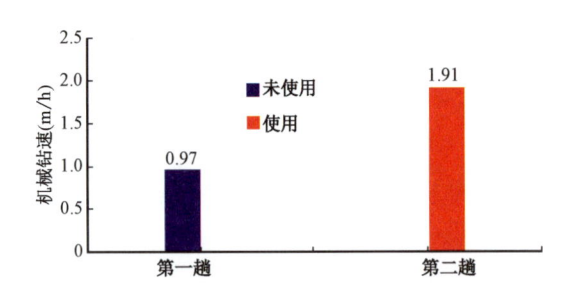

图 3-11　MX009-3-X1 井使用水力振荡器前后机械钻速对比

通过水力振荡器现场试验与应用效果对比分析，得出如下认识。

(1) 通过优化调整水力振荡器安装位置，在水力振荡器的作用下，钻具发生周期性振荡，基本消除了托压和黏卡现象，同时减少了调整工具面的时间并在定向时保持工具面稳定，钻井时效大幅提升。

(2) 优化钻井参数，使用水力振荡器的试验井平均机械钻速达到 1.607m/h，相对于邻井施工平均水平，机械钻速提高了 81.5%。

(3) 使用水力振荡器的试验井平均定向钻井周期为 15.52d，相对于邻井同层位的平均水平，定向造斜周期缩短了 9.06d，缩短率为 36.8%。

水力振荡器在龙王庙组气藏多口定向井、水平井的成功应用和实践数据表明，水力振荡器能大幅改善钻压传递效果，有效缓解定向托压问题，保持定向工具面稳定，并大大减少黏卡现象，有助于克服 PDC 钻头在造斜段进尺短、损坏快、提速不明显的问题，对龙王庙组气藏的开发有十分突出的效果。

二、钻柱扭摆系统

(一) 工作原理

钻柱扭摆系统(图3-12)是专门用于定向井、水平井滑动钻井过程中降低井下摩阻扭矩和滑动钻井托压现象、提高钻井效率和机械钻速的成套系统。通过一个与顶驱司钻箱相连的控制系统,控制顶驱带动钻具顺时针、逆时针按设计参数反复连续摆动,以保持上部钻柱一直处于旋转运动状态,从而克服滑动钻井过程中,因为钻柱不旋转导致的摩阻大、托压钻速慢、岩屑床等多种问题。现场应用结果表明,该系统能使钻压平稳地传递给钻头,从而提高钻井速度,增加工具面稳定性,缩短工具面调整时间,提高定向效率和造斜效果,延长井下设备(动力钻具、钻头)的使用寿命等。

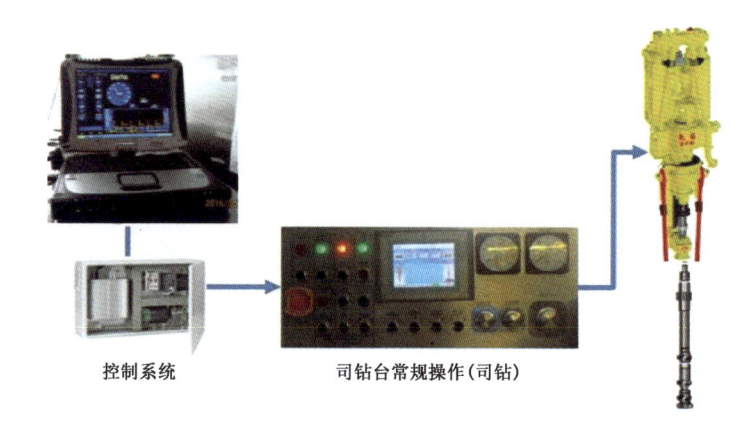

图3-12 钻柱扭摆系统控制原理示意图

(二) 技术优势

(1)全部为地面设备,无井下工具,不影响顶驱正常操作,不会因为该系统的原因导致额外起下钻或井下工具落井风险。

(2)通过地面钻柱扭摆,把上部钻具静摩擦阻力变为动摩擦阻力,使长水平段水平井、大位移井滑动钻井过程中最大限度地降低摩阻、提高机械钻速。

(3)在扭摆循环周期内,通过有控制地施加扭矩脉冲,稳定定向工具面,定向井工程师无须频繁校正和调整工具面作业,从而提高施工效率。同时工具面更加稳定,滑动钻井造斜率更高。

(4)通过消除滑动钻井过程中托压导致的瞬间大钻压,使动力钻具和钻头受反扭矩冲击减小、寿命提高,起下钻次数减少。

(三) 现场应用情况

通过钻柱扭摆系统现场试验与应用效果对比分析,得出如下认识。

(1)有效减少定向辅助时间,提高定向作业时效。图3-13为钻柱扭摆系统在滑动钻进时的应用效果,未使用井段的平均钻时38.2min/m,使用钻柱扭摆系统后平均钻时降为

29.6min/m,且钻进过程中工具面稳定,调整迅速,未出现扭矩下传憋泵、托压等情况。在4980~5000m井段停止使用钻柱扭摆系统后,钻时显著升高且工具面波动范围大,在滑动钻进2~3m后就要上提钻具重新调整工具面。钻柱扭摆钻进定向辅助时间对比如图3-14所示。

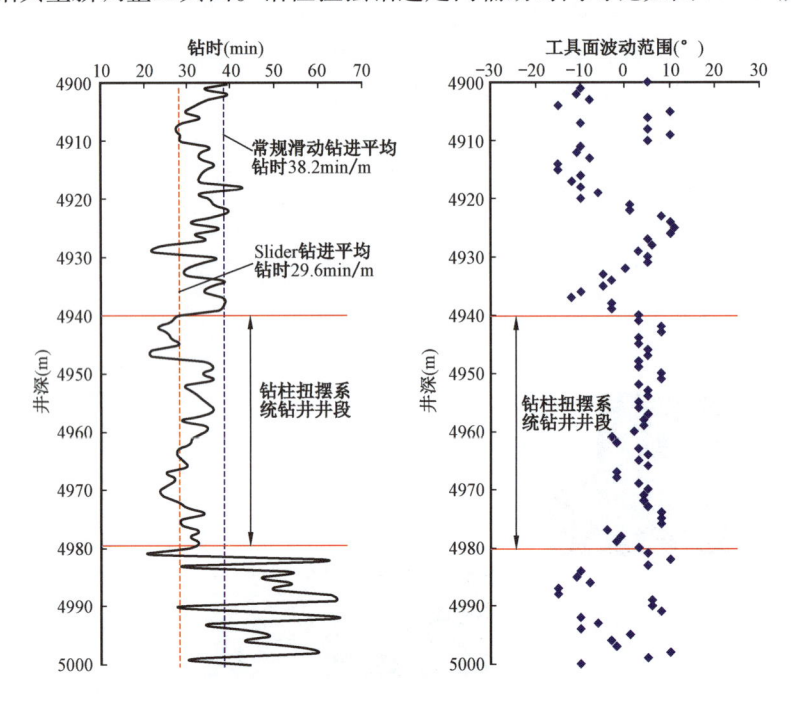

图3-13 钻柱扭摆滑动钻进效果对比

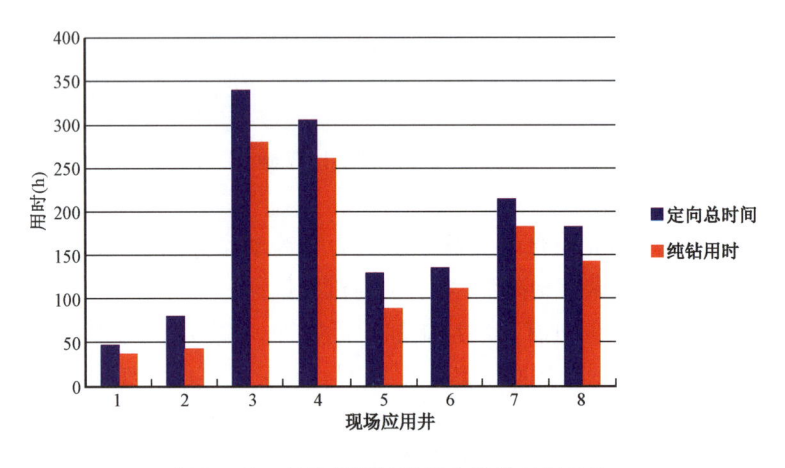

图3-14 钻柱扭摆钻进定向辅助时间对比

(2)有助于控制和保持工具面。现场应用井某趟钻定向目标工具面为-25°~25°,先期使用传统滑动定向1h左右,工具面不稳,且不易调整至目标工具面。转而使用钻柱扭摆系统,工具面稳定在-20°~25°,"附加扭矩"或"零点偏移"均可在钻进过程中不上提钻具的情况下,使用钻柱扭摆系统调节工具面,扭矩钻压传递平稳无托压,工具面稳定,定向辅助时间大幅降低,大幅提高了定向效率(图3-15)。

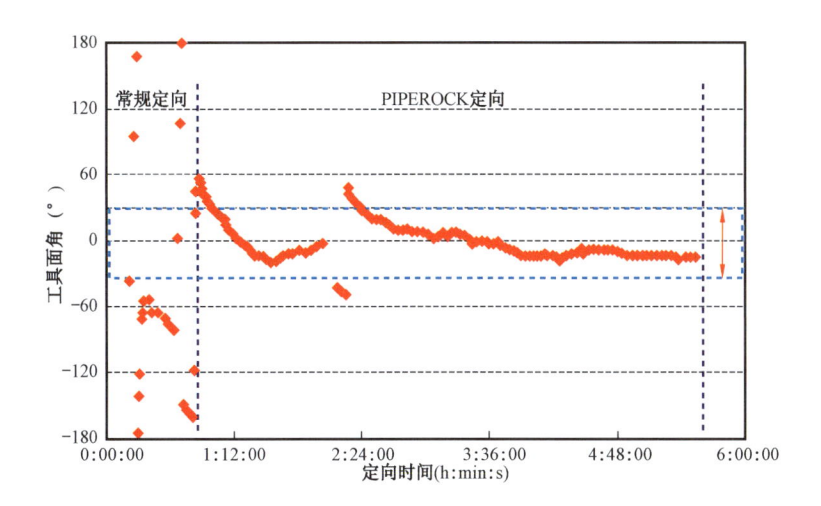

图3-15 钻柱扭摆钻进与常规钻进定向工具面对比

(3)有助于提高钻井钻时,现场应用井复合钻进钻时能达到10min/m左右,钻压、扭矩设定到位的情况下,定向钻进钻时能达到16.7~21.2min/m,相对于常规定向钻进,钻时大幅提高。

(4)杜绝了黏卡等井下复杂情况的出现。现场应用井定向时,全程工具面基本稳定,由于钻柱处于运动状态,极大地改善了滑动定向时滑脱现象,减小了因滑脱失速对钻头和螺杆造成的冲击伤害,提高了钻头和螺杆的使用寿命和钻井安全。

总的来看,应用钻柱扭摆钻进有效缓解了龙王庙组气藏滑动钻进托压问题,提高了有效滑动钻井时间和钻井效率。

参 考 文 献

[1] 王清江. 定向钻井技术[M]. 2版. 北京:石油工业出版社,2016.
[2] 查永进,管志川,戎克生,等. 钻井设计[M]. 2版. 北京:石油工业出版社,2014.
[3] 高德利. 井眼轨迹控制[M]. 东营:石油大学出版社,1994.
[4] 魏学敬,赵相泽. 定向钻井技术与作业指南[M]. 北京:石油工业出版社,2012.
[5] 王清江. 定向钻井技术[M]. 2版. 北京:石油工业出版社,2016.
[6] 中国石油勘探与生产公司,斯伦贝谢中国公司. 地质导向与旋转导向技术应用及发展[M]. 北京:石油工业出版社,2012.
[7] 张进双,赵小祥,刘修善. ZTS电磁波随钻测量系统及其现场试验[J]. 钻采工艺,2005,28(3):25-27.
[8] 刘树坤,汪勤学,梁占良,等. 国内外随钻测量技术简介及发展前景展望[J]. 录井工程,2008,19(4):32-37.

第四章 钻井提速技术

针对上部沙一段、自流井组夹层多,二叠系、寒武系硬夹层多,须家河组、二叠系等地层可钻性差、研磨性强等地质难点,在室内岩石抗钻特性测定基础上,结合实钻井资料,建立了高石梯—磨溪地区岩石可钻性及强度参数剖面,开展了个性化PDC钻头+螺杆、孕镶+涡轮等钻井提速配套工具、工艺等技术研究,形成了以"个性化PDC钻头+螺杆"为主的钻井提速配套技术,实现了寒武系龙王庙组直井100天内完成、水平井114天完成的提速目标,为加快安岳龙王庙组气藏勘探开发进程提供重要的工程技术支撑[1-2]。

第一节 岩石力学及抗钻特性参数分析

地层岩石抗钻特性参数是指在油气井钻井过程中,地层岩石抵抗钻头钻进的强度特性参数,具体包括岩石的抗压强度、抗剪强度、可钻性以及研磨性等。地层岩石抗钻特性参数对于油气钻井工程中合理选用钻头、开展个性化钻头设计、加快钻进速度,以及优化钻井参数、缩短建井周期、降低钻井成本具有重要的意义。

一、岩石抗钻特性参数求取

(一)室内实验方法

1. 室内三轴强度实验测定岩石力学参数

在模拟地层条件下,应用岩石三轴应力测试方法可以求取杨氏弹性模量、泊松比、抗压强度、内聚力和内摩擦角等岩石力学参数,测试时一般需要在特定的围压下进行,如果有必要还需要模拟温度等其他环境因素。三轴应力实验就是通过特殊的加载框架(图4-1),将岩石放置于高压釜中,并注满液压油,然后加压至设定的围压。还可以用加热线圈将岩样加热至一定的温度,再施加轴向压力。根据不同的测试目的,对实验条件进行组合设定。根据三轴实验测得的数据,可绘制出岩样的应力—应变曲线(图4-2),求取岩样的力学参数。

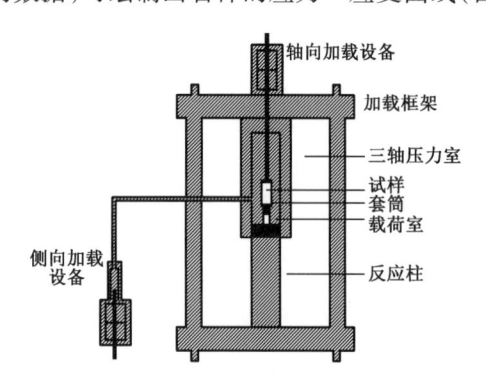

图4-1 三轴应力测试系统示意图   图4-2 岩样的应力—应变曲线

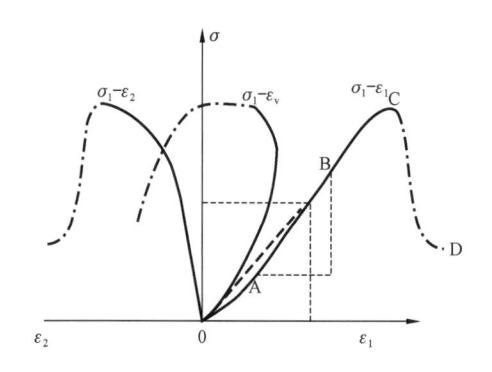

(1)弹性参数。

根据实验测得的岩样应力—纵向应变及应力—横向应变曲线,可求得岩样的弹性模量和泊松比。

弹性模量:

$$E_s = \frac{\Delta\sigma}{\Delta\varepsilon_1} \tag{4-1}$$

泊松比:

$$\mu_s = -\frac{\Delta\varepsilon_1}{\Delta\varepsilon_2} \tag{4-2}$$

式中 E_s——岩石弹性模量,MPa;

μ_s——泊松比;

$\Delta\sigma$——轴向应力增量,MPa;

$\Delta\varepsilon_1$——轴向应变增量,mm/mm;

$\Delta\varepsilon_2$——横向应变增量,mm/mm。

(2)强度参数。

抗压强度 σ_1 为特定围压下地层岩石破碎时的轴向压力。利用两组以上不同围压下的三轴应力测试数据,可以求取岩样的内聚力 C 和内摩擦角 φ。根据摩尔—库仑强度准则,岩石破坏时剪切面上的剪应力 τ 要克服岩石的固有的内聚力 C 以及作用于剪切面上的摩擦力,即:

$$\tau = C + \mu\sigma \tag{4-3}$$

用主应力 σ_1、σ_3 来表示,则为:

$$\sigma_1 = \sigma_3 \cot^2\left(45° - \frac{\phi}{2}\right) + 2C\cot\left(45° - \frac{\phi}{2}\right) \tag{4-4}$$

式中 C——岩石的内聚力,MPa;

ϕ——岩石的内摩擦角,(°);

μ——岩石的内摩擦系数,$\mu = \tan\phi$。

C、ϕ 值是与岩石性质有关的两个常数,它与岩石的类型及结构等有关,对于不同类岩石,C、ϕ 不同,它们由强度实验确定。将实验测得的每组岩心在至少两个围压(σ_3)条件下的破坏强度 σ_1 代入公式(4-4),即可反算出岩石的强度参数 C、ϕ 值。若同一组岩心进行了多个围压下的强度实验,则可由(4-4)式通过线性回归的方法来求得强度参数 C、ϕ 值,此时的结果将具有更好的代表性。

2. 可钻性参数

岩石的可钻性是指钻进时岩石抵抗压力和破碎的能力,也表示进尺效率的高低。因此,岩石的可钻性是岩石各种特性的综合,是衡量岩石钻进难易程度的主要指标。目前,岩石可钻性级值一般采用常温常压条件下的微钻头实验测定,实验采用特定规格微钻头(直径31.75mm

的牙轮钻头或 PDC 钻头),以一定的钻压(牙轮钻头为 890N±20N,PDC 钻头为 500N±10N)和转速(55r/min±1r/min)在岩样上钻三个特定深度的孔(牙轮钻头为 2.4mm,PDC 钻头为 3mm),取三个孔钻进时间的平均值为岩样的钻时(t_d),对 t_d 取以 2 为底的对数值作为该岩样的可钻性级值 K_d,计算公式为:

$$K_d = \log_2 t_d \tag{4-5}$$

式中 K_d——岩样的可钻性级值;
　　 t_d——钻进时间的平均值,s。

求得可钻性级值后,再查岩石可钻性分级标准对照表(表 4-1)进行定级[3]。可钻性级值范围 1~4 为软地层、5~7 为中等地层、8~10 为硬地层。

表 4-1　岩石可钻性分级对照表

测定值(s)	<2²	2²~2³	2³~2⁴	2⁴~2⁵	2⁵~2⁶	2⁶~2⁷	2⁷~2⁸	2⁸~2⁹	2⁹~2¹⁰	>2¹⁰
级值 K_d	1	2	3	4	5	6	7	8	9	10
类别	软				中等			硬		

3. 研磨性参数

在用机械方法破碎岩石的过程中,钻头上的切削工具(硬质合金、金刚石、砂轮等)或钻头体本身及其磨料(钻粒)将与岩石产生连续的或间歇的接触和摩擦。有摩擦就有磨损,因而,破岩工具在破碎岩石的同时,也受到岩石的磨损而逐渐变钝、损坏。岩石磨损钻进工具的能力,称为岩石的研磨性。岩石的矿物成分、石英含量、颗粒大小和形状,岩石与工具摩擦表面的温度、相对速度以及压力等许多因素都在不同程度上影响着岩石的研磨性。

目前岩石研磨性测量的方法较多,而钻进参数的不同组合对其有很大影响,目前尚无统一衡量指标。岩石研磨性实验方法采用的是苏联的巴隆岩石研磨性改进方法,也是苏联石油总公司的统一研磨性实验评价方法。该方法以普通钢加工成外径 12mm、内径 8mm 的钢管,作为"钻头"(标准物)。在岩石的自然断面上以固定的"钻压"和"转速"钻 10min,钻头两头各钻一次,取损失重量的平均值,以 mg 为单位,作为岩石研磨性指标。

岩石的研磨性是指钢杆在一定实验条件下被磨损掉的质量,其计算公式为:

$$\alpha = \frac{\sum\limits_{i=1}^{n} g_i}{2n} \tag{4-6}$$

式中 α——岩石相对研磨性指数,mg;
　　 n——实验所用钢杆的根数;
　　 g_i——第 i 根钢杆磨损后的失重(杆的两端各与岩石相磨一次),mg。

标准杆件法采用磨损量(mg)作为研磨性指标,根据研磨性指标的大小,岩石研磨性可分为 10 级,见表 4-2。

表4-2 岩石研磨性分级标准

研磨性级别	研磨性(mg)	岩石类别
1	0~1	极低研磨性
2	1~5	低研磨性
3	5~10	低研磨性
4	10~20	中等研磨性
5	20~40	中等研磨性
6	40~80	中等研磨性
7	80~120	高研磨性
8	120~160	高研磨性
9	160~200	高研磨性
10	200~1000	极高研磨性

(二)测井资料解释方法

1. 岩石力学参数

由于岩心的获得比较困难,因此,利用室内实验法求取岩石力学参数有明显的局限性。而测井资料中蕴藏着大量的地层信息,长期以来一直在研究和应用地球物理测井资料求取岩石力学参数。由于测井资料的获取容易且表征地层的信息连续,因而得到了广泛应用[4]。

(1)岩石弹性参数。

根据弹性力学理论,利用声波测井的纵、横波速度以及密度资料,可求取岩石的弹性模量和泊松比。

$$E_d = \frac{\rho v_s^2 [3(v_p/v_s)^2 - 4]}{(v_p/v_s)^2 - 1} \tag{4-7}$$

$$\mu_d = \frac{(v_p/v_s)^2 - 2}{2[(v_p/v_s)^2 - 1]} \tag{4-8}$$

式中 v_p——纵波速度,m/μs;

v_s——横波速度,m/μs;

E_d——动态弹性模量,MPa;

μ_d——动态泊松比;

ρ——密度,g/cm³。

式(4-7)和式(4-8)中所求岩石弹性参数是动态的,反映的是地层在瞬间加载时的力学性质,与真实地层所受的长时间静载荷是有差别的。在实际应用中需要利用相关的模式进行动静参数的转换。

(2)岩石的强度参数。

地层声波测井反映声波在岩石中的传播速度,它与岩石的密度、孔隙度、结构强度等密切相关,它作为恒量岩石强度参数的一个重要指标,长期以来一直为众多学者所重视。

① 单轴抗压强度。

通过对一系列岩石试件进行声波测定的结果表明,凡是抗压强度高的岩石其波速也大。根据斯伦贝谢公司的 MECHPRO 测井方法的介绍,Deer 和 Miller 于1966年由实验建立了沉积岩单轴抗压强度 σ_c 与其动态杨氏模量 E_d 间的数学关系式为:

$$\sigma_c = 0.0045E_d(1 - V_{cl}) + 0.008E_d V_{cl} \qquad (4-9)$$

式中　σ_c——单轴抗压强度,MPa;
　　　V_{cl}——砂岩的泥质含量,即泥质的体积占岩石总体积的比;
　　　E_d——砂岩的动态杨氏模量,MPa。

② 单轴抗拉强度。

岩石实验表明,岩石的单轴抗压强度一般是其抗拉强度的 8~15 倍。因此,可以用式(4-10)近似计算岩石的抗拉强度 S_t:

$$S_t = [0.0045E_d(1 - V_{cl}) + 0.008E_d V_{cl}]/12 \qquad (4-10)$$

式中　S_t——岩石的抗拉强度,MPa。

③ 内聚力及内摩擦角。

采用天然岩样确定地层的内聚力 C、内摩擦角 ϕ 值固然是比较精确的一种方法,然而泥页岩的岩心取之不易,且实验费用昂贵。更重要的是不能对所有的地层都进行实验,所以无法对地层的坍塌压力和破裂压力进行连续预测。

利用测井资料确定地下岩层的强度参数 C、ϕ、S_t 和弹性参数 E、μ 值,进而实现地层坍塌压力和破裂压力的连续预测是一项很有希望的新的应用技术,其原理是地层的强度力学特性与其纵、横波速度(或时差)之间存在着一定量关系。只要通过室内的实验研究,寻找出它们之间的定量关系,便可将其应用于井壁稳定的力学分析研究中。

Deer 和 Miller(1966)根据大量的室内实验结果,建立了砂泥岩的单轴抗压强度和动态杨氏模量以及岩石的泥质含量之间的关系:

$$\sigma_c = (0.0045 + 0.0035V_{cl})E_d \qquad (4-11)$$

后来,Coates(1980,1981)又提出了沉积岩的内聚力 C 和单轴抗压强度 σ_c 经验关系式:

$$C = 3.626 \times 10^{-6} \sigma_c K_d \qquad (4-12)$$

式中　C——岩石的内聚力,MPa;
　　　K_d——岩石可钻性级值。

$$K_d = E_d/3(1 - 2\mu_d) = \rho\left(v_p^2 - \frac{4}{3}v_s^2\right) \qquad (4-13)$$

根据纵、横波在岩石中的传播特性可推得动态弹性模量 E_d 和泊松比 μ_d 与纵波速度 v_p 和横波速度 v_s 间的关系式:

$$E_d = \rho v_s^2(3v_p^2 - 4v_s^2)/(v_p^2 - 2v_s^2) \qquad (4-14)$$

$$\mu_d = (v_p^2 - 2v_s^2)/2(v_p^2 - 2v_s^2) \qquad (4-15)$$

因此根据式(4-10)~式(4-15)可推得：

$$C = A(1 - 2\mu_d)\left(\frac{1+\mu_d}{1-\mu_d}\right)^2 \rho^2 v_p^4 (1 + 0.78 V_{cl}) \quad (4-16)$$

式中　A——常数，取决于公式推导的条件和所采用的计算单位。

式(4-16)中的v_p亦可用纵波时差$1/\Delta t_p$来代替，因为波速和时差是互为倒数的。地层密度ρ、纵波时差Δt_p或波速v_p以及泥质含量V_{cl}，均可由测井资料求得。而动态泊松比μ_d，对于泥页岩来说，一般在0.2~0.3之间。研究表明在此范围内，μ_d的改变对C值的影响极小，当μ_d从0.2变至0.3时，C值仅增加2%。所以在计算泥页岩的C值时，可取$\mu_d = 0.25$。这样根据声波测井、密度测井、伽马测井资料，就可根据式(4-16)求得地层内聚力C值。

对岩石的另一个强度参数内摩擦角的计算，通常假定所有岩石的内摩擦角为30°，这与实际情况是不相符合的，岩石的类型、颗粒大小等均对ϕ有很大影响。一般岩石的ϕ值与C值存在着一定的对应关系，其相关关系的建立应根据实验数据的回归来实现。根据高磨地区13组岩心的实测强度参数值，通过回归分析得到的泥页岩地层内摩擦角ϕ与内聚力C间的相关关系式为：

$$\phi = 36.545 - 0.4952C \quad (4-17)$$

式中　ϕ——内摩擦角，(°)。

岩石的另一个强度参数S_t通过式(4-18)求得：

$$S_t = (0.0045 + 0.0035 V_{cl}) E_d / 12 \quad (4-18)$$

式中　S_t——岩石的抗拉强度，MPa。

2. 可钻性参数

随着测井技术的发展，特别是长源距声波测井的出现，可以直接从声波测井中提取纵波和横波。再结合密度测井，可以求出地层岩石的弹性参数（包括弹性模量和泊松比等），这些弹性参数是岩石力学（特别是在钻井工程中）的最基本参数。这些参数都跟声波测井求出的地层的纵波时差(Δt_P)、横波时差(Δt_S)以及密度测井求出的地层的体积密度(ρ)，存在着确定的关系，而决定岩石可钻性大小的主要机械性质（如硬度和强度）与这些弹性参数有很大的相关性。对应测井数据（声波时差）找出其对应关系，最终应用测井资料可确定岩石的可钻性。

$$K_d = \exp(-0.0534 \Delta t_P + 2.8505) \quad (4-19)$$

式中　Δt_P——纵波时差，m/μs。

二、岩石力学实验

(一) 地质取样

先后收集了须家河组、茅口组、栖霞组等层位的地质露头及井下岩心样品（图4-3至图4-5），开展了地层岩石强度、岩石可钻性等室内测定。

图 4-3 须家河组地质露头岩石照片

图 4-4 茅口组地质剖面与露头岩石和井下岩心照片

图 4-5 栖霞组地质露头岩石照片

(二)岩石三轴应力实验

测定在一定围压条件下,岩石的强度及变形破坏特征,根据实验结果确定岩石的内聚力、内摩擦角以及强度包络线等。

1. 设备与材料

实验设备:岩石三轴应力实验机;油泵;岩石钻样机;岩石切样机;岩石磨平机等。

实验材料:液压油;游标卡尺;三角尺;量角器;标准岩石样品 50mm(直径)×100mm

(长)等。

2. 三轴实验分类

岩石三轴应力实验常根据实验条件的不同来划分为真三轴实验和假三轴(常规三轴)实验,其实验条件分别如下。

(1)真三轴实验:最小主应力 σ_3 < 中间主应力 σ_2 < 最大主应力 σ_1。

(2)假三轴(常规三轴)实验:最小主应力 σ_3 = 中间主应力 σ_2 < 最大主应力 σ_1,等围压。

目前,由于真三轴实验成本昂贵、设备不普及等原因,普遍采用常规三轴实验对岩石的强度及变形破坏特征进行研究。

3. 实验步骤

(1)围压可按等差级数或等比级数进行选择;

(2)根据三轴实验机要求安装试件,试件应采用防油措施;

(3)以每秒 0.05MPa 的加荷速度同时施加围压和轴向压力至预定围压值,并使围压在实验过程中始终保持为常数;

(4)以每秒 0.5～1.0MPa 的加荷速度施加轴向荷载,直至试件完全破坏,记录破坏荷载;

(5)对破坏后的试件进行描述,当有完整的破坏面时,应量测破坏面与最大主应力作用面之间的夹角。

4. 实验数据处理

(1)计算不同侧压条件下的轴向应力:

$$\sigma_1 = \frac{P}{A} \qquad (4-20)$$

式中 σ_1——不同侧压条件下的轴向应力,MPa;

P——试件轴向破坏荷载,N;

A——试件截面积,mm^2。

(2)根据计算的轴向应力,及相应施加的侧压力值,在坐标图上绘制莫尔应力圆,根据莫尔—库伦强度理论确定岩石三轴应力状态下的强度参数。

(3)三轴压缩强度实验记录应包括工程名称、取样位置、试件编号、试件描述、试件尺寸、各侧向压应力下各轴向破坏荷载。

5. 岩样准备

制备的须家河组、茅口组和栖霞组三轴应力实验岩样如图 4-6 所示。

图 4-6 须家河组、茅口组和栖霞组三轴应力实验部分岩样

6. 实验测定结果

(1)须家河组实验测定结果如图 4-7 至图 4-12 所示。

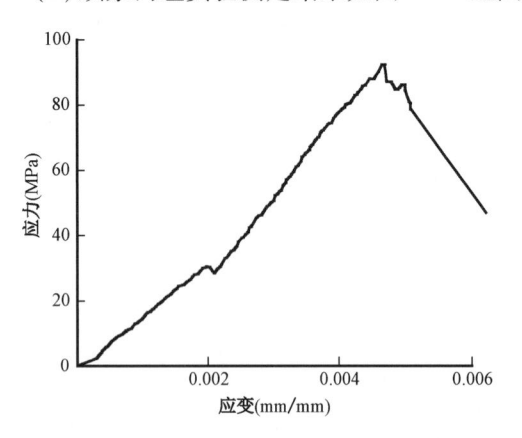

图 4-7　X4-1(须四段)应力应变曲线
(围压 0MPa)

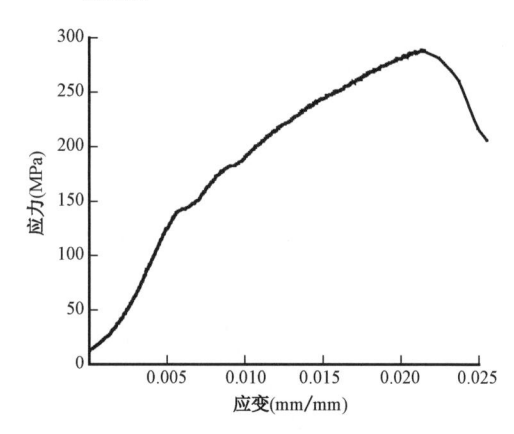

图 4-8　X4-1(须四段)应力应变曲线
(围压 50MPa)

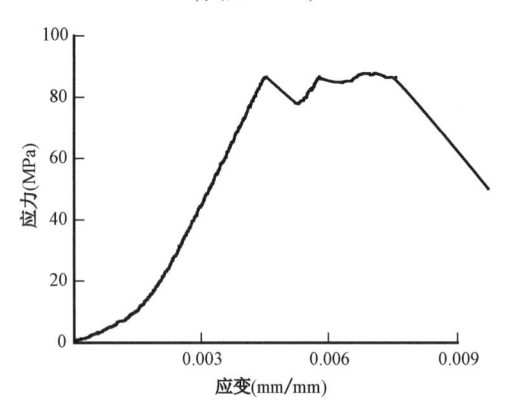

图 4-9　X2-2(须二段)应力应变曲线
(围压 0MPa)

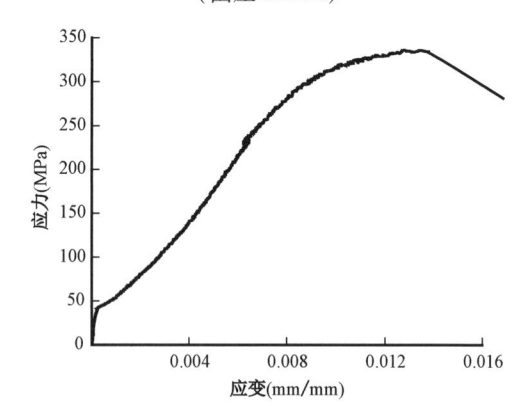

图 4-10　X2-2(须二段)应力应变曲线
(围压 58MPa)

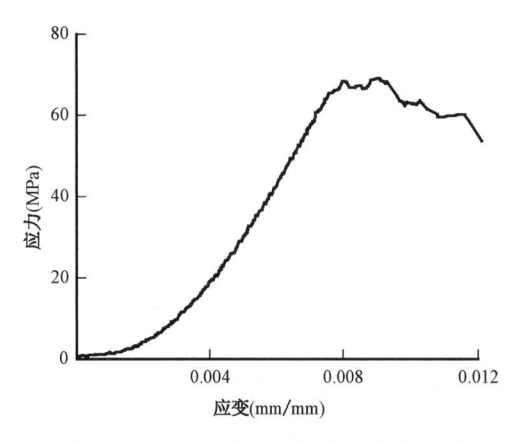

图 4-11　X1-3(须一段)应力应变曲线
(围压 0MPa)

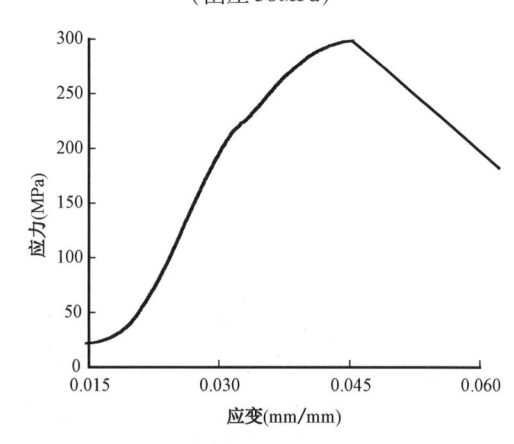

图 4-12　X1-3(须一段)应力应变曲线
(围压 60MPa)

（2）茅口组实验测定结果如图 4-13 至图 4-18 所示。

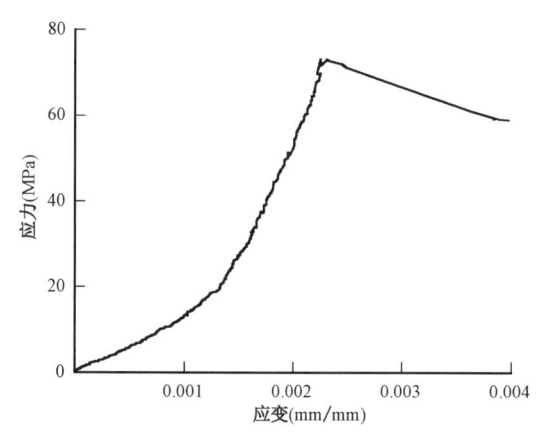

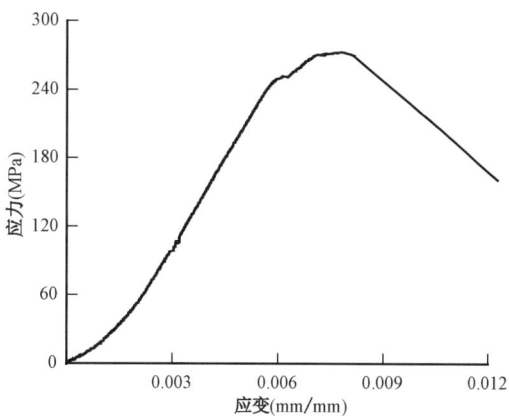

图 4-13　M-L1 应力应变曲线（围压 0MPa）

图 4-14　M-L1 应力应变曲线（围压 60MPa）

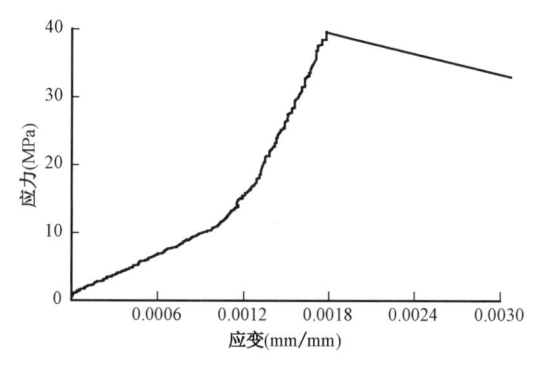

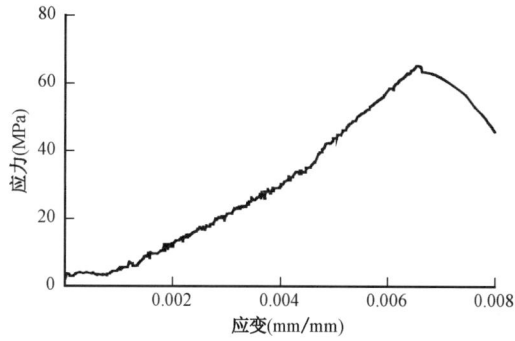

图 4-15　M-L2 应力应变曲线（围压 0MPa）

图 4-16　M-L2 应力应变曲线（围压 60MPa）

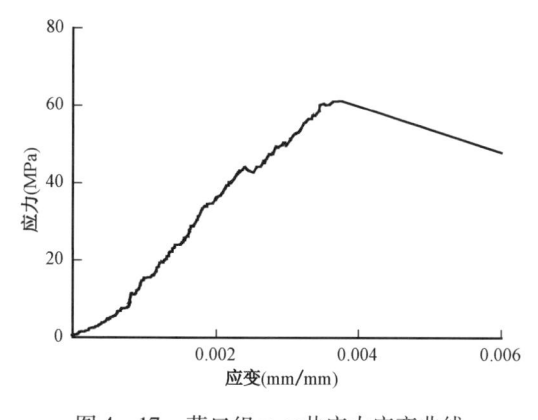

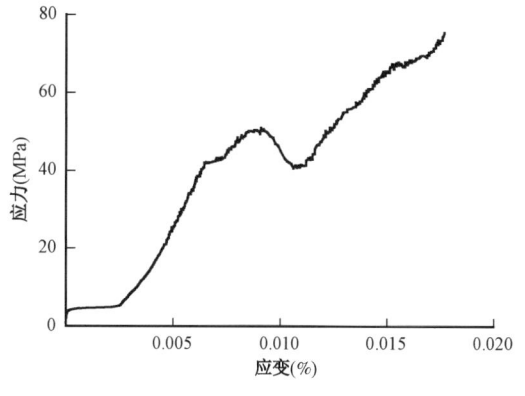

图 4-17　茅口组××井应力应变曲线
（围压 0MPa）

图 4-18　茅口组××井应力应变曲线
（围压 60MPa）

（3）栖霞组实验测定结果如图 4-19 至图 4-24 所示。

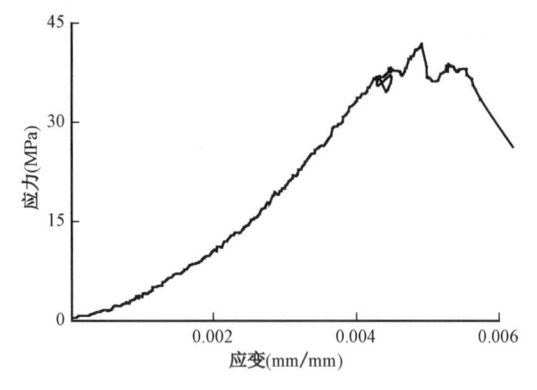

图 4-19　Q-L1 应力应变曲线(围压 0MPa)

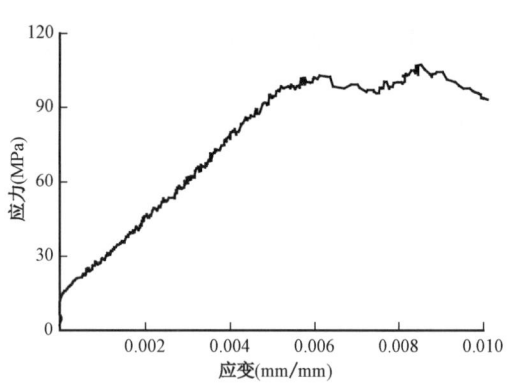

图 4-20　Q-L1 应力应变曲线(围压 30MPa)

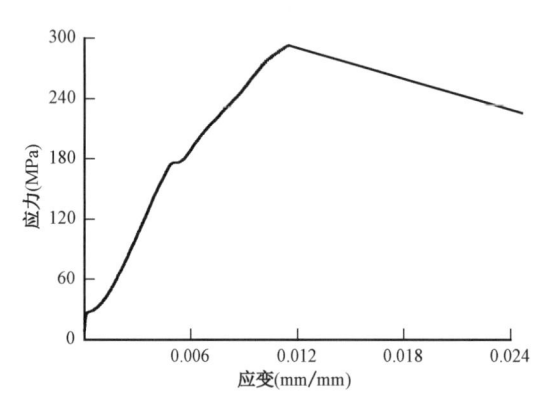

图 4-21　Q-L1 应力应变曲线(围压 60MPa)

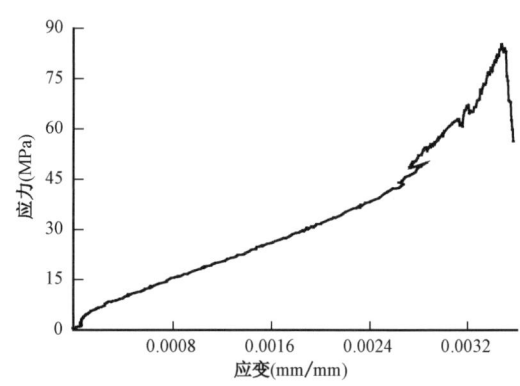

图 4-22　Q-L2 应力应变曲线(围压 0MPa)

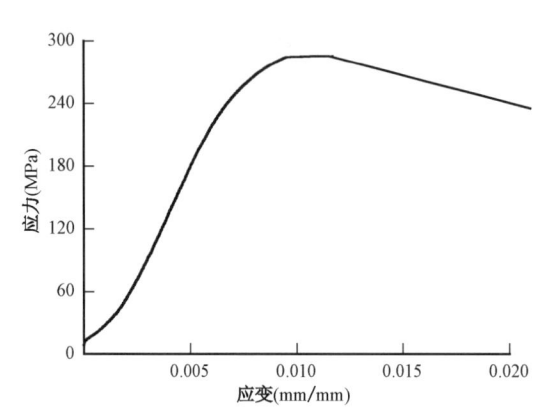

图 4-23　Q-L2 应力应变曲线(围压 30MPa)

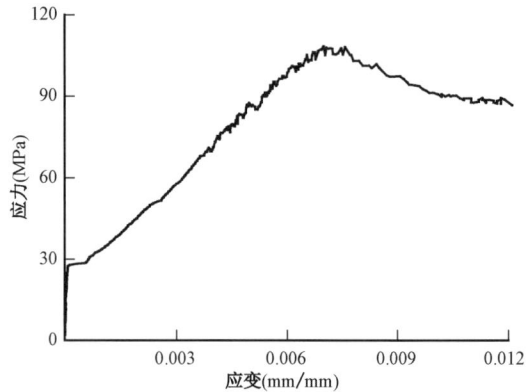

图 4-24　Q-L2 应力应变曲线(围压 60MPa)

(三)可钻性测试

1. HTHP 岩石可钻性实验装置

实验装置是由西南石油大学油气藏地质及开发工程国家重点实验室研制的岩石可钻性实

验仪,其实验设备实物图见图4-25。

岩石可钻性实验仪的主要技术参数：

该实验系统最大加载围压100MPa,孔隙压力100MPa,液柱压力100MPa,三个压力独立加载,互不干扰。该系统特点为动静闭环伺服控制,能够实现钻压、转速、围压以及液柱压力稳定加载的要求。

该岩石可钻性实验仪具有如下特点：

(1)运转持续可靠；

(2)钻压和转速由液压提供,持续平稳,钻进过程中,钻压波动较小；

(3)操作安全方便；

(4)精度较高；

(5)实验结束后岩样保存较为完整；

(6)自动化程度高,数据采集可靠,数据提取方便；

(7)采用自下而上钻进,利于岩屑排出。

图4-25 HTHP岩石可钻性实验装置

2. 实验流程

在启动系统前,检查所有阀门、开关是否处于正常状态。开启系统,装填岩样,常压条件下岩石可钻性测定实验见图4-26。

若为井底压力条件下岩石可钻性的测定,需套上塑胶套并吹热塑胶套,从中间往两边吹,尤其是在密封圈处一定要固定。加载压力,吸入液压油,施加围压。如果需要施加液柱压力,必须先施加围压,再加载液柱压力,且液柱压力必须要稍小于围压,其测定实验见图4-27。在实验过程中记录下位移从0.2mm到2.6mm所需的时间。

图4-26 常压条件下岩石可钻性实验    图4-27 井底压力条件下岩石可钻性实验

3. 实验结果

围压条件下的岩心钻深与钻时实验结果见图4-28至图4-30;常压和围压条件下的可钻性极值测定结果见表4-3。

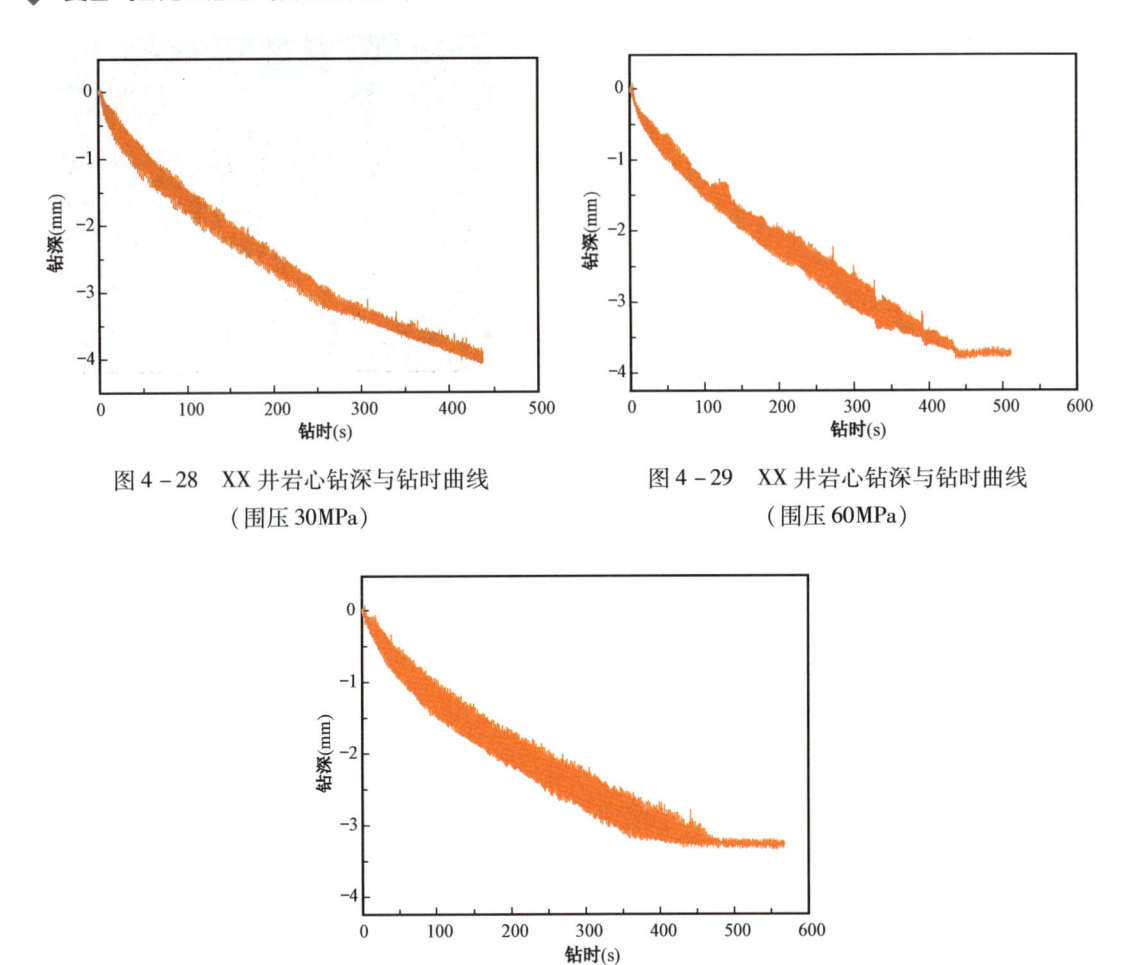

图 4 – 28　XX 井岩心钻深与钻时曲线
（围压 30MPa）

图 4 – 29　XX 井岩心钻深与钻时曲线
（围压 60MPa）

图 4 – 30　XX 井露头钻深与钻时关系曲线（围压 60MPa）

表 4 – 3　岩石可钻性实验记录表

取样编号	层位	取样井段（m）	围压（液柱压力）（MPa）	PDC 钻头 钻时（s）	PDC 钻头 级值
X4 – 1	须四段		0	215.781	7.75
X2 – 2	须二段		0	52.500	5.71
X1 – 3	须一段		0	71.937	6.17
M – J – 30（井下,1 – 13/13）	茅口组	7039.81～7040.00	30	337.000	8.40
M – J – 60（井下,1 – 13/13）	茅口组	7039.81～7040.00	60	396.000	8.63
M – L1 – 60	茅口组		60	425.000	8.73
M – J – 0（井下,1 – 13/13）	茅口组	7039.81～7040.00	0	142.797	7.16

续表

取样编号	层位	取样井段(m)	围压(液柱压力)(MPa)	PDC 钻头 钻时(s)	PDC 钻头 级值
M – L1 – 0	茅口组		0	189.516	7.57
M – L2 – 0	茅口组		0	132.813	7.05
Q – L1	栖霞组		0	201.063	7.65
Q – L2	栖霞组		0	251.469	7.97
Q – L1 – 1	栖霞组		0	200.520	7.65

(四)研磨性室内测试

1. 研磨性测试装置

该方法以普通钢加工成外径 12mm、内径 8mm 的钢管,作为"钻头"(标准物)。在岩石的自然断面上以固定的"钻压"和"转速"钻 10min,钻头两头各钻一次,取损失重量的平均值,以 mg 为单位,作为岩石研磨性指标。

测试条件:以普通 A3 退火钢(硬度为 HRB70~75)加工成外径 12mm、内径 8mm 的钢管,作为"钻头"(标准物)。实验时加在钢杆的轴压为 300N,钢杆的转速为 500r/min。

2. 研磨性测试步骤

(1)钻杆经酒精擦拭、风干冷却后,用高精度电子天平(高精密天平称量每根钢杆磨损后的失重作为衡量岩石研磨性的依据)称重,记录为 m_1,精度为 0.0001g(0.1mg);

(2)每根钢杆两端分别对平整的岩样断面研磨 5min,共计 10min,研磨时浇水降温且清除岩屑,每块试件使用 3~5 根钢杆进行实验操作;

(3)取下钢杆,重复步骤(1),测试数据除以 2,其值记为 m_2,计算得到第一次实验的岩石研磨性测试值 $m_1 - m_2$;

(4)重复步骤(2)、步骤(3),进行 5 次重复实验后取平均值,得到最终的研磨性数据。

3. 实验结果

岩石研磨性实验结果见表 4 – 4。

表 4 – 4 岩石研磨性实验记录表

取样编号	层位	取样井段(m)	岩性描述	磨损量(mg)	研磨性级别
X4 – 1	须四段		微含白云石英质灰岩	8.2	3
X2 – 2	须二段		白云石英质灰岩	7.4	3
X1 – 3	须一段			10.7	4
M – J – 0 (井下,1 – 13/13)	茅口组	7039.81~7040.00	微含泥质灰岩	11.0	4
M – L1 – 0	茅口组		微含泥质灰岩	0.4	1
M – L2 – 0	茅口组			1.6	2

续表

取样编号	层位	取样井段(m)	岩性描述	磨损量(mg)	研磨性级别
Q-L1	栖霞组		白云质灰岩	0.5	1
Q-L2	栖霞组		微含白云质灰岩	1.0	2
Q-L1-1	栖霞组			1.3	2

(五)岩石力学实验结果分析

1. 须家河组

图 4-31 显示了须家河组三轴岩石力学实验结果。单轴条件下，岩石强度在 70~100MPa 之间，58MPa 和 60MPa 的围压下强度达到 280~340MPa，岩石由低强度变为高强度。

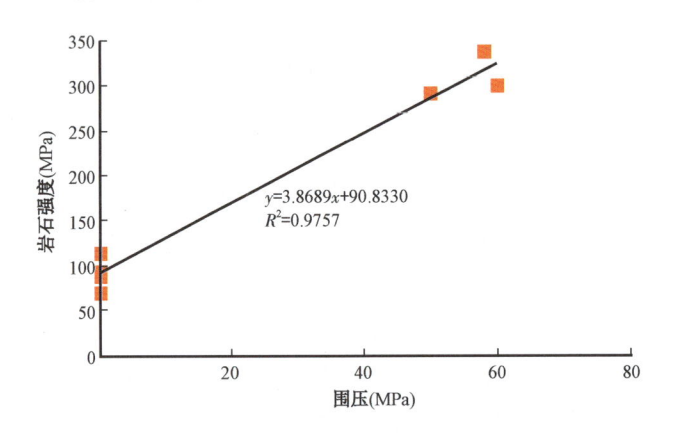

图 4-31 须家河组岩石三轴力学实验结果

岩样的全岩分析结果显示(图 4-32 和图 4-33)，须四段含砾砂岩矿物组分以方解石为主，其中夹杂 20% 左右的石英和 10% 左右的白云石；须二段砂岩中，方解石占 50% 左右，石英占到 36.57%。结合研磨性和声波测试结果，岩石的研磨性为中等偏低，见表 4-5。

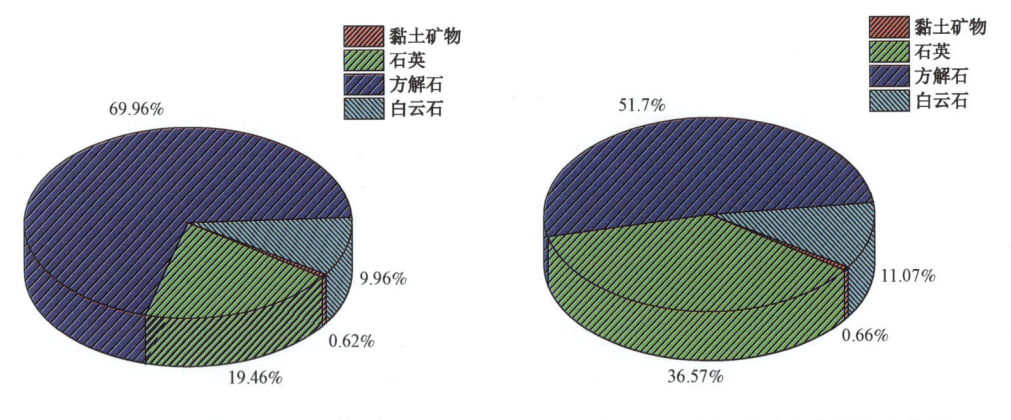

图 4-32 须四段含砾砂岩岩样全岩分析

图 4-33 须二段砂岩岩样全岩分析

表4-5 声波与研磨性测试结果

取样编号	层位	长度(cm)	直径(cm)	干重(g)	v_p(m/s)	v_s(m/s)	磨损量(mg)	研磨性级别
X4-1-0	须家河组	5.02	2.528	67.80	5020	3346	8.2	3
X2-2-0	须家河组	5.00	2.530	67.57	4166	2941	7.4	3
X1-3-0	须家河组	5.02	2.534	66.90	4563	3137	10.7	4

常温常压下可钻性测试结果显示,须家河组可钻性在5~8之间(表4-6),为中等偏硬地层。在有围压条件下,可钻性值会进一步增大,可能会变成极硬地层。

表4-6 须家河组可钻性结果

取样编号	层位	液柱压力(MPa)	PDC钻头 钻时(s)	PDC钻头 级值
X4-1	须家河组须四段	0	215.781	7.75
X2-2	须家河组须二段	0	52.500	5.71
X1-3	须家河组须一段	0	71.937	6.17

2. 茅口组

茅口组以高强度、韧性强的石灰岩为主,方解石含量达到98%~99%(图4-34)。岩石三轴强度曲线见图4-35,可以看出,茅口组三轴强度非均质性强,在60MPa围压下,岩样1强度接近300MPa,但是其他两个岩样在60MPa围压条件下强度较低。

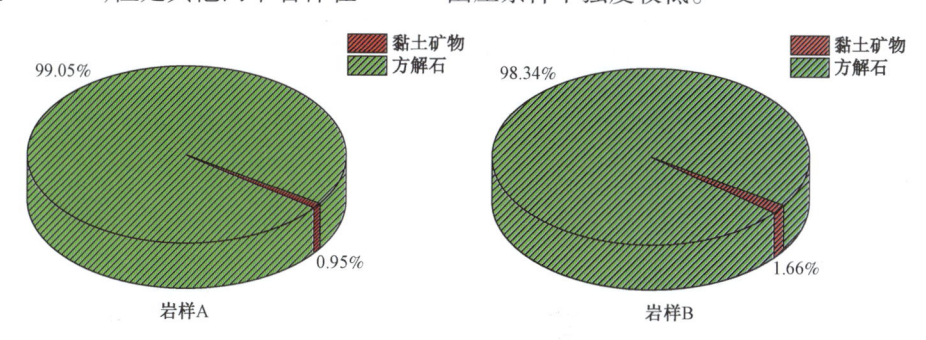

图4-34 XX井茅口组(7039.81~7040.00m)岩样全岩分析

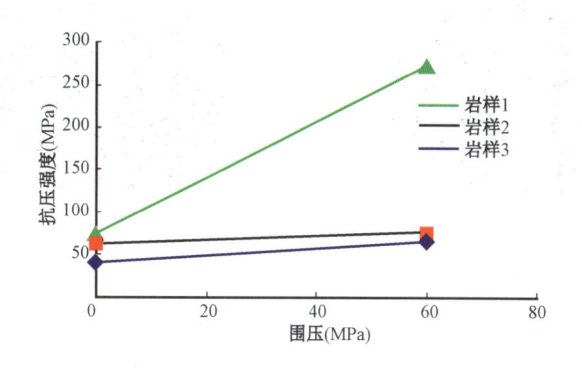

图4-35 茅口组三轴岩石力学实验

表4-7给出了无液柱压力条件下岩石可钻性、研磨性、波速对比。可以看出,岩石的单轴可钻性级值都在7级以上,为中等以上硬地层;研磨性为中等偏弱;纵波波速差异偏大,声波速度显示非均质性较强。

表4-7 岩石单轴可钻性、研磨性和波速对比

岩样编号	单轴可钻性等级	研磨性等级	纵波波速 v_P(m/s)
M-J-0(井下,1-13/13)	7.16	4	6177
M-L1-0	7.57	1	5010
M-L2-0	7.05	2	5533
等级	高	低研磨性	高

图4-36给出了XX井下岩样在不同液柱压力下的可钻性测试结果,可以看出,30MPa的液柱压力能够使岩石的可钻性达到8.4级,60MPa的液柱压力能够使可钻性进一步提高到8.6级以上,表现为强到极强。

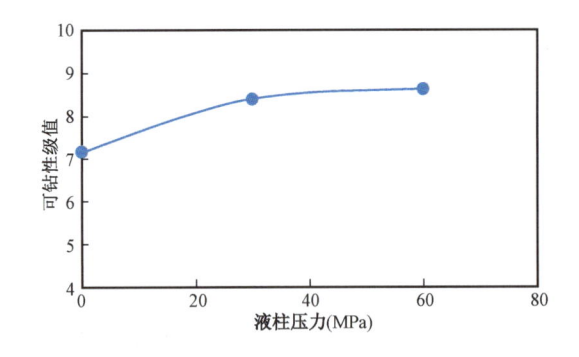

图4-36 XX井茅口组(7039.81~7040.00m)岩心可钻性测试结果

3. 栖霞组

由全岩分析结果(图4-37)可以看出,栖霞组岩石与茅口组岩性相似,仍然主要为石灰岩,但其中还含有不等量白云石。

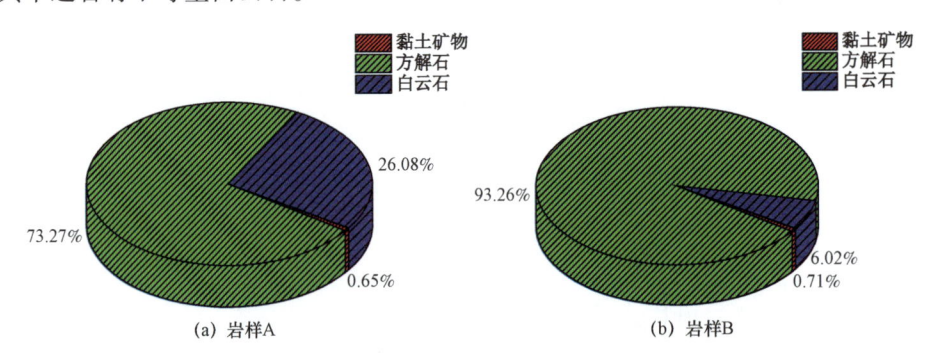

图4-37 栖霞组岩样(地面露头)全岩分析

图4-38为栖霞组三轴岩石力学实验结果,可以看出,围压与岩石强度呈现较好线性关系。单轴抗压强度在40~90MPa之间,30~60MPa围压能够使岩石强度达到250MPa以上,井

底围压条件下岩石强度表现为强到极强。

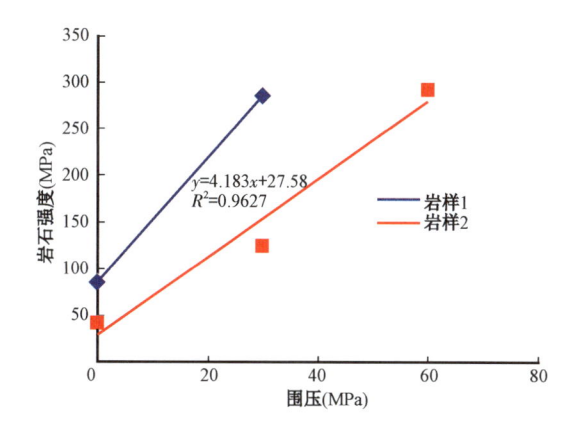

图4-38 栖霞组三轴岩石力学实验结果

表4-8给出了栖霞组可钻性、研磨性、波速对比,可以看出,可钻性在7.5级以上,研磨性较弱,波速差别较小。

表4-8 栖霞组波速、可钻性、研磨性对比

岩样编号	可钻性等级	研磨性等级	纵波波速 v_P(m/s)
Q-L1	7.65	1	5535
Q-L2	7.97	2	5462
Q-L1-1	7.65	2	5566
等级	高	低研磨性	高

三、岩石力学参数剖面建立

(一)岩石力学强度参数剖面

利用测井资料预测地层岩石强度参数,形成剖面图(图4-39)。沙溪庙组至须家河组地层岩石单轴抗压强度在80~100MPa之间。三叠纪雷口坡组、嘉陵江组、飞仙关组地层岩石单轴抗压强度在100~135MPa之间。二叠纪茅口组至栖霞组主要为石灰岩,但其中还含有不等量白云石,地层非均质性强,单轴抗压强度在100MPa左右。寒武纪洗象池组、高台组、龙王庙组地层单轴抗压强度在130~160MPa之间。

(二)岩石可钻性剖面

利用测井数据预测地层岩石可钻性剖面(图4-40)。从地层岩性和可钻性级值上来看,沙溪庙组—自流井组—须家河组地层较均质,岩性以泥岩和砂岩为主,PDC钻头可钻性为3~4级,适宜PDC钻头钻进;三叠纪的雷口坡组、嘉陵江组、飞仙关组以石灰岩、石膏为主,PDC钻头可钻性级值4~7级;二叠纪为页岩、粉砂岩和硅质灰岩,含燧石,可钻性级值在8级,地层非均质性强,PDC钻头选型难度大;寒武纪为粉砂岩、白云岩,可钻性为9~10级,需用选用抗研磨性强的PDC钻头类型。

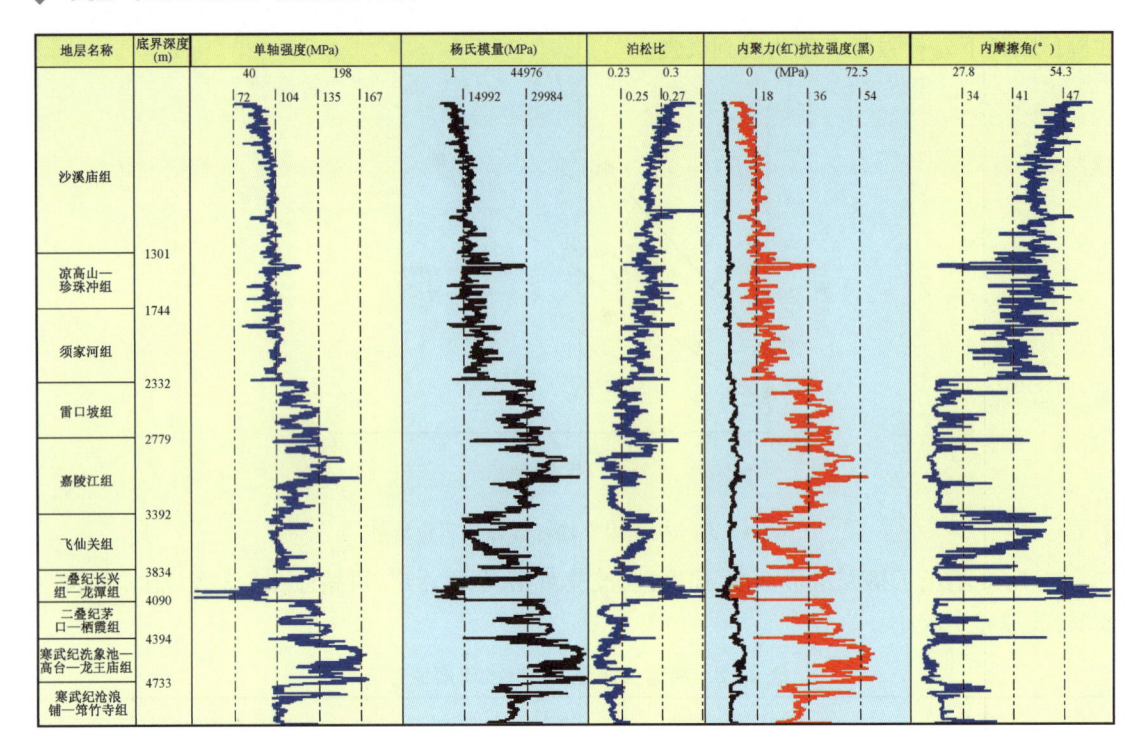

图 4－39　高石梯—磨溪区块岩石力学强度参数剖面

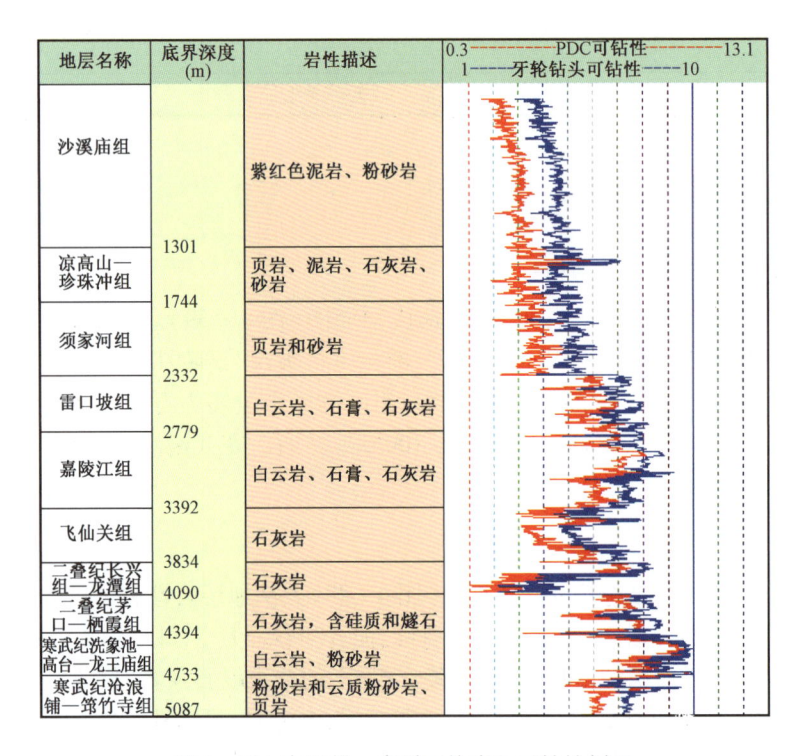

图 4－40　高石梯—磨溪区块岩石可钻性剖面

第二节　钻头选型与优化

一、钻头选型方法

在钻井过程中,钻头是破碎岩石的主要工具,井眼是由钻头破碎岩石而形成的。一个井眼的好坏、所用时间的长短,除与所钻地层岩石的特性和钻头本身的性能有关外,更与钻头和地层之间的相互匹配程度有关。目前,钻头选型方法大致可以分为3类:第一类是钻头使用效果评价法,该方法从某地区已钻的钻头资料入手,分地层对钻头的使用情况进行统计,把反映钻头使用效果的一个或多个指标作为钻头选型的依据;第二类是岩石力学参数法,该方法根据待钻地层的某一个或几个岩石力学参数,结合钻头厂家的使用说明进行钻头选型;第三类是综合法,该方法把钻头使用效果和地层岩石力学性质结合起来进行选型。在对大量文献资料调研分析的基础上,通过介绍各种选型方法的基本原理,分析各种方法存在的不足[5-22]。

(一)钻头使用效果评价法

1. 每米钻井成本法

以钻头的每米钻井成本作为钻头选型的依据,其计算模型为:

$$C = \frac{C_b + C_r(T + T_T)}{F} \quad (4-21)$$

式中　C——每米钻井成本,元/m;
　　　C_b——钻头费用,元/只;
　　　C_r——钻机运转作业费,元/h;
　　　T——钻头纯钻时间,h;
　　　T_T——起下钻、循环钻井液及接单根时间(钻井辅助时间),h;
　　　F——钻头总进尺,m。

由于钻井成本影响因素并不都与钻头选择有关,因而成本分析法不能直接反映钻头选型结果的好坏。

2. 比能法

比能这一概念最早是由 Farrelly 等人于1985年提出来。比能的定义为:钻头从井底地层上钻掉单位体积岩石所需要做的功。其计算公式为:

$$S_e = \frac{4W}{\pi D^2} + \frac{kNT_b}{D^2 R} \quad (4-22)$$

式中　S_e——比能,MPa;
　　　T_b——钻头扭矩,kN·m;
　　　N——转速,r/min;
　　　R——机械钻速,m/h;

W——钻压,kN;

k——常数;

D——钻头直径,mm。

该方法将钻头比能作为衡量钻进效果好坏的主要因素。钻头比能越低,表明钻头的破岩效率越高,钻头使用效果越优。该方法在原理上很简单,但在现场应用时,钻头扭矩不易计算和直接测量,故使用中难度较大。

3. 经济效益指数法

根据钻头进尺、机械钻速、钻头成本三个因素的综合指标来评价钻头的使用效果,其评价结果与每米钻井成本法总体上是一致的。钻头经济效益指数计算模型为:

$$E_b = \alpha \frac{FR}{C_b} \qquad (4-23)$$

式中 E_b——钻头经济效益指数,m·m/(元·h);

α——系数。

E_b 越大,钻头使用效果越优。

4. 虚拟强度 VSI 钻头选型原则

1964 年,Teale R 首次提出了在钻进岩石过程中机械比能的概念,即钻头破碎单位体积岩石所做的功,这一准则将开挖单位体积岩石所需能量与钻头的破岩效率关联起来,比能可视为体现机械破岩效率的指数。比能消耗越多,则说明机械钻速越低、钻头与地层的适应性就越差,钻头类型需要进一步优化。在研究分析前人成果的基础上,提出了一种新的钻头类型优选与评价方法,即虚拟强度指数法(Virtual Strength Index,简称 VSI)。虚拟强度指数的大小取决于钻压、转速、钻头类型、钻头磨损、岩屑清除效果及岩石类型和性质等。根据能量守恒定理,将输入能量、钻井效率和最小虚拟强度指数(等同于岩石强度)作为能量平衡系统的三个关键因素。

虚拟强度指数表达式为:

$$\text{VSI} = \frac{W_{\text{WOB}} + W_{\text{RPM}} + W_{\text{HJ}}}{V_{\text{ROP}}} \qquad (4-24)$$

式中 VSI——虚拟强度指数,kPa;

V_{ROP}——破石率的岩石体积;

W_{WOB}——单位时间内钻压对地层做的功,J;

W_{RPM}——单位时间内钻头扭矩对地层做的功,J;

W_{HJ}——单位时间内流体射流作用对地层做的功,J。

将公式带入最终 VSI 公式为:

$$\text{VSI} = \left(\frac{\text{WOB}_e}{A_B} + \frac{120\pi \, \text{RPM} \cdot T_e}{A_B \text{ROP}} + \frac{5\eta \Delta p_b Q}{A_B \text{ROP}} \right) \times 6.897 \times 10^{-6} \qquad (4-25)$$

式中 VSI——虚拟强度指数,kPa;

WOB_e——有效钻压,kN;

η——能量降低虚拟系数;

Δp_b——钻头压降,MPa;

Q——排量,L/s;

A_B——钻头截面积,mm^2;

ROP——机械钻速,m/h;

T_e——扭矩,kN·m。

从式(4-25)中可以看出,如果钻头在均质岩层中钻进,其 VSI 值应接近为常数;随着钻头磨损程度的不断增加,机械钻速将会逐步下降,VSI 就会缓慢上升。如果 VSI 急剧上升则可能是岩性发生骤变或钻头出现严重问题。总体来说,VSI 值越低,则说明破岩效率越高。反之,则表明该钻头不适应于该岩性或钻头已到更换时间。因此,VSI 完全可以从能量观点优选钻头类型及判别钻头在井下的实际工作状况。但在现场使用中计算较烦琐。

5. 综合指数法(主分量分析法)

于润桥(1993)选择机械钻速、牙齿磨损量、轴承磨损量、钻头进尺、钻头工作时间、钻压、转速、泵压、泵排量及井深等十项指标,应用主成分分析法,综合钻头的使用效果和使用条件,提出了评选钻头的"综合指数法"。应用华北油田132口井实钻资料,给出了综合指数的表达式为:

$$E = a_1 R + a_2(1 - H_f) + a_3(1 - B_f) + a_4 F + a_5 T + a_6 W + a_7 N + a_8 P_m + a_9 Q + a_{10} H$$

(4-26)

式中　E——综合指数;

H_f——牙齿磨损量,mm;

B_f——轴承磨损量,mm;

T——钻头工作时间,h;

Q——泵排量,L/s;

p_m——立管压力,MPa;

H——钻头入井井深,m;

$a_1, a_2, \cdots, a_{10}$——系数,由数理统计计算得到。

综合指数越大,钻头使用效果越好。该方法的优点是综合考虑了钻头的使用效果和使用条件,把手段与结果统一起来,解决了钻头指标缺乏可比性的问题。其不足之处为,没有考虑地质条件对钻速的影响,在不同地区使用该方法时,必须重新确定表达式中的各项系数。

6. 模糊综合评判法

樊顺利和郭学增(1994)利用模糊数学原理,避开了每米钻井成本法必须确定而又难以求准的起下钻时间和钻机作业费的计算,给出了钻头的多因素模糊综合评判法。该方法以所研究的所有牙轮钻头作为评判对象集,选择机械钻速、纯钻时间及深度、钻头成本以及钻头新度组成因素集,在此基础上根据隶属函数对每个对象作单因素评判,形成单因素评判矩阵,然后再结合各因素权重对各评判对象进行优劣排序。

7. 灰关联分析法

王俊良等(1994)将钻头进尺、纯钻时间、机械钻速和钻头成本作为钻头使用效果的评价指标,应用灰关联分析法,根据关联度的大小对钻头进行优劣排序。

8. 神经网络法

BilgesuH I 等(2000)提出了用三层反馈神经网络进行钻头优选。该方法使用几个不同的神经网络模型决定地层、钻头性能和作业参数之间的复杂关系。该方法输入参数为：钻头尺寸、钻头总过流面积、起钻井深、进尺、机械钻速、最大和最小钻压、最大和最小转盘转速以及钻井液返速。输出参数为钻头型号。

9. 属性层次分析法

毕雪亮等(2001)将属性识别理论和层次分析方法相结合，在属性测度的基础上，通过分析判断准则和属性判断矩阵，建立了钻头优选属性层次模型。该方法考虑钻头进尺、钻头寿命、平均机械钻速和单位进尺钻头成本（钻头单价/钻头进尺）等4个指标，根据钻头记录，按层位为新井选择钻头型号。

10. 黄金分割优选法则

收集邻井每只有效钻头的进尺与机械钻速，计算黄金分割曲线，建立钻头优选模型。该方法考虑了钻头进尺、钻头使用时间、钻头机械钻速。

通过收集区块某一地层所钻井所有钻头指标，筛选出有效钻头，统计该地层钻头平均进尺及平均机械钻速，计算黄金优选曲线，公式如下：

$$v_y = \frac{F_a v_a}{0.618 F_x} \tag{4-27}$$

式中　F_a——同一地层有效钻头平均进尺，m；

　　　v_a——同一地层有效钻头平均机械钻速，m/h；

　　　F_x——优化曲线进尺坐标；

　　　v_y——优化曲线机械钻速坐标。

通过综合指标优选出钻头。优选图如图4-41所示。在已钻井越多的区块，该方法可以优选出最佳使用效果钻头。

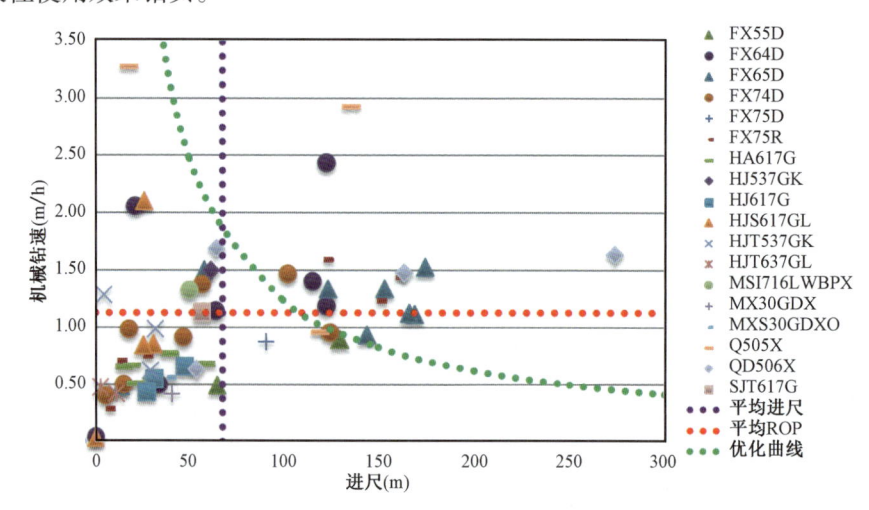

图4-41　黄金分割优选钻头图

(二)岩石力学参数法

1. 模糊聚类法

周德胜和夏宇文(1994)提出了在对地层进行模糊聚类的基础上,进行钻头选型的方法。该方法以地层岩石力学性质中影响钻头钻速及磨损的主要指标(岩石可钻性、研磨性、硬度、塑性系数和抗压强度)为研究对象,按各地层间对应岩性的相似程度进行模糊动态聚类。建立好动态聚类图后,根据所钻地层与已知地层的亲疏关系,结合钻头厂家的使用说明进行选型。这种方法综合考虑了对钻头影响较大的几种地层岩性下的地层分类问题,比较符合实际情况。如果事先知道新区地层的岩石力学参数,用这种方法可以对新区待钻地层进行分类,进而进行钻头选型。但是,这种方法急需解决的问题是合理地把地层分为几类。

2. 岩石内摩擦角法

Spaar J R 等(1995)研究表明,岩石研磨性和内摩擦角有很好的相关性,根据岩石内摩擦角可确定地层研磨性。岩石内摩擦角低于 40°,则认为地层研磨性不太强,可以选用一般的 PDC 钻头钻进。如果岩石内摩擦角高于 40°,则认为地层研磨性比较强,宜选用耐磨性好的特殊加工的 PDC 钻头或天然金刚石钻头。

3. 灰色关联聚类法

杨进等(1999)利用灰色关联聚类分析方法,将岩石硬度、可钻性、塑性系数、抗压强度以及抗剪强度所归属的岩石类别聚类为一个综合岩石特性参数,来综合定量描述岩石力学特性的差异,为钻头选型提供科学依据。

(三)综合法

1. 岩石声波时差法

Mason K L(1987)、张传进等(1997)提出了用横波时差进行钻头选型的方法。该方法的原理为,统计某区块所有已钻井的牙轮钻头资料,按层段挑选出使用效果最好的牙轮钻头,借助声波时差曲线得到最优钻头所对应的横波时差的界限,进一步得出整个地区以横波时差优选牙轮钻头的选型模板,用以指导新井的钻头选型。这种方法的优点是,只要知道对应井段的横波时差就可很快优选出适合该井段的牙轮钻头。缺点是,横波时差计算方法比较烦琐,对于混合岩性的井段横波时差不易求准。此外,只能在对待钻井岩性了解很详细的情况下进行优选,如果待钻井的岩性和预期的相差较大,优选工作就会出现很大误差。

2. 剪切强度法

幸雪松等(2004)提出了一种利用剪切强度和单位进尺钻井成本的关系来进行 PDC 钻头选型的方法。该方法以一个建成的 PDC 钻头使用资料库为基础,该数据库包括钻头型号、所钻井段地层的平均剪切强度、单位进尺钻井成本等指标。在选型时,通过所钻区块邻井的测井资料,计算出不同井深各间隔点的地层剪切强度,从需要进行钻头选型的井段开始,确定计划钻井段地层剪切强度的平均值。以此平均值为基点,在合理的偏差范围内,从数据库中选择 PDC 钻头,单位进尺钻井成本最低的 PDC 钻头为优选结果。

3. 有围压岩石抗压强度法

Fabian Robert 和 Ronald Brich(1995)提出了根据井底有围压抗压强度进行 PDC 钻头选型的方法。该方法将使用效果最佳的 PDC 钻头的有围压抗压强度范围作为选型的依据。这种钻头选型方法由于考虑了围压对岩石强度的影响,因而更能真实地反映钻头钻进时井底岩石的状况。但是,横波时差不易求准限制了该方法的应用。

4. 人工神经网络法

冯定(1998)将人工神经网络方法用于钻头选型。该方法首先利用误差反向传播神经网络方法,根据地层岩性和钻井方式等因素进行定性优选。然后在定性优选结果的基础上,利用钻头的使用资料计算综合指数,进行定量选型。阎铁等(2002)提出利用自适应共振神经网络进行钻头优选。该神经网络共选用 12 个神经元,包括地区、井深、可钻性系数、研磨性系数、机械钻速、钻头进尺、钻压、转速、井底水功率、井底压差、钻头牙齿磨损和钻头轴承磨损;输出层为钻头型号。神经网络方法在实际应用中较复杂,有些输入参数不易求取,其选型结果对样本数据的选取具有很强的依赖性。

5. 地层综合系数法

潘起峰等(2005)提出了一种既考虑钻头的经济效益又考虑钻头所钻遇地层的多种岩石力学特性来进行钻头选型的方法——地层综合系数法。该方法的基本原理:首先根据经济效益指数法建立标准井,然后将研究井的地层可钻性与标准井进行比较,若地层可钻性综合系数 F_r 大于1,说明研究井相应层位比标准井难钻,应选择比标准井高一级别的钻头;若 F_r 小于1,说明研究井相应层位比标准井易钻,应选择低一级别的钻头;若 F_r 等于1,说明标准井和研究井相应层位有相同的可钻性,应选择同一级别的钻头。地层可钻性综合系数的计算模型为:

$$F_r = \frac{\sum_{i=1}^{K}\left(\frac{R_{maxRW}}{R_{maxST}} + \frac{R_{minRW}}{R_{minST}} \frac{R_{avRW}}{R_{avST}} \frac{\Delta R_{maxRW}}{\Delta R_{maxST}} \frac{H_{RW}}{H_{ST}} \frac{N_{RW}}{N_{ST}}\right)}{\sum_{i=1}^{K} n_i} \quad (4-28)$$

式中　F_r——地层可钻性综合系数;

R_{max},R_{min},R_{av}——地层岩石力学特性参数的最大值、最小值、平均值;

ΔR_{max}——地层岩石力学特性参数差值的最大值;

H——地层厚度,m;

N——地层岩石力学特性参数峰值的个数;

K——参与评价的岩石力学特性参数个数;

n——R_{maxRW}、R_{minRW}、R_{avRW}、ΔR_{maxRW}、H_{RW}、N_{RW} 中不为零的参数个数。

式中下标 RW 代表研究井相应的岩石力学参数,下标 ST 代表标准井相应的岩石力学参数。该方法是在假设统计井的各地质层位的岩石力学特性参数相同的基础上建立的标准井,其选型结果具有定性和定量相结合的特点。

安岳气田龙王庙组气藏为整装气藏,整个区域地层差异小,适合第一类钻头效果评价法,其中黄金分割优选法最为适用。勘探开发初期,GS1 井使用牙轮钻头钻井,效果不理想。为此,2012年第一批6口井通过优选常规PDC钻头,进行了现场试验,同比GS1井机械钻速提高70%以上;2013年通过黄金分割优选法则,对第一批6口井不同地层使用钻头进行黄金分割优选,优选出的钻头在使用过程中再针对各地层出现的问题,如钻头泥包等进行PDC钻头的设计改进。通过3年的不断迭代优选更新,基本形成现有的钻头序列模板。

二、个性化钻头优化设计

(一)沙溪庙—凉高山组井段PDC钻头优选

沙溪庙组地层岩性主要为石英砂岩及岩屑砂岩互层,凉高山组地层为页岩、泥岩,夹粉砂岩。GS1井在该井段使用牙轮钻头,效果较差。自2012年第一批6口井开始选用常规PDC钻头钻进,同比GS1井牙轮钻头机械钻速提高70%以上。对第一批6口井沙溪庙—凉高山组使用钻头进行黄金分割优选,并对钻进过程中出现的钻头泥包等问题进行设计改进,通过持续改进钻头刀翼、布齿、冠部形状、胎体类型和水眼,优化设计出了抗软硬交错、耐磨性强的FX56S等PDC钻头(图4-42),现场应用见到显著提速效果。因此,在沙溪庙—凉高山组井段推荐采用FX56S、DFS1905钻头钻进(图4-43)。

图4-42 沙溪庙—凉高山组井段钻头个性化优化过程

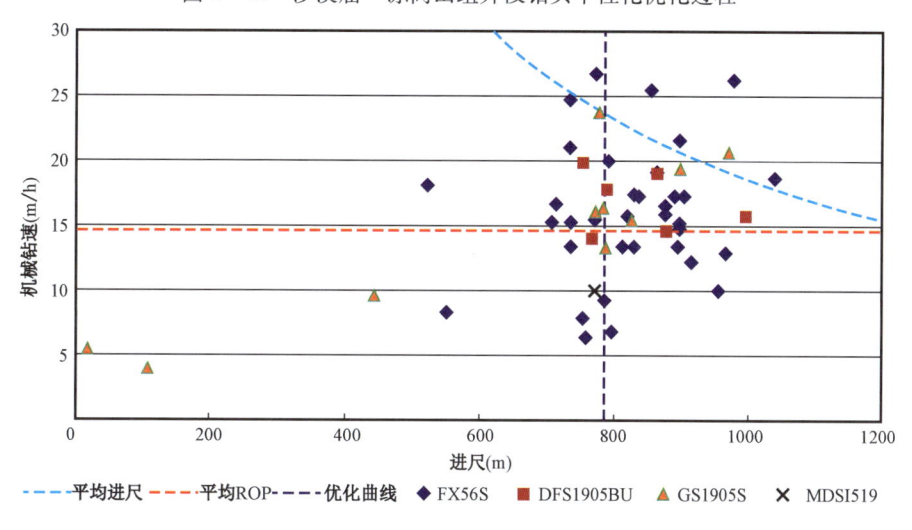

图4-43 沙溪庙—凉高山组井段黄金分割优选钻头

2013—2014年试验钢体PDC钻头FX56S,统计应用的36只钻头技术指标,平均机械钻速为14.27m/h,同比2012年第一轮6口井(机械钻速7.24m/h)提高了97.1%;平均单只钻头进尺818.25m,同比第一轮(平均进尺394.90m)提高了423.35m。

针对进口PDC钻头成本高的问题,2014年,在开发井试验应用了国产PDC钻头,即14只

19mm复合片钢体钻头(GM1905S和DFS1905)。试验结果表明,国产DFS1905钻头指标最好,平均机械钻速为16.51m/h,平均单只钻头进尺842.01m,实现了沙溪庙—凉高山组地层"一趟钻"完成,与FX56S技术指标相当;GM1905S钻头平均机械钻速为15.48m/h,平均单只钻头进尺798.68m(图4-44)。

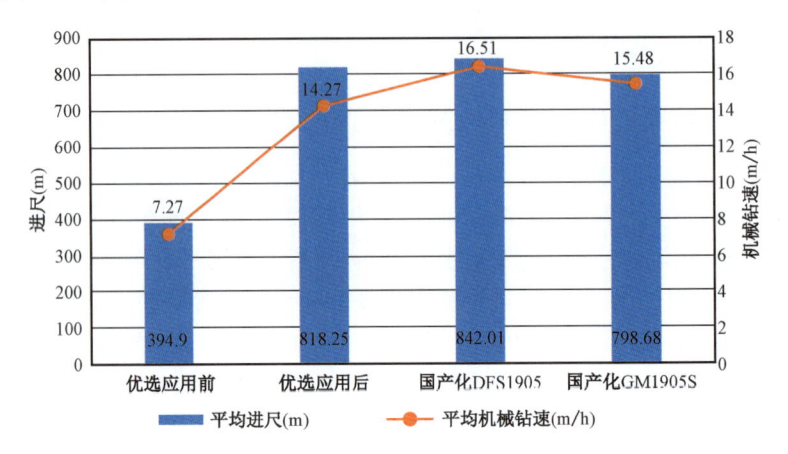

图4-44 沙溪庙—凉高山PDC钻头应用效果

(二)凉高山组—须六段井段PDC钻头优选

凉高山组—须六段地层岩性主要为泥岩夹粉砂岩、页岩。2013—2014年在凉高山组—须六段井段试验进口胎体PDC钻头FX55D,实现了凉高山组—须六段"一趟钻"。针对进口钻头成本高的问题,2014年以后,在凉高山组—须六段井段试验应用国产PDC钻头15只,通过黄金分割优选法则,推荐在凉高山组—须六段井段选用DFS1605 PDC钻头(图4-45)。从钻探实践来看,DFS1605 PDC钻头与进口PDC技术指标持平,均能实现"一趟钻"。

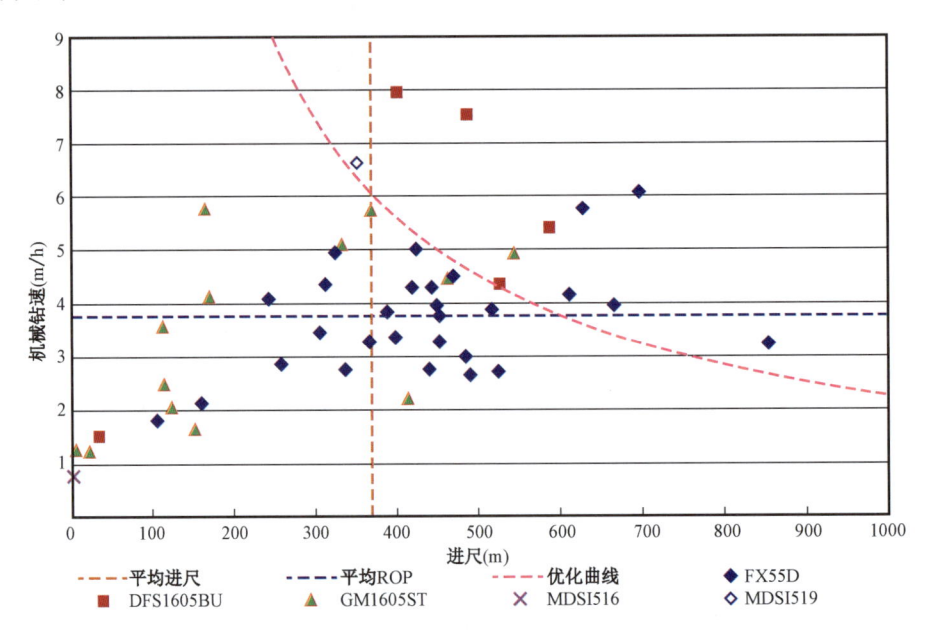

图4-45 凉高山组—须六段黄金分割优选钻头

国产 PDC 钻头 DFS1605 和 GM1605，从试验结果来看（图 4-46），DFS1605 平均机械钻速达 5.56m/h，单只钻头进尺 407.73m；GM1605 平均机械钻速为 3.42m/h，单只钻头进尺 436.89m。从试验效果对比来看，DFS1605 效果最好，平均机械钻速好于进口 PDC 钻头，且能实现"一趟钻"。如 MX008-H19 井在凉高山组—须六段应用了 1 只 DFS1605 PDC 钻头，单只进尺 488.23m，机械钻速高达 7.53m/h，还略高于进口 FX55D 钻头，取得了较好的提速效果。

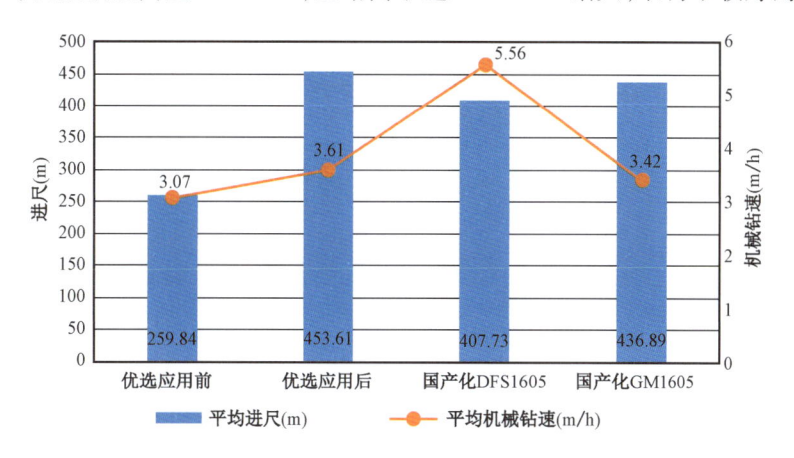

图 4-46 凉高山组—须六段 ϕ311.2mm 井眼优选 PDC 钻头钻井应用效果

（三）须家河组井段 PDC 钻头优选

须家河组地层岩性主要为砂岩、页岩、泥岩夹泥质砂岩。针对须家河组地层岩石可钻性差、研磨性强的特点，先后优选试验了进口和国产 PDC 钻头。从试验结果来看，国产 PDC 钻头抗研磨能力严重不足。通过黄金分割优选法则，在须家河组推荐选用 FX75R 钻头（图 4-47），见到了良好的提速效果。

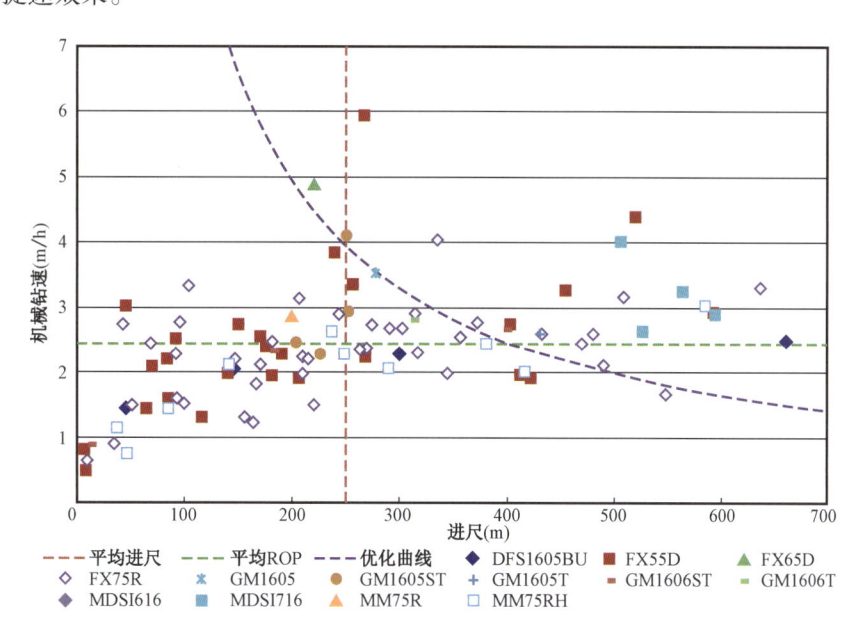

图 4-47 须家河组井段黄金分割优选钻头

2013—2014 年,试验了 FX55D、FX75R、GM1605ST、GM1606ST、MM75RH 等 PDC 钻头。其中,FX75R 钻头平均机械钻速达到 2.46m/h,单只进尺达到 347.09m,单只进尺较 2012 年提高 16.02%,有 2 口井实现了"一趟钻"钻穿须家河组井段。

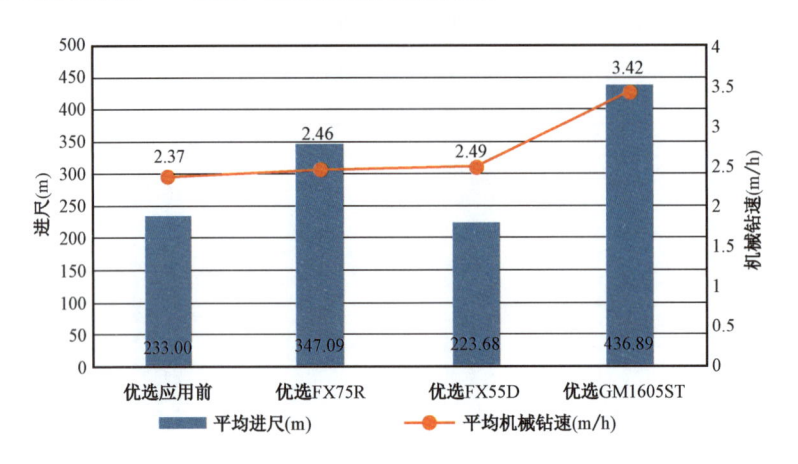

图 4-48　须家河组 φ311.2mm 井眼优选 PDC 钻头应用效果

(四)雷口坡组—嘉二^{3}亚段井段 PDC 钻头优选

雷口坡组—嘉二^{3}亚段地层岩性主要为白云岩、石灰岩、灰白色石膏岩。自 2013 年以来,采用黄金分割优选钻头法则,对雷口坡组—嘉二^{3}亚段井段的钻头进行类型优选,推荐雷口坡组—嘉二^{3}亚段井段选用 FX55D 钻头(图 4-49)。并对钻头进行个性化修改优化,同时配合使用高效个性化 PDC 钻头 + 高效螺杆"一趟钻"快速钻井技术,钻井速度显著提高。

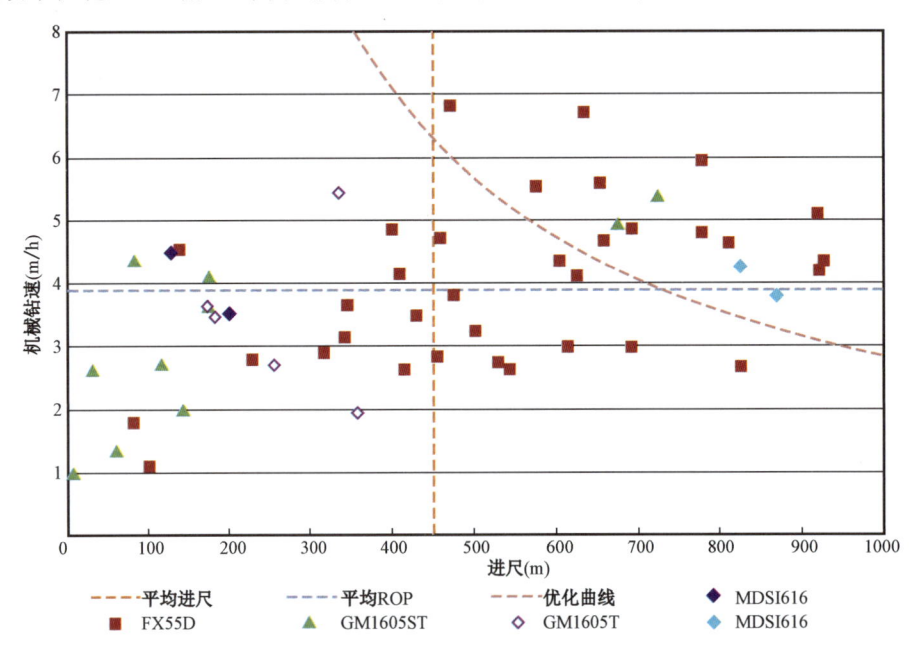

图 4-49　雷口坡组—嘉二^{3}亚段井段黄金分割优选钻头

2013—2014 年,采用高效个性化 PDC 钻头 FX55D、GM1605ST+高效螺杆的"一趟钻"快速钻井技术。从试验结果来看,FX55D 钻头复合钻井平均机械钻速 4.85m/h,较常规转盘钻井 PDC 钻头提高 66.1%;平均单只钻头进尺 773m,较 2012 年(平均单只进尺 343.04m)提高 125.34%。本井段试验了国产 PDC 钻头 GM1605ST,平均单只钻头进尺仅为 232.99m,平均机械钻速 3.46m/h,试验效果较差。

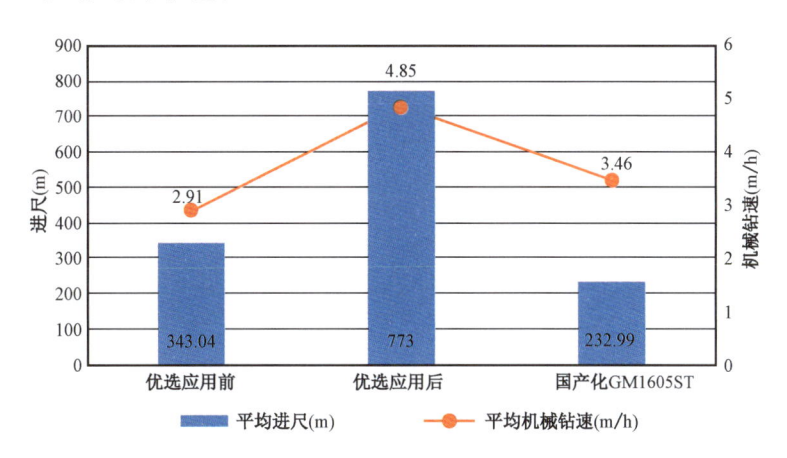

图 4-50　雷口坡组—嘉二³亚段 φ311.2mm 井眼优选 PDC 钻头应用情况

(五)嘉二³亚段—茅口组井段个性化 PDC 钻头优选

嘉二³亚段—茅口组主要岩性为泥晶灰岩夹白云岩、页岩夹粉砂岩、泥岩。针对高石 1 井在嘉二³亚段—茅口组使用 15 只牙轮钻头钻进速度慢的难题,2012 年优选常规国产 PDC 钻头,第一批 6 口井仅有 4 只 PDC 钻头钻穿该井段,但大部分钻头不能钻穿茅口组。

2013—2014 年,通过黄金分割优选法则,优选出了适合嘉二³亚段—茅口组的个性化 FX55D 钻头(图 4-51 和图 4-52)。2015—2016 年,随着国内 PDC 钻头技术的进步,同时为有效降低钻头使用成本,先后试验应用了多种国产 PDC 钻头。利用黄金分割优选法则持续优选,优选出了适合嘉二³亚段—茅口组的国产个性化 DF1605BU、WS356AA 钻头。

综上所述,嘉二³亚段—茅口组推荐选用 FX55D、DF1605BU、WS356AA 钻头。

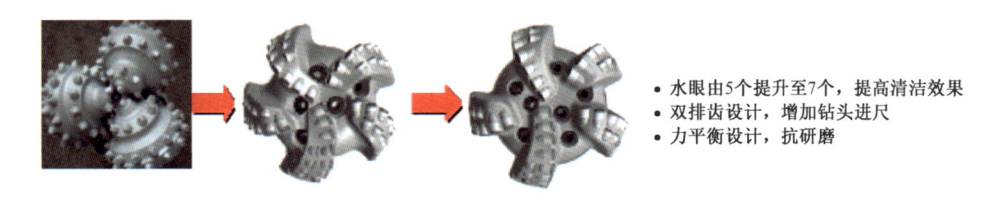

- 水眼由5个提升至7个,提高清洁效果
- 双排齿设计,增加钻头进尺
- 力平衡设计,抗研磨

图 4-51　嘉二³亚段—茅口组 PDC 钻头个性化优化过程

2012 年使用常规 PDC 钻头,平均单只钻头进尺 279.07m,平均机械钻速 4.75m/h,与高石 1 井相比,进尺和机械钻速分别较提高了 4 倍和 2.5 倍,但龙潭组强塑性地层对 PDC 钻头损害大,单只钻头不能钻穿该层位。

2013—2014 年,通过优化设计,优选 FX55D 钻头,12 口井实现了嘉二³亚段—茅口组"一趟钻"完成,同比 2012 年减少 3 趟起下钻,平均单只钻头进尺高达 1049m,同比 2012 年提高了

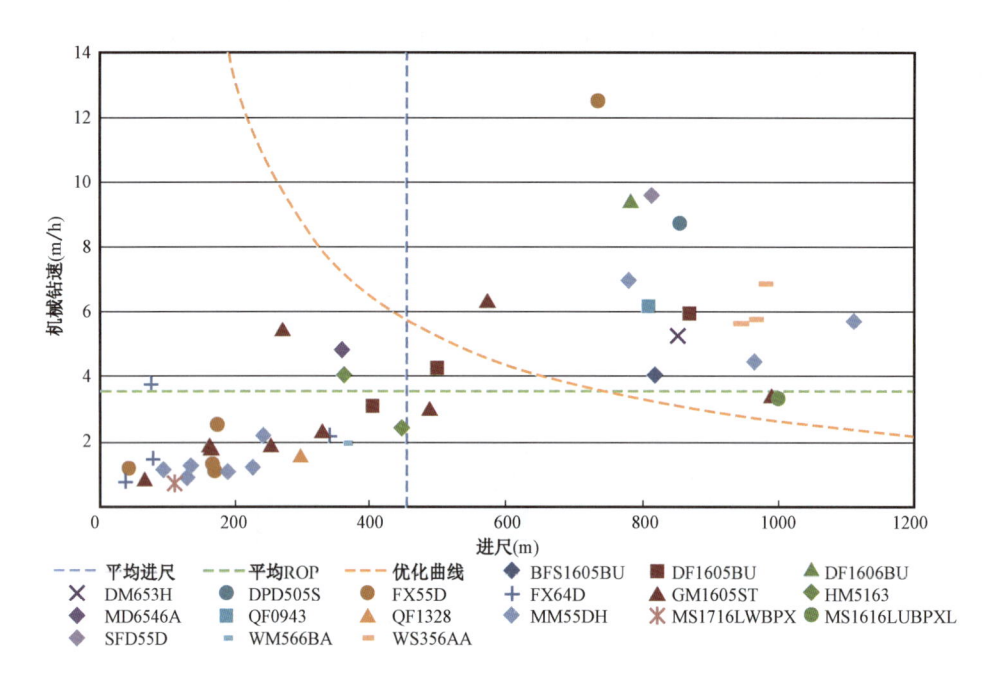

图4-52 嘉二³亚段—茅口组井段黄金分割优选钻头

770.93m。嘉二³亚段—茅口组钻井周期14.6d,同比2012年缩短了5.2d。但本段国产PDC钻头试验效果较差。

2015—2016年,先后试验应用了DF1605、FX55D、GM1606ST、MM55DH、WS356AA等个性化PDC钻头。从试验结果来看(图4-53),DF1605钻头平均单只钻头进尺为673.31m,平均机械钻速为4.98m/h;WS356AA钻头平均单只钻头进尺为812.82m,平均机械钻速为4.92m/h。FX55D钻头平均单只钻头进尺为295.26m,平均机械钻速为2.73m/h;GM1606ST钻头平均单只钻头进尺为403.42m,平均机械钻速为3.09m/h;MM55DH钻头平均单只钻头进尺为471.29m,平均机械钻速为2.99m/h(图4-53中未列出)。

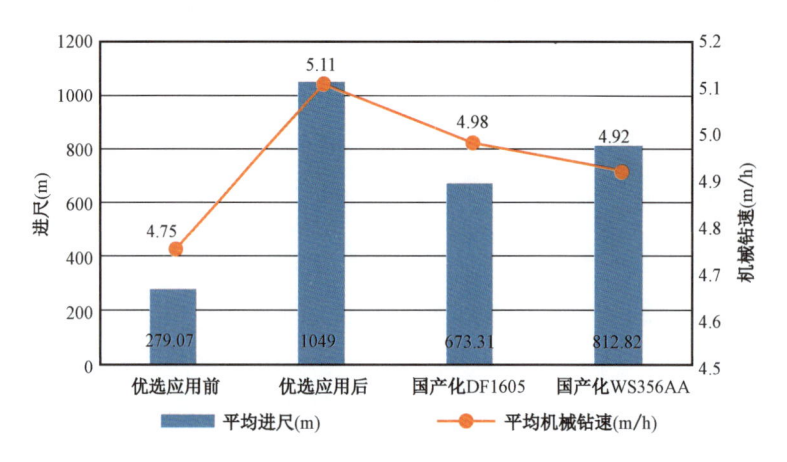

图4-53 嘉二³亚段—茅口组 ϕ215.9mm井眼优选PDC钻头应用情况

(六)茅口组以下二叠系—龙王庙组地层个性化 PDC 钻头优选

茅口组以下二叠系—寒武系地层岩性主要为硅质灰岩、粉砂岩、白云岩、白云质粉砂岩等。PDC 钻头钻遇软硬交错地层时易产生井下振动并容易损坏切削齿,导致钻头使用寿命缩短。2013—2014 年,通过对 PDC 钻头的不断优化改进,选用了进口 FX64D 钻头,二叠系—寒武系井段单只钻头进尺大幅度提高。2015—2016 年,在 FX64D 钻头优选应用的基础上,进一步优选出了新的 MM64RH 钻头,取得了良好的提速效果。同时,试验应用多种类型国产 PDC 钻头,通过黄金分割优选法则,优选出了适合二叠系—龙王庙组的 WM566BA、GM1606 钻头,现场使用效果较好。因此,推荐二叠系—龙王庙组选用 FX64D、WM566BA、GM1606 钻头(图 4-54)。

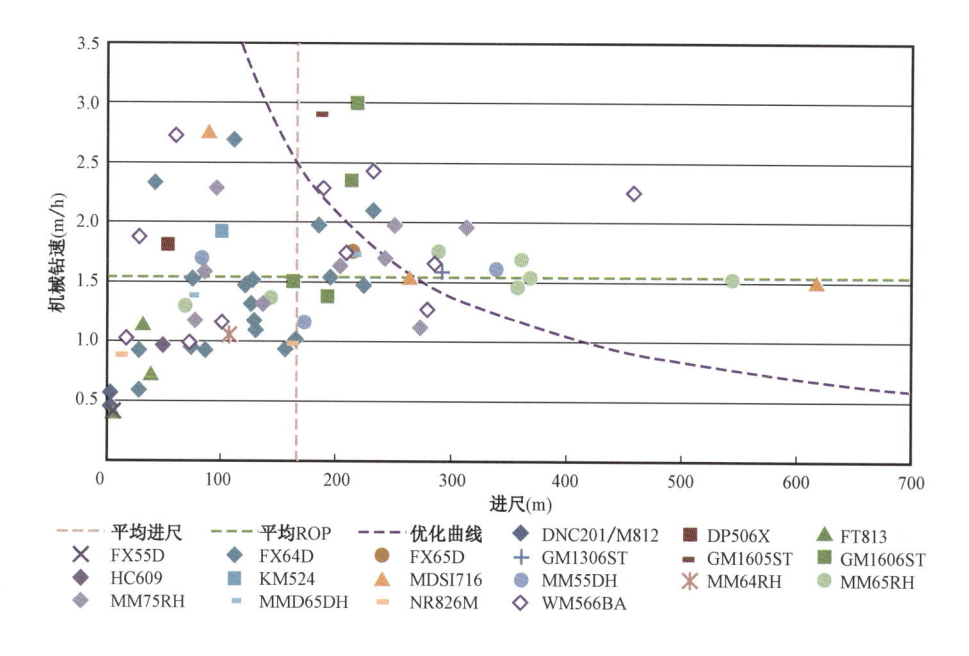

图 4-54 2015—2016 年二叠系—龙王庙组井段黄金分割优选钻头

2013—2014 年,经过不断优化改进,优选 FX64D 钻头开展了试验应用。二叠系—寒武系钻头单只进尺达到 195.69m,较 2012 年(143m)提高 36.84%,平均机械钻速达到 1.37m/h,较 2012 年(1.25m/h)提高 9.6%。同样,本段国产 PDC 钻头试验效果差。

2015—2016 年,为了降低钻井成本,在优选应用进口 PDC 钻头的同时,还试验应用了国产 PDC 钻头。从钻探实践来看(图 4-55),国产 GM1606T 钻头平均单只钻头进尺为 195.46m,平均机械钻速为 2.05m/h;WM566BA 钻头平均单只钻头进尺为 210.77m,平均机械钻速为 1.75m/h,取得了较好的提速效果。

综上所述,针对现场试验过程中 PDC 钻头出现的泥包、切削齿损坏等问题,自 2012 年以来,中国石油西南油气田分公司联合钻头厂家,持续开展了个性化 PDC 钻头优化设计、类型优选和现场试验。截至 2016 年,已形成不同地层较为成熟的个性化 PDC 钻头选型序列,在多个层位实现了"一趟钻"。

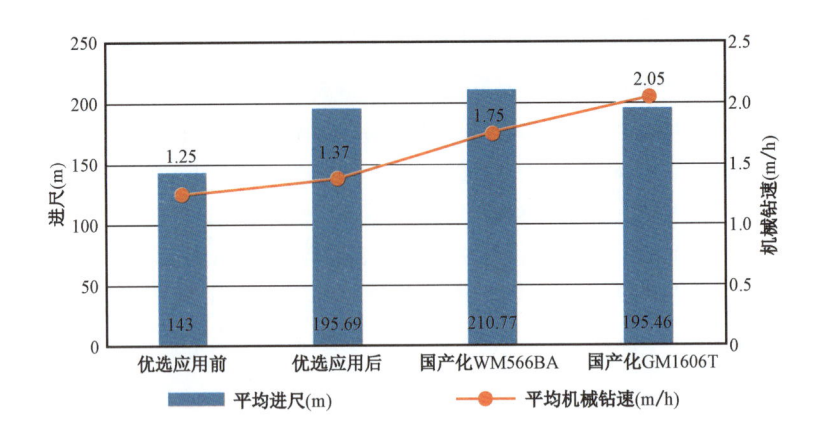

图 4-55 二叠系—寒武系 ϕ215.9mm 井眼优选 PDC 钻头应用效果

垂深(m)	层位	2013年钻头图版	2014年钻头图版	2015—2016年钻头图版
0–1500	沙溪庙组	FX56S	DFS1905	DFS1905
1500–2000	凉高山组 珍珠冲组	FX55D	DFS1605	DFS1605
2000–2500	须家河组	FX75R	FX75R	FX75R
2500–3000	雷口坡组	FX55D	FX55D	FX55D
3000–4000	嘉二³亚段 飞仙关组	FX55D	FX55D	DF1605、WS356AA
4000–5500	长兴组 龙潭组 茅口组 栖霞组 奥陶系 洗象池组 娄台组 龙王庙组	FX64D	FX64D	FX64D、WM566BA、GM1606

图 4-56 高石梯—磨溪不同层位 PDC 钻头选型序列图版

自 2014 年以来,在多口井开展了国产个性化 PDC 钻头的试验应用,试验结果表明(图 4-57 和图 4-58),沙溪庙—凉高山组、凉高山组—须六段国产个性化 PDC 钻头已经可以实现"一趟钻"完成。因此,须六段以上地层使用国产 PDC 钻头替代进口 PDC 钻头;但须家河组及以下地层,国产 PDC 钻头试验普遍效果较差,主要表现为单只钻头进尺明显较进口钻头减少,在抗研磨能力等方面还有待进一步提高。

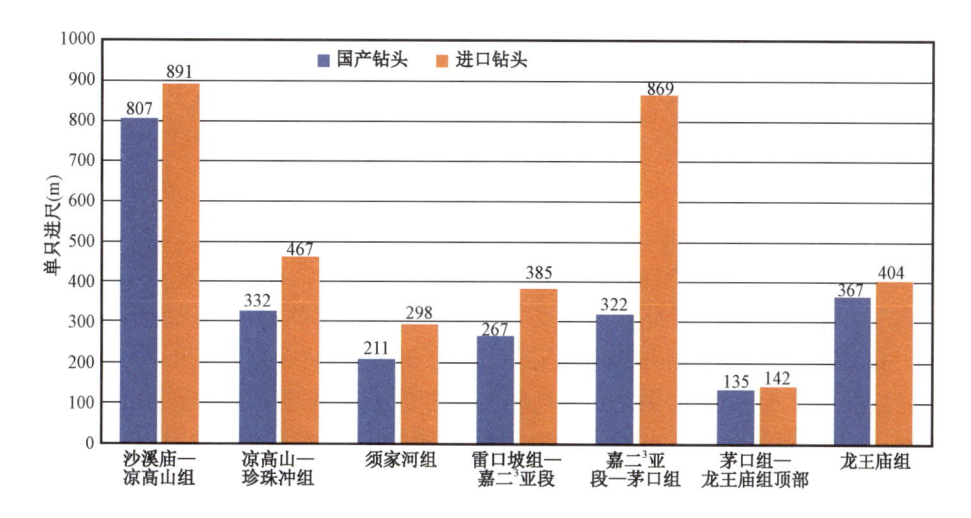

图 4-57 国产 PDC 与进口钻头单只进尺对比图

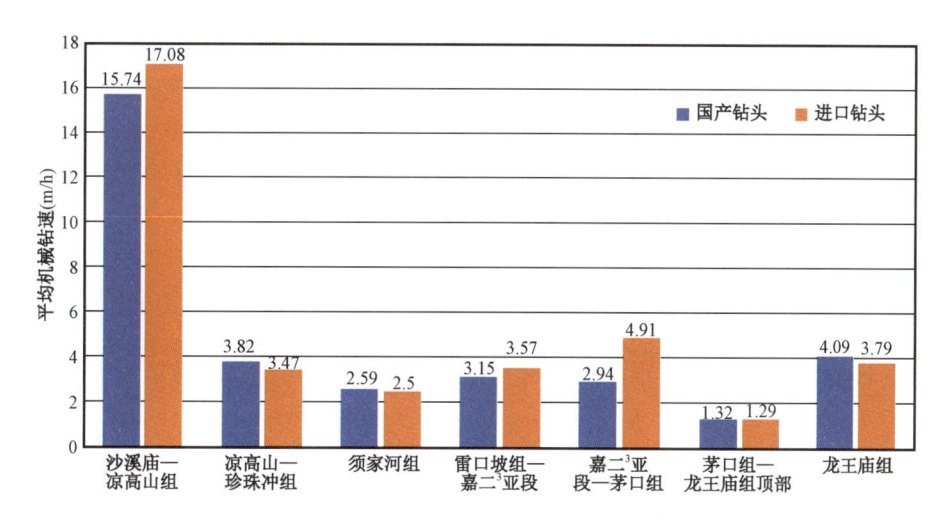

图 4-58 国产 PDC 与进口钻头机械钻速对比图

第三节 复合钻井配套技术

一、复合钻井参数优选与推荐

优选参数钻井也称最优化钻井,最优化钻井是在喷射钻井和平衡钻井的基础上发展起来的一门钻井技术。最优化钻井的核心思想是在科学地总结分析已钻井的有关资料基础上,应用最优化方法,拟定出一套满足决策者意愿的最佳钻井方案。

为了更清楚地了解最优化钻井的发展过程,以国外钻井工艺的发展为例,来说明最优化钻井的历史背景。

(1)概念形成时期。这一时期开始把钻井和洗井两个过程结合在一起,开始研制刮刀钻头。

(2)缓慢发展时期。这个时期出现了牙轮钻头,固井工艺和洗井液有了局部的改进和发展,同时出现了大功率钻机。

(3)科学化钻井时期。这个时期钻井技术飞速发展,出现了镶齿、滑动、密封轴承钻头,并出现了第一只水力喷射钻头。

(4)自动化钻井时期。这一时期发展了自动化钻机和井口自动化工具、钻井参数自动测量、钻井液机械化处理、计算机监控等。

进入自动化钻井时期后,优选钻井参数已向实时监测与优化方向发展。2002年,Robert等人通过实时监测钻井比能,确定钻头的磨损情况。方法是监测钻机的机械能的输入值,实时计算钻井比能,利用井下实时测井数据确定当前地层的类型,将计算得到的实时比能与标准新钻头的比能数值进行对比分析,利用钻井所消耗比能的增长率进行钻头磨损的评价。钻井过程的实时优化,需要解决的问题有钻井模型的实时建立、钻井参数的实时传输、钻井工况的实时分析(建立实时操作中心)。2002年,壳牌在新奥尔良建立了第一个实时操作中心(Real-Time Opeartion Center,RTOC),用于实时接收施工现场的钻井数据,统一由软件进行计算,由专家进行监控与决策,实现远程钻井优化。之后各大石油公司也都建立了各自的实时操作中心,进行钻井远程服务。Milter等人将海洋钻井参数通过网络实时传输到陆地控制中心,根据控制中心的专家对现场数据的分析,诊断现场施工问题,提出优化意见,实现远程实时优化钻井。比能优化、实时监测与分析技术是埃克森美孚公司流程的关键技术。2003年,在年底的小规模试验中,埃克森美孚公司首次将比能优化曲线添加到录井曲线上,钻井速度提高两倍以上。2004年,埃克森美孚公司选用6台钻机继续使用比能优化钻井,3个月的时间平均机械钻速提高133%。Varco公司的William和Orion钻井公司,将机械比能的优点与钻机和钻柱结构相结合开发软件,并将该功能应用到钻井信息系统中,使得工作人员能在钻台和远程控制中心实时分析机械比能的变化规律。并提出机械比能的分析结果可以有三种不同模式的优化应用:对现在钻井工况的改善;在现有钻井施工条件下进行优化分析;依据岩石强度基线,最大化机械钻速,重新设计钻井参数。2004年,在美国得克萨斯州南部的一口优化试验井,使用比能曲线实时监测钻井实际的能量消耗与岩石强度基线进行比较,在低效钻井工况出现时,及时分析低效原因并调整钻井参数,试验结果为每口井钻速平均增加213%。斯伦贝谢公司已经实现钻井比能实时优化和远程监控的重要技术,并逐步实现与LWD、MWD及其他随钻设备实现集成配套,在深井、超深井及非常规储层钻井中发挥了重要的作用。Remmert等人利用实时监控技术监测机械钻速,能够获得钻头破碎岩石时的切削效率和钻头的能量传输效率。通过连续监测机械钻速、钻井比能,调整机械参数,解决井底的钻具振动问题和能量耗损问题。通常国外优化钻井已完井资料,建立钻井模型,分地层比较分析,优选相同地质层段下相同钻压和转速情况下工作情况最好的钻头型号;而对于参数的优选,在相同的地质层段分别比较固定钻压改变转速和固定转速改变钻压的不同比能曲线,优选出相应层段的最优钻井参数。Wee和Kologerakin指出,使用钻井模型恰当地描述钻井过程是优化钻井工作的基础,使用比能法进行钻井参数实时优化需要动态建立岩石强度基线,而传统方法建立岩石强度基线需要使用测井数据或者使用临井已完钻井的录井数据,而国内随钻测井仪器的使用费用较高,且岩石强度基线所描述的是理论上最优钻井能量消耗,没有将当前所使用工具的强度考虑在内。因此,需要从优化机械钻速的角度对地层的钻速优化与强度问题进行研究。

（一）钻井速度模式

1947 年，美国汉泊尔（Hamble）石油公司组织试验井队进行科学钻进试验，定量评估影响刮刀钻头钻进速度的有关因素。通过这些试验发现，缩小喷嘴直径，增加喷射速度，可以显著提高钻进速度。这个发现引起了美国钻井工作者的密切注意。1954 年，Eckel 通过室内试验，深入研究了水力参数和钻井液性能对钻进速度的综合影响。1957 年出现了钻压、转速协会，专门研究钻压、转速对钻进速度的影响。1960 年，Kendall 和 Goins 发表了最大水功率、最大冲击力和最大喷射速度的关系及其水力程序设计的文章，为优选水力参数奠定了理论基础和寻优路径。在此期间，Galle 和 Woods 在研究钻压、转速对钻井速度的影响时，引入了钻头摩钝的概念，并用变分法建立了随着钻头磨损；相应增加钻压、转速的优选方法，从而为优选钻压、转速奠定了比较完整的理论基础。1962 年，Billingston 通过现场试验证明，随着钻头磨损而逐步增加钻压、转速的经济效益不大。他指出，在钻头强度和设备条件允许的条件下，始终以钻头磨损后所要求的最大钻压和最大转速钻进，钻头进尺和平均机械钻速反而比逐步增加钻压、转速时高。此后，Edwards 和 Young 进一步简化了 Galle 等人的计算模式，并以钻头进尺的单位成本为目标函数，根据钻压、转速与机械钻速及钻头寿命的相互关系，优选钻压、转速，从而使优选钻压、转速开始进入实用阶段。

钻井数学模式是钻井客观规律的集中体现，它源于钻井实践，又指导着钻井实践，是正确进行钻井参数优化设计的基本依据。

1. 井底净化充分的钻速模式

该模式根据室内实验结果经理论推导建立，此模型是不发生重复破碎条件下的钻速模型，其钻井速度可表示为：

$$v_\mathrm{m} = K_\mathrm{f} \frac{NW^2}{D_\mathrm{h}^2} \tag{4-29}$$

式中　v_m——钻井速度，m/h；
　　　N——转速，r/min；
　　　W——钻压，kN；
　　　D_h——钻头直径，mm；
　　　K_f——地层可钻性系数。

2. 杨格（Young）模式

$$v_\mathrm{m} = K_\mathrm{f} C_\mathrm{P} C_\mathrm{H} \frac{(W-M)N^e}{1+C_2 h} \tag{4-30}$$

式中　C_P——压差影响系数；
　　　C_H——水力净化系数；
　　　M——门限钻压，kN；
　　　C_2——牙齿磨损系数；
　　　e——转速指数；
　　　h——牙齿磨损高度，m。

3. 四元钻速方程

$$v_{\mathrm{m}} = KW^d N^e N_{\mathrm{c}}^f \mathrm{e}^{-\beta\Delta p} \tag{4-31}$$

式中　N_c——钻头比水功率，kW/cm^2；
　　　d——钻压指数；
　　　e——转速指数；
　　　f——水马力指数；
　　　Δp——井底压差，MPa；
　　　β——地层压实系数。

(二) 钻井参数目标函数模型

1. 多元进尺成本函数方程

$$f(x) = \frac{C_{\mathrm{B}} + C_{\mathrm{r}}(T_{\mathrm{T}} + T) + (C_{\mathrm{n}}N_{\mathrm{m}} + C_{\mathrm{s}}p_{\mathrm{s}})T}{F} \tag{4-32}$$

式中　$f(x)$——进尺成本，元/m；
　　　C_{B}——钻头成本，元/个；
　　　C_{r}——钻机运转作业费，元/h；
　　　T——钻头纯钻进时间，h；
　　　T_{T}——起下钻、接单根时间，h；
　　　C_{n}——泵功率费用系数，元/kW；
　　　N_{m}——泵输入功率，kW；
　　　C_{s}——泵压费用系数；
　　　p_{s}——立管压力，MPa；
　　　F——钻头取得的进尺，m。

2. 杨格模式进尺方程

$$F = K_{\mathrm{f}} C_{\mathrm{P}} C_{\mathrm{H}} \frac{1000(W-M)N^e(D_2 - D_1 W)}{A_{\mathrm{f}}(Q_1 N + Q_2 N^3)} \left[\frac{C_1}{C_2} h_{\mathrm{f}} + \frac{C_2 - C_1}{C_2^2} \ln(1 + C_2 h_{\mathrm{f}}) \right] \tag{4-33}$$

令：

$$J = K_{\mathrm{f}} C_{\mathrm{P}} C_{\mathrm{H}}(W-M)N^e$$

$$S = \frac{A_{\mathrm{f}}(Q_1 N + Q_2 N^3)}{1000(D_2 - D_1 W)}$$

$$E = \frac{C_1}{C_2} h_{\mathrm{f}} + \frac{C_2 - C_1}{C_2^2} \ln(1 + C_2 h_{\mathrm{f}})$$

式中　D_1, D_2——钻压影响系数，与牙轮钻头尺寸有关；
　　　Q_1, Q_2——钻头类型决定系数；

C_1——牙齿磨损减慢系数,与钻头类型有关;

h_f——钻头牙齿磨损量。

则(4-33)式变为:

$$F = \frac{J}{S} \times E \qquad (4-34)$$

式中 F——进尺,m。

3. 杨格成本方程

$$C = \frac{C_r \left[\dfrac{T_E A_f (Q_1 N + Q_2 N^3)}{1000(D_2 - D_1 W)} + h_f + \dfrac{C_1}{2} h_f^2 \right]}{\left[\dfrac{C_1}{C_2} h_f + \dfrac{C_2 - C_1}{C_2^2} \ln(1 + C_2 h_f) \right] K_f C_P C_H (W - M) N^e} \qquad (4-35)$$

式中 C_r——钻机运转作业费,元/h;

T_E——钻头与起下钻成本的折算时间,h;

A_f——研磨系数。

4. 牙轮钻头磨损方程

牙轮钻头牙齿磨损方程为:

$$T = 189.2 \frac{C_t}{e^{\left(0.01N + 17.92 \frac{W}{D_h}\right)}} \qquad (4-36)$$

牙轮钻头轴承磨损方程为:

$$T = C_b \left(\frac{178.58 D_h}{WN} - \frac{W}{0.01786 D_h} \right) \qquad (4-37)$$

式中 D_h——井径,mm;

C_t——钻头牙齿磨损常数;

C_b——钻头轴承常数。

5. PDC 钻头磨损方程

PDC 钻头磨损方程为:

$$T = \frac{h_f + c h_f^2}{A_f W^a N^\eta} \qquad (4-38)$$

式中 a——钻压指数;

η——转速指数;

c——与岩石研磨性和切削齿抗研磨能力有关的常数。

(三)高磨地区钻井参数优选

根据高石梯—磨溪地区最新提速成果优选出来的钻头型号,并结合现场实钻情况,优选出了适合该地区的钻井参数,见表4—9。

表4—9 高磨区块钻井参数优选结果

井眼尺寸 (mm)	层位	井段 (m)	钻头型号×只数	钻压 (kN)	转速 (r/min)	排量 (L/s)	立压 (MPa)
φ444.5	沙二段	0~500	DFS1905×1只	20~100	70~90	55~60	2~8
φ311.2	沙二段—凉高山组	500~1400	DFS1905×1只	80~120	复合	55	15~18
	凉高山—自流井组	1400~1900	DFS1605×1只	80~120	复合	50	18~20
	须家河组	1900~2500	FX75R×(1~2)只	80~120	复合	45	20~22
	雷口坡组—嘉二^{3}亚段	2500~3450	FX55D×1只	80~120	复合	40	20~23
φ215.9	嘉二^{3}亚段—茅口组	3450~4700	DF1605或WS356AA×(1~2)只	80~100	复合	28	20~22
	茅口—栖霞组	4700~4820	FX64D×1只	60~100	定向	28	22~24
	栖霞—龙王庙组	4820~5430	GM1606或WM566BA×(1~2)只	80~100	定向	28	22~24

二、PDC钻头与螺杆钻具匹配

井下动力钻具和转盘钻井相比,其优点主要表现在:一是钻杆与井壁之间无摩擦性,这样可以使动力消耗减少,增加钻杆的寿命,其可以用来钻斜井、定向井和丛式井;二是钻机的寿命能大幅度提高,钻具的平稳性大大改善了钻井设备工作的条件,使设备的使用周期得到大幅度提高。由于PDC钻头是一种切削式钻头,具有耐磨性,将它与井下动力钻具配合,适合于高转速、低泵压、低钻压下工作。

(一)PDC钻头的钻进特性

PDC钻头依靠金刚石的颗粒破碎岩石。它在低钻压下即可获得较高的钻速和钻井进尺,是石油钻井中广泛使用的一种高效钻头。其结构主要包括金刚石、胎体、钢体和水槽等部分。按镶嵌特点可分为表镶式和孕镶式;根据地层的软硬程度可分为软、中和硬3种类型;按其材质可分为天然金刚石钻头和人造金刚石钻头。作用在金刚石上的全部载荷是机械钻压和水力推举力。后者为作用在钻头表面上的净水力之和,即每点压差与其作用在暴露面积上的乘积之和。按流向可分为径向流和横向流。

(1)径向流的钻头的水力推举力比横向流的大3~4倍。

(2)径向流的水力推举力随钻速增加只略微增大,而横向流的水力推举力几乎不变。

(3)二种钻头的水力推举力都随流量的增加呈指数级增加。

(4)在给定钻速的情况下,二种在机械上相似的钻头所需的机械钻压相同。

不同的金刚石钻头,钻进速度也不相同。对于金刚石切削齿数目相等的钻头,金刚石颗粒最小的钻头钻进速度最快;对于金刚石尺寸相同的钻头,金刚石切削齿最小的钻头钻进速度最快;对于克拉质量相同的钻头,金刚石最大的钻头钻进速度最快。

考虑到PDC钻头的特性,必须在对钻头寿命无不良影响时,根据钻速有关参数的相互关系来选择适当的总流断面积和喷嘴尺寸。一种理论是探求钻头下边的最佳液体流速;另一种理论是优化消耗在钻头的每平方英寸上的水功率。岩屑必须由钻井液从井底带出,以减少重新切削的岩屑量。因此,从钻头切削面上冲洗这些岩屑是非常重要的,必须使通过钻头的流量最大才能达到此目的。

其次,优化钻压或水功率,以便使切削面上产生尽可能多的紊流。为获得满意的总流面积,应与最大允许钻压值相结合来选择最大液体流速。

(二) PDC 钻头的破岩机理

PDC 钻头是 20 世纪 70 年代后广泛应用于石油钻井中的一种高效破岩钻头。其基体主要有鱼尾形、浅锥形、短抛物线形和抛物线形四种形式。由于聚晶金刚石片与碳化钨基片之间的有机结合,使得 PDC 齿具有金刚石的硬度、耐磨性、抗冲击—自锐能力以及热稳定性(其耐温上限为 700℃左右)。PDC 钻头主要以剪切方式破岩,机械钻速高,岩屑产出量大,但必须依靠水力能量进行强制冷却和清除井底岩屑。切削齿前面的岩石在挤压下产生弹性和屈服变形,并形成初始滑移破坏面。当初始滑移破坏面极限点处岩石的剪切应力 τ 大于 τ_s(岩石的屈服剪切应力)时,切削齿齿面以下岩石开始发生膨胀,并沿极限破坏面开始滑动。随着滑移破坏面的移动,被破碎的岩屑将沿切削齿前面(或终止破坏面)流出,最后完成切削。即切削层从产生弹性变形到滑移破坏,被破碎的岩屑在高射流冲击作用下迅速离开井底而流向环空的过程。其实质是岩石在挤压下以滑移变形方式被切削,在钻压作用下钻头能够自锐地吃入地层,在扭矩作用下向前移动剪切岩石。

(三) 螺杆钻具钻进时的注意事项

1. 螺杆钻具选择时的注意事项

(1) 螺杆钻具的选择。在选择螺杆钻具时,要结合所钻井的实际情况,按照各类型钻具的性能规范,选择合适的钻具,避免螺杆钻具超负荷工作。

(2) 螺杆钻具排量的确定。因二种螺杆钻具(纳维和代纳)同属定排量容积式动力钻具,只要排量一确定,其他参数也就随之确定。只有将排量控制在规定的范围内,才能使工具发挥最大的工作效能。

(3) 含砂量的要求。钻井液中的固体颗粒对工具的危害性很大,若含砂量大于5%,工具效能将降低50%。严重时会使工具大修或报废。因此,含砂量应控制在0.3%~0.5%以内。

(4) 清理钻井液中的铁屑。由于定子内的橡胶对金属铁屑特别敏感,应在方钻杆以下加钻杆滤清器,以防止下井钻具内的铁锈结块及残存的铁屑进入螺杆钻具内。

(5) 考虑井斜所产生的摩擦阻力。在确定定向井钻压时,应考虑由于井斜产生的摩擦阻力。具体方法是采用实测法,即在不同的井段反复上提下放钻具,从指重表上记录每次的载荷变化,计算出摩阻值后,再附加到应施加的钻压上,以确定轴承载荷。

(6) 泵压的计算。使用螺杆钻具时,通过立管压力的变化,可较准确地判断钻头在井底的工作状况以及钻井参数的变化情况。所以,在螺杆钻具下井前,应对三种压降进行较准确的计算。即在定排量下的钻头压降;在定排量下,全部钻柱和地面管汇的压力损失;动力钻具空转时的压降。

2. 不同工况下使用螺杆钻具时的注意事项

(1) 下钻过程。

① 将螺杆钻具提上钻台后,用木棍向下压旁通阀活塞,检查能否正常工作。然后连接方

钻杆,开泵观察钻具是否转动。开泵时间不宜太长,只要能够看见钻头转动即可。

② 下钻至距井底0.50~1.00m左右,开泵并记录此时的泵压。

③ 在定向井下入钻具测斜定向后,应上提下放活动几次钻具(一般5~9m),每次活动钻具后间隔少许时间,以消除定向时由于钻具转动引起的扭力,确保弯接头就位。

(2)钻进过程。

下钻完,距井底1m左右启动钻具,并记录立管压力。然后慢慢加压钻进,直到压力升至计算的立管压力。在整个钻进期间,要保证钻压稳定,并密切注意泵压的变化,要保证立管总压降不大于该类型钻具允许的电动机最大压降。若压力突然上升的幅度较大,应立即停泵并上提钻具,然后重新启动钻具并钻进。若多次调整无效,应立即起钻。

(3)起钻过程。

① 在决定起钻后,不能像涡轮一样压死循环,应立即起钻。

② 在直井中可用转盘卸螺纹。在定向井中由于井壁的摩擦,在裸眼井段严禁用转盘卸螺纹,只能用绳卸螺纹。

③ 将工具提起至转盘面时,应在井口检查钻具轴承之间的间隙值。

④ 在放倒工具之前,应向旁通阀内灌注清水清洗动力钻具,并用转盘转动钻头,以便将动力钻具内的钻井液清洗干净。

⑤ 卸下钻头后,用清水将工具表面及接头等处清洗干净。旁通阀及驱动短节连接螺纹应涂上润滑油,装配好提升短节和护丝。

⑥ 螺杆钻具在下井前,应用大钳将旁通阀的螺纹拧紧,出井后再用大钳将旁通阀的螺纹松开。其余螺纹无论在下井或出井,均不能用大钳紧螺纹或松螺纹。

(四)高磨区块螺杆钻具的优选与改进

针对2013年高石梯—磨溪区块中深部地层螺杆钻具使用寿命低(平均仅为80h左右)、与高效PDC钻头不匹配的情况,中国石油西南油气田分公司联合厂家对螺杆的设计进行了多方面的优化改进和完善,具体情况如下。

1. ϕ244.5mm井眼7L244-五级螺杆改进

针对具有高扭矩、高钻压和承受高交变应力特性的大井眼螺杆,主要改进了传动轴总成的串轴承和TC轴承部位。螺杆各总成之间的连接螺纹由1:6改变为1:8,螺纹锥度和紧密距得到了改善,有效地防止了过大反扭矩导致的倒扣情况。7L244-五级螺杆改进参数见表4—10。

表4—10　7L244-五级螺杆改进参数

参数	取值范围	
	公制	英制
外径	244mm	9½in
头数	7:8	
电动机级数	5	
电动机流量	2270~4540L/min	600~1200gal/min
输出转速	68~135r/min	

续表

参数	取值范围	
	公制	英制
电动机压降	4MPa	580psi
额定扭矩	15950N·m	11760lb·ft
最大压降	5.65MPa	819psi
最大扭矩	24030N·m	17720lb·ft
推荐钻压	220kN	48400lb
最大钻压	330kN	79200lb
功率	310kW	415hp

(1)扣型的改进。

在前期7LZ244螺杆使用过程中,特殊扣采用螺纹锥度1:6的扣型时,出现过脱扣现象。分析原因是螺杆在钻井过程中蹩钻,产生的反扭矩过大,导致螺杆脱扣。通过改进为1:8的新扣型,调整了锥度和紧密距(图4-59),增大扭矩在螺纹根部的作用面积,有效降低了倒扣时锥扣完全脱开的几率。

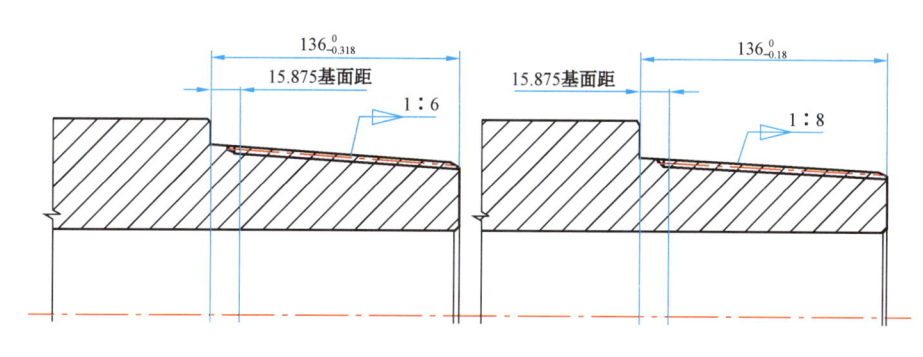

图4-59 7LZ244螺杆扣型的改进

(2)串轴承。

根据之前对复杂地层中使用的螺杆的跟踪,主要承受钻压和最容易过早失效的是串轴承。通过设计的更改,采用更有利于复合钻井工艺要求的串轴承压力角结构(图4-60)。该结构采用等温球化热处理工艺,细化晶粒,提高轴承的承载能力和抗疲劳点蚀能力。

(3)TC轴承。

TC轴承胎体在长时间使用过后,会出现微变形,导致工作面磨损不均衡,使TC轴承过早失效。针对该问题,在热特殊工艺上做出改进,改良处理后的试件在进行承压实验(225t)时,TC本体的变形量明显小于普通工艺(图4-61)。

2. ϕ215.9mm 井眼等壁厚7LZ172-五级螺杆改进

针对ϕ215.9mm井眼井段要求抗高温螺杆使用时间长、输出功率高的特点,中国石油西南油气田分公司联合厂家合作研制了等壁厚螺杆,并对传动轴总成、万向轴做出优化改进,保证了深部地层高温螺杆的使用寿命和提速效果。等壁厚螺杆和常规螺杆参数对比见表4-11。

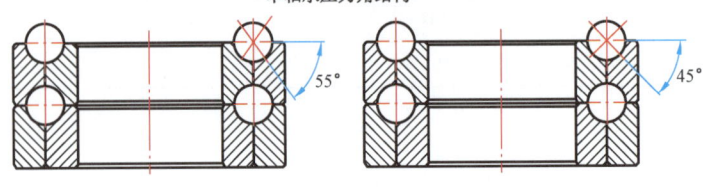

图 4-60　7LZ244 螺杆串轴承设计改进

图 4-61　7LZ244 螺杆 TC 轴承设计

表 4-11　等壁厚螺杆和常规螺杆性能参数对比

参数	U7LZ172×7.0 L-5-920（等壁）		7LZ172×7.0 L-5-920（常规）	
	公制	英制	公制	英制
外径	172mm	6¾in	172mm	6¾in
头数	7∶8		7∶8	
电动机级数	5		5	
电动机流量	1183~2366L/min	312~625gal/min	1183~2366L/min	312~625gal/min
输出转速	84~168r/min		84~168r/min	
电动机压降	5.5MPa	809psi	4MPa	585psi
额定扭矩	9866N·m	7276lb·ft	7176N·m	5293lb·ft
最大压降	7.75MPa	1139psi	5.65MPa	824psi
最大扭矩	13905N·m	10253lb·ft	10137N·m	7476lb·ft
推荐钻压	100kN	22000lb	100kN	22000lb
最大钻压	170kN	37400lb	170kN	37400lb
功率	220kW	295hp	150kW	200hp

(1)优化改进传动轴总成结构设计,提高其稳定性。

图4-62上端是新型(Ⅺ型)传动轴总成,下端是老型(Ⅷ型)传动轴总成。通过改进后,新型传动轴总成具有以下优势。

① 上TC轴承采用螺纹连接的固定方法,从而避免在频繁滞动下造成断轴头、上TC轴承损坏等现象;

② 下TC轴承与传动轴大端用螺纹连接,使其在复合钻进时不会因摩擦力及振动过大而松动;

③ 传动轴消除了传统的台肩定位,台肩部采用较大圆弧过渡,去掉中部螺纹,使轴体应力均布不易产生裂纹;

④ 改进了防掉系统,使防掉性能更加可靠;

⑤ 传动轴材料采用40CrNiMoA,该材料是一种高洁净度、高淬透性的高强度合金钢,进一步提高了传动轴的强度和冲击韧性,提高传动轴的疲劳寿命。

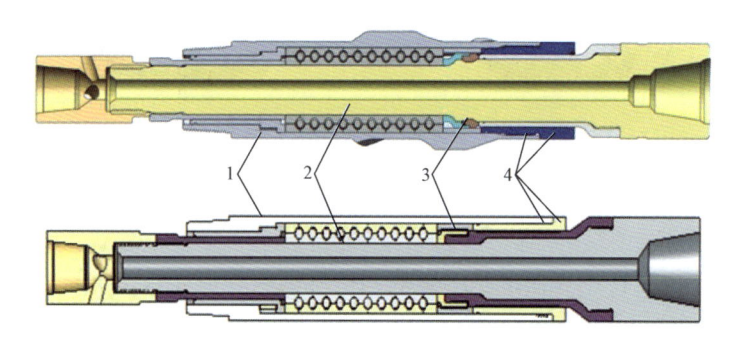

图4-62 传动轴总成设计结构上优化
1—上TC轴承;2—串轴承;3—锁母;4—下TC轴承

(2)钢球柱式传动万向轴,具有长寿命和承受高冲击载荷的特点。

针对在复杂地层区块采用复合钻进时,易出现蹩钻、跳钻和扭矩幅度变化较大的特殊情况,采用了球柱式传动万向轴。如图4-63所示,它包括接头、连杆、承压钢球、承压钢球座、鼓形滚柱和密封装置。常规花瓣万向轴采用钻井液润滑的形式,使用时间和钻井液的润滑效果具有很大的关系。而球柱式传动万向轴采用密封式润滑结构,完全靠润滑油脂进行润滑,在使用时间上有显著提高。并且采用承压球和球柱传动结构,能有效承受冲击载荷的影响。

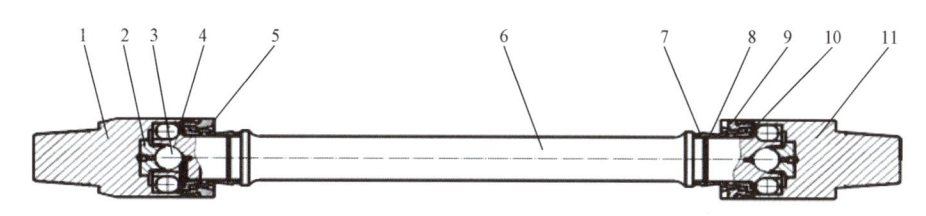

图4-63 球柱式传动万向轴优化
1—活绞Ⅰ;2—承压球座;3—鼓形滚柱;4—承压球;5—锁紧套;6—滚柱连杆;
7—不锈钢丝;8—橡胶护套;9—锁紧套;10—压圈;11—活绞Ⅱ

(3)采用等壁厚定子,大幅度提高了电动机使用时间和输出功率。

为了改善螺杆钻具使用性能和提高其系统效率,开发研究了等壁厚定子(图4-64)。国内外等壁厚定子的研究与应用表明,与常规相比等壁厚定子相比,具有以下优点。

① 良好的散热特性,避免热集中区的产生,提高了定子工作寿命。
② 均匀的橡胶膨胀,提高了定子工作稳定性。
③ 增加了橡胶与金属粘接面积,增强了黏合强度。
④ 单级承压高,提高了系统效率。

(a) 改善后　　　　　　　(b) 常规

图4-64　等壁厚定子优化设计

(4)转子镀层优选。

常规电镀工艺,由于转子表面形状的影响,谷、峰镀层厚度不一致,并且头数越多,相差越大,9头的转子在1:9以上,造成实际线形与理论线形误差较大,降低了电动机效率。经过研究、试验,立林螺杆厂的转子产品可将谷、峰的比值控制到小于1:3,最佳可达1:1。降低了镀层孔隙度,提高了镀层与基体的结合强度,有效地提高了转子的工作寿命,见图4-65。

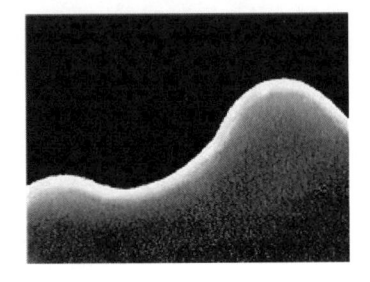

图4-65　转子镀层设计

(5)镀硬铬工艺的改进。

采用镀乳白铬+硬铬的双层镀铬工艺,可以得到完全没有裂纹和孔隙的镀铬层。只要镀层完整,与基体间不能形成微电池,就有很好的防腐蚀能力。

(6)电动机定子注胶改进。

注胶工艺采用中间注胶,两端定位的方式。其优势在于:整支电动机定子采用一次注胶完成,保证了整体的完整性,整个注胶过程与两端注胶相比,缩短了一半的注胶流程。大大减少了压降损失,充分保障定子橡胶在注胶过程中的注胶压力,保证定子橡胶的尺寸稳定,避免了

"喇叭口"效应(即一端注胶压力大而橡胶密实孔径小,另一端由于注胶压力的阶梯式损失而密实度下降,内径偏大的现象)。更高的注胶效率,缩短了橡胶在注胶阶段的时间,提高橡胶的安全性,降低了橡胶早期硫化的可能性。同时两端合理的定位系统,保证了在注胶过程中芯轴不会因注胶压力的影响而出现弯曲的情况,确保橡胶内壁的直线度,使电动机动力能够稳定地输出。

自2013年以来,针对高石梯—磨溪区块中深部地层螺杆钻具寿命低(平均80h左右)、与高效PDC钻头使用不匹配等情况,中国石油西南油气田分公司联合厂家对ϕ244.5mm螺杆的设计,改进了传动轴总成的串轴承和TC轴承部位,研制了适合ϕ215.9mm井眼的7LZ172等壁厚动力钻具,并对传动轴总成、万向轴进行了优化改进,现场应用见到显著效果。中深部地层螺杆单只平均寿命达到190.27h,同比提高137%,最高使用时间达406.16h,有力保证了复合钻进的提速效果。综上所述,高磨地区螺杆推荐采用立林公司改进后的7LZ244×7.0 L－5螺杆和U7LZ172×7.0L－5等壁厚螺杆。

三、复合钻井钻具组合匹配

安岳气田高石梯—磨溪区块龙王庙组气藏埋藏深,因此,部署井都是深井,要求采用S135钢级新钻杆或Ⅰ级钻杆,以减少或杜绝钻井过程中钻具事故的发生。

(一)钻具使用要求

(1)各井段钻进应注意校正方钻杆垂直度,防止方钻杆碰撞井口防喷器装置。

(2)所有送往井队的钻杆、钻铤、特殊工具、接头、方钻杆等,必须进行探伤等项目的检查,钻杆、钻铤的技术参数必须达到要求。

(3)必须按井控规定安装钻具止回阀、旁通阀。钻具内防喷工具的规格尺寸应与安装位置的钻具直径基本一致,压力级别与该开井口防喷器压力级别相同。

(4)要防止随钻震击器疲劳损坏,随钻震击器的使用寿命必须控制在其性能规定的范围内。

(二)钻具组合设计

1. 直井段

结合前期钻探实践经验,直井段使用钟摆钻具组合或满眼钻具组合防斜。直井段钻具组合中使用直螺杆＋PDC钻头进行钻进提速。钻井过程中,复杂地层井段应去掉螺杆,减少井下事故复杂发生的风险,直井段钻具组合设计如下。

表层直井段钻具组合结构:444.5mm钻头＋244.5mm螺杆＋228mm无磁钻铤×1根＋440mm稳定器＋228mm钻铤×5根＋203.2mm钻铤×6根＋203mm随钻震击器＋165.1mm钻铤×6根＋127mm钻杆。

二开直井段钻具组合结构:311.2mm/333.38mm钻头＋244.5mm螺杆＋228mm止回阀＋228mm无磁钻铤×1根＋308mm稳定器＋228mm钻铤×2根＋旁通阀＋228mm钻铤×3根＋203.2mm钻铤×6根＋203mm随钻震击器＋165.1mm钻铤×6根＋127mm钻杆。

三开直井段钻具组合结构:215.9/249mm钻头＋172mm螺杆＋165mm止回阀＋165mm

无磁钻铤×1 根+215.9mm 稳定器+165mm 钻铤×1 根+旁通阀+165mm 钻铤×18 根+165mm 随钻震击器+165mm 钻铤×3 根+127mm 钻杆。

2. 斜井段

为便于提速和控制井眼轨迹,斜井段设计均采用定向导航+PDC 钻头组合方式。同时,斜井段配合采用水力振荡器有效解决定向托压的难题。

斜井段钻具组合结构:215.9/190.5mm 钻头+172mm 螺杆+165mm 止回阀+165mm 无磁钻铤×1 根+165mm 螺旋钻铤×2 根+旁通阀+165mm 钻铤×18 根+165mm 随钻震击器+127mm 斜坡钻杆×6 根+127mm 钻杆。

3. 液力冲击器钻具组合设计

(1)液力冲击器组成。

液力冲击器由上接头、下接头、液力脉冲转化系统、冲击执行机构四部分组成(图 4-66)。

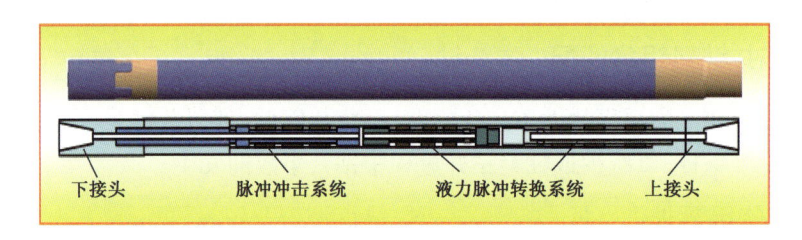

图 4-66 液力冲击器结构组成

(2)液力冲击器破岩机理。

液力冲击器可提供垂直—径向连续高频的脉冲冲击能,其垂直冲击能量能使钻头齿在破岩时,频繁冲击吃入岩石,增大岩石的破坏体积和破坏裂纹,增加破岩效率;连续高频的径向冲击能增大钻头切屑齿对地层的剪切能量,从而加快岩石剪切破坏,进一步提高破岩效率。液力冲击器破岩机理见图 4-67。

图 4-67 液力冲击器破岩机理示意图

(3)钻具组合设计。

配合液力冲击器使用的钻具组合为:311.2mm 钻头+244mm 液力冲击器+228mm 止回阀+228mm 无磁钻铤×1 根+228mm 钻铤×1 根+310mm 稳定器+228mm 钻铤×4 根+203.2mm 钻铤×6 根+203mm 随钻震击器+168.3mm 钻铤×3 根+127mm 钻杆。

(4)应用效果。

为进一步加快硬地层钻进速度,2013—2014 年,先后在 GS11 井、GS28 井、MX101 井的

φ311.2mm 井段进行了 3 口井液力冲击器的试验应用。经过试验、改进、再试验,在 MX101 井取得突破,实现了单只 PDC+液力冲击器钻穿须家河组,进尺 623m,平均机械钻速 3.65m/h,同比邻井磨溪 201 井机械钻速提高 68.2%。同比邻井钻速最快的 MX20 井,机械钻速提高 27%,提速效果明显(表 4-12)。

表 4-12 高石梯—磨溪区块液力冲击器使用情况对比表

序号	井号	钻头型号	层位	井段(m)	进尺(m)	机械钻速(m/h)	正常工作井段(m)	进尺(m)	机速(m/h)	起出钻头新度(%)
1	GS11	FX75R	须六段—须五段	1849.80~1935.44	85.64	2.15	1849.80~1935.44	85.64	2.15	20(损坏)
2	GS28	FX75R	须六段—雷三段	1353.51~1859.46	505.95	2.91	1353.51~1688.00	334.49	3.35	40
3	MX101	FX75R	须六段—须一段	1852.00~2475.00	623.00	3.65	1852.00~2475.00	623.00	3.65	40
4	MX31	FX75R	须六段—须五段	1720.00~1813.76	93.76	1.79	出现复杂未继续试验			80
5	GS8	FX75R	须六段—须五段	1845.20~1989.54	144.34	2.25				
6	MX20	MM75R	须六段—须二段	1752.80~2297.30	544.50	2.88				
7	MX201	FX75R	须六段—须五段	1765.20~2087.40	322.20	2.17				

第四节 高石梯—磨溪区块提速技术应用情况

近几年来,高石梯—磨溪区块先后开展了多轮钻井提速技术攻关,主要形成了以"个性化 PDC+高效螺杆"为主体的提速配套技术,现场试验应用效果显著,大幅提高了钻井速度,钻井周期明显缩短。

自 2010 年 GS1 井开钻以来,高石梯—磨溪区块龙王庙组累计完钻 49 口井。其中,高石梯构造完钻 2 口井,平均完钻井深 4923m,平均钻井周期 141.96d,平均完井周期 176.96d,平均机械钻速为 3.33m/h;磨溪构造完钻 47 口井,平均完钻井深 5340m,平均钻井周期 142.51d,平均完井周期 183.42d,平均机械钻速为 3.32m/h。

高石梯构造钻遇龙王庙组完成的仅有 2 口井,通过推广应用成熟的提速配套技术,2016 年完成的高石 113 井在完钻井深增加 321m 的情况下,钻井周期缩短了 22.16d,缩短了 14.5%,平均机械钻速提高了 9.7%,提速效果明显(表 4-13)。

表 4-13 高石梯构造龙王庙组完成井指标统计

井号	开钻日期	完井日期	完钻井深(m)	钻井周期(d)	完井周期(d)	平均钻速(m/h)
GS113	2015.9.19	2016.3.8	5083	130.88	171.88	3.52
GS23	2013.8.26	2014.2.24	4762	153.04	182.04	3.21
平均			4923	141.96	176.96	3.33

磨溪构造钻遇龙王庙组累计完成47口井。2013年至今,通过持续不断的提速技术攻关,集成应用PDC钻头+高效螺杆、液力冲击器等成熟的提速配套技术,平均机械钻速逐年提高,由2013年的2.87m/h提高到2016年的3.67m/h,提高了27.9%;钻井周期也逐步缩短,取得了显著的提速效果(图4-68)。

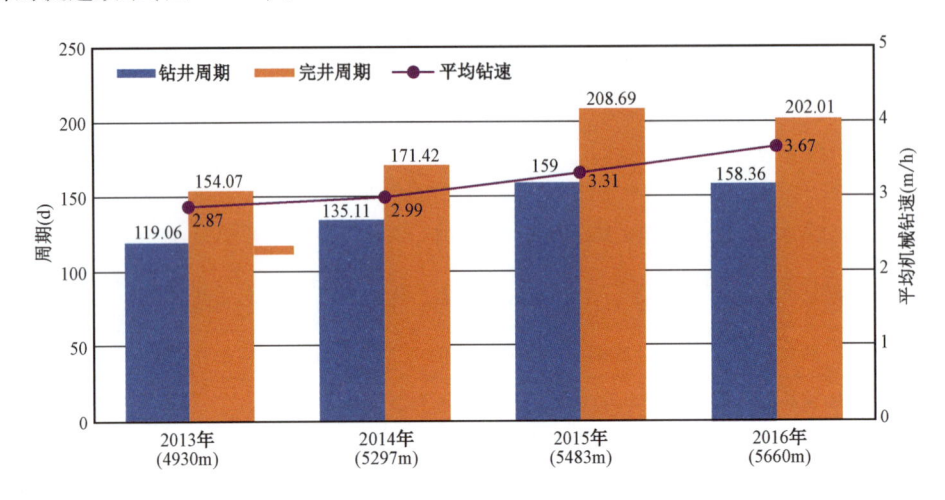

图4-68 磨溪构造2013—2016年完成井技术指标统计对比

参 考 文 献

[1] 任海涛,王双玲,金志雄,等.岩石抗钻特性实验数据分析处理及软件开发[J].中国石油和化工标准与质量,2011,259(7):202-203.

[2] 陆宝平,鲍洪志.岩石力学参数求取方法进展[J].石油钻探技术,2005,33(5):44-47.

[3] 国家石油和化学工业局.SY/T 5426—2000.岩石可钻性测定及分级方法[S].北京:石油工业出版社,2000.

[4] 卢士分.塔木察格盆地岩石力学参数和可钻性实验研究[D].大庆:大庆石油学院,2009.

[5] 张辉,高德利.钻头选型方法综述[J].石油钻采工艺,2005,27(4):1-5.

[6] 田富林.钻头选型方法研究与应用[D].南充:西南石油学院,2003.

[7] 肖国益,胡大梁,廖忠会,等.川西须家河组地层PDC钻头结构参数优化及选型[J].石油钻探技术,2012,40(3):28-32.

[8] 郭学增.最优化钻井理论基础与计算[M].北京:石油工业出版社,1987.

[9] 金国梁,刘扬.具有可靠性约束的钻井机械参数优化[J].石油学报,1992,13(4):114-120.

[10] 陈文森.适合石油钻井的稳健统计方法[J].石油钻采工艺,1988,10(6):43-47.

[11] 石强,陈网根.塔河油田PDC钻头应用评价分析[J].天然气工业,2005,25(3):89-92.

[12] 程乾生.属性识别理论模型及其应用[J].北京大学学报(自然科学版),1997,33(1):112-199.

[13] 程乾生.属性层次模型AHM——一种新的无结构决策方法[J].北京大学学报(自然科学版),1998,34(1):110-149.

[14] Waughman R J. Kenner J V, Moore R A. Real-time specific energy monitoring reveals drilling inefficiency and enhances the understanding of when to pull worn PDC bits[C]. IADC/SPE Drilling Conference. Society of Petroleum Engineers,2002.

[15] Chen D C K. New Drilling Optimization Technologies Make Drilling More Efficient[C]. Canadian International

Petroleum Conference. Petroleum Society of Canada,2004.

[16] Milter J,Bergjord O G,Hoeyland K,et al. Use of Real Time Data at the Statfjord Field anno 2005[C]. SPE 99257,2006.

[17] Dupriest F E,Koedeitz W L. Maximizing dril rates with real – time surveillance of mechanical specific energy [C]. SPE/IADC Drilling Conference. Society of Petroleum Engineer,2005.

[18] William L K,Jeff W. A Real – Time Implementation of VSI[C]. AADE – 05 – NTCE – 66,2005.

[19] Dupriest F E. Comprehensive Drill Rate Management Process To Maximize ROP[C]. SPE 102210,2006.

[20] Remmert S M,Witt J W,Dupriest F E. Implementation of ROP Management Process in Qatar North Field[C]. SPE/IADC Drilling Conference. Society of Petroleum Engineers,2007.

[21] Pessier R C,Wallace S N,Oueslati H. Drilling Performance is a Function of Power at the Bit and Drilling Efficiency[C]. IADC/SPE 151389,2012.

[22] Amadi W K,Iyalla I. Application of Mechanical SPECIFIC Energy Techniques in Reducing Drilling Cost in Deepwater Development[C]. SPE Deepwater Drilling and Completions Conference. Society of Petroleum Engineers,2012.

第五章　钻井液技术

　　高石梯—磨溪构造带地层层序正常,受桐湾运动、加里东运动影响,二叠系以下地层均遭受了不同程度的剥蚀或缺失,形成了寒武系龙王庙组岩溶改造型储层。钻井情况表明,钻井复杂主要为井漏、垮塌。井漏主要发生在沙溪庙组、二叠系、寒武系、震旦系,其中震旦系表现为典型的窄压力窗口,"漏、喷同存";垮塌主要发生在须家河组以上地层和灯影组灯三段页岩层。该储层地质特征对钻井液技术有以下要求。

　　(1)上部井段井眼大、地层胶结松散、环空返速低的条件下,解决井眼清洁的难度较大。因此,满足侏罗系沙溪庙组携砂要求及预防阻卡发生是该井段钻井液技术的关键。

　　(2)侏罗系上部地层蒙皂石含量高,水敏性泥岩易膨胀造成缩径、井塌,从而引起下钻严重阻卡,且钻井液流变性控制困难。侏罗系下部地层岩性硬脆,易发生掉块垮塌,造成井下卡钻复杂情况的发生。钻井过程中需要保持钻井液具有较强的抑制性、良好的流变性和防塌封堵性,以保证井眼畅通。

　　(3)纵向上多产层,同一裸眼井段多压力系统并存,钻进过程中易发生井塌、井漏、井涌等复杂情况,井控风险大。要求钻井液具有良好的封堵造壁性,并根据井下情况保持合适的钻井液密度。

　　高石梯—磨溪区块上部地层以砂泥岩为主,水敏性强,且段长2200m左右,钻井中存在携砂、划眼、卡钻等复杂难题,对钻井液抑制性能要求高。在KCl-聚合物钻井液的基础上,引入有机盐,进一步提高钻井液的抑制性,并配合使用防塌封堵剂,形成了KCl-有机盐防塌钻井液技术。高石梯—磨溪区块龙王庙组气藏属于裂隙—孔隙型储层,储层孔隙度为4.0%~6.0%,平均孔隙度为4.81%。在储层特征和潜在损害因素分析的基础上,试验并应用多级架桥屏蔽暂堵储层保护技术,取得较好的现场应用效果。

第一节　钻井液体系优选与性能评价

　　侏罗系地层主要以泥页岩为主,预测地层压力系数为1.0~1.35。钻井液体系在保持优良常规性能的条件下,主要对聚合物钻井液、KCl-聚合物钻井液、仿油基聚合物钻井液和有机盐聚合物钻井液进行抑制防塌性能评价,优选出了具有强抑制防塌能力的KCl-有机盐聚合物钻井液。

一、钻井液体系优选

　　对聚合物钻井液、KCl-聚合物钻井液、仿油基聚合物钻井液和有机盐聚合物钻井液等进行了常规性能评价,结果见表5-1。

表 5−1　备选钻井液体系的常规性能评价结果

钻井液体系配方	ρ (g/cm³)	AV (mPa·s)	PV (mPa·s)	YP (Pa)	$G_{10''}$ (Pa)	$G_{10'}$ (Pa)	API 条件 FL_{API} (mL)	API 条件 h (mm)	pH 值	HTHP 条件 FL_{HTHP} (mL)	HTHP 条件 h (mm)
聚合物钻井液	1.18	22.0	17.0	5.0	1.5	5.0	3.6	0.5	8.0	12.8	2.0
7%KCl−聚合物钻井液	1.18	20.0	17.0	3.0	0.5	3.0	4.0	0.5	9.0	14.6	2.0
仿油基聚合物钻井液	1.18	23.0	18.0	5.0	1.5	5.0	2.8	0.5	8.0	10.6	1.5
7%有机盐聚合物钻井液	1.18	21.0	17.0	4.0	0.5	3.0	2.2	0.5	8.0	10.0	2.0
10%有机盐聚合物钻井液	1.18	20.5	17.0	3.5	0.5	3.0	2.2	0.5	8.0	10.2	2.0
5%KCl+10%有机盐聚合物钻井液	1.18	20.0	16.0	4.0	0.5	3.0	2.8	0.5	8.0	10.8	2.0
30%有机盐聚合物钻井液	1.18	19.5	15.0	4.5	0.5	3.0	2.4	0.5	8.0	10.4	2.0

注：钻井液性能经过80℃热滚16小时后在室温下测定，HTHP测定温度80℃，h 为滤饼厚度。

由表 5−1 中数据可知，在常规性能方面，几种备选钻井液体系性能相当，黏切适中，API 滤失量和 HTHP 滤失量都能满足要求，总体性能都达到了该井段的钻井工程需求。

二、钻井液性能评价

（一）岩屑滚动回收率评价

聚合物钻井液、KCl−聚合物钻井液、仿油基聚合物钻井液和有机盐聚合物钻井液等岩屑滚动回收率评价结果见表 5−2。由表中数据可知，备选钻井液岩屑滚动回收率高低的顺序为：30%有机盐聚合物钻井液 >5%KCl+10%有机盐聚合物钻井液 >仿油基聚合物钻井液 >7%KCl−聚合物钻井液 >10%有机盐聚合物钻井液 >7%有机盐聚合物钻井液 >聚合物钻井液。

表 5−2　备选钻井液体系的岩屑滚动回收率评价结果

配方	滚动回收率(%)
清水+50g岩屑	27.6
聚合物钻井液+50g岩屑	71.2
7%KCl−聚合物钻井液+50g岩屑	86.5
仿油基聚合物钻井液+50g岩屑	90.3
7%有机盐聚合物钻井液+50g岩屑	84.6
10%有机盐聚合物钻井液+50g岩屑	86.2
5%KCl+10%有机盐聚合物钻井液+50g岩屑	90.6
30%有机盐聚合物钻井液+50g岩屑	91.3

（二）黏土线性膨胀率评价

聚合物钻井液、KCl−聚合物钻井液、仿油基聚合物钻井液和有机盐聚合物钻井液黏土线性膨胀率评价结果如图 5−1 所示。由图可知，备选钻井液滤液的黏土高温高压线性膨胀率从低到高的顺序为：30%有机盐聚合物钻井液 <5%KCl+10%有机盐聚合物钻井液 <仿油基聚合物钻井液 <10%有机盐聚合物钻井液 <7%KCl−聚合物钻井液 <7%有机盐聚合物钻井液 <聚合物钻井液。

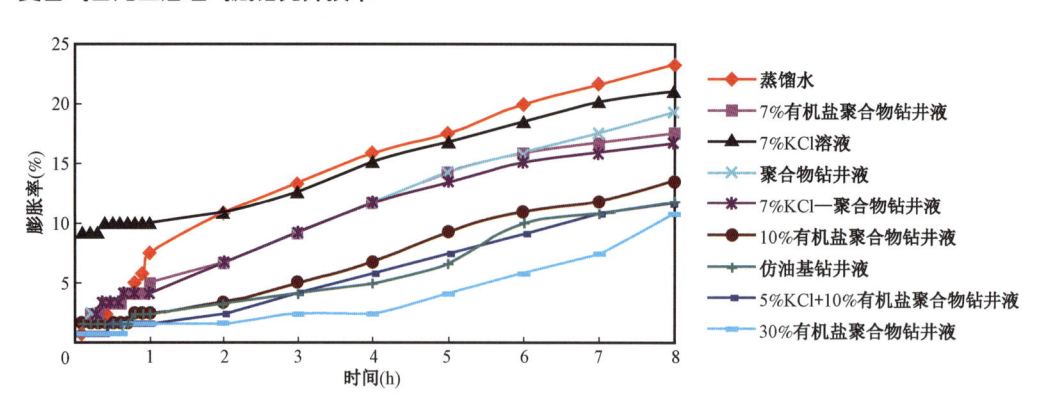

图 5-1 备选钻井液体系的线性膨胀曲线

(三) 抑制黏土分散能力评价

聚合物钻井液、KCl-聚合物钻井液、仿油基聚合物钻井液和有机盐聚合物钻井液抑制黏土分散能力评价结果见表 5-3。由表中数据可知,普通聚合物钻井液在添加 10% 黏土前后的黏切均比其他钻井液体系的黏切高,且变化较明显。因此,除聚合物钻井液抑制膨润土分散能力相对较差外,7% KCl-聚合物钻井液、7% 有机盐聚合物钻井液、10% 有机盐聚合物钻井液、仿油基聚合物钻井液、5% KCl+10% 有机盐聚合物钻井液、30% 有机盐聚合物钻井液均具有较强的抑制膨润土分散的能力。

表 5-3 备选钻井液抑制黏土分散能力评价结果

配方	ρ (g/cm³)	AV (mPa·s)	PV (mPa·s)	YP (Pa)	$G_{10''}$ (Pa)	$G_{10'}$ (Pa)	FL_{API} (mL)	h (mm)	pH 值
蒸馏水 + 10% 膨润土	1.06	44.0	23.0	21.0	10.0	22.0	24.6	2.0	8
聚合物钻井液	1.18	22.0	17.0	5.0	1.5	5.0	3.6	0.5	8
聚合物钻井液 + 10% 膨润土	1.23	28.0	19.0	7.0	2.5	8.0	3.2	0.5	8
7% KCl-聚合物钻井液	1.18	20.0	17.0	3.0	0.5	3.0	4.0	0.5	9
7% KCl-聚合物钻井液 + 10% 膨润土	1.23	23.5	18.0	5.5	1.0	5.0	4.0	0.5	8
仿油基聚合物钻井液	1.18	23.0	18.0	5.0	1.5	5.0	2.8	0.5	8
仿油基聚合物钻井液 + 10% 膨润土	1.23	26.5	21.0	5.5	2.0	6.0	2.6	0.5	8
7% 有机盐聚合物钻井液	1.18	20.5	17.0	3.5	0.5	3.5	2.6	0.5	9
7% 有机盐聚合物钻井液 + 10% 膨润土	1.23	24.0	19.0	5.0	1.0	4.5	2.8	0.5	8
10% 有机盐聚合物钻井液	1.18	20.5	17.0	3.5	0.5	3.0	2.2	0.5	8
10% 有机盐聚合物钻井液 + 10% 膨润土	1.23	24.0	18.0	6.0	1.0	5.0	2.8	0.5	8
5% KCl + 10% 有机盐聚合物钻井液	1.18	20.0	16.0	4.0	0.5	3.0	2.8	0.5	8
5% KCl + 10% 有机盐聚合物钻井液 + 10% 膨润土	1.23	23.0	18.0	5.0	1.0	4.5	3.0	0.5	8
30% 有机盐聚合物钻井液	1.18	19.5	15.0	4.5	1.0	3.0	2.4	0.5	8
30% 有机盐聚合物钻井液 + 10% 膨润土	1.23	23.0	18.0	5.0	0.5	4.0	2.8	0.5	8

注:性能为在 80℃ 滚动 16h 后室温测定。钻井液配方同表 5-1。

根据岩屑滚动回收率、高温高压黏土线性膨胀曲线及抑制膨润土分散能力实验结果,所选钻井液体系的防塌抑制能力由强到弱的顺序为:30%有机盐聚合物钻井液>5%KCl+10%有机盐聚合物钻井液>仿油基聚合物钻井液>7%KCl-聚合物钻井液>10%有机盐聚合物钻井液>7%有机盐聚合物钻井液>聚合物钻井液。

综合钻井液性能与成本,高石梯—磨溪区块上部地层采用5%KCl+10%有机盐聚合物钻井液为最优方案。

第二节 防漏堵漏技术

一、高石梯—磨溪区块井漏情况

统计结果表明,高石梯—磨溪区块井漏主要出现在灯影组灯四段,直井单井平均漏失量为412m^3,单井最大漏失量为1441m^3,漏失钻井液密度范围为1.17~1.33g/cm^3;水平井单井平均漏失量为2949.5m^3,单井最大漏失量为6703m^3,漏失钻井液密度范围为1.12~1.19g/cm^3。

高磨地区灯影组井漏总体表现为以下特征(图5-2和图5-3):

(1)单井漏失差异大,具有较强非均质性;

(2)与直井漏失情况相比,大斜度井、水平井漏失尤为严重。

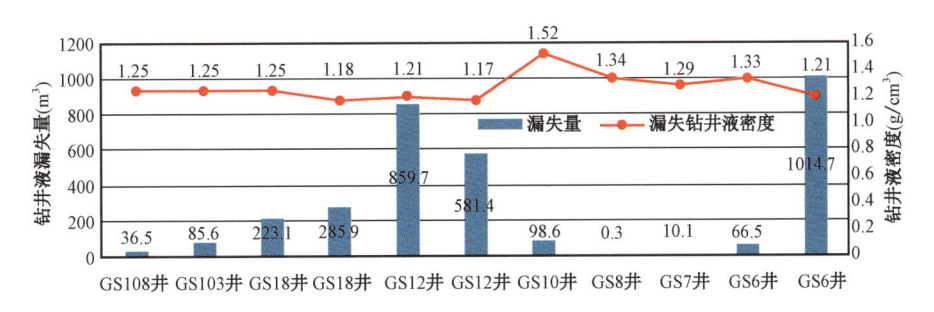

图5-2 直井漏失情况统计

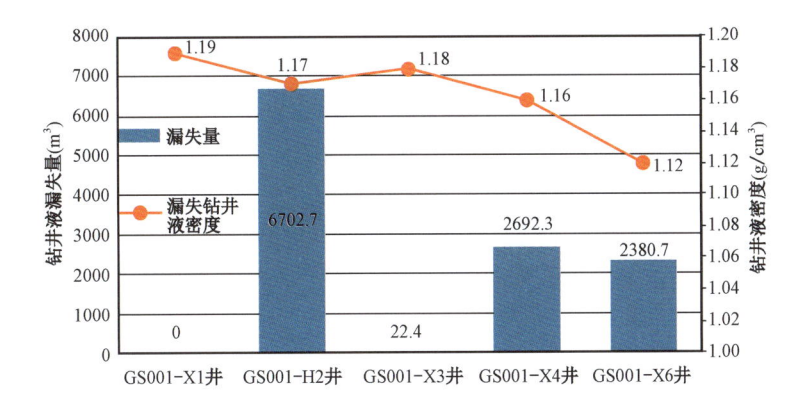

图5-3 大斜度井、水平井漏失情况统计

二、高石梯—磨溪地区灯四段地层特点分析

(一)地质概述

高石梯—磨溪区块灯四段大面积含气,西部由于灯四段地层剥蚀尖灭形成地层遮挡,气藏含气面积超出高石梯潜伏构造和磨溪潜伏构造圈闭范围,不受局部构造控制;外围未证实区域具有统一的边、底水,气水分布可能受岩性圈闭控制,初步认为构造背景下的岩性—地层复合圈闭气藏应存在多个水动力系统。

震旦系灯影组储层主要发育于灯二段、灯四段,但各段储层特征存在差异。储集空间多样,主要为孔隙、溶洞、裂缝。其中孔隙以次生粒间溶孔、晶间溶孔为主,小而疏,连通性差;溶洞多为扁圆形、条带状顺层分布,大而疏,连通性差。成像测井见溶蚀洞穴发育,局部裂缝发育,微观裂缝与高角度构造缝连通形成裂缝网络通道。

灯影组储层类型包含有裂缝—孔洞型和裂缝—孔隙型两种(图5-4、图5-5和图5-6)。其中灯四段主要受风化作用影响,表现为裂缝—孔洞型特征,储层主要为藻白云岩,见角砾状、花斑状、层纹状藻云岩及硅质条带,中小型溶蚀孔洞发育,孔洞多被自形晶白云石、石英、沥青半充填,见热液矿物(方铅矿和黄铁矿),钻井过程中常表现为钻井放空、井漏等;灯二段储层溶洞数量和规模降低,储层以藻成因的颗粒岩和黏结岩为主,储层成因为埋藏溶蚀作用,主要表现为裂缝—孔隙型特征。

图5-4 灯四段白云岩晶间溶孔

灯四段在磨溪区块钻遇储层累计厚度16.9~114.9m,平均值51m;在高石梯区块钻遇储层累计厚度17.6~153.2m,平均值72.8m。灯四段储层发育2~15层不等,主要发育在距灯四段顶部120m区域,钻遇率主要为50%~100%之间,灯二段主要发育5~15层不等,单层厚度2~10m左右。

(二)储层物性特点

高石梯—磨溪构造已钻井(GS1、GS2、GS6、MX8、MX9、MX10、MX11井)灯四段取心进尺125.11m,心长81.7m,收获率79.93%,储层发育段共计28.52m,溶洞3586个,有效缝51条,冒气处122处。岩心常规物性分析表明(图5-7),孔隙度一般为0.72%~6.35%,平均为2.07%,最大8.27%。岩心全直径分析表明(图5-8),孔隙度0.13%~8.59%,加权平均为2.51%。渗透率受裂缝影响较大,水平渗透率较垂直渗透率高,垂直渗透率一般在0.0114~9.3mD之间。其中,水平渗透率方面,方向1一般在0.0272~2.06mD之间,最大188mD;方向2一般在0.00319~3.88mD之间,最大81.4mD。区块总体表现为低孔低渗储层特征。

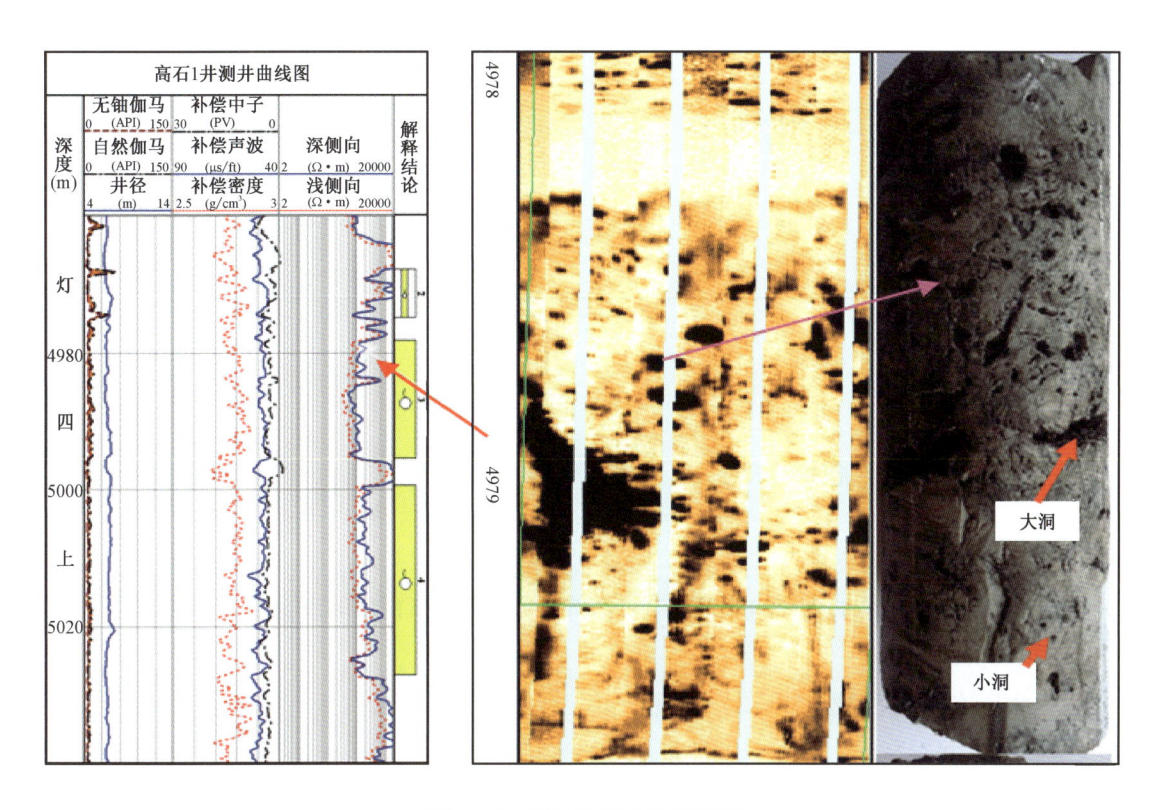

图 5-5 溶蚀孔洞成像特征图

图 5-6 灯影组微观裂缝形态

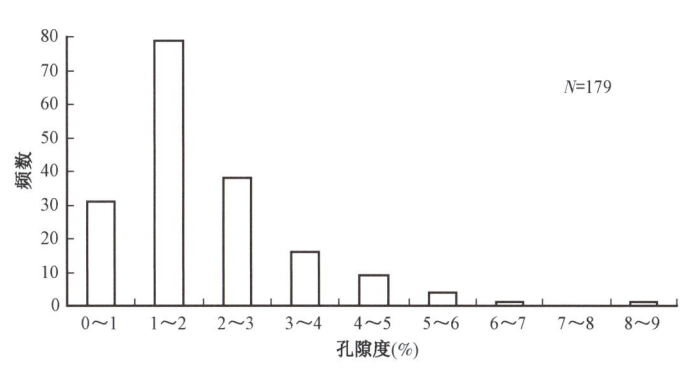

图 5-7 灯四段常规岩心分析孔隙度分布直方图

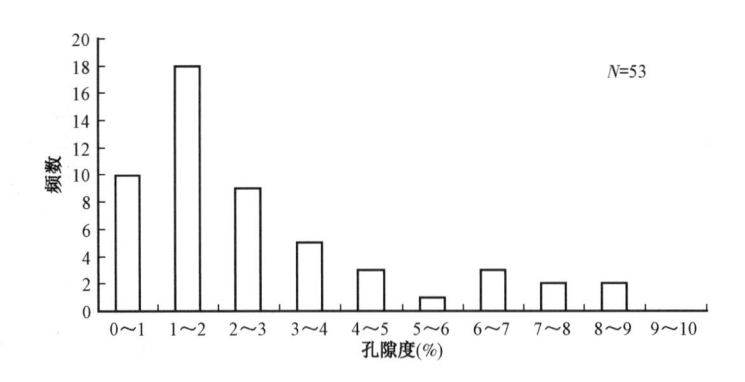

图5-8 灯四段全直径分析孔隙度分布直方图

三、防漏堵漏技术思路

(一)扩大安全密度窗口

将地层漏失压力及承压能力提高到井下安全程度,扩大窄窗口的安全作业区间,避免发生窄窗口钻井复杂情况。

(二)环空压力控制

在已知钻井安全密度窗口条件下改善钻井作业环境,包括测量技术、压力控制技术、钻井液技术、钻井工艺技术等,主要涉及优化钻井液性能和井身结构、调整井筒循环压降、采用控压钻井降低环空压耗的影响。

(三)避开缝洞发育层位钻井

选择在缝洞发育层位顶部或底部安全层位钻水平井,后期通过增产改造沟通储层缝洞体。

(四)充分利用井漏条件钻井

对于恶性漏失井,采用加压泥浆帽钻井技术,利用牺牲液替代钻井液漏失,降低钻井风险和钻井成本。

(五)提高灯四段行程钻速

通过评价优选灯四段钻头,提高单只钻头进尺和机械钻速,减少起下钻次数和储层段钻井时间,尽量减少钻井液漏失量。

四、防漏堵漏技术

高石梯—磨溪构造主体部位出露地层大多受到严重剥蚀,一般为中、下三叠统碳酸盐岩,且裂缝发育。漏层为产层,压稳与漏失的矛盾突出,钻井液密度可调范围较窄,产层承受液柱压力波动的能力较差,要么压不稳,要么压漏,处于进退两难的境地,也是目前较难处理的漏失。恶性漏失层段多,漏失量大,随钻封堵难度大。喷漏同层普遍,钻井液安全密度窗口窄,钻井施工风险大。常用以下几种堵漏技术堵漏。

(一)常规桥浆堵漏技术

桥浆堵漏技术一般是通过颗粒材料、片状材料、纤维材料复合配制成堵漏剂。利用高压将其压入地层漏失通道,颗粒材料在孔吼、裂缝狭窄处卡吼挂阻,架桥填塞,形成堵漏材料支撑骨架,薄而韧性好的片状材料继续充填次级孔隙空间,再以纤维材料缠绕拉筋,形成致密的封堵隔墙,堵塞漏失通道。桥塞材料来源广泛,成本低廉,使用方便,无论在孔隙性漏失、裂缝性漏失或大溶洞性漏失的情况下,都能起到减缓或阻止漏失,从而提高地层承压能力。

(二)高滤失浆液堵漏技术

高滤失浆液堵漏是高滤失堵漏剂(渗滤型材料、纤维状材料、硅藻土、多孔惰性材料、助滤剂、增强剂等复合而成)与清水配成的堵漏浆液。将堵漏浆液注入到地层,在压差作用下,浆液迅速滤失,固相聚集变稠形成滤饼,从而压实堵塞漏失通道。

(三)化学材料堵漏技术

化学材料往往在抗水性、黏弹性方面具有特殊的性能。钻井液侵入是影响微裂缝地层井壁稳定的主要因素,一旦钻井液侵入微裂缝,裂缝压力在很短时间内就会与井眼内裂缝压力相等,裂缝壁面会被润滑,井眼将变得更不稳定。若发生漏失后再采用颗粒堵漏浆则难以取得封堵成功,推荐的处理方法是将颗粒材料直接加入钻井液中,一旦钻遇微裂缝地层,只需侵入少量液体颗粒材料即可实现对裂缝的封堵。凝胶堵漏技术是通过往高分子聚合物材料中加入一定量的交联剂,形成黏弹性很高的凝胶,牢牢粘接在漏失通道壁面上,从而阻止钻井液向裂缝深部漏失。延迟膨胀堵漏技术主要是利用延迟膨胀剂的吸水膨胀作用变形膨胀填充和挤紧压实。另外,由于其延迟膨胀的特性,可以保证堵漏材料有足够的时间进入漏失通道和施工泵送的安全。

高石梯—磨溪区块试验应用了凝胶堵漏技术、延迟膨胀堵漏技术,取得了一定的效果。

(四)精细控压钻井技术

精细控压钻井技术能有效防止恶性井漏,将钻井过程中井底压力控制在安全窗口以内。钻井安全窗口是指钻井过程中不造成漏、喷、塌、卡等钻井事故,能维持井壁稳定的钻井压力(密度)范围。安全窗口越大,越容易钻井,安全窗口越小,钻井越难。很多地区在钻井过程中,窄密度窗口甚至零窗口、负窗口地层频现,主要表现为严重井漏之后伴随着气侵的发生。窄密度窗口的问题严重制约着深井、超深井钻井作业,特别是深井高密度钻井液情况下的漏、喷、塌、卡等井下复杂尤为突出。

精细控压钻井技术可以很好地解决使用常规钻井方式在窄密度窗口地层无法安全快速钻进的难题。该技术利用闭合承压的循环系统,通过调节节流阀开度和钻井泵排量来精确控制井底压力,在接单根、起下钻过程中可通过施加井口回压平衡地层压力。精细控压钻井技术环空钻井液密度可能低于空隙压力梯度,但并非欠平衡钻井,因为钻井液当量循环密度(ECD)仍高于地层空隙压力梯度。因为闭合承压,因此对发生意外侵入的流体可以适当控制,并进行密闭处理,故可在含 H_2S 气体的窄密度窗口地层钻进。

精细控压钻井技术在高石梯—磨溪区块灯影组钻进中得到了广泛应用,并取得了较好的效果。

第三节 提高地层承压能力技术

关于地层的承压能力,目前没有明确的定义,一般认为地层承压能力是指井眼在不发生漏失的情况下能够承受的最大井内流体压力。当井内流体压力大于地层承压能力时,井内的钻井流体就会出现漏失;当井内流体压力小于地层承压能力时,井漏情况就不会发生。因此,对于胶结较好、无微小裂缝—孔隙等发育的地层,井眼围岩在地层流体压力作用下会破裂、扩张,地层承压能力为地层扩张引起漏失时的井内流体压力;对于发育有细小裂缝—孔隙的地层,钻井流体与之接触时不会立即发生漏失,但在井内流体作用下,裂缝—孔隙会扩大从而引起漏失,地层的承压能力为裂缝—孔隙扩大到发生漏失时的井内流体压力;对于发育有较大裂缝—孔隙的地层,钻井流体与之接触时就会发生漏失,地层的承压能力为零。总之,对于未破裂地层,地层承压能力为地层破裂压力,对于已破裂地层,则为地层漏失压力。

在正常情况下,使用钻井液密度来平衡地层流体压力,以免地层流体压力大于钻井液液柱压力而诱发井涌和井喷等井下事故,同时对于易塌地层,还需要钻井液液柱压力大于井壁坍塌应力以防止井壁坍塌。但是对于裂缝—孔隙发育地层、破碎性地层等,这类地层的承压能力很低,其井内流体压力很容易超过地层承压能力,因此一旦钻进就会产生井漏,造成井下复杂,使得顺利钻达目的层异常困难。

低承压能力地层也指安全密度窗口很窄,甚至为零、为负的地层。对于低承压能力地层,其破裂压力(漏失压力)很低,在有的井段中甚至等于或低于地层压力(坍塌应力),因而低承压能力地层的安全密度窗口很窄,甚至为零、为负。

多年来,国内外钻井工程师对钻井过程中承压能力问题进行了一定的研究,对提高地层承压能力机理、影响因素、提高地层承压能力的措施等认识有了一定的提高,还针对不同地区开发出了一系列的处理技术,形成了以下的处理理论和途径[1-4]。

一、常规桥浆堵漏机理及技术

常规桥浆堵漏提高地层承压能力技术机理一般是将多种桥浆堵漏材料复合配置成堵漏浆,并利用高压将其挤入地层漏失位置,桥浆堵漏材料在孔隙吼道处挂住、架桥、填充,形成的填塞层与裂缝或孔洞的壁面产生较大的摩擦而不被推走,再利用堵漏浆中的薄而光滑、易曲张变形的片状物质进行填塞,再以植物纤维的拉筋串联,形成一层致密的填塞层,达到堵孔、消除漏失、提高地层承压能力的目的。

常规桥浆堵漏使用的材料主要以各种惰性材料为主,形状上有颗粒状、片状、长条状等。常用的颗粒状材料有核桃壳、橡胶粒等,它们在堵漏过程中卡住漏失通道的"喉道",起"架桥"作用,因此又被称为"架桥剂";长条状材料来源于植物、动物、矿物以及一系列合成纤维,如锯末、石棉等,它们在堵漏浆液中起悬浮作用,在形成的堵塞中它们纵横交错,相互拉扯,因此又被称为"悬浮拉筋剂";片状材料有蛭石、云母片等,它们在堵漏过程中主要起填塞作用,因此又称作"填塞剂"。表5-4列出了常用的桥浆堵漏材料的物理性质。

表 5-4 部分常规桥浆堵漏材料的物理机械性

材料名称	密度(g/cm³)	熔点(℃)	莫氏硬度	抗压能力(MPa)
核桃壳	1.2~1.4	>148	3.0	14.00
贝壳	2.7~3.1	>148	2.5~3.0	2.18
石英	2.2	>148	7.0	26.00
蛭石	2.1~2.7	>148	1.0~1.5	5.60
云母	2.7~2.8	>148	3.0	17.60

常规桥浆堵漏剂粒径没有统一的规格,通常将颗粒状材料分为粗、中粗、细三级。粗粒介于4~10目之间,中粒介于10~20目之间,细粒大于20目。片状材料一般应通过4目筛,以防堵塞钻头水眼。柔性片状材料的尺寸可达25.4mm。片状材料要求具有一定的抗水性,水泡24h后其强度不得降低一半,在原处反复折叠不断裂,柔性大者其厚度可为0.25mm。

复合型桥浆堵漏材料是将几种桥浆堵漏材料按照一定比例复合而制成的一种堵漏材料。常见的复合堵漏材料有橡胶粒复合堵漏剂、FDJ复合堵漏剂、HD复合堵漏剂、棉籽壳丸堵漏剂等。橡胶复合堵漏剂是一种新型的桥接堵漏剂,它由35%的橡胶颗粒、20%的核桃壳、15%的贝壳粉、10%的锯末、12%的棉籽壳、5%的花生壳和3%稻草复合而成。FDJ复合堵漏剂是以惰性硬堵材料为主,以无机盐为增强剂,以聚合物为助效剂研制而出的复合堵漏剂。HD复合堵漏剂是核桃壳、云母、橡胶、蛭石、棉籽壳、锯末、棕丝按照3:2:3:2:1:1:0.1比例复配而成。棉籽壳丸堵漏剂是由棉籽壳粉、棉籽壳颗粒、膨润土以及石棉和表面活性剂等制成的一种颗粒状的复合堵漏剂,该堵漏剂被挤入地层一段时间后开始吸收大量的水,引起膨胀和分裂,在孔吼处堆积、堵塞漏失通道而达到堵漏的目的。

桥浆堵漏技术在国内外使用均十分广泛,它具有速度快、成本低、操作简单等优点。桥浆堵漏使用的堵漏颗粒可以大到几个毫米甚至是几个厘米,小到几十个微米,所以桥浆堵漏技术无论在孔隙性漏失、裂缝性漏失还是孔洞性漏失的情况下,都能够减缓漏失,或者是彻底堵死漏层,提高承压能力,是目前使用最为广泛的承压堵漏技术。

二、纤维水泥浆类堵漏技术

目前,提高地层承压能力的纤维水泥浆堵漏技术现场运用很广泛,大多取得了不错的效果。纤维水泥浆就是在水泥浆基础配方中混入一定比例和长度的纤维材料,不同尺寸混杂的纤维经过表面改性后,在高速搅拌作用下能够无序地、均匀地分散在水泥浆中,并形成三维网状结构。纤维具有粗糙的表面性质和塑性作用,很容易在漏失通道中相互缠绕形成网状架桥结构,并能承受一定的压力。此时水泥浆中的颗粒填充纤维封堵微小孔洞,在微小孔洞中形成一层层致密的堵漏薄层,在压力作用下,薄层很轻易进入通道里面,薄层能够在很短时间内黏附在漏失通道上面,且后面的薄层及时进行堆积。这样,随着漏失的继续,薄层越来越多,越来越密,其稠度也急剧增加,形成的填塞层强度也逐渐增大,达到稳定封堵,并提高地层承压能力的作用。表5-5测定了一定浓度的纤维水泥浆在封堵裂缝后的承压能力。实验结果表明:纤维水泥浆封堵裂缝后,其承压能够达到7.0MPa。

表 5-5 纤维水泥浆承压能力实验

水泥浆密度 （g/cm³）	裂缝宽度×开度 （mm×mm）	纤维规格及加量	承压能力 （MPa）
1.50	30×3	水泥浆+1.5‰OXW-5+1.5‰XW-10	7.0
	30×6	水泥浆+1.5‰OXW-19+1.5‰XW-10	7.0
1.89	30×3	水泥浆+1.5‰OXW-5+1.5‰XW-10	7.0
	30×6	水泥浆+1.5‰OXW-19+1.5‰XW-10	7.0
2.20	30×3	水泥浆+1.5‰OXW-5+1.5‰XW-10	7.0
	30×6	水泥浆+1.5‰OXW-19+1.5‰XW-10	7.0

注：OXW-5、OXW-10、OXW-19 指长度分别为 5mm、10mm、19mm 的纤维。

在提高地层承压能力现场施工过程中，纤维水泥浆应根据地层情况选择合适的配方。纤维长度的合适与否决定着堵漏的效果，长度太大，形成的薄层不易进入漏层之中，起不到堵漏效果，太小将无法在裂缝中架桥，同样起不到堵漏效果。因此，孔隙大的漏层要加入部分长度较大、刚性较强的纤维材料；孔隙小的漏层选用长度较小的纤维材料；对于漏层较复杂的情况，应选用长短兼顾、软硬配合的复合型纤维材料。

现有的提高地层承压能力堵漏技术尽管取得了一定的效果，但是仍然存在着以下一些问题。一是，没有建立起适用于更多条件的承压堵漏技术。由于各地区地层岩性变化，孔隙、裂缝、溶洞发育情况不同。地层承压能力低的原因很复杂，由承压能力低引起的钻井液漏失类型不同，制约因素较多，而且基于此开发的承压堵漏技术的针对性较强，很难用一个通用的模式来处理。对于漏溢同存、漏塌同存等特殊的低承压地层，要提高地层承压能力，目前没有很好的技术手段和理论体系。二是，一次承压堵漏提高地层承压能力达到合格几率小。由于地层承压能力室内评价方法不系统，仪器不完善，不能很好地模拟地层的情况，对提高地层承压能力的堵漏技术和堵漏剂的效果评价结果不能真实反映实际过程，给新材料研制带来困难。一些堵漏材料封堵漏层后承压能力不高，堵漏剂的正确选择缺少理论依据。堵漏剂也存在与地层配套问题，现场使用只能凭经验决定，造成堵漏成功率与个人经验挂钩。由地层承压能力低引发井漏后，漏失层位置判断准确性差，需要多次试探性堵漏，因而一次堵漏提高到合格承压能力的几率小，常常需要多次堵漏施工后才能将承压能力提高到要求范围。三是，部分承压堵漏技术不能随钻处理。部分提高地层承压堵漏技术只能在停钻之后进行，因而封堵井壁为已经钻过的井壁，提高承压能力的井壁也是已经钻过之后的井壁。承压堵漏成功提高地层承压能力，只能保证已经钻过地层的承压能力满足钻井施工的要求，不能确保下钻钻进过程中地层的承压能力。在裂缝发育的低承压地层，地层压力或是坍塌应力高，井内流体压力往往大于地层承压能力，因而，钻进过程将漏失不断。

三、封缝即堵技术

要提高地层承压能力，一是需要改变井壁围岩力学状态，使之不容易被压开；二是及时有效地封堵各种裂缝，防止诱导裂缝的产生。因此，要实现提高地层承压能力，技术必须有如下的作用过程。

(一)提高承压能力的要求

根据提高地层承压能力原理,要封堵裂缝提高地层的承压能力,必须在裂缝中快速地形成满足以下要求的填塞层,才能够有效地止漏和消除裂缝中的诱导作用。

1. 形成的填塞层必须满足低渗透率

只有填塞层渗透率很低,钻井流体通过填塞层的速率小于钻井流体从裂缝壁面渗透出去的速率,缝内钻井流体才不能完全补充,缝内诱导作用力就会消失,裂缝就不会被诱导扩延,因而不再增大,填塞层才会牢固。

2. 形成的填塞层能够承受一定的压力

填塞层形成后,缝内诱导压力消失,裂缝壁面会产生压缩填塞层的闭合应力。因此,形成的填塞层要承受井内流体和地层流体压差,同时承受缝面岩石的闭合应力。填塞层必须能承受这些压力,否则,填塞层就会被压碎,产生第二次漏失。

(二)提高承压能力机理

堵漏浆能够快速地形成满足低渗透率和高强度的填塞层,能够提高地层承压能力,是因为它有如下的作用机理。

1. 对于开度较大的致漏裂缝

对于裂缝地层发育开度较大的裂缝,钻井液一作用就会产生漏失,如果使用堵漏浆能快速(很短时间内、很少漏失量)形成填塞层,就能够减少泥浆漏失速度,最后彻底堵死裂缝。同时由于形成的填塞层渗透率很低,钻井液在致漏裂缝中壁面渗透速率比在填塞层中渗透速率大,缝内诱导作用逐渐减小直到消失,因此就能阻止致漏裂缝的开度扩大。其次,由于填塞层强度高,能够承受井内流体压力与地层流体压力,故不能够向缝内移动,因此,能够牢固地封堵非致漏裂缝,并制止其进一步扩大。

2. 对非致漏裂缝和弱结构面

对于裂缝地层发育的大量闭合的非致漏裂缝,当钻井液与之作用时,不会立即发生漏失,但是钻井液中的水相会渗入裂缝之中。由水相产生的水力尖劈作用会扩大裂缝,直到达到漏失程度,裂缝才会产生漏失。对地层弱结构面,井内流体压力会使得弱结构面承受应力大于其抗张强度,因此弱结构面破裂产生裂缝,然后被液相水力尖劈作用扩大到致漏程度而产生漏失。对于这两类问题,只要有漏失,堵漏浆就会在裂缝中快速形成填塞层,堵住漏失,消除水力尖劈作用,承受压差和缝内岩石壁面产生的闭合应力。因此封缝即堵技术能够封堵非致漏裂缝、弱结构面等引起的漏失,且能消除其扩延的诱导作用,制止其进一步扩大。

(三)封缝即堵技术

封缝即堵技术为:对致漏裂缝,防漏堵漏浆能在很短时间内、漏失量很少的情况下堵死致漏裂缝,并能制止其进一步扩大,即在钻遇漏层发生漏失时,快速、有效地堵住漏失并使堵层渗透率很低(甚至为0);对于天然非致漏裂缝,当裂缝受诱导作用扩大到能引起钻井液漏失时,防漏堵漏浆能在很短时间内堵死裂缝,消除诱导作用,阻止其进一步扩大;对于弱结构面,当弱结构面起裂形成很小裂缝时,防漏浆中的细小颗粒组合能瞬间将其堵死,从而消除水力尖劈作用,防止开启扩大,从而达到提高地层承压能力的目的。它包括以下几个方面的内容。

1. 非致漏裂缝或弱结构面的随钻封缝即堵技术

对于地层存在裂缝开度少于 150 μm 的非致漏裂缝,钻井液钻遇时不会立即产生漏失,但是钻井液中的水相会进入裂缝之中,引起地层岩石水化,强度降低。同时进入的钻井液水相体积使得裂缝两边承受液柱压力,此压力会诱导裂缝扩大和延伸,逐渐沟通其他裂缝,形成一个漏失网络,裂缝开度也逐渐扩大到致漏开度,产生严重的漏失。对此类裂缝,防漏堵漏浆在开度小于 150 μm 条件下,不发挥作用,但是一旦裂缝开度扩张到漏失程度时,裂缝有钻井液漏失,其中的堵漏颗粒就立即(1~2min 内,钻井液漏失很少量时)进入裂缝之中,形成一层渗透率很低的、承压能力很高的填塞层,从而消除水力尖劈作用,防止裂缝开启、扩大为致漏裂缝,提高地层承压能力或破裂压力 10MPa 以上。

2. 致漏裂缝的随钻封缝即堵技术

地层中存在开度不一的致漏裂缝,钻遇时就立即发生漏失。随钻堵漏浆在随钻条件下也立即进入裂缝之中,堵漏浆中堵漏颗粒在裂缝中形成一段填塞层,此过程时间很短,漏失量很少。一旦形成填塞层之后,由于填塞层的渗透率比岩石壁面渗透率小,因而填塞层能消除作用在裂缝之中的诱导力,使得致漏裂缝开度不再增加。填塞层能够承受钻井液液柱压力与地层流体压力之差,同时能够承受岩石闭合应力,形成牢固封堵层,提高地层承压能力。

3. 停钻封堵致漏裂缝的封缝即堵技术

对于地层中存在少量的裂缝开度很大的裂缝,钻遇时立即出现钻井液失返,液面距井口距离比较远。对此类裂缝,可使用停钻封缝即堵技术封堵裂缝,即用刚性颗粒、核桃壳、弹性颗粒、锯末等颗粒组合,使用停钻堵漏工艺,通过打压挤注堵漏浆,将刚性颗粒等堵漏剂挤入地层之后,失水形成高承压填塞层,控制住大裂缝的漏失和提高承压能力。

4. 固井前提高地层承压能力的封缝即堵技术

钻井实施后,为了固井需要,通常需要井壁承受一定的承压能力。对于低承压地层,可在进行固井前实施承压堵漏,将承压能力提高。使用高浓度的刚性颗粒与核桃壳组合,采用高压力憋压等方式将堵漏材料憋入地层之中,形成的填塞层在高压力条件下失水嵌入地层,提高了地层的承压能力。

(四)封缝即堵材料

1. 封缝即堵技术对材料要求

根据封缝即堵技术原理,封缝即堵技术材料应该具有以下几点要求。

(1)快速地形成填塞层对材料的要求。

要快速地形成填塞层,封缝即堵材料一定要在裂缝中很快挂住、架桥、填充。因此要求堵漏材料:① 一定是颗粒状的物质,颗粒状的物质能够很快地进入裂缝,而片状物质、长条状物质不容易进入裂缝中;② 一定是不规则的非球形物质,如果堵漏材料是规则的或者是圆球体物质,则不容易在裂缝中挂住、架桥,不规则的非球体物质,由于边缘效应,很容易在裂缝中挂住、架桥;③ 粒径一定有大有小,为了填充,一定有小颗粒,大颗粒架桥,小颗粒逐级填充,才能够快速地形成填塞层。

(2)形成低渗透率填塞层对材料的要求。

封缝即堵技术要求形成填塞层的渗透率要低,因此,封缝即堵技术材料的粒径要与裂缝尺寸相匹配,尺寸、浓度要满足要求。一定级配下的颗粒形成的填塞层才能够形成很低的渗透率,因此,堵漏材料级配要满足形成填塞层低渗透率的要求。

(3)填塞层承受一定的压力对材料的要求。

填塞层形成后必须承受:① 井内流体的压力激动,钻井作业过程中,压力激动不可避免,很容易超过原有的压力,因此,要求填塞层必须承受住此压力;② 缝面岩石产生的闭合应力,随着诱导作用的消失,地层岩石会产生比较大的闭合应力,填塞层必须承受岩石闭合产生的应力;③ 必须承受住井内流体压力与地层压差,要求填塞层在此作用下不能向井内移动或向裂缝深处移动。基于以上要求,可得出封缝即堵技术材料一定是能够承受较大应力的高强度刚性物质,并且在高温作用下强度要高。

(4)工艺对封缝即堵材料的要求。

根据处理的工艺可知,封缝即堵材料还需要满足:① 防漏材料与携带液(钻井液)不发生物理化学作用;② 对钻井液流变性、失水造壁性、润滑性等影响较小,满足钻井工艺;③ 具有较高的抗高温高压性能,堵漏材料在井底长时间作用之后,仍能保持好性能;④ 要求材料易于辨认,不影响录井工作。因此,刚性颗粒一定是惰性物质,不与钻井液反应,且在高温条件下也不与钻井液反应,且颜色异于一般的钻屑。

2. 封缝即堵技术材料的优选

目前,现场常用的桥接堵漏材料一般按照形状可分为4大类:颗粒材料、纤维状材料、片状材料和其他形式的材料。这些材料是以机械封堵填塞孔喉裂缝为主的作用原理设计的,不能满足封缝即堵技术的要求。因此,在大理石、石英砂、方解石、花岗岩等强度较高的颗粒中特别优选出可酸溶的以方解石为主要成分的刚性封堵剂(GZD)(表5-6)。它具有棱角分明的非球形颗粒,它可以随意进行分级,强度很高、高温下强度不降低,惰性,能满足封缝即堵技术材料的要求。

大理石是指变质或沉积的碳酸盐岩类的岩石,其主要的化学成分是碳酸钙,约占50%以上,还有碳酸镁、氧化钙、氧化锰及二氧化硅等。它主要由方解石、石灰石、蛇纹石和白云石组成,属于中硬石材,抗压强度300MPa。

方解石是一种碳酸钙矿物,它的晶体形状多种多样,常见的为三方晶系,三组完全解理。它是地壳最重要的造岩矿石,属变质岩,化学成分为$CaCO_3$,断口具有玻璃光泽,完全透明至半透明,一般情况下为白色或无色,因含有其他金属,颜色呈现出淡红、淡黄、淡茶、玫红、紫等多种颜色,条痕白色,硬度2.703~3.0,密度2.6~2.8g/cm³,遇稀盐酸剧烈起泡。

石英砂的主要成分为石英。石英硬度为7,比重2.65,颜色呈乳白色、淡黄、褐色及灰色。石英有较高的耐火性能,熔点为1730℃。主要用于制造玻璃、耐火材料,冶炼硅铁,冶金熔剂,陶瓷,研磨材料,铸造。在建筑中利用石英很强的抗酸性介质侵蚀能力,用来制取耐酸混凝土及耐酸砂浆。

花岗岩耐酸、碱及腐蚀气体的侵蚀,其化学性质与二氧化硅的含量成正比。弹性模量较大。

表 5-6　刚性封堵剂的物理性质

矿物种类	主要成分	摩氏硬度	密度(g/cm³)	酸溶性(%)	颗粒形状
大理石	碳酸钙(50%)	2.5~5.5	2.60~2.80	98.0	片状或颗粒形
方解石	碳酸钙	3.0	2.60~2.75	99.5	正立方体形
石英砂	二氧化硅(98%)	7.0	2.65	13.5	棱锥形
花岗岩	二氧化硅(65%~85%)	6.0	2.63~2.75	13.5	—

GZD 是一种以方解石为主要成分的矿物,其颗粒为正六面体,粉碎后的颗粒是非球形颗粒状物质。加工使用的筛布不同,可以得到大至几毫米,小至几微米的颗粒,见表 5-7 的分级,可做成粒径合适的颗粒。GZD 与岩石具有同质性,和地下岩石一样,能够承受各方面的压力,其在地下高温高压长期作用下,强度也能满足要求。

表 5-7　现场用刚性颗粒的等级分类

等级	A	B	C	D
目数	<20	20~40	40~80	80~200
毫米数	>0.900	0.900~0.400	0.400~0.250	0.250~0.074

在封堵技术施工中,GZD 能满足与钻井液配伍性要求,GZD 是一种惰性物质,它不与钻井液中成分发生反应,把它加入钻井液中,不会引起钻井液性能的较大变化。表 5-8 是在井浆加入刚性颗粒后的流变性和失水性,其中 1# 为现场使用的井浆;2# 配方为井浆 +1% C 级刚性颗粒 +2% D 级刚性颗粒;3# 配方为井浆 +2% C 级刚性颗粒 +3% D 级刚性颗粒。从数据可以看出,刚性颗粒的加入不会引起井浆性能大的变化;刚性颗粒加入后,密度、黏度、切力均只有略微增加,从而保证了随钻防漏工艺的实施。GZD 能酸溶,白色而易于辨认,不影响录井施工。

表 5-8　刚性颗粒对井浆性能影响

实验项目	ρ(g/cm³)	AV(mPa·s)	YP(Pa)	$G_{10''}$(Pa)	$G_{10'}$(Pa)	FL_{API}(mL)	FL_{HTHP}(mL)	黏滞系数
1#	2.23	64	5.0	2.5	7.5	1.5	8.0	0.0612
2#	2.23	71	5.5	3.0	8.0	1.5	7.6	0.0699
3#	2.24	77	5.5	3.0	8.0	1.5	8.5	0.0699

第四节　储层保护技术

一、储层特征及敏感性分析

(一)水敏感性评价

龙王庙组水敏感性实验结果(图 5-9)表明,高石梯龙王庙组具有强水敏性,渗透率损害率为 84.2%;磨溪龙王庙组具有中等偏强水敏性,渗透率损害率为 74.6%。

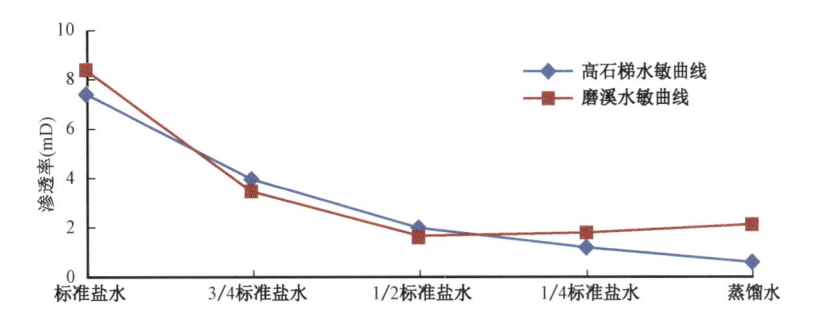

图 5-9　高石梯—磨溪龙王庙组水敏曲线图

(二)碱敏感性评价

龙王庙组碱敏感性实验结果(图 5-10)表明,高石梯龙王庙组储层具有极强的碱敏性,渗透率损害率为 98.0%;磨溪龙王庙组储层具有中等偏强的碱敏性,渗透率损害率为 70.9%。

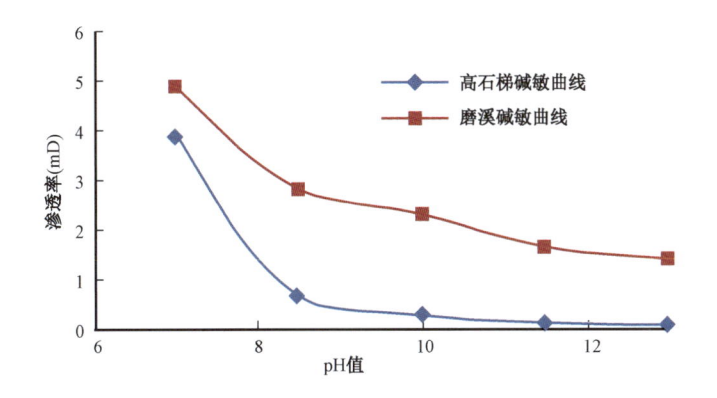

图 5-10　高石梯—磨溪龙王庙组碱敏曲线图

(三)流速敏感性评价

龙王庙组流速敏感性实验结果(图 5-11)表明,高石梯龙王庙组储层具有中等偏强的速敏性,渗透率损害率为 57.3%;磨溪龙王庙组储层具有中等偏强的速敏性,渗透率损害率为 64.6%。

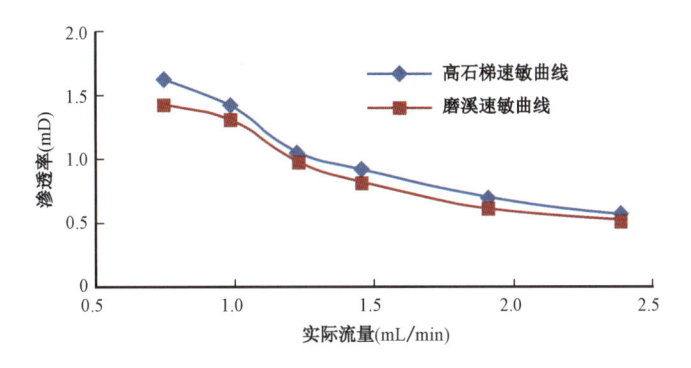

图 5-11　高石梯—磨溪龙王庙组速敏曲线图

(四)应力敏感性评价

龙王庙组应力敏感性实验结果(图5-12)表明,高石梯龙王庙组储层具有极强的应力敏感性,渗透率损害率为91.2%;磨溪龙王庙组储层具有中等偏强的应力敏感性,渗透率损害率为70%。

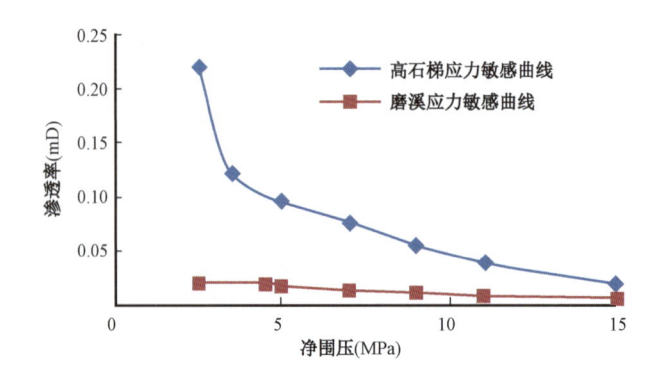

图5-12 高石梯—磨溪龙王庙组应力敏感曲线图

由上述敏感性实验评价可知,岩心受外来流体影响,泥质成分发生水化作用,引起孔道内的颗粒脱落,堵塞喉道导致渗透率下降,造成储层伤害。

二、多级架桥屏蔽暂堵体系优选

屏蔽暂堵技术是利用钻井液中的固相颗粒在一定的正压差作用下,很短时间内在距井壁很近的距离内形成有效堵塞的屏蔽环(渗透率接近为零)。由于它具备一定的承压能力,能够阻止钻井液中大量固相和液相进一步侵入储层。由于形成的低渗透屏蔽环很薄(一般小于5cm),容易被射孔弹射穿,可通过常规解堵技术解决屏蔽堵塞问题,因而这种堵塞是暂时性的,不会对此后的流体产出带来不利影响。

(一)多级架桥暂堵模型及暂堵剂设计

龙王庙组储层具有低孔、低渗的特征,储层类型主要为孔隙型储层,其次为裂缝—孔隙型储层,最大的孔喉半径分布在 $1 \sim 5 \mu m$(主要区间)、$0.1 \sim 1 \mu m$。基于储层孔喉渗透率贡献率的多峰分布理论,设计采用多级架桥模型,利用与储层孔喉渗透率贡献率分布相匹配的多级架桥暂堵剂对储层进行逐级暂堵,设计对应的架桥粒子直径为 $1.33 \sim 6.67 \mu m$、$0.13 \sim 1.33 \mu m$ 两级。

综合考虑高石梯—磨溪龙王庙组储层的具体情况,暂堵模型设计为:原钻井液+一级架桥粒子+二级架桥粒子+充填变形粒子。

多级架桥暂堵剂应由多级架桥粒子和可变形软化粒子组成,对设计出的多级架桥粒子产品命名为FLM-1,通过室内实验分析,FLM-1的最佳加量为3%。可变形粒子是保证多级架桥暂堵环致密有效的关键,龙王庙组储层温度一般在120℃左右,选择软化点与储层温度相近的可变形软化粒子。对设计出的可变形软化粒子产品命名为FLM-2,通过室内实验分析,FLM-2的最佳加量为2%。

(二)多级架桥屏蔽暂堵体系性能评价

由于多级架桥暂堵剂与钻完井液体系匹配性高,因此,高石梯—磨溪龙王庙组储层采用的聚磺钻井液体系及无(低)黏土的KCl-聚合物钻井液可以直接转换成多级架桥暂堵钻井完井液体系。

1. 钻井液性能

多级架桥暂堵剂加入前后对钻井液性能的影响结果见表5-9。多级架桥暂堵剂加入钻井液后,钻井液的黏度和切力有所上升,但能够满足工程的要求;中压滤失量和高温高压滤失量降低,更有利于储层保护。

表5-9 多级架桥暂堵剂对钻井液性能影响评价表

配方	ρ (g/cm³)	AV (mPa·s)	PV (mPa·s)	YP (Pa)	$G_{10''}$ (Pa)	$G_{10'}$ (Pa)	pH值	FL_{API} (mL)	h (mm)	FL_{HTHP} (mL)	h (mm)
1#钻井液	2.06	34.5	30.0	4.5	1.0	7.0	12.5	4.1	0.5	10.2	2.0
1#钻井液+3% FLM-1+2% FLM-2	2.06	39.0	33.0	6.0	2.0	14.0	12.0	3.8	0.5	10.0	0.5
2#钻井液	2.22	41.5	33.0	8.5	3.5	15.5	11.0	2.9	0.5	13.2	3.5
2#钻井液+3% FLM-1+2% FLM-2	2.22	53.0	34.0	9.0	6.0	22.0	10.5	2.8	0.5	12.8	3.0

2. 岩心渗透率恢复值评价

多级架桥暂堵剂加入前后对储层岩心的渗透率恢复值评价结果见表5-10。加入多级架桥暂堵剂后,2口井的钻井液岩心渗透率恢复值都有显著提高,渗透率恢复值达到80%以上,返排效果好。

表5-10 加入多级架桥暂堵剂前后返排效果评价表

污染流体	岩心层位	渗透率恢复值(%)
1#钻井液(ρ:2.06g/cm³)	龙王庙	64.9
1#钻井液3% FLM-1+2% FLM-2(ρ:2.06g/cm³)	龙王庙	83.6
2#钻井液(ρ:2.22g/cm³)	龙王庙	66.5
2#钻井液+3% FLM-1+2% FLM-2(ρ:2.22g/cm³)	龙王庙	82.6

三、保护储层的钻井工艺

(一)钻井液的处理工艺

多级架桥屏蔽暂堵技术是通过在钻开储层之前向钻井液中加入适合储层孔喉特征的具有一定规则粒径分布序列的暂堵剂颗粒,在近井壁形成屏蔽环,达到保护储层的目的。在钻井过程进入油层前,必须对钻井液进行以下调整。

(1)在钻至储层顶部前50~100m,应开始对钻井液进行改造前的预处理,即利用固控设备尽量除去原有钻井液中的无用固相,降低固相含量,以有利于提高钻速和调整钻井液性能。

(2)加入暂堵剂之前应尽量调整好钻井液性能,使之满足地质设计和钻井工程对钻井液性能的要求。

(3)在进入储层前加入暂堵剂,将钻井液改造成为具有良好储层保护效果的钻井液,加入以后循环2~3周。

(4)正常钻井时,视情况补充适量的有机处理剂和暂堵剂。

(5)起下钻时应减少压力激动,防止因压力激动破坏屏蔽环,造成损害。

(6)在储层中钻进时,确定合理的钻井液密度,减小钻井液对储层的损害。

(7)严格控制钻井液的滤失量,减小液相对储层的损害。

(8)钻井液中加适量的活性剂,降低表面张力,减小水锁或贾敏损害。

(二)钻井液现场维护处理技术

(1)为保护好储层,一般在进入目的层前50~100m开始对钻井液进行改造处理。应按设计要求调整好钻井液性能,其中包括:① 抑制性;② 各种流变参数应在设计范围以内;③ 与储层岩石和储层流体的配伍性。

(2)加强固控设备的使用和维护,严格控制无用固相含量和含砂量,目的层钻进含砂量应控制在0.2%以内。

(3)加入暂堵剂颗粒前要尽量调整好钻井液性能,最好在停钻循环过程中加入暂堵剂,及时将钻井液改造成为具有良好储层保护效果的钻井液。加入暂堵剂后应随时检测钻井液性能变化。

(4)钻井液改造好后,应多次使用激光粒度仪对钻井液粒度进行分析。并合理使用振动筛和除砂器净化钻井液,控制固相含量。针对粒度分析结果考虑是否补充加入暂堵剂,并确定暂堵剂的加量。

(5)正常情况下钻井液的维护措施与改造前相同,视情况对有机处理剂和暂堵剂进行补充。一般每钻进50~100m补充一次暂堵剂。

(6)要保证钻井液液柱压力与储层孔隙压力之间为正压差,以确保近井壁处的暂堵带能快速、有效地形成。

(7)在井场应按设计要求储备足量的堵漏和加重材料,施工井队应根据钻井实际情况制定合理的防漏、防喷措施。

(三)钻井液中固相颗粒粒度的控制

固相颗粒的粒度控制是暂堵技术成败的关键。因此,首先要把好出厂质量检验关。应尽量使刚性暂堵剂的颗粒尺寸与储层孔喉尺寸相匹配,暂堵剂酸溶率应达到产品性能要求。同时,可变形油溶性暂堵剂的软化点应与储层温度相匹配,其油溶率也应达到相应的指标。

在现场实施暂堵技术时,应配备便携式激光粒度仪,以便能随时掌握钻井液中固相颗粒的粒度分布状况。在钻井液转换前后和进入油层后,每100m应测定固相颗粒的粒度分布。如果达不到设计要求,应适当补充各类暂堵剂,以保证在整个储层钻进过程中,使暂堵剂始终保持足够的浓度。

由于在钻进过程中暂堵剂会发生损耗,尤其在使用固控设备的情况下,因此应根据粒度分析结果及时补充暂堵剂,使暂堵剂粒径分布尽量保持不变。

为了防止较大颗粒暂堵剂的流失,现场应用时,暂堵剂的配比可进行适当调整,必要时可适当增大粗颗粒的加量。

(四)钻井工程技术方案

(1)进入储层前50m,在对钻井液进行改造的同时,为防止因钻井液性能变化较大对钻进过程造成影响,此时最好进行循环、清井。循环过程中应不时活动钻具,钻具在井内的静止时间不得超过5min。防止对某一地层的不断冲刷。

(2)现场施工时应做好防塌、防漏、防卡工作,定时补充防塌降滤失剂和润滑剂,确保井下安全。

(3)应严格控制起下钻速度,减少压力激动,防止因压力激动使暂堵带受到破坏而造成损害,同时也防止井涌、井喷、井漏等复杂情况的发生。

(4)钻进过程中钻井液的环空返速不宜过大,以免冲蚀井壁,使暂堵带遭到破坏。

(5)应坚持短起下钻制度,最好每钻进100~150m时短起下钻一次,以保证井眼畅通。

(6)应尽可能快速钻穿目的层,提高裸眼井段电测一次成功率,快速完井,尽可能缩短钻井液对目的层的浸泡时间,以减少钻井液对目的层的污染。

第五节 高石梯—磨溪区块钻井液应用情况

一、钻井液应用整体情况

(一)钻井液使用情况

高石梯—磨溪地区震旦系已钻井在0~500m表层段钻井主要使用膨润土聚合物体系,密度一般在1.05~1.10g/cm³。500m后开始使用聚合物或KCl聚合物体系,钻至沙二段底部前,密度控制在1.10~1.20g/cm³左右;钻至沙二段底部后,为防止井壁垮塌,密度增加至1.35~1.80g/cm³,体系为KCl聚合物体系;钻至须家河底部,因下部地层含石膏且温度较高,钻井液体系转换为聚磺钻井液体系。嘉二³亚段—筇竹寺组地层高压,实钻钻井液密度一般在2.02~2.40g/cm³,钻井液体系为聚磺钻井液体系。震旦系地层压力系数相对较低,实钻钻井液密度一般在1.13~1.37g/cm³,钻井液体系为聚磺钻井液体系。目前该钻井液体系及密度方案应用效果良好。高石梯—磨溪区块探井分地层实钻钻井液体系见表5-11。

表5-11 高石梯—磨溪区块探井分地层实钻钻井液体系

地层层段	钻井液体系	密度(g/cm³)
沙二段以上	膨润土聚合物	1.05~1.10
沙二段—沙一段底	聚合物或KCl聚合物	1.10~1.20
沙一段底—须家河组底	KCl聚合物	1.35~1.65
雷四段—嘉二³亚段	聚磺、KCl聚磺	1.70~1.80
嘉二³亚段—灯四段顶	聚磺、KCl聚磺	2.02~2.40
震旦系	聚磺	1.13~1.37

(二)井径扩大率

针对已钻井井身质量中的井径扩大率情况,对不同开次井眼扩径情况进行了统计。二开 ϕ311.2mm 沙二段—嘉二^{3}亚段井眼井径扩大率较为稳定(表 5-12),基本保持在 10% 左右,个别井井径扩大率在 10% 以上。主要原因是本区须家河组以上地层岩性以泥岩、砂岩、页岩为主,易发生垮塌扩径;嘉陵江组含石膏,石膏易溶于钻井液,易发生溶蚀扩径。

表 5-12 磨溪区块 ϕ311.2mm 井眼扩径情况统计表

井号	钻头尺寸(mm)	平均井径(mm)	平均井径扩大率(%)
MX022-X1	311.2	332.6	6.88
MX022-X2	311.2	340.2	9.32
MX110	311.2	344.1	10.57
MX109	311.2	338.4	8.74
MX102	311.2	334.8	7.58
MX103	311.2	338.7	8.84
MX105	311.2	343.6	10.41
MX108	311.2	333.6	7.20
MX119	311.2	331.9	6.65
MX52	311.2	338.9	8.90

通过对磨溪区块已钻井统计分析,三开 ϕ215.9mm 井眼井径扩大率控制较好(表 5-13),基本保持在 7% 以内。

表 5-13 磨溪区块 ϕ215.9mm 井眼扩径情况统计表

井号	钻头尺寸(mm)	平均井径(mm)	平均井径扩大率(%)
MX022-X1	215.9	225.2	4.31
MX022-X2	215.9	222.7	3.15
MX110	215.9	222.1	2.87
MX109	215.9	225.3	4.35
MX102	215.9	229.8	6.44
MX103	215.9	219.3	1.57
MX105	215.9	219.9	1.85
MX108	215.9	217.4	0.69
MX119	215.9	220.9	2.32
MX52	215.9	218.8	1.34

灯影组为本区块的目的层位,已钻井均采用 ϕ149.2mm 钻头钻进,该段层位平均井径扩大率都控制在 15% 以内(表 5-14),基本满足井身质量标准。

表 5-14　磨溪区块 ϕ149.2mm 井眼扩径情况统计表

井号	钻头尺寸(mm)	平均井径(mm)	平均井径扩大率(%)
MX022-X1	149.2	167.8	12.47
MX022-X2	149.2	157.1	5.29
MX110	149.2	178.9	19.91
MX109	149.2	170.7	14.41
MX102	149.2	155.8	4.42
MX103	149.2	155.8	4.42
MX105	149.2	159.0	6.57
MX108	149.2	154.4	3.49
MX119	149.2	162.0	8.58
MX52	149.2	152.9	2.48

二、KCl 钻井液技术试验应用效果

5% KCl + 10% 有机盐聚合物钻井液在 MX11 井、MX202 井、MX203 井进行了现场应用（表 5-15）。在钻井液维护过程中，控制膨润土含量在 30~40g/L，保证 KCl、有机盐含量分别在 5%、10% 左右，保持钻井液具有较好的流变性能和较强的抑制能力。同时加入封堵剂，增强钻井液稳定井壁的作用，阻止泥页岩的水化、膨胀与分散。

表 5-15　钻井液性能

井号	井深(m)	地层	ρ(g/cm³)	FV(s)	PV(mPa·s)	YP(Pa)	$G_{10''}$(Pa)	$G_{10'}$(Pa)	FL_{API}(mL)	h(mm)	pH 值	K_f
MX11	529~2220	沙二—须一段	1.06~1.46	38~55	10~19	4.0~9.0	1.0~3.0	2~8	2.0~4.0	0.5	8.0~9.0	<0.1
MX202	1295~2142	凉高山组—须二段	1.37~1.54	41~48	11~28	4.0~9.5	1.0~1.5	2~9	3.0~4.8	0.5	8.5~9.0	<0.1
MX203	241.8~2022	沙二—须四段	1.05~1.49	38~55	9~20	4.0~8.5	1.0~3.5	2~8	3.2~5.0	0.5	8.0~9.0	<0.1

（一）防塌抑制性能强

ϕ311.2mm 钻头在须家河组及其以上井段钻进过程中，井眼畅通、井壁稳定且井径规则、电测一次成功率较高，未发生过一次 PDC 钻头泥包和起下钻过程中长段划眼的复杂。同比 GS1 井（平均井径扩大率为 39%），MX11 井、MX202 井、MX203 井分别降低 24.1%、26.9%、26.2%，见表 5-16。

表 5-16　平均井径扩大率统计表

地层	井径扩大率(%)			
	MX11 井	MX202 井	MX203 井	GS1 井
沙溪庙组	11.03	8.34	10.01	35.13
凉高山组	20.55	14.75	14.75	44.65

续表

地层	井径扩大率(%)			
	MX11 井	MX202 井	MX203 井	GS1 井
大安寨组	19.47	15.83	13.57	43.57
珍珠冲组	14.19	14.19	12.41	38.29
须家河组	9.46	7.61	13.32	33.56

(二)密度低

MX11 井等井采用 5% KCl + 10% 有机盐聚合物钻井液安全钻过须家河组,其密度低于邻井(图 5-13),为钻井提速创造了有利的条件。

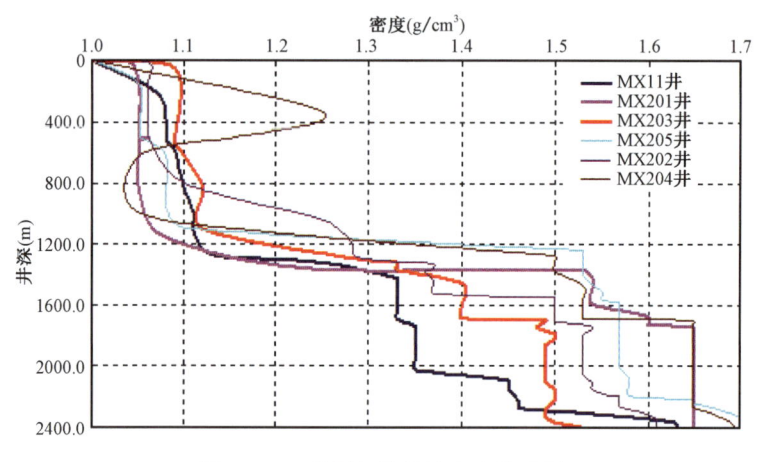

图 5-13 井深与钻井液密度关系图

(三)机械钻速提高明显

现场钻井液流变性能稳定,润滑系数 K_f 小于 0.1、中压滤失量小于 5.0mL。从 MX11 井、MX203 井钻井周期与邻井对比看出(图 5-14),通过采用 5% KCl + 10% 有机盐聚合物钻井液及相关工程措施,三口井机械钻速同比提高 30% 以上,钻井周期缩短了 10d 左右。

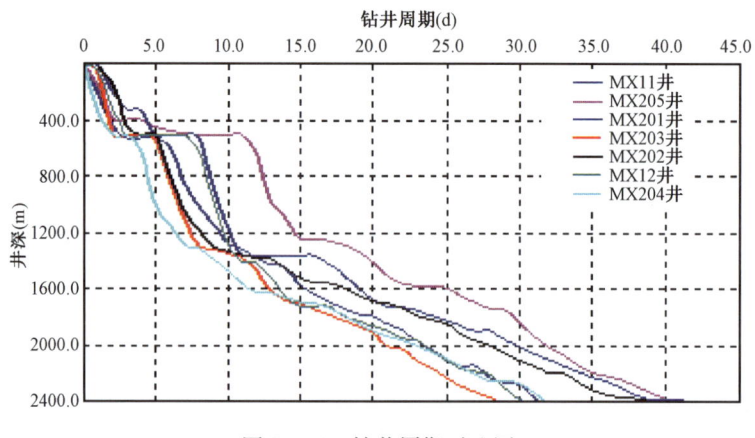

图 5-14 钻井周期对比图

三、精细控压钻井技术现场应用效果

针对高磨地区灯四段地层特点,通过优化形成了以地层漏失压力推算、降低钻井液密度、精细控压钻进、控压重浆帽起下钻为主体的精细控压防漏治漏技术,现场应用取得了显著的应用效果,有效减少灯四段漏失量和处理复杂时间。利用动态监测液面手段,确定了地层漏失压力系数约为 1.14;设计钻井液密度由 1.17~1.25g/cm³ 降至 1.08~1.12g/cm³;采用精细控压钻进,井底压力控制精度 ±0.35MPa,井口控制精度 ±0.1MPa;采用控压重浆帽起钻,起钻漏失量由 100~120m³ 降至 40~50m³。MX022-X1 井等 6 口井震旦系灯四段开展防漏治漏技术现场试验(表 5-17 和图 5-15),平均漏失量 462m³,平均处理复杂时间 8.6d,同比 2015 年分别降低 83.3%、87%。

表 5-17 精细控压钻井现场试验井钻井简况数据表

井号	井段(m)	密度窗口(g/cm³)	实钻密度(g/cm³)	控压值(MPa)
MX109	5155~5301	1.10~1.14	1.08~1.12	0.7~3.8
MX022-X1	5528~6304	1.15~1.20	1.17	0.5~1.0
MX022-X2	5219~5780	1.20~1.28	1.17~1.20	0.5~4.0
GS001-X8	5236~6200	1.14~1.20	1.13~1.18	0.3~4.5
GS001-X5	5124~5943	1.14~1.20	1.10~1.35	0.5~4.3
GS001-X6	5035~6163	1.14~1.21	1.10~1.23	0.2~7.0

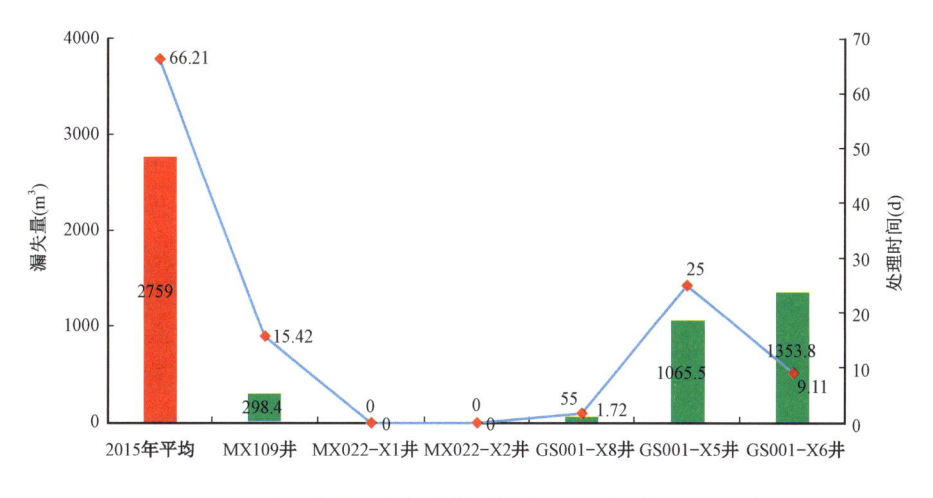

图 5-15 精细控压钻井与常规钻井漏失量及处理时间对比图

四、储层保护技术现场应用效果

多级架桥屏蔽暂堵储层保护技术已在高石梯—磨溪区块龙王庙组储层中应用 20 口井次。对应用井进行岩心渗透率恢复值评价结果见表 5-18,平均储层岩心渗透率恢复值由实施前的 65% 提高至 84.6%,储层保护效果显著。

表5-18 采用多级架桥暂堵技术后的现场井浆污染评价实验数据表

污染流体	岩心井号	渗透率恢复值(%)
MX201井4560m井浆	MX11	85.7
MX202井4700m井浆	MX11	86.2
MX203井4800m井浆	MX11	85.9
MX204井4685m井浆	MX11	85.2
MX203井5150m井浆	MX203	86.1
MX26井4930m井浆	MX11	87.2
GS28井3858m井浆	MX11	85.5
GS26井4540m井浆	MX203	89.4
MX16井5150m井浆	MX203	81.0
MX27井4800m井浆	MX203	83.3
MX46井4812m井浆	MX203	85.2
MX47井4750m井浆	MX203	82.3
GS23井4750m井浆	MX203	80.5
MX31X1井5000m井浆	MX31	83.1
MX31井4900m井浆	MX203	81.1
MX29井4800m井浆	MX203	84.6
MX101井4650m井浆	MX204	86.6
MX32井4750m井浆	MX203	80.2
MX46X1井5000m井浆	MX46	84.3
MX42井5150m井浆	MX203	88.2

在钻井液中添加适当的多级架桥暂堵剂,调整钻井完井液粒度后,钻井完井液可以在岩心前端形成致密的桥堵带,从而防止钻井完井液固相和液相对储层岩心的进一步损害。同时降低滤液和固相颗粒的侵入深度,为返排解堵提供良好条件,能够达到保护储层的要求。有19口井已进行了测试,8口井获得工业气流,其中MX46X1井在龙王庙组4712~5089m井段使用多级架桥暂堵储层保护技术,储层岩心渗透率恢复值达84.3%,有效降低了钻井液对储层的污染程度,为该井未经储层改造直接测试获$20.66 \times 10^4 m^3/d$工业气流奠定了良好基础。

参 考 文 献

[1] 徐同台,刘玉杰,申威,等. 钻井工程防漏堵漏技术[M]. 北京:石油工业出版社,1997.
[2] 任茂,苏俊霖,房舟,等. 钻井防漏堵漏技术分析与建议[J]. 钻采工业,2009,32(3):29-31.
[3] 张希文,李爽,张洁,等. 钻井液堵漏材料及防漏堵漏技术研究进展[J]. 钻井液与完井液,2009,26(6):74-79.
[4] 关义君. 桥浆承压堵漏关键技术[J]. 西部探矿工程,2006,28(5):129-131.

第六章 固井技术

高石梯—磨溪区块资源丰富,但由于该区块气井的油、气、水同层现象较为普遍,开采难度大,安全风险高。固井技术是保障安岳气田高压深井后续钻完井及增产的核心技术。安岳气田高石梯—磨溪区块各层套管固井存在的技术难点如下。(1)ϕ177.8mm尾管:油气分布广(封固段多达20个显示层)、显示活跃、层间封隔难度大,易出现地层流体窜流;井深较深(5000m左右)、井底温度高(130~150℃),对水泥浆外加剂抗高温性能要求高;封固段长(2000m左右)、上下温差大(50~70℃),封固段顶部温度低(70~80℃),水泥浆强度发展慢;大斜度井套管居中不易保证;钻井液密度2.30g/cm³左右,提高冲洗顶替效率难度大;钻完井及生产期间井筒内的温度、压力变化影响水泥环密封完整性,增加环空带压风险,要求韧性改造水泥石;高密度水泥浆高温沉降稳定性、高温强度防衰退、韧性改造等设计难度大。(2)ϕ127mm尾管:小井眼、井斜大,下套管难度大,固井施工摩阻大,泵压高,注替过程中易诱发井漏,影响施工安全,施工的难度大;环空间隙小,不易提高套管居中度,岩屑不易被清除掉,顶替效率低,固井质量难以保证;钻井液实验及污染实验难度大;井底温度高(140~150℃),水泥浆体系要具有抗高温、防气窜等性能;井深深、温度高,对固井工具在高温、高压、高含硫下的可靠性要求高。

因此,针对高石梯—磨溪区块各开次存在的主要固井技术难点,分别从实验评价、固井工作液体系、固井工具附件等方面制订出了对应的技术措施,有效保证了该地区的固井施工安全和固井质量,减缓了后期生产环空带压的现象。

第一节 含硫气井固井实验技术

一、固井水泥浆抗污染评价实验技术

国外对井下流体相容性较重视,严格按照API RP 10B《油井水泥试验推荐做法》执行[1]。但在国内一般采用配浆药水或稀释处理了的钻井液作为隔离液,规范性较差[2-6]。API RP 10B与川渝地区深井固井相容性常规污染实验方法的特点及区别见表6-1。

表6-1 API RP 10B与川渝地区深井固井水泥浆相容性实验方法对比

类别	项目	实验方法	实验方法区别	备注
常规污染实验	API RP 10B(旋转黏度计)	应进行水泥浆—钻井液、水泥浆—隔离液和钻井液—隔离液混合流体的流变性能实验。对每一种流体组合,推荐的混合比例为95:5,75:25,50:50,25:75和5:95,以及比例为25:50:25的钻井液—隔离液—水泥浆混合流体	混浆类型及比例不同,测量方法不同,实验条件、仪器不同	多为两相一个三相
	川渝深井污染实验(水浴锅)	规定了3组单项、5组两项、3组三相共11组测试流动度实验,补充了5组加入冲洗液的测试流动度实验		重视三相污染实验

API RP 10B 与川渝地区深井固井相容性污染稠化实验方法的特点及区别见表 6-2。

表 6-2　API RP 10B 与川渝地区深井固井水泥浆相容性实验方法对比

类别	项目	实验方法	实验方法区别	备注
污染稠化实验	API RP 10B	水泥浆—隔离液混合流体应进行稠化时间实验,推荐的混合比例为 95:5 和 75:25。用户可自行决定对水泥浆—钻井液、隔离液—钻井液和水泥浆—钻井液—隔离液混合流体进行稠化时间实验	考察重点不同,混浆类型及比例不同	强调隔离液能有效隔离水泥浆和钻井液
	川渝深井污染实验	水泥浆—隔离液—钻井液—冲洗液。40Bc 稠化时间要求:(1)水泥浆:隔离液 = 70:30,40Bc 稠化时间≥施工时间;(2)水泥浆:隔离液:钻井液 = 70:10:20,40Bc 稠化时间≥施工时间;(3)水泥浆:隔离液:钻井液:冲洗液 = 70:10:20:5,40Bc 稠化时间≥施工时间		考虑深井复杂情况

由上表可知,川渝地区深井固井相容性实验方法能够从宏观角度反映水泥浆受污染的程度,而 API 方法工作量较大。川渝地区深井固井相容性实验方法更注重三相(四相)污染稠化实验,而 API 则更注重隔离液对水泥浆稠化时间的影响。

对比上述 2 项实验方法,可知川渝地区深井固井相容性实验方法简单易行,测试数据直观,能宏观反映混合流体的流动性能,最大限度地考虑了井下流体掺混的复杂情况,但是无法指导施工摩阻计算;而 API RP 10B 中井下流体相容性实验方法考虑了井下流体接触顺序,根据实验结果可计算混合流体的流变性能,能够指导施工摩阻计算。上述 2 项方法各有优缺点,可考虑结合 2 项方法,制订更加科学合理的固井相容性实验评价方法。

(一)实验原理

固井水泥浆抗污染单因素评价方法:基于井下流体相容性,考虑单一钻井液处理剂对固井水泥浆污染影响的评价方法。水泥浆与钻井液的化学不兼容是接触污染发生的主要原因,而其实质是钻井液中的处理剂与水泥浆发生化学反应造成的。

(二)实验设备

在实验中所使用的主要仪器及设备见表 6-3。

表 6-3　实验主要仪器及设备

序号	仪器及设备名称
1	瓦棱搅拌机
2	常压稠化仪
3	单缸高温高压稠化仪
4	单缸高温养护釜
5	高温高压失水仪
6	便携稠化仪
7	压力机
8	常压养护箱
9	高温滚子加热炉
10	六速旋转黏度计

实验中所用常规密度水泥浆为 L002-4 井 φ177.8mm 套管固井缓凝水泥浆配方。常规密度水泥浆配方为:夹江 G 级高抗油井水泥 + 2.0% SDP-1 + 1.4% SD18 + 0.4% SXY-2 + 1.0% SD66 + 0.12% SD21 + 0.2% SD52。水灰比 0.45,水泥浆密度为 1.90g/cm³。

实验中所用钻井液为 L002-4 井现场钻井液。L002-4 井钻井液性能见表 6-4。

表 6-4 L002-4 井钻井液性能

密度 (g/cm³)	初切力 (Pa)	终切力 (Pa)	固相含量体积百分数 (%)	含砂量 (%)	HTHP 失水量 (mL)	滤饼厚度 (mm)	pH 值
1.85	5	11	4	2	7	1	9

(三)实验方法及步骤

1. 相容性实验评价规范存在的问题和不足

实验依据 SY/T 5546—92《油井水泥应用性能试验方法》、GB 10238—2005《油井水泥》、GB/T 19139—2012《油井水泥试验方法》、GB/T 16783.1—2006《钻井液现场测试第一部分:水基钻井液》、GB/T 5005—2010《钻井液材料规范》、API RP 10B《油井水泥试验推荐做法》和川渝地区深井固井相容性常规污染实验方法的相应规定,测试水泥浆、钻井液、混浆的性能。实验依据 API 规范,按照水泥浆配方进行水泥浆配制。出浆后导入模具中,制试样,在不同温度压力条件下养护,然后测试其力学性能。

以往对污染实验的室内研究针对的是评价钻井液处理剂的可靠性。针对水泥浆外加剂对钻井液的影响,国内外还鲜见报道。

以往污染实验标准分为两步:
(1)先测试钻井液处理剂与水泥浆的混合流体的流变性能(常流、高流);
(2)采用流变性能较差的混合流体比例,做高温高压稠化时间实验。

判断准则:流变性较好的混合流体所采用的钻井液处理剂属于可靠钻井液处理剂;流变性较差但高温高压稠化时间实验过关的混合流体所采用的钻井液处理剂属于可靠钻井液处理剂;流变性和高温高压稠化时间实验均不过关的属于不可靠钻井液处理剂。

分析以往污染实验标准,发现存在以下问题:
(1)流变性较好的混合流体不一定能满足高温高压稠化时间实验的要求(入井后,受高温高压影响,混合流体可能产生速凝,引起憋泵等事故),所以流变性较好的混合流体所采用的钻井液处理剂不一定可靠;
(2)流变性较差但高温高压稠化时间实验过关的混合流体并不能保证固井施工的安全,因为在常压下流变性较差,可能引起混合流体在入井过程中就发生憋泵、打不进去水泥的情况,因此,此混合流体采用的钻井液处理剂不一定可靠。

2. 水泥浆污染单因素评价实验方法

为找出钻井液与水泥浆化学不兼容的原因,根据钻井液中各种处理剂具体含量,将各种钻井液处理剂加入到水泥浆中开展流变性能实验和高温高压污染稠化实验,探索二者化学不兼容的原因。

(1) 单一钻井液处理剂评价试验流程。

水泥浆与钻井液的化学不兼容是接触污染发生的主要原因,而其实质是钻井液中的处理剂与水泥浆发生化学反应造成的。川渝地区深井、超深井钻井作业中最常用的两种钻井液体系分别是聚磺和钾聚磺体系。为了满足深井、超深井钻井液的热稳定性、高温流变性和失水造壁性要求,需要向钻井液中加入多种处理剂进行调节,包括聚合物、腐殖酸磺化类、降黏剂类、油气层保护剂类、消泡剂、防塌防卡润滑剂、除硫剂等。钻井液组成极其复杂,对于接触污染的防控和作用机理的分析难度较大。尤其是某些钻井液处理剂即使在掺混量极小的情况下,仍会造成水泥浆的恶性污染,导致隔离液与调整钻井液性能的作用效果受限。但是,由于钻井液服务和固井服务是独立的,往往是钻井液公司只重视钻进过程中钻井液性能而忽视钻井液处理剂对后续注水泥作业的影响,固井公司也由于不清楚何种钻井液处理剂会对水泥浆性能产生不良影响而无法对钻井液提出要求。

因此,建立合理的接触污染评价方法,才能掌握和明确不同处理剂对水泥浆的污染情况和作用机理,找到合理解决的途径和方法,有利于接触污染的防控。

(2) 单一水泥浆外加剂评价实验。

为找出钻井液与水泥浆化学不兼容的原因,根据水泥浆中各种外加剂具体含量,将各种外加剂加入到钻井液中开展流变性能实验和高温高压污染稠化实验,探索二者化学不兼容的原因。

(四) 实验结果分析及应用

1. 钻井液处理剂对水泥浆污染评价结果

将所选取的常用处理剂掺入常规密度水泥浆,考察不同钻井液处理剂对常规密度水泥浆流动性的影响,试验结果见表6-5。常规密度水泥浆的常温流动度为25cm,高温流动度为22cm。其中高温流动度试验中,水泥浆在常压稠化仪90℃下预制2h后测试其流动度。

表6-5 单一钻井液处理剂对常规密度水泥浆流变性能的影响

序号	钻井液处理剂	加量(%)	常流(cm)	高流(cm)
1	降黏剂磺化单宁 SMT	3.0	—	—
		1.0	20.0	12.0
		0.5	21.0	20.0
		0.1	24.0	24.0
2	磺化褐煤 SMC	3.0	15.5	—
		1.0	19.5	24.0
		0.5	23.0	20.0
		0.1	25.0	20.0
3	磺甲基酚醛树脂 SMP-1	3.0	24.0	<12.0
		1.0	25.0	18.0
		0.5	24.0	18.0
		0.1	25.0	25.0

续表

序号	钻井液处理剂	加量(%)	常流(cm)	高流(cm)
4	钻井液用腐殖酸钾 KHM	3.0	<12.0	—
		1.0	22.0	24.0
		0.3	23.0	18.0
		0.1	24.0	20.0
5	降滤失剂特种树脂 SHR	3.0	24.0	24.0
		1.0	25.0	25.0
		0.3	25.0	25.0
		0.1	24.0	25.0
6	降黏剂 JN-A	1.0	22.0	19.0
		0.3	25.0	25.0
		0.1	24.0	>25.0
7	降滤失剂 MG-1	0.3	20.0	17.5
		0.1	>25.0	>25.0
8	聚合物降滤失剂 LS-2	0.4	18.0	21.0
		0.1	25.0	>25.0
9	防塌剂聚丙烯酰胺钾盐 KPAM	0.6	—	干稠
		0.1	—	干稠

2. 污染后水泥浆稠化时间评价

根据单一钻井液处理剂评价实验步骤,在前期流变性能实验基础上,将各种钻井液处理剂加入到水泥浆中开展高温高压污染稠化实验,考察钻井液处理剂对常规密度水泥浆稠化时间的影响规律。

研究中水泥浆稠化时间为300min,钻井液处理剂对常规密度水泥浆稠化时间影响的结果见表6-6。

表6-6 单一钻井液处理剂对常规密度水泥浆稠化时间的影响

序号	钻井液处理剂	加量(%)	稠化时间(min)
1	降黏剂磺化单宁 SMT	1.0	170
		0.5	238
		0.1	256
2	磺化褐煤 SMC	1.0	390
		0.5	420min 未稠化
		0.1	295
3	磺甲基酚醛树脂 SMP-1	1.0	220
		0.5%	106
		0.1	274

续表

序号	钻井液处理剂	加量(%)	稠化时间(min)
4	钻井液用腐殖酸钾 KHM	1.0	480min 未稠化
		0.3	378
		0.1	338
5	降滤失剂特种树脂 SHR	1.0	360min 未稠化
		0.3	462
		0.1	459
6	降黏剂 JN-A	1.0	255
		0.3	323
		0.1	451
7	降滤失剂 MG-1	0.3	373min 未稠化
		0.1	336
8	聚合物降滤失剂 LS-2	0.4	514
		0.2	317
		0.1	437
9	生物增黏剂 XC	0.5	63
		0.3	115
		0.2	168
		0.1	231

3. 钻井液处理剂对水泥浆污染的微观分析

在考察单一钻井液处理剂对水泥浆的污染中发现，KPAM 等聚合物钻井液处理剂对水泥浆有严重影响，以防塌剂 KPAM 为例，对处理剂污染水泥浆的化学机理进行探讨。从钻井液处理剂作为出发点，对处理剂、水泥浆进行微观结构分析，从而对污染发生的机理进行探讨。从材料科学的角度出发，分别采用红外线、核磁共振、扫描电镜等微观分析方法，对钻井液处理剂吸附性官能团、水泥浆微观结构进行分析研究。

由图 6-1、图 6-2 可知，聚丙烯酰胺钾盐 KPAM 分子主链上具有羧基、羟基、氨基、酰胺基、磺酸基等许多具有吸附性能的官能团。从吸附性能看，上述官能团的吸附能力为 $-SO_3^{2-}>-COO->-CONH_2>-OH>-O-$。它们能够吸附在不同的水泥颗粒上。当钻井液中的 KPAM 与水泥浆接触时，一方面由于 KPAM 聚合物分子量大、分子链较长，往往一条分子链上会同时吸附多个水泥颗粒并形成混合网状结构；另一方面水泥浆中的 Ca^{2+} 会降低聚合物的溶解性，使分子链发生卷曲、吸附架桥和电中和作用。上述两方面的作用使得水泥浆产生絮凝现象，表现为浆体变稠、形成絮凝团状、失去流动性。

采用 FEI Quanta 450 环境扫描电子显微镜考察受 KPAM 污染后的水泥浆微观结构。在水泥净浆中加入 0.5% KPAM，分别在 90℃ 条件下养护 4min、7min、10min，然后用液氮法除去水泥浆中水分，制样喷金处理后在电镜下观察，并与未受污染的水泥浆进行对比。从图 6-3 中

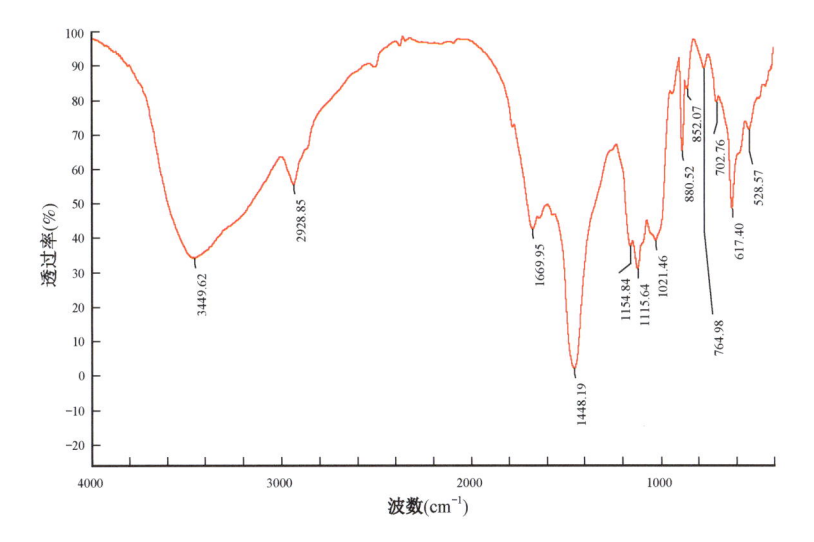

图 6-1 KPAM 红外光谱分析图

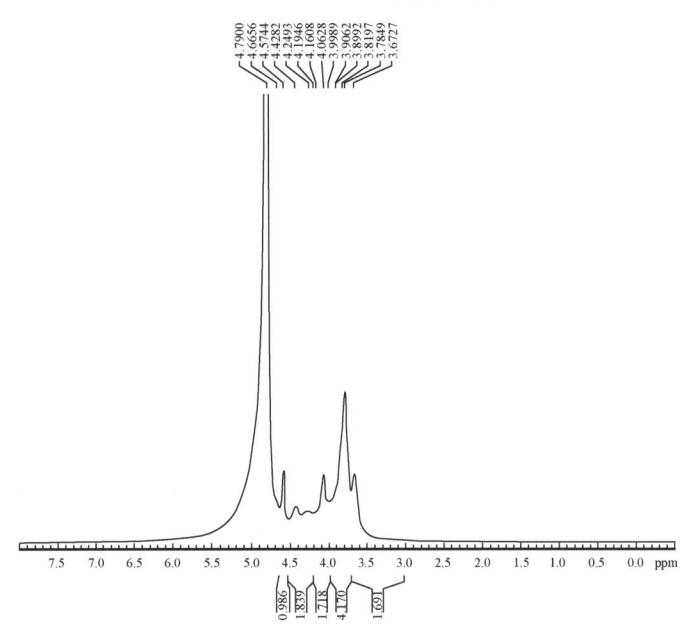

图 6-2 KPAM 核磁共振分析图

可以看出,未加入 KPAM 的水泥浆养护一段时间后发生了一定程度的水化。这是水泥水化的预诱导期阶段,是初期的快速水化,在这个阶段会伴随 Ca^{2+} 的快速增长。因此可以观察到部分水泥颗粒水化后表面发生了形态变化,相互之间有水化产物的连接。但在内层可观察到明显的未水化矿物颗粒。而加入了 KPAM 的水泥浆形成了明显的网架结构,图 6-3(b) 至图 6-3(d) 中的棒状物即为脱水后的 KPAM。而在网架结构空隙中,仍然可以看到未参与水化的水泥矿物颗粒。因此,KPAM 加入水泥浆后出现的流动度的迅速丧失并不是因为水泥水化加速提前凝固,而是 KPAM 所形成的交联网状结构将水泥颗粒和自由水束缚造成的。通过 XRD、EDS 和原子吸收分光光度计可以证明这一点。

(a) 水泥浆(养护15min)

(b) 加入0.5%KPAM的水泥浆(养护4min)

(c) 加入0.5%KPAM的水泥浆(养护7min)

(d) 加入0.5%KPAM后的水泥浆(养护10min)

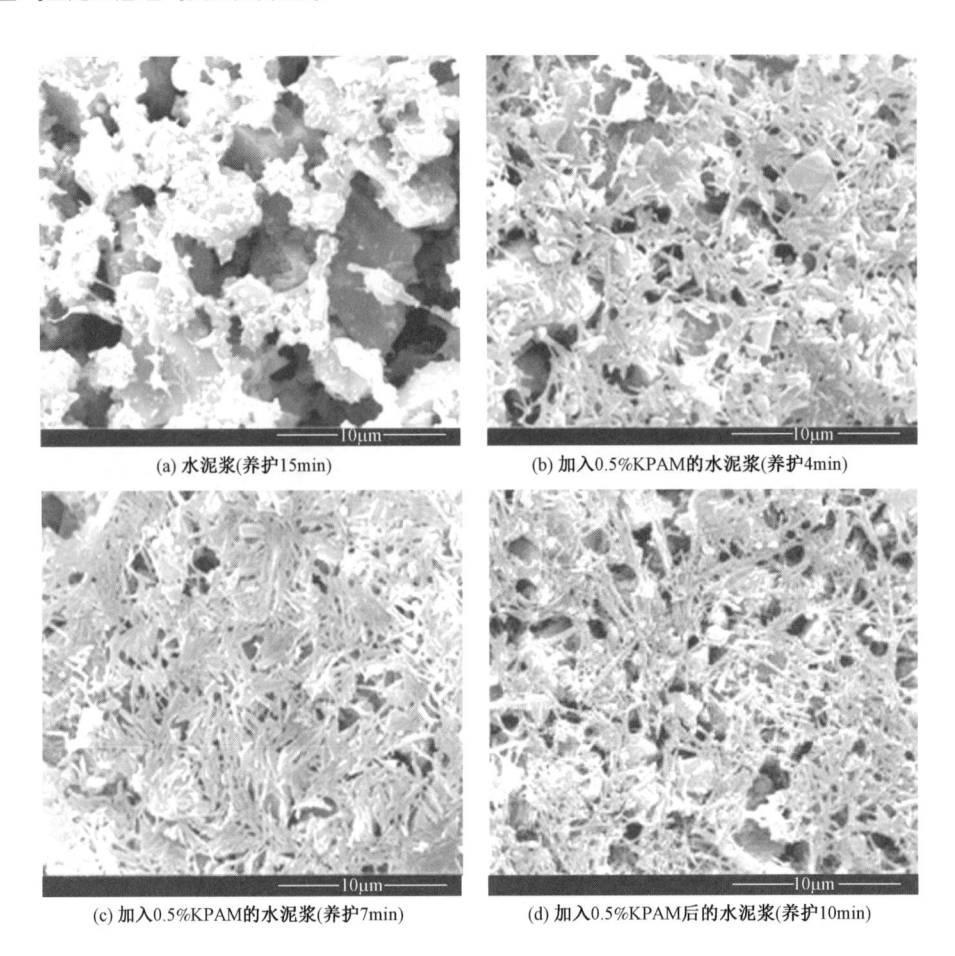

图 6-3　水泥浆和 KPAM 掺混后水泥浆 SEM 图

利用原子吸收分光光度计,对新拌水泥浆滤液里面所含金属离子的种类和含量进行分析测试,测试结果见表 6-7。

表 6-7　水泥浆的金属离子种类及含量

离子种类	Ca^{2+}	Mg^{2+}	Fe^{3+}	Al^{3+}
含量(mg/L)	420	7.25	53.38	100.59

可以看出,在新拌水泥浆中存在不同量的 Ca^{2+}、Fe^{3+}、Al^{3+}、Mg^{2+}。水泥浆是碱性浆体,KPAM 分子量一般都很大,在碱性条件下容易发生水解,转化为含有—COOH、—CONH$_2$ 的聚合物。这些连接在长碳链上的活性官能团吸附在水泥颗粒上,同一个分子可吸附多个水泥颗粒,因此在水泥颗粒间起到了架桥作用。同时,水泥水化初期会在水中形成较高浓度的 Ca^{2+}、Fe^{3+}、Al^{3+}、Mg^{2+},这些水泥水化析出的阳离子会与水解后的聚丙烯酸聚合物发生交联,形成阳离子—聚合物交联结构,使水泥浆体系的流动性降低。

高价金属离子是以其多核羟桥络离子与 KPAM 的羧基形成极性键(离子键)和配位键产生交联的。KPAM 与金属高价离子的交联,包括了许多复杂的中间反应过程,大体分为如下三个阶段：

(1) 水泥水化初期生成金属离子；
(2) 高价金属离子水合物的水解聚合；
(3) KPAM 中的 COO—与多核羟桥络离子产生交联。

在水泥净浆中加入 0.5% KPAM，在 90℃ 条件下养护 10min 后，采用液氮法除去水分，然后进行 XRD 分析，结果如图 6-4 和图 6-5 所示。

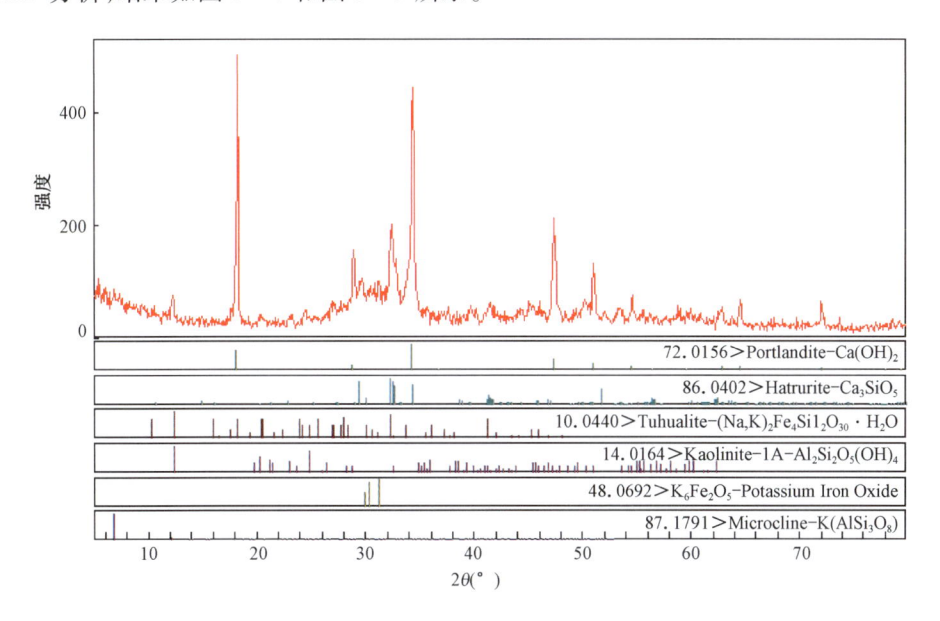

图 6-4 空白组水泥浆 XRD 图谱

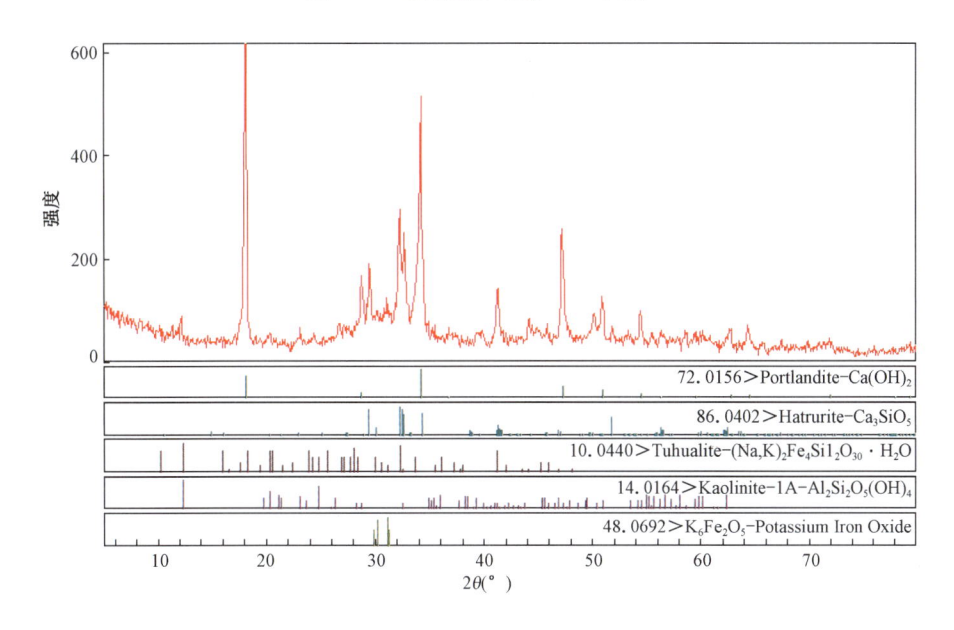

图 6-5 含 0.5% KPAM 水泥浆 XRD 图谱

从图6-4和图6-5中可以看出,水泥净浆的主要物相成分均为硅酸铝钙盐、C_3S和$Ca(OH)_2$。这与水泥早期水化过程中其物相成分相似。在水泥水化的初始几分钟内,C_3S迅速发生反应,释放水化热。在表层形成一层$C-S-H$凝胶水化层,发生表面质子注入,从而导致晶体第一层中O^{2-}和SiO_4^{4-}离子转变成OH^-和$H_3SiO_4^-$离子。同时,质子注入的表面又立即产生同样的溶解,并很快地变成过饱和的$C-S-H$胶溶液,随之在C_3S表面产生沉淀,也就是图6-3中看到的颗粒和细长状的产物。具体反应式如下:$2Ca_3SiO_5 + 7H_2O \rightarrow Ca_2(OH)_2H_4Si_2O_7 + 4Ca(OH)_2$。此时,$Ca(OH)_2$达到饱和,所以其随着水化进行浓度逐渐增大,并形成$Ca(OH)_2$晶体。但从含有0.5%KPAM的水泥浆XRD图中发现,其物相组成与水泥净浆基本一致,主要物相仍然为硅酸铝钙盐、C_3S和$Ca(OH)_2$。这说明KPAM对水泥浆的水化并未产生较大影响。其造成水泥浆流动性能的丧失是因为与金属离子螯合后形成的交联结构所致,这点从C_3S和$Ca(OH)_2$的衍射峰强度变化可以看出。在SEM图中可以明显地看到KPAM所形成的交联网状结构包裹了C_3S,因此阻止了C_3S的继续水化。所以含有KPAM的水泥浆XRD图中,C_3S和$Ca(OH)_2$的衍射峰由强变弱,说明$Ca(OH)_2$结晶度低,而C_3S则是由于KPAM形成的聚合物网络覆盖在其颗粒表面所致。

二、固井水泥石弹性力学性能评价实验技术

事实上,每口油气井的开发过程中,都涉及井筒内压力的交变而导致水泥环长期封隔问题,如试压前后、持续钻进、关井与生产等过程中力学的交替变化。在这种情况下,韧性水泥的概念被提出来。韧性水泥使水泥环保持较好的韧性,能使水泥环在受到套管内挤力和地层外压力时,具有比普通水泥环更好的弹性形变空间,在各种力学影响下,不在界面出现微间隙,从而延长固井水泥环的长期力学封隔能力。这对于评价井筒安全性和延长油气井寿命具有非常重要的意义。

(一)实验原理

考虑实际工程措施的固井水泥石韧性力学性能评价新方法:水泥石力学测试中,设备的加载、卸载速率需考虑实际工程措施的影响,使水泥石的力学测试与固井后续工程实际相结合,测试出的数据更能反映井下水泥环的真实情况;同时使用交变载荷下的三轴力学性能实验评价水泥石的形变恢复能力和长期稳定性。

(二)实验设备

实验所用材料包括弹性水泥、高石梯—磨溪在用水泥(微膨胀韧性水泥)以及纯水泥。实验主要设备见表6-8。

表6-8 实验设备

序号	仪器名称
1	瓦棱搅拌机
2	常压稠化仪
3	双釜高温高压稠化仪
4	双釜高温养护釜

续表

序号	仪器名称
5	高温高压失水仪
6	便携稠化仪
7	压力机
8	常压养护箱
9	RTR-1000型三轴岩石力学测试系统

(三)实验方法及步骤

通过建立"考虑实际工程措施的固井水泥石弹性力学性能评价新方法",并利用该方法对高石梯—磨溪在用水泥(微膨胀韧性水泥)、弹性水泥、纯水泥石三种水泥石的韧性力学性能进行了实验分析。

1. 实验评价标准

实验依据 SY/T 5546—92《油井水泥应用性能试验方法》、GB 10238—2005《油井水泥》、GB/T 19139—2012《油井水泥试验方法》、API RP 10B《油井水泥试验推荐做法》等的相应规定,按照固井水泥浆配方进行固井水泥浆配制。出浆后导入模具中,制试样,在不同温度压力条件下养护,然后测试其力学性能。

2. 考虑实际工程措施的固井水泥石弹性力学性能评价新方法

(1)取样。

按 GB/T 19139—2012《油井水泥试验方法》要求做好水泥灰样和液体样的取样工作。

(2)水泥石弹性力学性能评价模具养护制样。

直接使用 $\phi25.4\text{mm} \times 50\text{mm}$ 的模具,按实际井况或具体要求,对水泥石进行高温高压养护。

(3)水泥石三轴力学测试加载和卸载速率的确定。

利用地层—水泥环—套管力学完整性分析软件,计算拟评价工况时固井水泥环受力状况,按实际工程措施确定受力或卸载需要的时间,按以下公式计算加载和卸载速率。

$$\text{加载(卸载)速率} = \text{水泥环受的力} \div \text{加载(卸载)需要的时间} \quad (6-1)$$

(4)水泥石三轴力学测试、应力—应变曲线取值点范围的确定。

① 将不少于3个平行样的水泥石按一定加载速率进行三轴应力实验评价,得到相应应力—应变曲线,在应力—应变曲线上找到弹性段,得到9个水泥石样的弹性段范围,最终推荐一个弹性段取值点范围。

② 按推荐取值点范围计算杨氏模量、泊松比、屈服强度、屈服应变、极限强度及极限应变等数据。

(5)水泥石交变载荷下三轴力学测试。

① 加载最高载荷的设定。

利用地层—水泥环—套管力学完整性分析软件,计算在拟评价的工况下水泥环的最大应变量,按此应变量,在步骤(4)中所得到的应力—应变曲线上找到对应应力值,将此应力值作为最高加载载荷。

② 按步骤(3)中所确定的加载和卸载速率对水泥石进行三轴力学测试,测试不少于 6 个循环周,得到相应应力—应变曲线。

③ 对比每个循环周应力—应变曲线,对比恢复形变量等,综合判断该水泥体系的弹性,对比其长期力学性能。

④ 实例说明。

利用"考虑实际工程措施的固井水泥石弹性力学性能评价新方法",前后提出了两套评价实验方案,拟定的实验方案(主要考察试压工况)如下:

(a)利用自主研发的地层—水泥环—套管力学完整性分析软件,计算出在井深 5000m、ϕ177.8mm 套管固井、水泥浆密度 2.20g/cm^3,试压 30MPa 下,得到水泥环最大应变 0.1811%;

(b)按"考虑实际工程措施的固井水泥石弹性力学性能评价新方法",计算出在井深 5000m、ϕ177.8mm 套管固井、水泥浆密度 2.20g/cm^3,试压 30MPa 下,得到加载速率和卸载速率分别为 1.6kN/min 和 3.2kN/min。

(6)实验评价方案。

① 水泥石试样制模。

水泥石样取高石梯—磨溪在用水泥(微膨胀韧性水泥)、柔性自应力水泥、弹性水泥、纯水泥石共 4 种。

水泥石高温高压养护、制样(养护时间 7d):按 119℃×20.7MPa×7d 条件养护后,制作 ϕ25.4mm×50mm 岩心。

养护样品共计 20 套次。用传统方法对水泥石取心时会对水泥石施加一定的载荷,使水泥石内部出现微观裂纹,影响测试结果,考虑制作规格为 ϕ25.4mm×50mm 的岩心模具一套。

② 井下不同工况对水泥石力学完整性影响的实验方法研究。

(a)考虑试压工况:井深 5000m,ϕ177.8mm 套管固井,水泥浆密度 2.20g/cm^3,试压 30MPa,得到水泥环最大应变 0.1811%。

(b)4 种水泥石按 119℃×20.7MPa,加载速率为 1.6kN/min 条件下,测试应力—应变曲线,按一定区间取值得到杨氏模量、泊松比、屈服强度、屈服应变、极限强度及极限应变等力学参数,并找到应变 0.1811% 所对应的应力值。

(c)以应变 0.1811% 所对应的应力值为最大加载载荷,进行交变载荷实验。在 119℃×20.7MPa,加载速率为 1.6kN/min,卸载速率为 3.2kN/min 下,每个水泥石样共测试 7 个加载—卸载循环周。其中,第一个循环周卸载完成后,静止,记录应变完全恢复的应变值。

(d)重点对比第一个循环周恢复的形变值,综合对比 7 个循环周交变载荷恢复的形变值,以此对比各水泥石的弹性形变能力。

(四)实验结果分析及应用

对高石梯—磨溪在用水泥、纯水泥等体系水泥石的弹性力学性能进行了三轴应力力学性能评价分析,得到不同条件下水泥石的力学性能变化规律,为认识水泥环在井下不同力学环境下的力学实质奠定基础。

1. 水泥石三轴力学性能实验

实验共对三组试样进行三轴力学性能实验,包括纯水泥石、弹性水泥石、高石梯—磨溪区块在用水泥石。试样均在 119℃ ×20.7MPa 条件下养护 7d,实验条件为 119℃ ×20.7MPa,加载速率为 1.6kN/min。三轴应力—应变曲线如图 6 - 6 至图 6 - 8 所示。

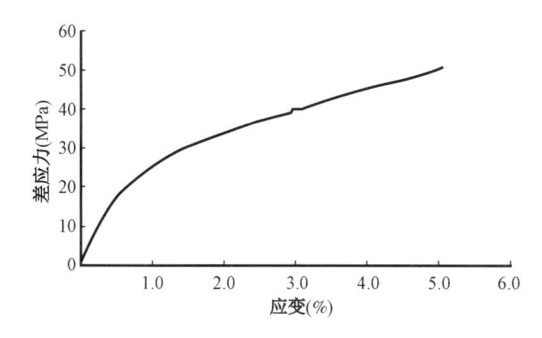

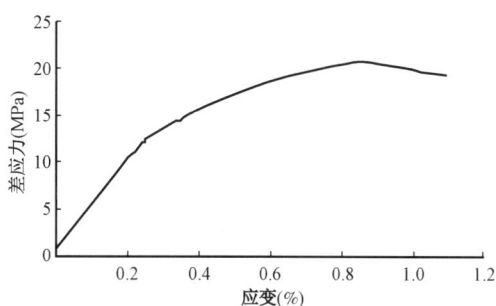

图 6 - 6　纯水泥石三轴应力—应变曲线

图 6 - 7　斯伦贝谢弹性水泥石三轴应力—应变曲线

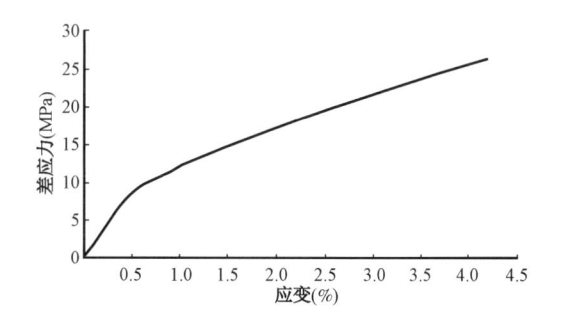

图 6 - 8　高石梯—磨溪在用水泥石三轴应力—应变曲线

2. 交变载荷下的三轴力学性能实验

按提出的"考虑实际工程措施的固井水泥石弹性力学性能评价新方法",利用自主研发的地层—水泥环—套管力学完整性分析软件计算试压工况:在井深 5000m、ϕ177.8mm 套管固井、水泥浆密度 2.20g/cm³、试压 30MPa 条件下,得到水泥环最大应变 0.1811%;以前述水泥石三轴力学性能测试结果的 0.1811% 应变找到所对应的应力值(表 6 - 9),并以此应力值为最大加载载荷,进行交变载荷实验,在 119℃ ×20.7MPa、加载速率为 1.6kN/min、卸载速率为 3.2kN/min 条件下,每个水泥石样共测试 7 个加载—卸载循环周。

表 6 - 9　水泥石应变 0.1811% 对应差应力(交变载荷实验最高加载载荷)

类型	应变 0.1811% 对应差应力[最高加载载荷(MPa)]
纯水泥	8.6
弹性水泥	7.8
微膨胀韧性水泥	8.7

对三种水泥石的力学性能测试结果如下(图6—9至图6—11)。

(1)纯水泥石,实验条件:119℃×20.7MPa,加载速率为1.6kN/min,卸载速率为3.2kN/min。

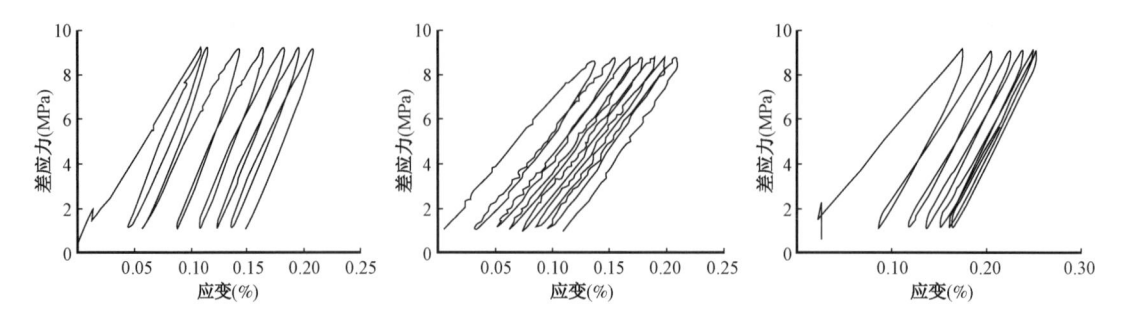

图6—9　纯水泥石平行试样三轴应力—应变曲线

(2)弹性水泥石,实验条件:119℃×20.7MPa,加载速率为1.6kN/min,卸载速率为3.2kN/min。

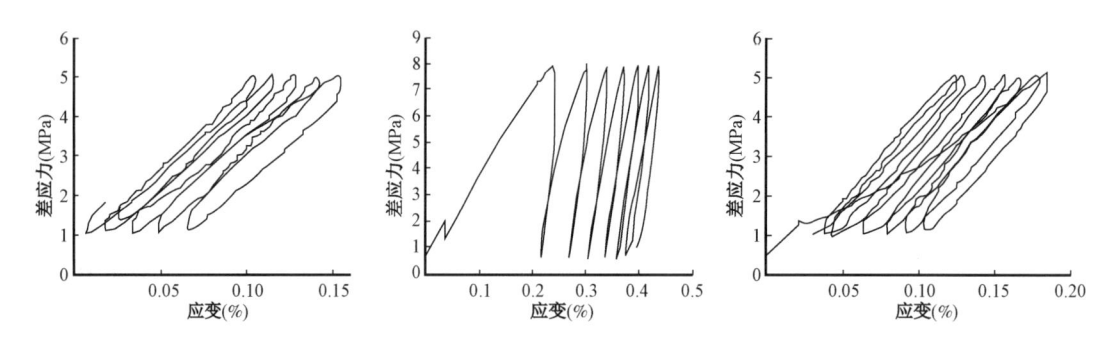

图6—10　弹性水泥石平行试样三轴应力—应变曲线

(3)高石梯—磨溪水泥石,实验条件:119℃×20.7MPa,加载速率为1.6kN/min,卸载速率为3.2kN/min。

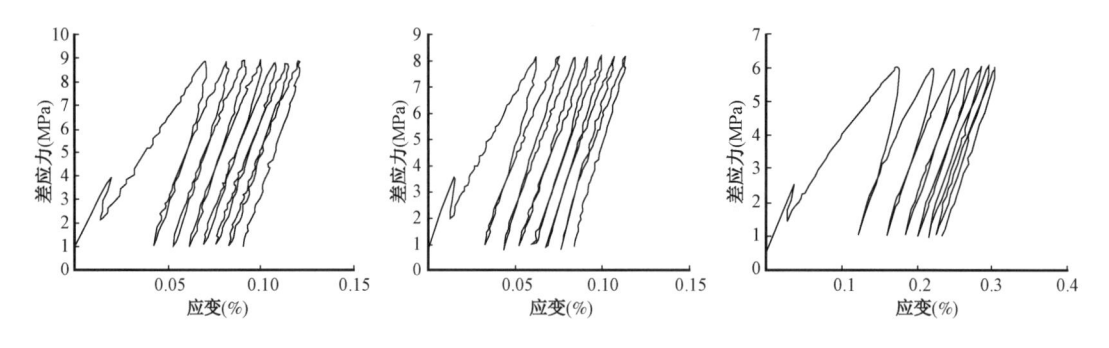

图6—11　高石梯—磨溪水泥石平行试样三轴应力—应变曲线

对三种水泥石进行7个交变载荷循环周的测试后发现,三种水泥石在每个循环周均呈现应变随应力降低而不同程度地降低的过程。也就是说,三种水泥石在交变载荷下均呈现出了较好的韧性(或弹性)。那么如何来对三种水泥石的弹性进行对比呢?

3. 水泥石弹性对比

由前述分析可知，在不同加载速率的条件下或应力—应变曲线上不同取值区间，所得到的水泥石的弹性模量数据是完全不一样的。因此，水泥石弹性力学性能的对比不能简单用杨氏模量一个参数来表征。由三种水泥石在交变载荷下三轴应力实验评价可知，三种水泥石在6个循环周加载、卸载过程中，水泥石发生了不同程度的形变恢复。将形变恢复量作为水泥石弹性力学性能规范的指标符合"弹性"这一概念。考察的3种水泥石在6个循环周形变恢复量见表6-10。

表6-10 水泥石三轴应力实验循环间形变恢复量　　　　　　　　　　　单位:%

类型	循环周					
	1	2	3	4	5	6
纯水泥	0.072	0.067	0.061	0.056	0.051	0.050
弹性水泥	0.0842	0.082	0.082	0.067	0.0784	0.0762
高石梯—磨溪水泥	0.0461	0.0561	0.0593	0.0572	0.0609	—

由表6-10可以得出以下结论。

（1）对比第一个循环周水泥石循环恢复值，弹性水泥石最高，说明弹性水泥石弹性较好；而高石梯—磨溪在用水泥（微膨胀韧性水泥石）的形变恢复量比纯水泥石还低，这并不能说明纯水泥石的柔性或弹性比柔性自应力水泥和微膨胀韧性水泥石要好。经过分析认为，由于用的纯水泥是油井G级水泥，以0.44水灰比配制的1.90g/cm³的常规密度水泥石，首先其工程性能，包括稳定性、稠化时间等均不满足相关规定和要求。其次，由于纯水泥的沉降稳定性不好，所形成的水泥石较为密实，在加载过程中，水泥石直接进入弹性形变阶段，而柔性自应力水泥和微膨胀韧性水泥石由于考虑了综合工程性能，在其体系中加入了不同的增加韧性、弹性或柔性的外掺料，体系稳定造成所形成的晶体结构具有一定的孔隙空间，从而在初期加载和卸载时，存在一个被压实的阶段，这个阶段并不反映其体系的弹性力学形变能力。从后期看，微膨胀韧性水泥石从第四个循环周开始，其恢复形变量就超过纯水泥的形变恢复量了。从交变载荷的结果看，三种水泥石柔性、弹性或韧性对比的结果为：弹性水泥 > 微膨胀韧性水泥 > 纯水泥。

（2）高石梯—磨溪在用水泥（微膨胀韧性水泥石）在第六个循环周破碎，这种水泥石在多次交变载荷下其抗压强度值受损严重，从侧面反映出这种水泥石的长期力学性能可能不是很理想。从数据上看，长期力学性能的对比结果为：弹性水泥 > 纯水泥 > 微膨胀韧性水泥。

三、固井水泥环酸性气体腐蚀评价实验技术

H_2S不仅对井下和地面高强度钢材造成严重腐蚀，其强毒性也直接威胁到人身安全，钻完井风险大。在地层（气层）—水泥环—套管这一井下系统中，固井水泥环是阻止H_2S、CO_2等酸性介质腐蚀的第一道屏障。因此，井下管材受酸性气体腐蚀要达到治本目的，必须注重对防腐蚀水泥浆体系的研究[7-8]。

(一)实验原理

利用界面腐蚀的评价方法,在固井界面100%胶结情况下,对水泥环受酸性介质腐蚀的机理进行研究。

(二)实验设备

主要用到的评价设备包括高温高压腐蚀反应釜和抗压强度、孔隙度、渗透率、物相组分、微观形貌等参数的测试仪器。具体包括:

(1)高温高压腐蚀测试设备;

(2)JES-300型抗折抗压实验机;

(3)HKGP-3型致密岩心气体渗透率孔隙度测定仪;

(4)JSM-6490LV型扫描电子显微镜;

(5)DXJ-2000型X射线衍射仪。

(三)实验方法及步骤

采用界面腐蚀评价方法,具体步骤如下:

(1)按API规范制备和养护现场取样水泥浆,高温高压养护结束后,取心(ϕ25mm×50mm),制备水泥石试样;

(2)将水泥石试样装入内径为26mm、长度为52mm的耐腐蚀模具中,并使用环氧树脂密封水泥石和模具未接触部位(保证水泥石与模具之间的密封性,用以模拟地层与水泥环界面的胶结),用砂纸抛光水泥石端面(图6-12);

(3)将带有耐腐蚀模具的水泥石试样放入高温高压腐蚀仪中进行腐蚀实验。

评价方法:利用如体视显微镜、致密岩心气体渗透率孔隙度测定仪、扫描电子显微镜、X射线衍射仪等设备,分别测试腐蚀性组分侵入水泥石的深度、腐蚀后水泥石渗透率及孔隙度、腐蚀后水泥石微观结构、腐蚀后水泥石组分等,通过以上数据对水泥石的耐酸性介质腐蚀状况进行综合评价。

图6-12 水泥石腐蚀制样

本评价方法模拟井下地层—水泥环—套管百分之百胶结良好的状况下,测试酸性腐蚀介质对水泥环界面的腐蚀状况。

(四)实验结果分析及应用

选取现场在用水泥体系配方进行防腐蚀性能研究,水泥体系基本性能见表6-11。

表6-11 常规密度1.90g/cm³水泥浆的基本性能

G级+高温稳定剂+微硅+3%SDP-1+ 1.5%SD66+2.7%FS-31L+5%SD10+ 0.44W/S	水灰比	流动度(cm)	密度(g/cm³)	API失水量(mL)	析水(%)
	0.44	22	1.90	40	0
常流					
Φ_{300}	Φ_{200}	Φ_{100}	Φ_6	Φ_3	n	$K(\text{Pa}\cdot\text{s}^n)$
260	184	104	11	8	0.83	0.74
90℃高流					
Φ_{300}	Φ_{200}	Φ_{100}	Φ_6	Φ_3	n	$K(\text{Pa}\cdot\text{s}^n)$
217	159	90	9	5	0.79	0.76

1. 腐蚀前后水泥石抗压强度测试实验

测试、分析水泥石在正常养护条件下抗压强度和受酸性气体腐蚀后水泥石抗压强度的发展规律,实验结果见表6-12。

表6-12 腐蚀前后水泥石抗压强度性能

测试项目	H_2S分压 (MPa)	CO_2分压 (MPa)	总压 (MPa)	温度 (℃)	抗压强度(MPa)			
					120h	168h	336h	720h
腐蚀前	0	0	21(水浴)	90	22.5	23.2	23.8	24.7
腐蚀后	3	1	10		15.1	12.5	10.4	11.8

从表6-12可以看出:腐蚀前水泥石的强度值均随着养护时间的增加而呈增加的趋势;随腐蚀时间的增加,水泥石腐蚀后的强度值降低。

2. 腐蚀前后水泥石孔隙度测试实验

测试、分析水泥石在正常养护条件下孔隙度和受酸性气体腐蚀后水泥石孔隙度的发展规律,实验结果见表6-13。

表6-13 腐蚀前后水泥石孔隙度

测试项目	H_2S分压 (MPa)	CO_2分压 (MPa)	总压 (MPa)	温度 (℃)	孔隙度(%)			
					120h	168h	336h	720h
腐蚀前	0	0	21(水浴)	90	19.7	17.2	18.1	16.3
腐蚀后	3	1	10		10.2	7.5	6.3	8.6

从表6-13可以看出:腐蚀前水泥石的孔隙度随着养护时间的增加而降低;随腐蚀时间的延长,水泥石的孔隙度减小,表明水泥石结构逐渐致密。

3. 腐蚀前后水泥石渗透率测试实验

测试、分析水泥石在正常养护条件下渗透率和受酸性气体腐蚀后水泥石渗透率的发展规律,实验结果见表6-14。

表6-14 腐蚀前后水泥石渗透率

测试项目	H_2S分压 （MPa）	CO_2分压 （MPa）	总压 （MPa）	温度 （℃）	渗透率（mD）			
					120h	168h	336h	720h
腐蚀前	0	0	21（水浴）	90	0.0049	0.0038	0.0032	0.0031
腐蚀后	3	1	10		0.0032	0.0031	0.0015	0.0014

从表6-14可以看出:腐蚀前水泥石的渗透率随着养护时间的增加而降低;随腐蚀时间的延长,水泥石的渗透率减小,表明水泥石结构逐渐致密。

4. 界面腐蚀机理研究

（1）水泥石物相组分分析。

图6-13是未受腐蚀的水泥石在正常养护条件下组分分析的X射线衍射成果图。从图中可知:未腐蚀水泥石的物相组成为SiO_2、$Ca(OH)_2$、C-S-H以及水化铝酸钙。除了热稳定剂SiO_2外,其他的物相均为水泥水化产物。

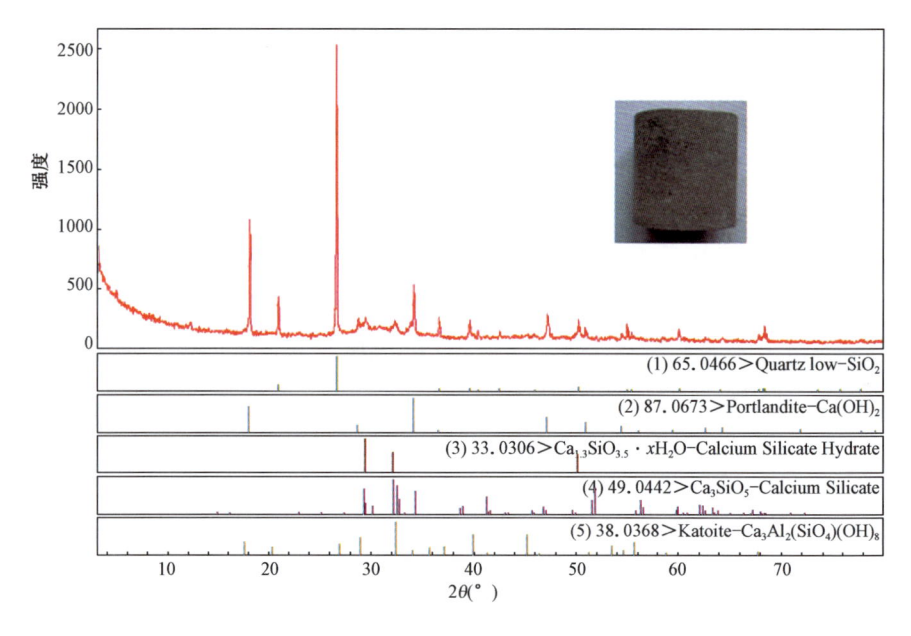

图6-13 水泥石腐蚀前XRD谱线

图6-14是1MPa CO_2+3MPa H_2S环境下7d后水泥石表面的XRD组分分析结果。在复合酸性气体腐蚀水泥石时,水泥石腐蚀反应后,膨胀型腐蚀产物$CaCO_3$、CaS、$CaSO_4 \cdot 2H_2O$的体积增加。酸性地层水腐蚀水泥石时,由于$CaSO_4 \cdot 2H_2O$、AFt的体积增加,增加了水泥石的密实性,从而使酸性地层水腐蚀的水泥石的抗压强度有所提高,渗透率和孔隙度有所降低。也正是因为这些膨胀型腐蚀产物的出现加上运移等作用,使腐蚀水泥石的表层呈现出比水泥石内部密实的现象。水泥石表面完全腐蚀区域到水泥石未受腐蚀的内部,腐蚀产物逐步减少直至没有,说明水泥石在酸性环境下存在腐蚀过渡带,而酸性介质在相应的腐蚀时间内并未进入水泥石内部深层。

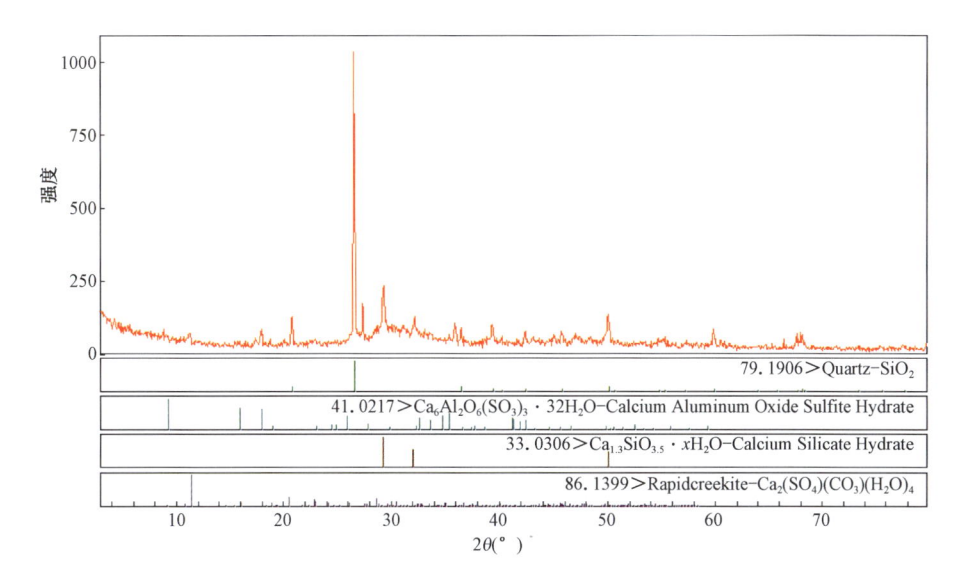

图 6-14　1MPa CO_2 +3MPa H_2S 环境下 7d 后水泥石表面的 XRD 谱线

（2）水泥石微观电镜分析。

水泥石腐蚀前的扫描电子显微镜显示（图 6-15），未腐蚀的水泥石结构较为致密，水泥石以网状的水化硅酸钙凝胶堆，中间镶嵌着片状的氢氧化钙和棒状的钙矾石，但是也可以清楚看到其中有微裂纹和水化留下的孔隙。这与以往文献报道的水泥石结构基本相符。

图 6-16 是常规密度水泥石在不同条件下腐蚀后，腐蚀表面层的低倍显微照片。从照片上可直观地观察到由外向内，逐渐形成一结构较为致密的区域。

图 6-15　水泥石腐蚀前扫描电镜图 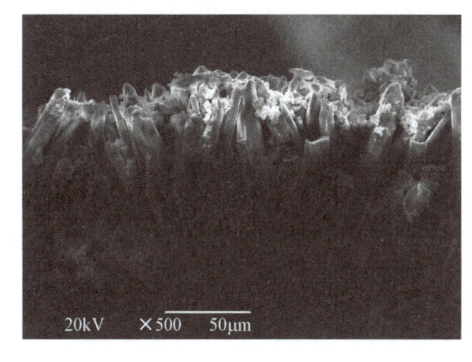　　图 6-16　1MPa CO_2 +3MPa H_2S 环境下 7d 后水泥石表面致密层微观电镜图

图 6-17 至图 6-20 是腐蚀后表面腐蚀带以及表面致密层下水泥石内部的微观电镜图。对比可知：腐蚀后的水泥石内部结构相对疏松（与正常养护条件下基本类似），能明显观察到较大的孔洞，部分孔洞可能是腐蚀介质和水泥石中的水化产物反应留下的，同时反应的腐蚀产物通过该孔洞和凝胶孔等被运移到水泥石的表面，最终使水泥石在表面一定区域内形成致密包被层。

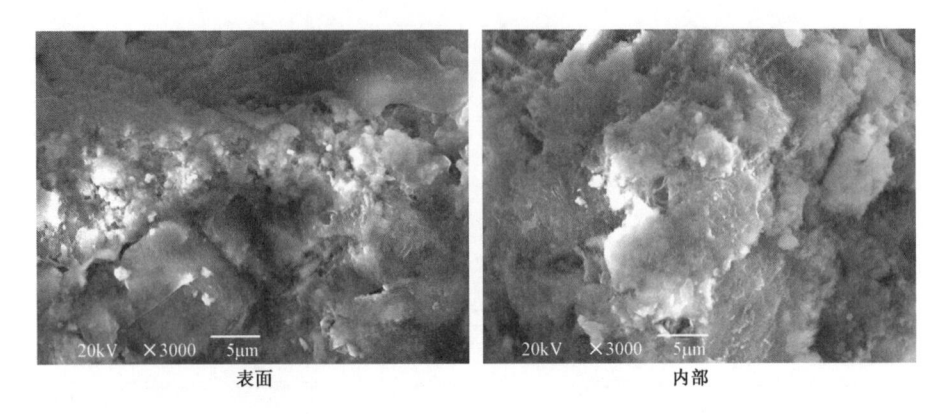

图 6-17　1MPa CO_2 +3MPa H_2S(90℃)环境下 7d 后水泥石的 SEM

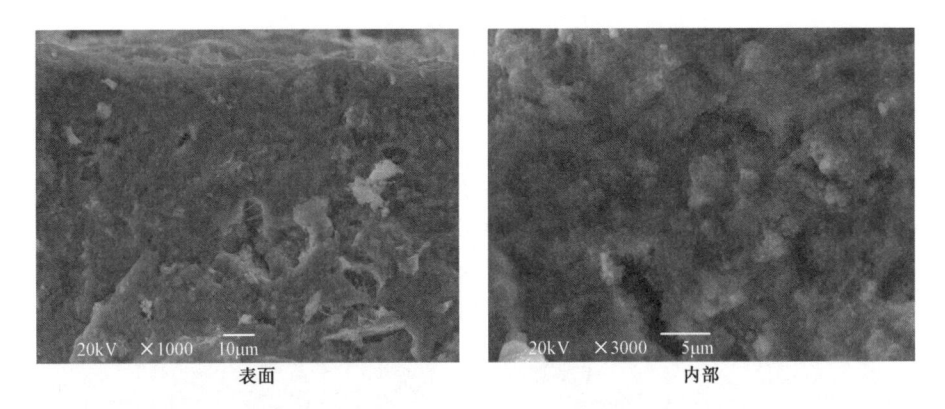

图 6-18　1MPa CO_2 +3MPa H_2S(90℃)环境下 14d 后水泥石的 SEM

图 6-19　1MPa CO_2 +3MPa H_2S(90℃)环境下 5d 后水泥石的 SEM

图 6-20 1MPa CO_2 + 3MPa H_2S(90℃)环境下 30d 后水泥石的 SEM

第二节 固井工作液体系

一、防气窜韧性水泥浆体系

主要在 ϕ339.7mm、ϕ244.5mm 套管固井中采用该体系。

(一)防气窜韧性水泥浆外加剂及功能

1. 中低温降失水剂

中低温降失水剂主要有成膜降失水剂、弱缓凝作用的 AMPS 类降失水剂。成膜降失水剂本身没有缓凝作用,对水泥浆的稠化时间及水泥石抗压强度发展没有影响,其主要产品有 DRF-300S、C60S。弱缓凝作用的 AMPS 类降失水剂的产品有 SD18、DRF-100L、JSS。

2. 早强防窜剂

气窜必须具备两个基本条件:一是要有通道;二是地层压力要大于环空有效液柱压力与通道流动阻力之和。因此,防气窜的关键是当有效静液柱压力下降到地层压力时,建立起足够的通道流动阻力并快速关闭通道。

目前国内外进行了长时间的水泥浆防窜机理研究,并提出了多种防气窜评价理论,如水泥浆性能系数法(SPN)、胶凝析水系数法(GELFL)、水泥浆性能响应系数法(SRN)等,但均存在一些不足,不能全面科学对环空气窜进行评价。因此应根据具体工况,选择适合的防窜评价技术,优化水泥浆的防窜能力。水泥浆常规防气窜方法可归纳为以下几点:

(1)缩短水泥浆终凝和初凝的时间之差;

(2)缩短水泥浆凝固过程易气窜的过渡时间,使胶凝强度曲线呈直角变化;

(3)缩短动态过程失水变化时间,减少水泥浆在气侵危险时间内的滤失量;

(4)缩短水泥浆稠化过渡时间差,使水泥浆稠化曲线呈直角变化。

因此,为了提高水泥浆的防窜能力,常规方法是在水泥浆中掺入一定量的早强剂。常用的早强剂主要是氯化钙、氯化钠、硫酸钠、硫酸钙、甲酸钙等多种盐,按照一定比例复配的混合物,具有良好的低温促凝、防窜早强作用。其作用机理在于降低了水泥水化产物在溶液中的浓度，促进 C_3S、C_2S、C_3A、C_4AF 等水泥组分溶解，加速了钙矾石、C–S–H 凝胶等水化产物的生成，从而加快了水泥的凝固和硬化，起到促凝早强作用，能有效提高水泥石早期强度和长期强度。

3. 石英砂

石英砂（即二氧化硅）能与水泥水化的碱性物质发生反应，生成雪硅钙石、硬硅钙石等物质。在水泥浆体系中加入石英砂调节体系的硅钙比，在一定程度上可以防止水泥石高温强度衰退。因此当井底温度大于110℃时，要求在水泥浆体系中石英砂的加量不低于35%。

4. 增韧材料

增韧机理主要有两种：低弹性模量的橡胶颗粒增韧机理和纤维增韧机理。低弹性模量的橡胶颗粒增韧机理是利用韧性材料本体的低弹性模量特性，可降低外力的传递系数，减小外力对水泥石基体的损害，达到保持水泥石力学完整性的目的。纤维增韧机制主要有桥连机制、裂纹偏转机制和拔出机制。根据 Griffith 微裂纹理论，水泥石受外力作用时，内部应力集中使微裂纹扩展成裂缝，导致材料基体被破坏。而微裂纹扩展遇到纤维时会同时出现3种情况：（1）微裂纹继续按初始路径发展并表现出扩展趋势，但不至于使纤维拔出，此时纤维会桥连微裂纹，阻止微裂纹扩大；（2）当微裂纹发展与纤维在同一个平面，又没有足够能量冲断高强度纤维时，微裂纹就会绕过纤维端面，通过延长微裂纹扩展路径耗散能量；（3）当水泥石内部应力累积到足够大时，大量微裂纹集中发展成裂缝，纤维表现为拔出作用，纤维通过与水泥基体的摩擦作用消耗大量破碎能。上述3种作用机制同时出现在水泥石破坏过程中，并协同发挥作用，消耗能量的大小顺序为：拔出 > 裂纹偏转 > 桥连。

目前的水泥石增韧材料一般是胶乳、橡胶粉、短纤维等，主要代表产品有 SD77、SD66、DRE–100S、DRE–300S、BCG–300S、BCE–310S 等，最高使用温度可达180℃，水泥石弹性模量较常规水泥石降低20%~40%。

（1）通过采用 SD77 聚合物充填并与水泥石基体形成"互穿"结构，同时以 SD66 复合矿物纤维的"增韧阻裂"作用增强水泥石的抗冲击韧性，提高水泥石的抗拉强度，降低水泥石的弹性模量。适量刚性膨胀增加水泥石在限制条件下的膨胀应力，提高水泥石抗载和化解外力的能力；开发出的韧性防窜水泥浆体系，适用于170℃井底温度以下的油气井，水泥石的弹性模量小于6.0GPa，抗拉强度较原水泥浆提高50%左右，抗冲击韧性提高30%以上，抗压强度大于18MPa。

（2）增韧材料 DRE–100S 是利用橡胶颗粒填充降低水泥石的脆性。DRE–100S 的"拉筋"作用能很好地阻止裂缝发展，自身具有较好的弹性；DRE–300S 是利用纤维的阻裂、桥连等作用提高水泥石韧性，抗高温性能可达180℃。因此，考虑在中低温条件下使用 DRE–100S，高温条件下使用 DRE–300S 对水泥石进行韧性改造。

5. 中低温缓凝剂

缓凝剂是一种降低水泥或石膏水化速度和水化热、延长凝结时间的添加剂。常用的中低温缓凝剂主要是羟乙基纤维素、羧甲基纤维素、有机酸等产品，通过螯合、络合等作用起到缓凝效果，延长水泥浆的稠化时间。其代表产品有 SD21、DRH–100L、BXR–200L。

(二)防气窜韧性水泥浆体系性能要求

高石梯—磨溪区块 ϕ339.7mm 套管固井水泥浆体系性能要求见表 6-15;高石梯—磨溪区块 ϕ244.5mm 套管固井水泥浆体系性能要求见表 6-16。

表 6-15　ϕ339.7mm 套管固井水泥浆体系性能要求

项目	早强防窜水泥浆
密度(g/cm³)	1.90
流动度(cm)	≥18
API 失水量(mL)	≤100
游离液量(%)	≤0.1
24 小时强度(MPa)	≥14
初始稠度(Bc)	≤20
40Bc 稠化时间(min)	≥60

表 6-16　ϕ244.5mm 套管固井水泥浆体系性能要求

项目	领浆	尾浆(韧性防窜水泥浆)
密度(g/cm³)	1.90	1.90
流动度(cm)	≥20	≥20
游离液量(%)	0	0
API 失水量(mL)	≤50	≤50
初始稠度(Bc)	≤30	≤30
40Bc 稠化时间(min)	230~300	170~200
终凝时间(min)	实测	实测
24 小时强度(MPa)	≥14	≥14
弹性模量(GPa)	—	≤7.5

(三)高石梯—磨溪区块防气窜韧性水泥浆综合性能

1. ϕ339.7mm 套管固井水泥浆综合性能

高石梯—磨溪区块 ϕ339.7mm 套管固井水泥浆综合性能见表 6-17。

表 6-17　ϕ339.7mm 套管固井水泥浆性能

水泥浆配方:嘉华 G 级 + 降失水剂 + 分散剂 + 早强剂 + 消泡剂 + 水	
密度(g/cm³)	1.90
API 失水量(mL)	48
沉降稳定性(g/cm³)	0

续表

水泥浆配方:嘉华 G 级 + 降失水剂 + 分散剂 + 早强剂 + 消泡剂 + 水	
稠化条件	25℃ ×6MPa×10min
40Bc 稠化时间(min)	211
30℃常压强度	14.2MPa/(24h),21.6MPa/(48h)

2. ϕ244.5mm 套管固井水泥浆性能

高石梯—磨溪区块 ϕ244.5mm 套管固井水泥浆领浆综合性能见表 6 – 18 和图 6 – 21。

表 6 – 18 ϕ244.5mm 套管固井水泥浆领浆综合性能

领浆配方:嘉华 G 级 + 石英砂 + 微硅 + 降失水剂 + 分散剂 + 消泡剂 + 缓凝剂 + 水	
密度(g/cm³)	1.90
API 失水量(mL)	12
游离液量(%)	0
上下密度差(g/cm³)	0
稠化实验条件	71℃×55MPa×30min
正常点 40Bc 稠化时间(min)	277
76℃温度高点 40Bc 稠化时间(min)(实验条件:76℃×55MPa×30min)	256
密度高点 1.93g/cm³ 40Bc 稠化时间(min)	192
71℃养护 30min,装 30℃×20.7MPa 加压强度	14.3MPa/(24h),20.5MPa/(48h)
71℃养护 30min,装 30℃×20.7MPa 强度发展时间(h)	11.16(图 6 – 21)

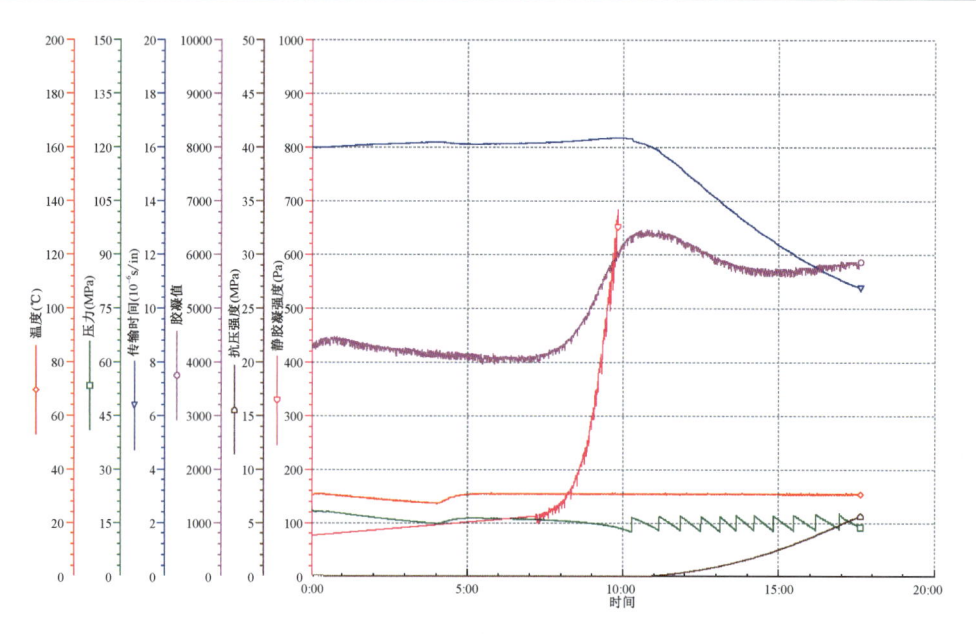

图 6 – 21 领浆 30℃顶部 5265 强度发展曲线

高石梯—磨溪区块 φ244.5mm 套管固井水泥浆尾浆综合性能见表 6-19 和图 6-22。

表 6-19 φ244.5mm 套管固井水泥浆尾浆综合性能

尾浆配方:嘉华 G 级 + 石英砂 + 增韧材料 + 微硅 + 降失水剂 + 分散剂 + 消泡剂 + 缓凝剂 + 水	
密度(g/cm^3)	1.90
API 失水量(mL)	12
游离液量(%)	0
上下密度差(g/cm^3)	0
稠化条件	71℃×55MPa×30min
正常点 40Bc 稠化时间(min)	185
76℃温度高点 40Bc 稠化时间(min) (实验条件:76℃×55MPa×30min)	204
密度高点 1.93g/cm^3 40Bc 稠化时间(min)	113
71℃稠化条件养护 30min,装 94℃×20.7MPa 5265 强度发展(h)	5.5
71℃稠化条件养护 30min,装 44℃×20.7MPa 5265 强度发展(h)	8.3(图 6-22)
71℃养护 30min,装 94℃×20.7MPa 强度	34.2MPa/(24h),38.9MPa(48h)
弹性模量(GPa)	6.49

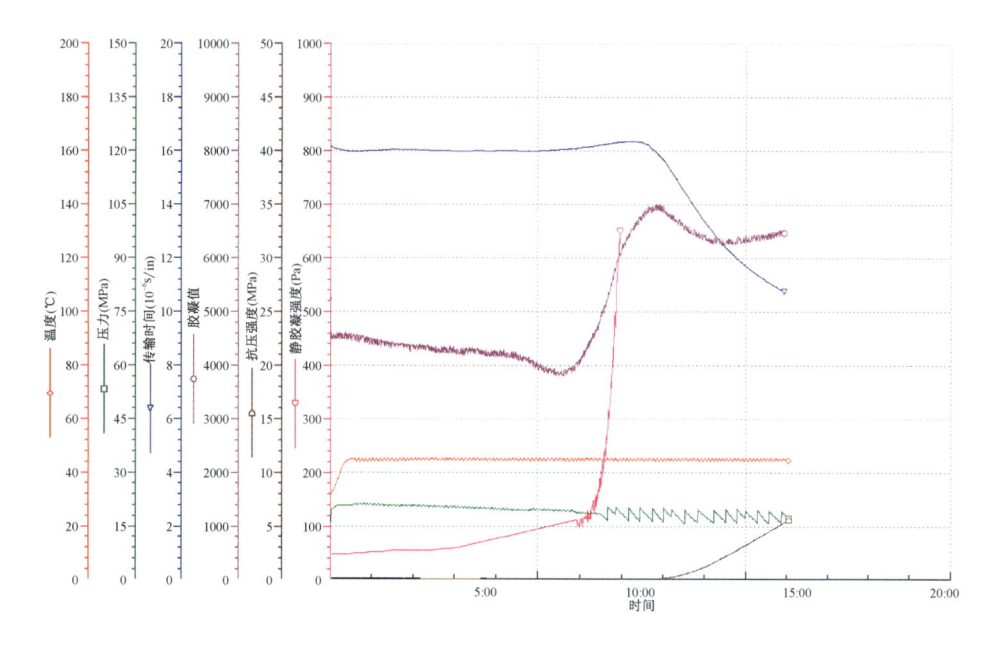

图 6-22 尾浆 44℃顶部 5265 强度发展曲线

二、高密度大温差韧性水泥浆体系

主要在 φ177.8mm 尾管固井中采用该体系[9]。

(一)高密度大温差韧性水泥浆外加剂及功能

1. 高温降失水剂

目前高温降失水剂主要是 AMPS 类系列的产品:SD130、DRF-120L、BXF-200L(AF)、G33S 等。其降失水剂的作用机理是水溶性高分子材料吸附在水泥颗粒表面,促进水泥颗粒桥接并形成网状结构,束缚水泥浆中的自由水,且利用粒度分布不同的固相颗粒充填地层微孔隙,进一步降低水泥浆向地层的失水能力,保证浆体的流动性和综合性能。

(1)降失水性能评价。

据图 6-23 可知,随着 AMPS 类降失水剂加量的不断增加,水泥浆失水量迅速降低,AMPS 类降失水剂加量和失水量具有较好的线性关系。且由图 6-23 可以看到,当加量为 2.5% 时就可将失水量控制在 100mL 以内,加量大于 3% 就可将失水量控制在 50mL 以内。

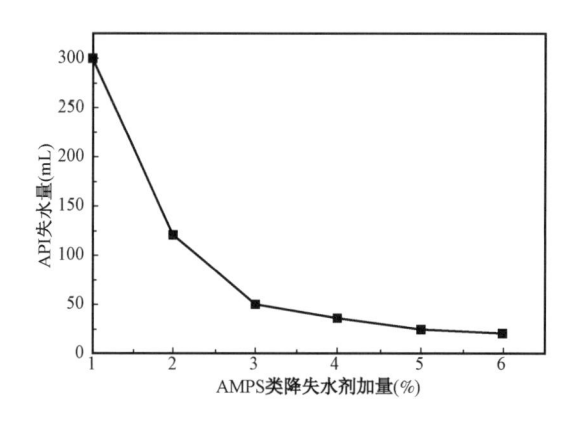

图 6-23　AMPS 类降失水剂加量对淡水水泥浆失水量的影响

(2)抗盐性能评价。

在盐层、盐膏层、高压盐水层固井时,为了防止盐侵入水泥浆中和改善水泥环与地层的胶结状态,一般采用含盐水泥浆体系。盐溶液是一种强电解质溶液,含盐水泥浆失水量难以降低,许多降失水剂在含盐水泥浆中的降失水能力大为减弱甚至丧失。因此,在配制含盐水泥浆时必须保证降失水剂有优良的抗盐性能,以确保含盐水泥浆体系具有良好的综合性能。

图 6-24 为实验室测得的氯化钠浓度为 18% 和 36% 条件下,含盐水泥浆体系的失水量与 AMPS 类降失水剂加量的关系曲线。据图可知,AMPS 类降失水剂具有优良的抗盐性能,随着降失水剂加量的增加,失水量逐渐降低。当氯化钠浓度为 18% 时,加入 4% 降失水剂可使失水量控制在 100mL 以内;当氯化钠浓度为 36% 时,加入 5% 降失水剂可使失水量控制在 100mL 以内。

2. 高温大温差缓凝剂

(1)缓凝效果评价。

目前的高温缓凝剂主要是葡萄糖酸钠、硼酸、硼酸钠、磷酸盐类、AMPS 类等产品。目前市场上用的大温差缓凝剂主要是以 AMPS 类、有机磷酸盐类为主,其主要代表产品:SD210、DRH-200L、BCR-260L、GH-9 等。从表 6-20 中可知,AMPS 高温缓凝剂在 70~180℃ 范围

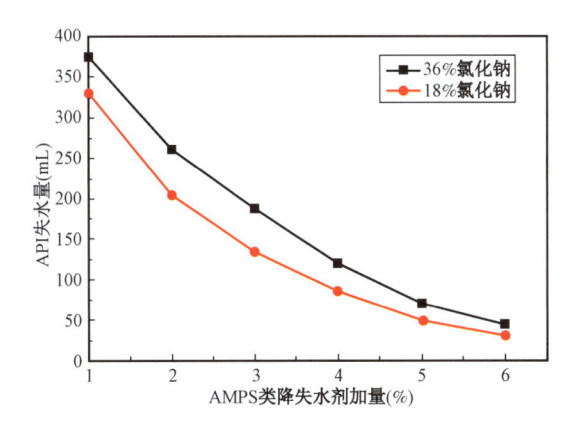

图 6-24 AMPS 类降失水剂加量对盐水水泥浆失水量的影响

内能有效地控制水泥浆的稠化时间,且过渡时间短,稠化时间易调;且在 130~180℃ 范围内,缓凝剂加量并未因为温度升高而大幅度增大,同时低温下稠化时间对缓凝剂的加量不敏感。

表 6-20 高温缓凝剂缓凝效果评价

高温缓凝剂加量(%)	测试条件	稠化时间(min)	过渡时间(min)
0.2	70℃,40MPa	337	9
0.5	90℃,45MPa	353	8
1.0	110℃,55MPa	301	7
1.5	120℃,60MPa	283	8
2.0	130℃,65MPa	326	6
2.5	140℃,70MPa	356	5
2.5	150℃,75MPa	313	3
3.0	160℃,75MPa	360	3
3.5	180℃,80MPa	315	2

注:基浆配方为嘉华 G 级水泥 +35% 硅粉 +4% 高温降失水剂 + 高温缓凝剂 +0.6% 分散剂 +48.3% 水。

从图 6-25 可看出,加有高温缓凝剂的水泥浆在不同温度的稠化实验中没有出现"鼓包"和"闪凝"等异常现象;且稠化实验的过渡时间很短,呈"直角"稠化,具有一定的防窜能力,可以满足高温深井的固井施工要求。

(2)耐盐性能评价。

为了适应不同地区、不同区块的固井施工作业,要求缓凝剂不但具有良好的耐温性能,还要具有一定的抗盐性能。为了考察缓凝剂在含盐水泥浆体系中的缓凝效果,在 130℃ 下进行了不同盐含量及缓凝剂加量对水泥浆稠化时间的影响,结果见表 6-21。由表 6-21 可看出,缓凝剂具有良好的抗盐性能,含盐量 8% 的水泥浆稠化时间和淡水水泥浆稠化时间基本一样;当含盐量为 15% 时,缓凝剂仍具有良好的缓凝性能,且水泥浆稠化时间随着缓凝剂加量的增大而延长。

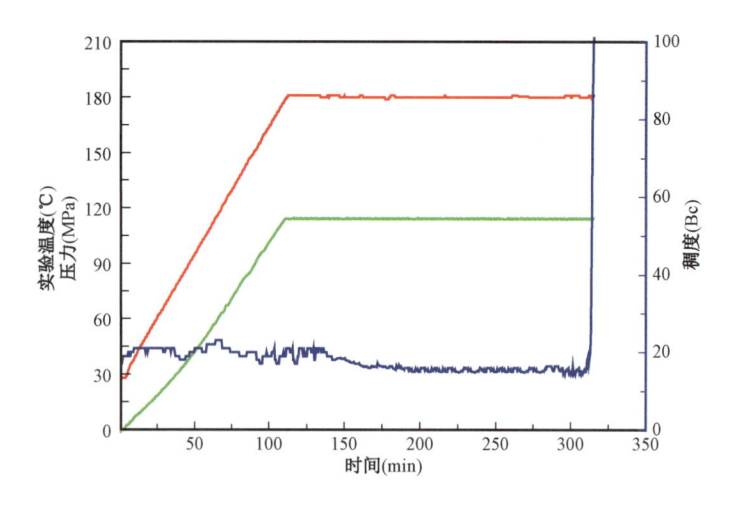

图 6-25 加有高温缓凝剂的水泥浆的稠化曲线

表 6-21 缓凝剂的抗盐性能评价

序号	水泥浆配方	含盐量(%)	稠化时间(min)	过渡时间(min)
1	基浆 +2% 高温缓凝剂	0	326	6
2	基浆 +2% 高温缓凝剂	8	324	7
3	基浆 +2% 高温缓凝剂	15	346	5
4	基浆 +2.2% 高温缓凝剂	15	373	4

图 6-26 是按配方 4(序号 4)配制的水泥浆在 130℃下的稠化曲线。从图中可以看出,含盐水泥浆的稠度曲线平稳,无"鼓包"和"包心"等异常现象,且过渡时间短,基本呈"直角"稠化。说明缓凝剂具有良好的抗盐性能,可适用于盐水水泥浆体系。

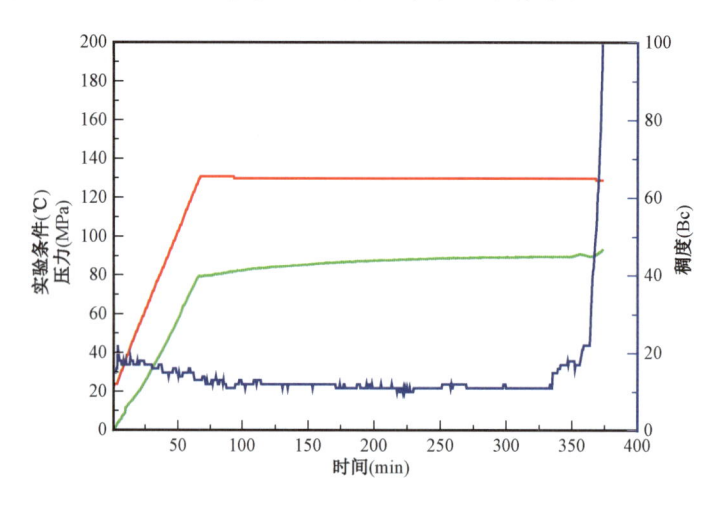

图 6-26 配方 4 水泥浆在 130℃下的稠化曲线

(3) 大温差条件下水泥石强度的评价。

在高温深井的固井作业中,需要在固井水泥浆中加入大量的缓凝剂,以确保有足够的施工时间,保证固井施工安全。但通常情况下,加入大量的缓凝剂之后,当水泥浆一次上返时,由于水泥柱顶面温度较低,会导致顶部水泥浆强度发展缓慢甚至出现超缓凝现象,不仅影响固井周期,而且会严重影响固井质量。因此,水泥石的强度发展在油井水泥固井作业中是至关重要的。

下面考察了水泥浆分别在井底静止温度和顶部温度分别为90℃、70℃和30℃下的强度发展情况。从表6-22中可以看出,在不同循环温度下,稠化时间大于300min的水泥浆在对应的井底静止温度下养护24h后,均具有较高的抗压强度,说明大温差缓凝剂对水泥水化无不良影响;且在不同顶部温度条件下养护,水泥石早期强度发展快,能够满足长封固段大温差固井的施工要求。

表6-22 大温差下水泥石的强度发展情况

养护温度 (℃)	井底养护24h强度 (MPa)	大温差下水泥石强度(MPa)					
		90℃		60℃		30℃	
		48h	72h	48h	72h	48h	72h
150	26.4	17.2	25.2	12.8	21.8	4.8	16.9
160	27.8	16.5	22.8	8.4	19.4	2.64	14.4

3. 加重材料

油井水泥加重材料应不与油井水泥发生物理、化学反应,属于惰性粉体材料。目前市场上用的主要是精铁矿粉、赤铁矿粉、钛铁矿粉、超细四氧化三锰粉、重晶石等符合油井水泥加重剂标准要求的粉体材料。

(二)高密度大温差韧性水泥浆体系性能要求

高石梯—磨溪区块 ϕ177.8mm 尾管固井水泥浆性能要求见表6-23。

表6-23 ϕ177.8mm 尾管固井水泥浆性能要求

项目	领浆	尾浆
水泥浆密度(g/cm³)	2.20~2.40	
流动度(cm)	≥18	≥18
游离液量(%)	0	0
API 失水量(mL)	≤50	≤50
初始稠度(Bc)	≤30	≤30
40Bc 稠化时间(min)	280~340	150~200
抗压强度(MPa)	≥10/80℃/48h	≥14/井底温度
40~100Bc 过渡时间(min)	≤10	≤10

(三)高石梯—磨溪区块高密度大温差韧性水泥浆综合性能

高石梯—磨溪区块 ϕ177.8mm 尾管固井水泥浆领浆综合性能见表 6-24、图 6-27 和图 6-28。

表 6-24　ϕ177.8mm 尾管固井水泥浆领浆综合性能

领浆配方:G 级水泥 + 铁矿粉 + 石英砂 + 增韧材料 + 微硅 + 分散剂 + 稳定剂 + 降失水剂 + 缓凝剂 + 消泡剂 + 水	
密度(g/cm³)	2.35
API 失水(mL)	50
游离液量(%)	0
沉降稳定性(上下密度差,g/cm³)	0.01
稠化实验条件	105℃×105MPa×50min
正常点 40Bc 稠化时间(min)	338min(图 6-27)
80℃×20.7MPa 强度 (105℃×105MPa×50min,恒温 30min,装 80℃加压强度)	16.4MPa/(48h)
80℃×20.7MPa,5265 静胶凝强度 (105℃×105MPa×50min,恒温 30min,装 80℃的 5265)	35.5h 起强度(图 6-28)
弹性模量(GPa)	6.62

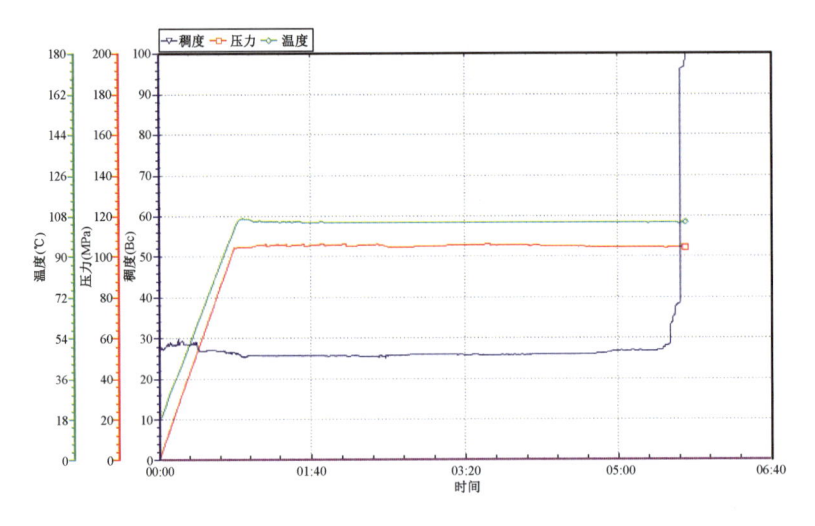

图 6-27　ϕ177.8mm 尾管领浆稠化曲线

图 6-28　φ177.8mm 尾管领浆顶部强度发展（80℃×20.7MPa）

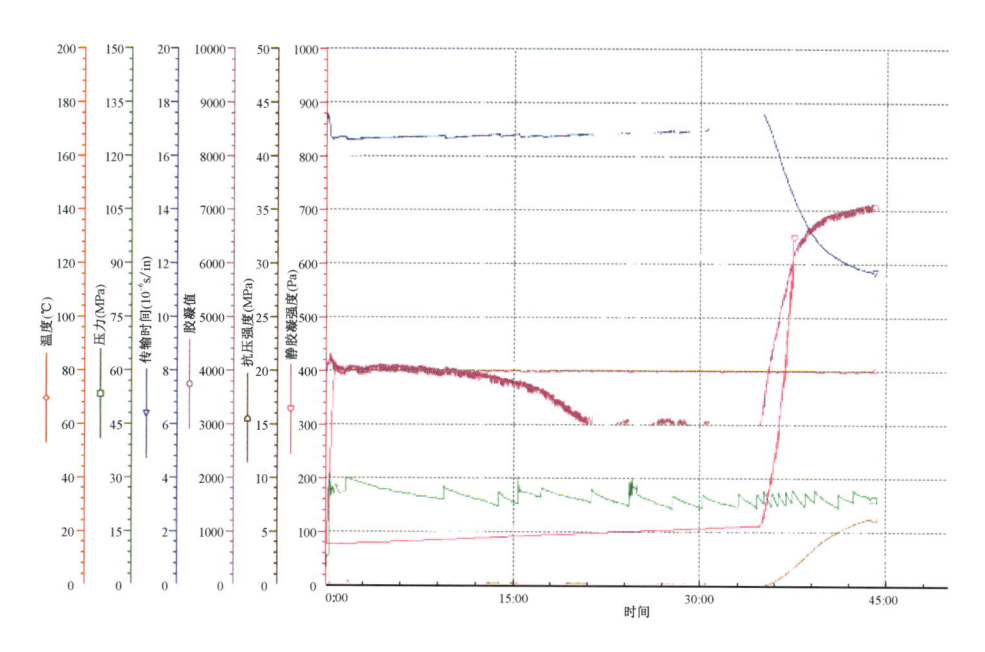

高石梯—磨溪区块 φ177.8mm 尾管固井水泥浆尾浆综合性能见表 6-25、图 6-29 和图 6-30。

表 6-25　φ177.8mm 尾管固井水泥浆尾浆性能

尾浆配方：G 级水泥+铁矿粉+石英砂+增韧材料+微硅+分散剂+稳定剂+降失水剂+缓凝剂+消泡剂+水	
密度（g/cm³）	2.35
API 失水（mL）	50
游离液量（%）	0
沉降稳定性［上下密度差（g/cm³）］	0.01
稠化实验条件	105℃×105MPa×50min
正常点 40Bc 稠化时间（min）	194min（图 6-29）
80℃×20.7MPa 强度 （105℃×105MPa×50min，恒温 30min，装 80℃加压强度）	18.8MPa/（24h），21.7MPa/（48h）
80℃×20.7MPa5265 静胶凝强度 （105℃×105MPa×50min，恒温 30min，装 80℃的 5265）	9.1h 起强度（图 6-30）
抗压强度［MPa/（132℃·24h）］	28.7
弹性模量（GPa）	6.67

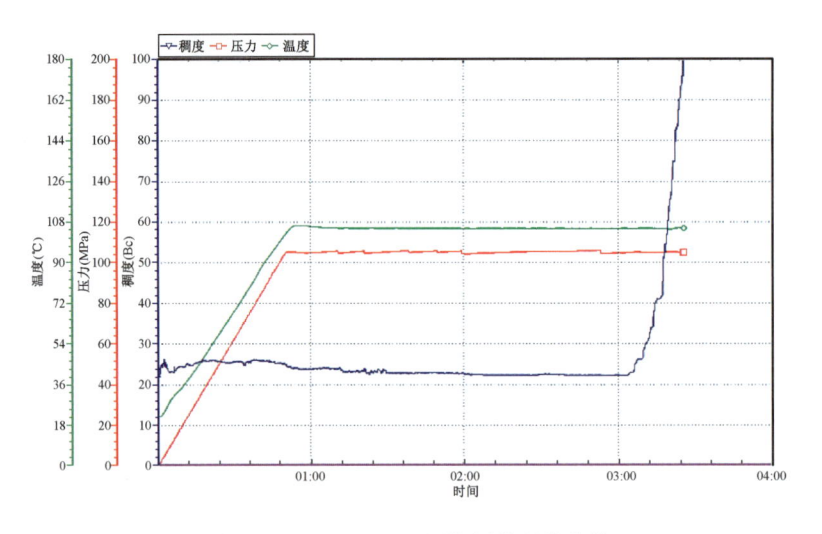

图 6-29　φ177.8mm 尾管尾浆稠化曲线

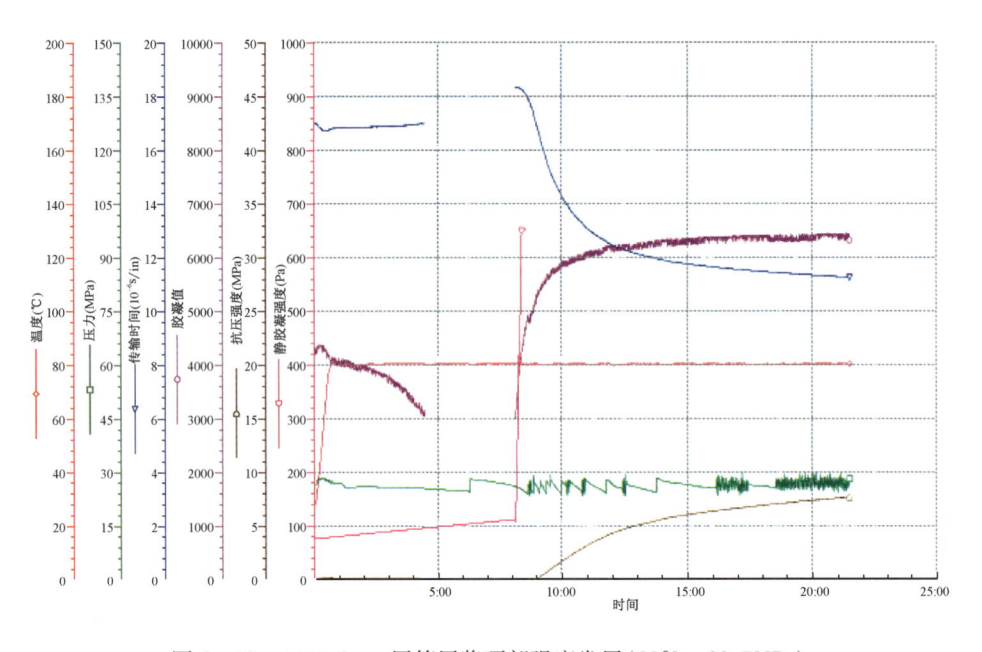

图 6-30　φ177.8mm 尾管尾浆顶部强度发展（80℃×20.7MPa）

三、高温水泥浆体系

主要在 φ127mm 尾管固井中采用该体系。

抗高温缓凝剂 SD27、抗高温降失水剂 SD12 可有效防止水泥浆出现高温"包心"的现象，它的稠化曲线平滑，稠化时间可调。在水泥浆中掺入高温聚合物、无机聚合物、凹凸棒石、硅藻土、海泡石等具有一定悬浮稳定作用的粉体材料，可调节水泥浆在高温下的沉降稳定性，代表产品有 SD85。掺入 35% 以上的石英砂可防止高温水泥石强度衰退，结合以上各种外加剂和外掺料可形成抗高温水泥浆体系。

(一)高温水泥浆体系性能要求

高石梯—磨溪区块 ϕ127mm 尾管固井水泥浆性能要求见表 6-26。

表 6-26　ϕ127mm 尾管固井水泥浆性能要求

项目	水泥浆
水泥浆密度(g/cm³)	1.90
流动度(cm)	≥21
游离液量(%)	0
API 失水量(mL)	≤50
初始稠度(Bc)	≤30
40Bc 稠化时间(min)	330~360
抗压强度[MPa/(24h)]	≥14
40~100Bc 过渡时间(min)	≤10

(二)水泥浆综合性能

高石梯—磨溪区块 ϕ127mm 尾管固井水泥浆综合性能见表 6-27。

表 6-27　ϕ127mm 尾管固井水泥浆综合性能

水泥浆配方:G 级水泥+石英砂+分散剂+稳定剂+高温降失水剂+高温缓凝剂+消泡剂+水	
密度(g/cm³)	1.90
API 失水(mL)	46
初始稠度(Bc)	24
游离液量(%)	0
沉降稳定性[上下密度差(g/cm³)]	0
稠化实验条件	127℃×80MPa×80min
40Bc 稠化时间(min)	347
抗压强度[MPa/(24h·141℃)]	32.5

四、隔离液体系

鉴于隔离液的位置和作用,要求隔离液应满足以下的技术要求。

(1)有效地隔开钻井液与水泥浆,或者提供钻井液抗水泥浆入侵能力,防止钻井液与水泥浆接触污染。隔离液要与钻井液有很好的相容性,能够稀释钻井液,降低钻井液的黏度和切力,提高对钻井液的顶替效率。能够帮助剥离井壁上的疏软滤饼,提高水泥环与井壁的胶结质量。隔离液要与水泥浆有很好的相容性,不应使水泥浆发生变稠、絮凝、闪凝等现象。

(2)要求隔离液对套管和井壁的黏附力要小,易被水泥浆顶替走,保持水泥浆与两个界面胶结牢固。隔离液留在界面上,不影响水泥浆的胶结质量。具有一定的对固相颗粒的悬浮能力,防止冲蚀的滤饼堆积。

(3)能够控制井下不稳定地层,防止坍塌及达到顶替效果。对于高压井固井,隔离液应有广泛可调的密度范围。

(4)隔离液一般不返出地面,一般都留在固井环空中。因此,隔离液对套管应不发生腐蚀。隔离液对油气层应不发生或少发生损害。

(5)对于深井固井,隔离液还应具有一定的热稳定性。这也是抗高温隔离液技术的难点。如果稳定性不好,隔离液就会出现分层现象,容易形成环空堵塞,造成注替困难,且不能达到有效隔离、顶替泥浆的效果,对现场施工及固井质量造成不良影响。

(一)冲洗隔离液体系

冲洗隔离液体系应具有冲洗、隔离一体化的双重作用。据表6-28可知,洗油型冲洗剂对钻井液中油性物质起到润湿反转作用,将钻井液中的油性物质"溶解"出来,提高冲洗效率,增强界面亲水性,有效提高界面与水泥石基体的胶结作用力,为二者界面胶结质量的提高创造良好条件。

表6-28 冲洗隔离液体系组成

名称	代表产品	加量	作用
悬浮剂	SD85 DRY-S1 和 DRY-S2 BCS-040S	2%~5%	提高体系的沉降稳定性
洗油型冲洗剂	SD80 DRY-100L BCS-010L	5%~10%	(1)表面活性剂,润湿反转作用,提高界面的亲水性; (2)电荷作用,减弱钻井液内聚力,稀释降黏,化学作用提高界面的清洁程度
加重材料	重晶石、铁矿粉等	根据密度调整加量百分比	提高体系密度

(二)抗污染隔离液体系

由于钾盐聚磺钻井液与水泥浆污染严重,直接影响到固井施工安全。抗污染隔离液技术是保证固井施工安全的重要技术措施之一。要处理好污染问题,必须从污染机理出发,常见的污染增稠机理有大分子吸附、电荷中和等作用机理。然而钾盐聚磺钻井液与水泥浆的污染增稠属于大分子吸附、电荷中和等作用机理复合的污染增稠,而抗污染剂是通过螯合污染体系中的高价阳离子、同种电荷排斥等作用降低絮凝结构内聚力,提高污染浆体流动性。一般的抗污染剂是高温缓凝剂,也有部分公司开发了专有抗污染剂,如SD86、DRP-1L。

(1)相容性实验。

相容性实验养护条件:与循环温度超过93℃时,实验条件为93℃×0.1MPa×120min;当循环温度低于93℃时,则按实际循环温度进行实验。相容性实验要求见表6-29。

表6-29 相容性实验要求

序号	水泥浆比例(%)	钻井液比例(%)	隔离液比例(%)	常温流动度(cm)	高温流动度(cm)
1	—	100	—	≥18	≥12
2	100	—	—	≥18	≥12

续表

序号	水泥浆比例(%)	钻井液比例(%)	隔离液比例(%)	常温流动度(cm)	高温流动度(cm)
3	—	—	100	≥18	≥12
4	50	50	—	实测	实测
5	70	30	—	实测	实测
6	30	70	—	实测	实测
7	33.3	33.3	33.3	≥18	≥12
8	70	20	10	≥18	≥12
9	20	70	10	≥18	≥12
10	5	—	95	≥18	≥12
11	95	—	5	≥18	≥12

（2）污染稠化实验。

污染实验条件：同水泥稠化实验条件。污染稠化实验要求见表6-30。

表6-30 污染稠化实验要求

序号	水泥浆比例(%)	隔离液比例(%)	钻井液比例(%)	冲洗液比例(%)	40Bc稠化时间要求	备注
1	70	30	—	—	≥施工时间	
2	70	—	30	—	实测	
3	70	10	20	—	≥施工时间	
4	70	10	20	5	≥施工时间	第3组不能满足要求时做

第三节 固井工具及附件

一、尾管悬挂器

尾管悬挂器是尾管悬挂系统的最重要组成部分。按工作原理不同，尾管悬挂器分为机械式、液压式、机械液压双作用式及膨胀式尾管悬挂器。机械式尾管悬挂器主要由本体、弹簧、卡瓦、锥体等组成；液压式尾管悬挂器主要由本体、液缸、卡瓦、锥体等组成。机械式、液压式尾管悬挂器结构如图6-31所示，主要尺寸和性能参数见表6-31和表6-32。

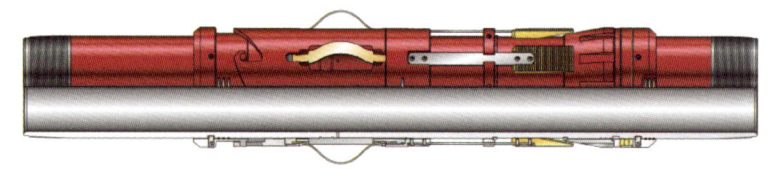

图6-31 尾管悬挂器结构示意图

表6-31 尾管悬挂器的主要尺寸和主要性能参数

型号	上层套管尺寸(mm)	尾管公称尺寸(mm)	本体最大外径(mm)	本体最小内径(mm)	额定悬挂负荷(kN)	送入工具连接螺纹	适用上层壁厚(mm)	整体密封能力(MPa)	液缸剪钉压力(MPa)	液缸球座剪差(MPa)	尾管胶塞剪压(MPa)	复合胶塞承受回压(MPa)	回接筒密封长度(mm)	封隔器坐封力(kN)	封隔器密封能力(MPa)	旋转抗扭(kN·m)
XG140×89	140	89	114	76	300	NC31	10.54	≥25	5~10	8~10	4~12	≥10	≥500	200~400	≥35	≥15
			117				9.17									
							7.72									
XG140×102	140	102	114	86	300	NC31	10.54									
			117				9.17									
							7.72									
XG178×114	178	114	148	99.6	500	NC38	12.65									
			152				11.51									
							10.36									
							9.19									
XG178×127	178	127	148	108.6	600	NC38	12.65						≥1000	300~500		≥22
			152				11.51									
							10.36									
							9.19									
XG194×127	194	127	165	108.6	900	NC50	12.7									
							10.92									
							9.52									
XG194×140	194	140	165	121.4	900	NC50	12.7									
							10.92									
							9.52									
XG219×127	219	127	185	108.6			12.7									
							11.43									
XG219×140	219	140	185	121.4			10.16									

续表

型号	上层套管尺寸 (mm)	尾管公称尺寸 (mm)	本体最大外径 (mm)	本体最小内径 (mm)	额定悬挂负荷 (kN)	送入工具连接螺纹	适用上层壁厚 (mm)	整体密封能力 (MPa)	液缸剪钉压力 (MPa)	液缸球座剪差 (MPa)	尾管胶塞剪压差 (MPa)	复合胶塞承受回压 (MPa)	回接筒密封长度 (mm)	封隔器坐封力 (kN)	封隔器密封能力 (MPa)	旋转抗扭 (kN·m)
XG219×143	219	143	185	121.4	900	NC50	12.7 / 11.43 / 10.16	≥25	5~10	8~10	4~12	≥5	≥1000	300~500	≥35	≥20
XG219×146	219	146	185	121.4	900		12.7 / 11.43 / 10.16									
XG245×140	245	140	212 / 215	121.4	1200		13.84 / 11.99 / 11.05 / 10.03									
XG245×178	245	178	212 / 215	155.0			13.84 / 11.99 / 11.05 / 10.03									
XG245×194	245	194	215	172.0	1200		11.99 / 11.05 / 10.03									
XG245×206	245	206	215	172.0	1200		11.99 / 11.05 / 10.03									
XG273×194	273	194	215	172.0	1200		12.57									
XG273×206	273	206	230	179.0	1200		11.43 / 10.16									
XG273×178	273	178	230	155.0	1800		12.57 / 11.43									

续表

型号	上层套管尺寸(mm)	尾管公称尺寸(mm)	本体最大外径(mm)	本体最小内径(mm)	额定悬挂负荷(kN)	送入工具连接螺纹	适用上层壁厚(mm)	整体密封能力(MPa)	液缸剪钉压力(MPa)	液缸球座剪差(MPa)	尾管胶塞剪压(MPa)	复合胶塞承受回压(MPa)	回接筒密封长度(mm)	封隔器坐封力(kN)	封隔器密封能力(MPa)	旋转抗扭(kN·m)
XG340×245	340	245	308	220.5	2400	NC50	12.19 10.92 9.65	≥25	5~10	8~10	4~12	≥5	≥1000	300~500	≥35	≥20
XG340×273	340	273	308	248.0	2400	NC50 或 5½in FH	12.19 10.92 9.65									
XG406×340	406	340	373	313.0	2400		12.57 11.13									

表6-32 膨胀式尾管悬挂器的主要尺寸和主要性能参数

型号	上层套管 公称尺寸(mm)	上层套管 壁厚(mm)	上层套管 内径(mm)	膨胀管 最大外径(mm)	膨胀管 最小内径(mm)	额定负荷(kN)	环空密封(MPa)	坐封压力(MPa)	复合胶塞承压 正向(MPa)	复合胶塞承压 反向(MPa)	尾管胶塞销钉剪压(MPa)	抗扭矩(kN·m)
G140×89P	140	9.17	121.4	114	98	800~1000						
XG140×102P	140	7.72	124.3	114	98	800~1000						
	140	6.99	125.7									
XG168×114P	168	10.59	147.1	142	125	1800~2200	≥25	≤35	≥45	4~12	≥10	≥15
XG168×127P	168	8.94	150.4	142	125							
	168	7.32	153.6									
	178	13.72	150.4	146	124							
	178	12.65	152.5	146	124							
	178	11.51	154.8									
XG178×114P	178	10.36	157.1	150	132							
XG178×127P	178	9.19	159.4	150	132							
XG178×140P	178	8.05	161.7									
	194	15.11	163.5	156	130							
	194	14.27	165.1	156	130							
	194	12.70	168.3									
XG194×127P	194	10.92	171.8	160	138	2000~2400	≥25	≤35	≥45	4~12	≥10	≥22
XG194×140P	194	9.53	174.6	160	138							
	194	8.33	177.0									
	194	7.62	178.4									

续表

型号	上层套管 公称尺寸(mm)	壁厚(mm)	内径(mm)	膨胀管 最大外径(mm)	最小内径(mm)	额定负荷(kN)	环空密封(MPa)	坐封压力(MPa)	复合胶塞承压 正向(MPa)	复合胶塞承压 反向(MPa)	尾管胶塞销钉剪压(MPa)	抗扭矩(kN·m)
XG219×127P	219	14.15	190.8	176	150	2000~3500	≥25	≤35	≥45	4~12	≥10	≥22
XG219×140P	219	12.70	193.7	176	150	2000~3500	≥25	≤35	≥45	4~12	≥10	≥22
XG219×140P	219	11.43	196.2	176	150	2000~3500	≥25	≤35	≥45	4~12	≥10	≥22
XG219×168P	219	10.16	198.8	184	162	2000~3500	≥25	≤35	≥45	4~12	≥10	≥22
XG219×168P	219	8.94	201.2	184	162	2000~3500	≥25	≤35	≥45	4~12	≥10	≥22
XG219×178P	219	7.72	203.6	200	174	2000~3500	≥25	≤35	≥45	4~12	≥10	≥22
XG219×178P	219	6.71	205.7	200	174	2000~3500	≥25	≤35	≥45	4~12	≥10	≥22
XG244×140P	244	13.84	216.8	210	188	2400~4500	≥25	≤35	≥45	4~12	≥10	≥22
XG244×140P	244	11.99	220.5	210	188	2400~4500	≥25	≤35	≥45	4~12	≥10	≥22
XG244×178P	244	11.05	222.4	210	188	2400~4500	≥25	≤35	≥45	4~12	≥10	≥22
XG244×178P	244	10.03	224.4	210	188	2400~4500	≥25	≤35	≥45	4~12	≥10	≥22
XG244×194P	244	8.94	226.6	210	188	2400~4500	≥25	≤35	≥45	4~12	≥10	≥22
XG244×194P	244	7.92	228.6	210	188	2400~4500	≥25	≤35	≥45	4~12	≥10	≥22

(一)膨胀式尾管悬挂器

膨胀式尾管悬挂器利用实体膨胀管原理,通过膨胀管本体的膨胀与外层套管进行贴合,在摩擦力的作用下进行尾管的悬挂,并进行有效的悬挂器顶部密封。膨胀式尾管悬挂器主要由连接机构、悬挂机构、扭矩传递机构、回接机构等部分组成,包括膨胀体、膨胀锥、中心管、尾管固井胶塞、钻杆胶塞、下接头等部件。其中,外筒体用于连接钻具及尾管、膨胀锥、膨胀体及中心管等,其组成悬挂机构用于实现膨胀作业,连接机构用于与上端钻柱组合及下端尾管连接。结构如图 6-32 所示。

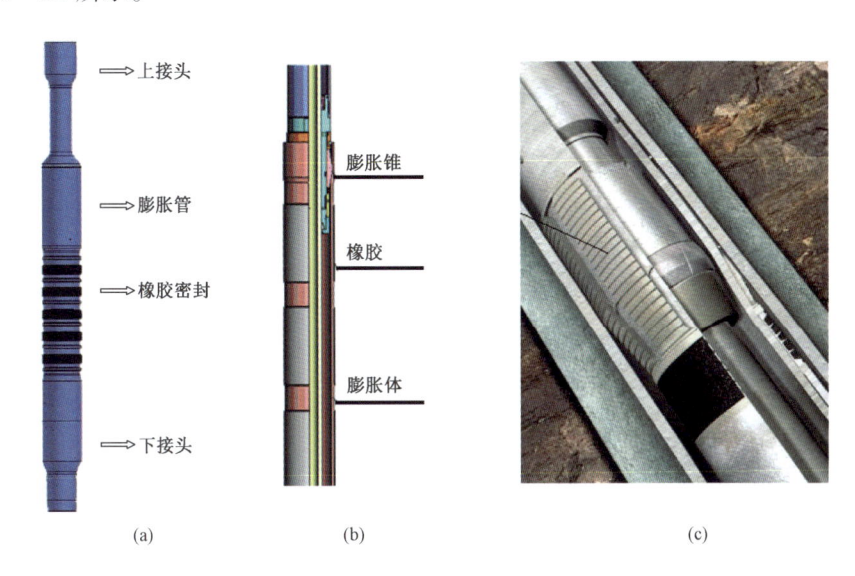

图 6-32 膨胀式尾管悬挂器结构示意图

与常规尾管悬挂器相比,膨胀尾管悬挂器具有诸多优势。膨胀尾管悬挂器是一种连接在尾管上,通过地面操作进行液压或机械作用,使得膨胀管沿径向膨胀的一种尾管悬挂器。膨胀式尾管悬挂器(图 6-32c)是一种可以在注水泥前坐挂的尾管悬挂器,它融合了常规尾管悬挂器的优点,可以适应更加复杂的井筒条件,具备多种功能,操作简单,在注水泥之前通过变径短节使尾管悬挂器膨胀,可降低作业风险。

(二)封隔式尾管悬挂器

针对重合段下部的裸眼封固段的油、气、水层显示活跃的尾管固井,通过采用顶部带有封隔器的尾管悬挂器(同时具有悬挂和封隔双重作用),能够有效封隔重叠段,提高尾管固井重叠段封固质量,防止油、气、水等地层流体窜流影响下开钻进及降低钻完井期间环空带压风险。封隔式尾管悬挂器的作用原理(图 6-33):当尾管封隔器达到预定井深并循环正常后,投球憋压剪断座挂剪钉,液压作用活塞带动

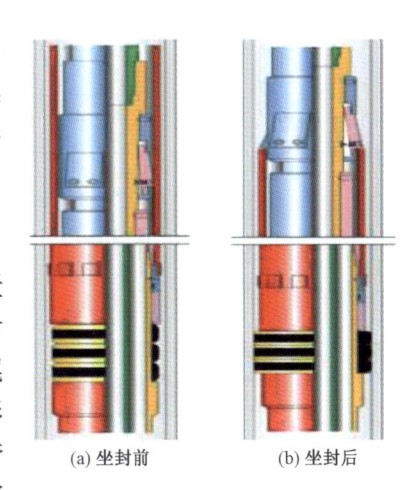

图 6-33 封隔器坐封前后对比图

卡瓦沿锥套上行,从而实现尾管悬挂在上层套管内壁上;当确定座挂后,再继续憋压剪断循环剪钉形成循环通路,然后将悬重放在中和点附近,正向转动转盘使送入工具与尾管封隔器分离;随后,进行注水泥施工。注水泥施工结束后,上提钻柱使弹爪出坐封筒,弹爪张开,下放钻柱,弹爪下压坐封筒下行剪断坐封剪钉,压缩胶筒实现尾管与上层套管的封隔;当实现封隔后,上提钻柱,起出送入工具;最后,回接插管连接在回接套管底部后,下送插入回接筒,实现回接密封抗内压:70MPa(气密封)。抗拉:250tf。尾管与上层套管间的封隔压差:40MPa。耐温:不大于200℃。

二、回接筒及回接装置

回接筒就是一段抛光管,连接于悬挂器或倒扣(丢手器)上部,为尾管回接提供密封筒,同时为尾管悬挂器系统提供钻具通过的喇叭口。回接筒尺寸参数见表6-33。

表6-33 回接筒尺寸参数

尾管尺寸 (mm)	套管尺寸 (mm)	壁厚 (mm)	内径 (mm)	外径 (mm)
127.0	177.8	6.91~12.65	133.4	146.8
	177.8	13.72	130.2	142.9
139.7	177.8	10.36~13.72	146.1	162.3
177.8	244.5	8.94~13.84	182.4	210.6
			190.5	210.6
193.7			196.9	210.6
	273.1	11.43~13.84	199.3	230.0
244.5	298.5	9.65~10.92	245.3	260.7
298.5	339.7	12.19~13.06	270.0	299.0
			279.4	305.3
			292.9	308.0

尾管回接装置是在尾管回接时,连接于回接套管最下部、插入回接筒的一套部件。主要由插入筒、密封件等组成,有的还带有密封封隔器,结构如图6-34所示,技术参数见表6-34。

图6-34 带封隔器的回接插入筒结构示意图

表 6-34　尾管回接装置的主要尺寸和主要性能参数

规格型号	回接套管公称尺寸（mm）	有效密封长度（mm）	封隔式回接装置 坐封启动力(kN)	封隔式回接装置 坐封力(kN)	回接密封能力（MPa）
HC89	89	≥500	70~90	200~400	≥25
HC102	102				
HC114	114				
HC127	127				
HC140	140	≥1000	140~160	300~500	
HC178	178				
HC194	194				
HC245	245				
HC273	273				
HC340	340				

三、套管鞋和引鞋

套管鞋连接于套管最下端,下端具有大于 5×45° 内倒角,并具有以螺纹或其他方式与引鞋相接的短节或特殊接箍。适用于表层套管和技术套管,其作用是为了后续钻进,避免钻具起钻过程挂碰套管底端,达到保护钻具和套管的目的。结构如图 6-35 所示,技术参数见表 6-35。引鞋是用来引导套管柱沿井眼（筒）顺利下到井内,防止套管脚（最下端）插入井壁岩层,减少套管下井阻力的锥状体。

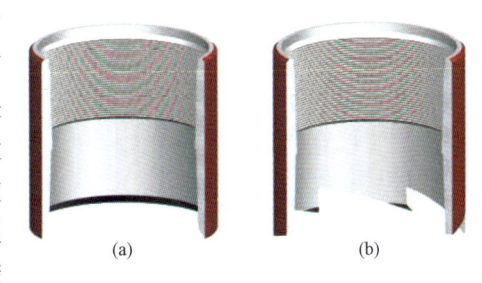

图 6-35　套管鞋示意图

表 6-35　套管鞋技术参数

公称尺寸(mm)	178	245	273	340	508
最大外径(mm)	195	270	299	365	533
外倒角直径(mm)	193	268	279	363	530
长度(mm)	230	270	270	270	280

早期的引鞋有木引鞋、金属引鞋,后来发展了水泥引鞋。目前的引鞋大多被浮鞋所代替,只有部分大尺寸内管注水泥作业、特殊井下套管需要引鞋。随着大位移水平井、大曲率水平井及分支井的发展,为了减小下套管摩阻、引导分支井眼重入、消除井眼阻卡台阶等,发展了滚轮引鞋、旋转引鞋、磨铣引鞋等。

四、浮箍和浮鞋

浮箍是安装在套管串中,带有止回阀的装置,其主要作用是防止注水泥后的水泥浆倒流进入套管。大多数浮箍也同时用于控制胶塞的下行位置,起承托环或阻流环的作用。浮鞋将引鞋、套管鞋和浮箍制作成一体,既起浮箍作用,又起引鞋、套管鞋作用,连接于套管柱最下端。为防止浮箍功能失效,在大多数固井中,浮箍、浮鞋配对使用,起双保险作用。浮箍浮鞋结构如图 6-36 所示,技术参数见表 6-36。

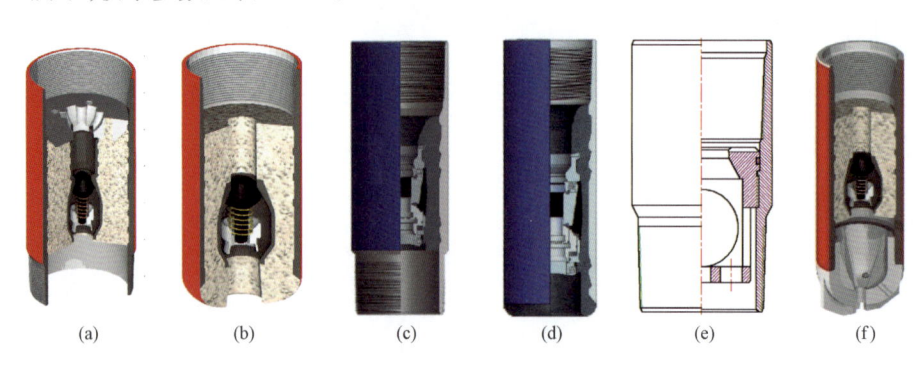

图 6-36 浮箍浮鞋示意图

浮箍浮鞋按下井时钻井液进入套管的方式分为常规式(图 6-36a、图 6-36b)和自灌型(图 6-36c、图 6-36d);按回压装置的工作方式分为弹簧式(强制式)(图 6-36a、图 6-36b)和舌板式(自动灌浆式)(图 6-36c、图 6-36d);按阀与本体的连接方式可分为水泥式、内嵌式(图 6-36e);按不同需求分为尾管型防转式(图 6-36f)等。图 6-36c、图 6-36d 所示是压差自灌型,下套管时自动灌浆可节省钻井时间和费用,减少激动压力,正常情况下投 2in 球可转化为舌板式浮箍浮鞋。图 6-36e 所示是浮球式浮箍。图 6-36f 所示同金属防转引鞋,主要应用于尾管下套管固井,便于尾管座到达井底后倒扣时,几个金属牙齿吃入地层防止尾管旋转,且铝引鞋头能够支撑套管重量、易于钻除。

水泥式浮箍浮鞋是浮阀座放在高强度的混凝土里,具有较好的抗撞击和防回压能力。

表 6-36 浮箍浮鞋技术参数

规格尺寸			89	102	114	127	140	168	178	194	219	244	273	298	349
套管尺寸(mm)			88.9	101.6	114.3	127.0	139.7	168.3	177.8	193.7	219.1	244.5	273.1	298.4	349.3
最大外径(mm)			108.0	120.7	127.0	141.3	153.7	187.7	194.5	215.9	244.5	269.9	298.5	323.8	365.1
最小内径(mm)			50.0	96.0	98.0	108.0	120.0	148.0	155.0	172.0	196.0	221.0	250.0	276.0	318.0
长度(mm)	水泥填充		450~550				550~650				600~700			450~700	
	非水泥填充		300~500												
最小过水断面直径(mm)			46~60								60~70				
浮鞋下端内倒角			10×45°												
两端螺纹			长圆或根据客户要求											短圆或据要求	
实验压力	Ⅰ型	正向承压(MPa)	20						Ⅱ型		正向承压(MPa)			25	
		反向承压(MPa)	30								反向承压(MPa)			35	

五、弹性扶正器

弹性扶正器分弓形弹性扶正器、弹性限位扶正器、旋流弹性扶正器等。部分弓形弹性扶正器性能要求见表6-37。

表6-37 弓形弹性扶正器参数

规格	套管规格（mm）	环箍内径（mm）	弹簧片最大外径（mm）	中等壁厚套管线重（kg/m）	最大启动力（N）	偏离67%时的最小复位力（N）
152×114	114	116	165	17.3	2064	2064
165×127	127	129	175	19.4	2313	2313
216×140	140	143	225~256 225~233	23.1	2758	2758
216×178	178	181	225~249 225~236	38.7	4620	4620
241×219	219	222		53.6	6405	6405
311×244	244	248	316~375 316~348	59.6	7117	7117
311×273	273	376	350	76.0	9074	4537
445×340	340	343	448~470 448~460	90.8	10853	5427

（一）普通非焊接弓形弹性扶正器

普通非焊接弓形弹性扶正器结构如图6-37所示。其特点是非焊接不易损坏、成片运输现场组装节省储运成本、不随管串转动、铰链式设计安装方便。弓有5种基本形状，符合API 10D标准的要求。

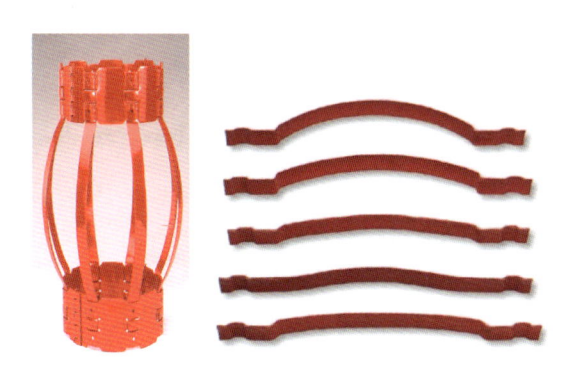

图6-37 普通非焊接弓形弹性扶正器

（二）弹性限位（双弓）扶正器

弹性限位（双弓）扶正器的扶正条是由一个较大的挠度改变为两个较小的挠度而得到的，其刚度随其受力情况变化而变化。与普通非焊接弓形弹性扶正器相比，具有启动力小、恢复力大、下套管阻力小、不易发生弹性失效的特点,可用于直井、大斜度井及水平井,能机械限位以确保套管柱居中。该类扶正器可以应用于小间隙(不小于38mm)不规则井眼。弓有4种基本形状,符合 API 10D 标准的要求,结构如图6-38所示。

图6-38 弹性限位(双弓)扶正器

(三)焊接弓形(旋流)弹性扶正器

普通焊接弓形弹性扶正器结构如图6-39所示。其特点是环箍由低碳钢做成,由凸起加大强度,弓的尺寸是4.8mm×38mm,有良好的拉伸性能,铰链式设计安装方便,符合 API 10D 标准的要求。

(a)　　　　　　　　(b)　　　　　　　　(c)

图6-39 焊接弓形(旋流)弹性扶正器

图6-39所示均为旋流扶正器。在固井注水泥顶替过程中,旋流扶正器不仅提高套管居中度,还能使环空流体改变流速剖面做螺旋运动,使轴向驱替的同时,增加周向剪切驱动力,从而有利于将环空窄间隙滞留钻井液和井壁附着虚泥饼驱替干净,防止因套管柱在井筒内不居中或因滤饼的障碍发生窜槽,提高固井质量。在同样的井眼条件下,旋流角在30°~60°时,旋流长度最长,旋流长度与旋流片的高度成正比。

(四)变径弹性扶正器

Weatherford 公司在非焊接弓形弹性扶正器的基础上设计了一种液压锁套管扶正器。其关键部分为束带和液压锁,包含一个液缸活塞,活塞的上部用来固定束带的一端,束带的另一端用螺丝固定在液缸上。入井前,液压锁关闭,束带紧紧捆住弹簧片使之处于蛰伏状态。套管入井到位后,通过环空憋压推动液压锁活塞运动,剪断销钉,打开液压锁,束带随之松开,扶正器被开启,将套管扶正。其结构如图6-40所示。

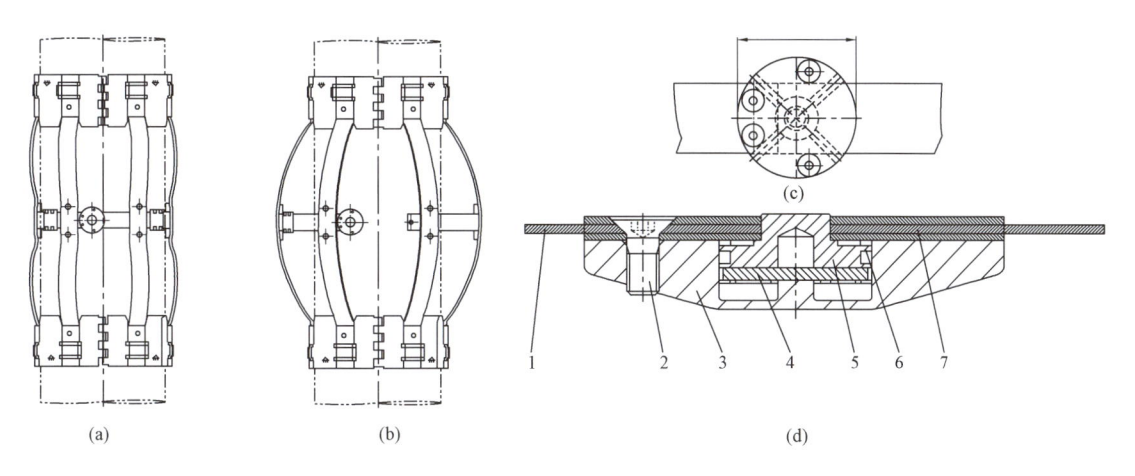

图6-40 液压锁变径弹性套管扶正器
1—钢带;2—螺钉;3—压力锁腔体;4—剪切销钉;5—活塞;6—密封圈;7—钢带

(五)非焊接强力(旋流)扶正器

非焊接强力扶正器有三种结构(图6-41),其扶正条基本不能变形,可以承受很大的外挤载荷(严重阻卡时,扶正条可以变形)。第一种由销子固定在套管上,只用在套管内。弓有多种尺寸,选择时应注意尺寸应比套管通径小3.2mm。第二种有螺旋扶正条,整体套在套管上由限位卡固定,套管旋转时摩擦力小,流体循环时形成涡动提高流速和顶替效率。第三种最大外径大于管体38mm,应用于小间隙固井。通常安装在两个限位卡之间或在套管上自由移动。与第二种相比,第三种没有螺旋结构,无法改变流体流动路线。

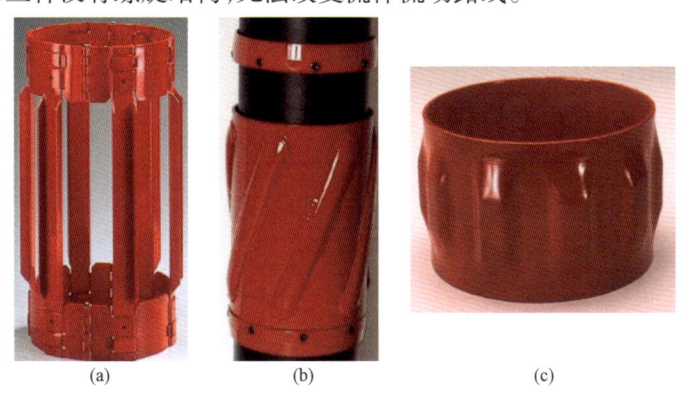

图6-41 非焊接强力(旋流)扶正器

六、刚性扶正器

套入式刚性扶正器越来越流行。分为旋流扶正器、滚轮扶正器、直棱扶正器等。其结构如图6-42所示。

图 6-42a、b 所示刚性旋流扶正器,45°扶正条可以极大改善顶替效率,湍流长度可达到 3.7m。图 6-42c、d 所示刚性滚轮扶正器,把下套管时的滑动摩擦转变为滚动摩阻,可以有效降低下套管摩阻。

(a) 旋流扶正器　　(b) 旋流扶正器　　(c) 滚轮扶正器　　(d) 滚轮扶正器　　(e) 直棱扶正器

图 6-42　刚性扶正器结构示意图

刚性扶正器分轴向减阻扶正器和轴向旋转减阻扶正器。刚性扶正器目前没有行业标准,其结构尺寸的总体原则是:外径至少小于井眼尺寸 5mm,特别是应用于或通过弯曲井眼、缩径井段更要注意扶正器外径;内径至少要大于套管尺寸 2mm;应用于大斜度井、水平井的刚性扶正器,最好设计为旋流型、全扶正扶正器,扶正条旋流角度 30°~60°。表 6-38 所示是某公司刚性扶正器几何参数。

表 6-38　某公司刚性扶正器几何参数

套管尺寸(mm)	最小井眼(mm)	扶正器内径(mm)	扶正器外径(mm)	总长(mm)
114.3	152.4	117	148	260
127.0	155.6	130	151	260
139.7	215.9	143	211	260
177.8	215.9	181	211	260
193.7	244.5	197	240	260
244.5	311.2	248	306	260
273.1	311.2	276	306	260
339.7	406.4	344	402	260

第四节　高石梯—磨溪区块固井技术应用情况

本节从"替净、居中、压稳"的工艺角度出发,主要讲述了高石梯—磨溪区块大尺寸套管固井(ϕ339.7mm、ϕ244.5mm)、尾管固井(ϕ177.8mm 尾管)、回接固井(ϕ177.8mm 回接)、小井眼固井(ϕ127mm)、正注反挤等配套固井工艺技术与现场应用情况[10-14]。

一、大尺寸套管固井

(一)ϕ339.7mm 套管固井

1. 井眼准备

(1)做好通井工作,确保井眼通畅。

(2)通井到底后,优化钻井液性能,充分循环洗井,确保井底无沉砂。

(3)表层 ϕ339.7mm 套管采用 J55 钢级 10.92mm 壁厚偏梯扣,套管下深 500m 左右。

2. 施工主要技术措施

(1)下套管前彻底检查钻机的提升系统、循环系统、动力系统,为下套管做好准备。

(2)下套管时,控制好套管下放速度,防止套管与井壁剧烈碰撞。

(3)下入 5 根套管要进行粘铆。

(4)一次性正注施工,设计水泥浆返地面 $5.0 \sim 10.0 m^3$。

(5)合理设计浆体密度、施工排量,防止井漏和垮塌。前置液和水泥浆的浆柱结构设计如下:清水 $10m^3$ + $1.90g/cm^3$ 早强防窜水泥浆。

(6)在注水泥浆之前,模拟计算套管的浮力值。向套管内注入钻井液,避免套管在水泥浆浮力作用下发生套管上顶现象。

(7)若采用内插法固井:下套管和插入管串全过程中,套管和钻杆内均不得掉入任何杂物,以防影响插入密封和单流阀关闭;当插管柱下至离插入座少于 1 根钻杆时,接方钻杆慢慢将插入头插入插座内,并加压 $1 \sim 2t$;内插管式注水泥浆,在保证浮箍安全和插管密封能力的条件下,控制管内外压差 9MPa 以内(内置浮箍反向承压 14MPa,插管座反向密封能力不小于 9MPa),防止浮箍和插管的密封能力失效,从而导致水泥浆返回套管内形成高塞。

(8)若采用双胶塞固井:前后胶塞放置在水泥浆浆柱的前后,隔离水泥浆与钻井液,减小水泥浆和钻井液的接触概率。

(9)管内敞开,候凝 48h,且候凝期间不能动井口。

3. 固井应用实例

针对 MX008-H22 井 ϕ339.7mm 套管固井存在的井底温度低(30℃)、水泥浆强度发展慢、大尺寸套管下深 500m、裸眼段井径扩大率 7.3%、环空间隙大、顶替效率难以保证、混浆严重等难点,采用早强防窜常规密度水泥浆体系、大排量注替、内插法等工艺技术,保证了低温水泥浆强度发展、环空水泥浆的充分充填,固井质量得到了保障。MX008-H22 井 ϕ339.7mm 套管固井质量合格率 100%,优质率 95%,为后续钻进创造了良好的条件。

(二)ϕ244.5mm 套管固井

1. 井眼准备

(1)最后一趟通井时,在井底垫入高黏(100~120s)钻井液,且用量不低于 $20m^3$。注水泥前按设计施工排量循环井内钻井液,确保井内无沉砂、井眼畅通。

(2)技术套管采用 ϕ244.5mm(壁厚 11.99mm,钢级 110TS,气密封扣) + ϕ247.7mm(壁厚 13.84mm,钢级 110TT,偏梯扣)组合套管,下深 3000m 左右。采用 ϕ247.7mm × δ13.84mm 高抗挤套管防止雷口坡、嘉陵江组膏盐挤毁。

2. 固井施工主要技术措施

(1)固井前,优化钻井液性能,钻井液漏斗黏度小于 50s。

(2)加入适量的扶正器(裸眼段:每 3 根加 1 支 ϕ305mm 螺旋刚性扶正器。重合段:每 5

根加 1 只 φ308mm 普通刚性扶正器),保证套管居中度。

(3)合理设计浆体密度、施工排量,防止井漏和垮塌。前置液和水泥浆的浆柱结构设计如下:抗污染冲洗隔离液 20m³ + 间隔缓凝药水 6m³ + 1.90g/cm³ 缓凝水泥浆 + 1.90g/cm³ 快干水泥浆。

(4)由于生产期间井筒内温度升高,温度甚至可能超过 110℃,因此优选水泥浆配方。缓凝水泥浆为抗高温防窜水泥浆体系,快干水泥浆为抗高温韧性防窜水泥浆体系。

(5)为保证净水泥浆充填封固段,提高固井质量,设计水泥浆返出地面不低于 5m³。

(6)在接完施工管线及水泥头后,固井施工前,采用钻井泵大排量 2.0~2.4m³/min 循环至少 1 个循环周,减少钻井液在套管壁的滞留,提高界面胶结质量。

(7)固井设备必须提前做好设备性能检查,采用 2 台双机泵水泥车自配自抽,1 台单机泵水泥车备用。

(8)预应力固井,采用钻井液和清水混合顶替,管内外压差控制在 10MPa。施工完后若无异常,管内敞开,环空关井憋压 3~5MPa 候凝 48h,同时必须严密观察上、下密封状况,严防发生泄漏,并记录候凝期间的环空压力变化,候凝期间不允许井口操作。

3. 固井应用实例

GS001 - X7 井 φ244.5mm 套管固井存在的套管尺寸大,下套管时间长,固井过程中可能存在井漏、垮塌等复杂情况,影响施工安全和固井质量;一次性封固段长 3084m,裸眼段井径扩大率 8.1%,顶替效率难以保证、混浆严重;后期钻井过程中井筒内液体密度变化,后期生产过程中井筒内温度升高易引起环空微间隙等难点。通过采用做好通井,优化钻井液性能,保证井眼清洁、井底无沉砂;全井采用抗高温常规密度水泥浆体系,尾浆体系要求韧性改造;大排量注替、双胶塞等配套技术措施,保证了套管顺利下入到位、环空水泥浆充分充填,降低了环空带压风险。GS001 - X7 井 φ244.5mm 套管固井质量合格率 95.2%,优质率 81.1%。

二、φ177.8mm 尾管固井

(一)井眼准备

(1)针对性制订好通井技术措施,通井前做好技术交底,严防卡钻,确保通井作业安全。对挂卡、遇阻井段和全角变化率大的井段,必须加强划眼以及坚持短起下钻,反复通井,确保无沉砂、无缩径、无气侵、无垮塌。

(2)由于钻井液密度高,气层显示活跃,如果采取井口憋回压的方式进行地层承压试验,一旦发生井漏,存在较大的井控风险。因此采取尾管下到设计井深后,通过逐渐提高排量至固井施工排量的方式来检验地层承压能力。

(3)悬挂段采用 φ177.8mm(壁厚 12.65mm,钢级 110TS,气密封扣) + φ184.15mm(壁厚 15.83mm,钢级 110TS,气密封扣) + 177.8mm(壁厚 12.65mm,钢级 140V,气密封扣)组合套管。

(二)固井施工主要技术措施

(1)要求套管在进裸眼井段前,将整个管柱灌满钻井液。在进裸眼井段后,立柱要求每柱灌钻井液,灌满 10 柱检查 1 次,并且每次接立柱时间控制在 3min 以内,并严格控制下套管速度。

(2)合理设计扶正器及安放位置,提高套管居中度:裸眼造斜段为 1 根套管加一只 ϕ208mm 刚性螺旋扶正器;裸眼直井段为 2 根套管加一只 ϕ208mm 刚性螺旋扶正器;重合段为 3 根套管加一只 ϕ210mm 普通刚性扶正器,保证套管居中度。

(3)套管下到位后,固井施工前,优化调整钻井液性能,漏斗黏度小于 50s,高温高压失水量小于 10mL。

(4)固井施工前,大排量循环洗井一个循环周以上,消除后效,防止水泥浆凝固前出现地层流体窜流现象。并采用固井施工的大排量模拟,防止固井过程中出现井漏,为后续作业做好保障。

(5)稠化实验温度系数由 0.85 降至 0.78,缩短实验温差;降低稠化附加时间,减少缓凝剂加量;优化配方,促进水泥水化,提高顶部水泥石强度。

(6)尾管重合段长 400m,领浆和尾浆的两凝界面设计为上层套管鞋处;领浆和尾浆均采用高强韧性防窜大温差水泥浆体系,设计领浆多返 5m^3,保证净水泥浆充填封固段。

(7)冲洗隔离液用量至少 20m^3,保证接触时间大于 10min;施工注替排量 1.2~1.4m^3/min,提高冲洗顶替效率。

(8)抗污染隔离液用量 10m^3,有效隔离钻井液与水泥浆。在喇叭口位置处,抗污染隔离液钻杆内 7m^3、套管内 3m^{3}作为间隔隔离液,防止悬挂器中心管拔出时,钻井液与水泥浆污染。

(9)喇叭口处,悬挂器中心管拔出瞬间,使管外静液柱压力略大于管内,降低钻井液与水泥浆的接触机会。

(10)采用中国石油川庆钻探有限公司井下作业公司研发的顶部带封隔器的尾管悬挂器,并环空憋压 5~10MPa 坐封封隔器,补偿因水泥浆水化失重而降低的静液柱压力;平衡压力固井,坚持固井"三压稳"方针。

(11)关井候凝 48h 或 72h,且候凝期间不能动井口。

(三)固井应用实例

针对 MX009-4-X2 井 ϕ177.8mm 尾管固井存在的井底温度 130℃,封固段 2840~4850m,上下温差大(50℃);气水层同层,分布广(3200~4200m),气显示活跃,后效严重;井径扩大率 3.8%,环空间隙小;裸眼段长(2010m);大斜度(75°),钻井液密度高(2.32g/cm^3),冲洗顶替效率难以保证;钻井液与水泥浆污染严重等难点,采用密度 6.05g/cm^{3}铁矿粉加重的高密度韧性防窜水泥浆体系(水泥浆密度为 2.38g/cm^3)、高效抗污染—冲洗隔离液体系及配套工艺技术等措施,解决了高密度水泥浆强度发展慢及防窜能力差、水泥浆与钻井液污染严重、界面胶结质量差等问题,固井取得新突破。MX009-4-X2 井 ϕ177.8mm 尾管固井质量合格率 94.5%,优质率 74.8%,有效防止了后期钻进过程中环空窜气。

三、ϕ177.8mm 回接固井

(一)井眼准备

(1)下钻探明喇叭口位置,下送专用铣锥磨铣 ϕ177.8mm 尾管悬挂器喇叭口,使喇叭口内

表面光滑平整,以确保回接插入筒与悬挂器回接筒的有效密封。

(2)下套管管柱,使其离喇叭口 200m 左右。接钻杆试探喇叭口,进行试回接,并对回接筒环空试压 5MPa。调节最后管柱长度,然后再下送回接套管柱,使其到位。

(3)控制试插吨位不大于 5t,试插后起出转盘面,检查套管井口悬挂器,密封件受损必须更换。

(4)回接段采用 ϕ177.8mm(壁厚 12.65mm,钢级 110TS,气密封扣)套管。

(二)固井施工主要技术措施

(1)调整钻井液性能,漏斗黏度小于 40s。

(2)套管扶正器的安放情况:靠近井口处的 3 根套管,每 1 根加一只 ϕ210mm 普通刚性扶正器;靠近回接筒处的 10 根套管,每 2 根加一只 ϕ210mm 普通刚性扶正器;其他井段为每 5 根加一只 ϕ210mm 普通刚性扶正器,以提高套管居中度及冲洗顶替效率。

(3)降低注水泥施工前钻井液的黏切和动切力,增大前置液用量(15m^3 加重冲洗隔离液 +10m^3 领浆药水),以有效冲洗套管内滤饼和黏滞钻井液,提高顶替效率。

(4)采用两凝水泥浆体系,领浆为抗高温防强度衰退水泥浆体系,20m^3 尾浆为抗高温膨胀韧性防窜水泥浆体系。按设计要求进行水泥试验,对水泥浆稠化时间等性能进行复查。

(5)设计领浆返出地面量 5~10m^3,提高水泥浆与套管壁的接触时间,提高顶替效率,保证封固段为净水泥浆。

(6)采用一台双机泵水泥车和一台单机泵水泥车进行水泥浆配注施工,管线的连接要求能保证连续施工。

(7)施工碰压后,应立即下放套管将回接筒坐封到喇叭口内,加压 10~15t,以免发生意外。

(8)在接完施工管线及水泥头后,固井施工前,采用钻井泵大排量 1.5~1.8m^3/min 循环至少 1h,减少钻井液在套管壁的滞留,有利于提高界面胶结质量。

(9)采用钻井液和清水顶替,压差控制在 12MPa 以内。施工完后若无异常,环空憋压候凝(环空憋压 3~5MPa),管内敞开候凝 48h。同时必须严密观察上、下密封状况,严防发生泄漏,并记录候凝期间的环空压力变化,候凝期间不能动井口。

(三)固井应用实例

MX009-3-X3 井 ϕ177.8mm 尾管回接固井封固段 0~2783m,存在着双层套管固井对水泥浆性能要求高;后期生产过程中井筒内工作液密度变化较大,易出现环空微环隙;后期生产过程中井筒内温度升高,水泥石强度易衰退;预应力固井管内外压差大,施工压力高等难点。通过合理安放扶正器;大排量 1.5~2.0m^3/min 注替;采用 15m^3 高效冲洗隔离液体系 +10m^3 领浆药水,提高冲洗顶替效率;顶替液柱结构为钻井液:清水等于 1.5:1.0;尾浆采用抗高温韧性防窜水泥浆体系,全井段采用抗高温常规密度水泥浆体系等配套技术措施,保证了固井质量,减缓后期生产环空带压现象。MX009-3-X3 井 ϕ177.8mm 尾管回接固井质量合格率 100%,优质率 99.6%。

四、φ127mm 生产尾管固井

(一)井眼准备

(1)通井技术措施:通井钻具组合原则上采取由易到难的通井方式进行;进裸眼井段遇阻,应首先转动划眼消除井壁微台阶,再上下拉划通过;通井到底后,应对存在挂卡、遇阻井段进行短起反复拉划通井,直至井眼通畅。

(2)套管为 BGT2 气密封扣套管,要求对套管扣清洗干净,均匀涂抹专用密封脂,上扣扭矩在最大扭矩与最佳扭矩之间,确保管串密封。

(3)最后一趟通井到底后充分循环带砂,起钻前全裸眼段垫入封闭液,为下套管创造良好条件。

(4)提前调校好指重表,送钻具到喇叭口位置,加 1~2 柱单独进行称重,开展钻杆胶塞试通内径工作,为悬挂器工况判断提供可靠参数。称重状态为开泵上提(静止)、下放(静止)、旋转(静止),停泵上提(静止)、下放(静止)、旋转(静止)共 12 个工况点。

(5)生产尾管 φ127mm 套管采用 110TS 钢级 10.36mm 气密封扣套管。

(二)固井施工主要技术措施

(1)在裸眼段每 1 根套管加放 φ145mm 大倒角旋流刚性扶正器 1 只,重合段每 3 根套管加放 φ148mm 普通刚性扶正器 1 只,保证套管顺利下入和提高套管居中度。

(2)优选水泥浆体系,采用 G 级加砂水泥浆体系,要求水泥浆具有低失水、直角稠化、零析水性能,同时具有防气窜、防腐、耐高温功能。确保施工安全和封固质量。

(3)在井不漏的情况下考虑多返 3m³(包括上水泥塞的量)水泥浆量,以增加水泥浆的接触时间,确保固井质量。

(4)由于水泥浆和钻井液接触污染严重,固井前配制密度与钻井液密度一致的抗污染隔离液 1 罐,有效量 18m³,防止水泥浆与钻井液接触污染和提高顶替效率。

(5)碰压后,检查回流。若存在回流,则采用水泥车正推一定量的清水,再次检查回流,若还存在回流,则直接起钻,确保钻具安全。

(6)固井施工采用一台双机泵水泥车和批混橇配合进行施工,确保固井施工安全和固井质量。

(7)憋压候凝(注替过程未发生漏失的情况下实施),确保水泥浆失重时能压稳下部显示层,防止 φ127mm 尾管喇叭口处气体窜出。关井候凝 48h,候凝期间不能动井口。

(三)固井应用实例

MX009-3-X3 井 φ127mm 尾管固井存在小井眼(164.1mm)、井斜大(84.9°),下套管难度大,固井施工摩阻大,泵压高,注替过程中易诱发井漏,影响施工安全;环空间隙小(18.56mm),不易提高套管居中度,岩屑不易被清除掉,顶替效率低,固井质量难以保证;水泥试验及污染试验难度大;井底温度高(137℃),要求水泥浆体系具有抗高温、防气窜等性能;井深、温度高,对固井工具在高温、高压、高含硫下的可靠性要求高等难点。通过采用做好通井,优化钻井液性能,保证井眼清洁、井底无沉砂;全井采用抗高温防窜常规密度水泥浆体系;合理设计固井施工参数,坚持平衡压力固井等配套技术措施,保证了固井施工安全及固井质量。MX009-3-X3井ϕ127mm尾管固井质量合格率100%,优质率96.3%。

五、正注反挤固井

(一)下套管完循环井漏

1. 井漏未失返

循环未失返,则变排量测漏速。若最大漏速小于10m^3/h,则根据漏速增加相应水泥浆量弥补漏失量,按正常注水泥施工程序进行,根据施工压力和反计量情况判断是否反挤;否则直接采用正注反挤注水泥施工方案。

2. 循环失返

循环失返,则停泵反灌井浆灌满一次,判断静液面位置。

(1)若液面在井口,则地面循环,维持井口液面,观察出口,记录漏失量,立即做正注反挤注水泥施工方案。

(2)若液面不在井口,灌入量大于2m^3,则采用1m^3/(10min)连续小排量吊灌,做正注反挤注水泥施工方案。

(二)正注反挤方案

正注反挤方案设计根据裸眼段漏失层的漏失情况,正注水泥浆封隔裸眼段中下部漏失层,反挤水泥浆封隔裸眼段中上部漏失层和其他层段,并确保反挤水泥浆能进入漏失层,封隔漏失层。

正注反挤方案如下。当隔离液出钻杆5~8m^{3}时,关井正挤钻井液。合理设计正挤钻井液量,确保水泥浆距离钻杆底部100m。环空反挤一定量钻井液,确保水泥浆距离钻杆底部200m。环空反挤未起压或液面不在井口的情况,则根据实际情况向环空挤入低密度钻井液或清水,使井口存在套压,为反挤施工创造条件。且正注反挤和候凝期间,上层套管底部承受的静液柱压力不应超过上层套管额定抗内压强度的80%。

参 考 文 献

[1] 刘崇建,黄柏宗,徐同台,等. 油气井注水泥理论与应用[M]. 北京:石油工业出版社,2001.

[2] 马勇,刘伟,唐庚,等. 川渝地区"三高"气田超深井固井隔离液应用实践[J]. 天然气工业,2010,30(6):77-79.

[3] 马勇,郭小阳,姚坤全,等. 钻井液与水泥浆化学不兼容原因初探[J]. 钻井液与完井液,2010,27(6):46-48.

[4] 郑友志,佘朝毅,姚坤全,等. 钻井液处理剂对固井水泥浆的污染影响[J]. 天然气工业,2015,35(4):76-81.

[5] 刘世彬,郑锟,张弛,等. 川渝地区深井超深井固井水泥浆防污染试验[J]. 天然气工业,2010,30(8):51-54.

[6] 李明,杨雨佳,李早元,等. 固井水泥浆与钻井液接触污染作用机理[J]. 石油学报,2014,35(6):

1188-1196.
[7] 卢亚锋,郑友志,佘朝毅,等.基于水泥石实验数据的水泥环力学完整性分析[J].天然气工业,2013,33(5):77-81.
[8] 郑友志,徐冰青,蒲军宏,等.固井水泥体系在不同条件下的力学行为规律[J].天然气工业,2017,37(1):119-123.
[9] 张华,王大权,胡霖.安岳气田磨溪009-4-X2井ϕ177.8mm尾管固井技术[J].钻井液与完井液,2016,33(3):84-88.
[10] 齐国强,王忠福.固井技术基础[M].北京:石油工业出版社,2016.
[11] 张明昌.固井工艺技术[M].北京:中国石化出版社,2007.
[12] 杜晓瑞,李华泰.钻井工具手册[M].2版.北京:中国石化出版社,2012.
[13] 徐惠峰.钻井技术手册(三)固井[M].北京:石油工业出版社,1990.
[14] Adam T,Bourgoyne Jr.实用钻井工程[M].徐云英,译.北京:中国石油天然气总公司情报研究所,1989.

第七章 完井试油工艺技术

安岳气田龙王庙组气藏埋深在4500m左右,气藏中部温度介于140.0~144.9℃,压力介于75.7~76.1MPa,天然气组分中H_2S含量介于5.70~11.19g/m³,CO_2含量介于28.87~48.83g/m³,且单井产量普遍较高,单井最高测试产量263.47×10⁴m³/d,具有深层、高温、高压、含酸性介质和大产量等特点。

高温高压含酸性介质和大产量等特点对完井试油工艺技术具有极大挑战,主要表现在几个方面:气藏温度和压力高,对完井工具和采气井口装置等都提出了非常高的要求;天然气中含H_2S和CO_2,对入井管材与螺纹密封性能要求高;气井产量高,对完井管柱和工具抗冲蚀性能要求高;储层埋藏深,储层改造施工压力高、参数控制难度大。

第一节 完井方式

一、完井方式选择

(一)完井方式优选原则

完井方式选择是完井工程的重要组成部分。目前完井方式有多种类型,但都有其各自的适用条件和局限性[1]。只有根据油气藏类型和油气层的特性选择最合适的完井方式,才能有效地开发油气田,延长油气井寿命和提高经济效益。

对于气藏埋藏深、温度高、含酸性介质、储层非均质性强等特征的气井,完井方式优选主要有以下方面的原则:

(1)气层和井筒之间应保持最佳的连通条件,气层所受的伤害最小;
(2)气层和井筒之间应具有尽可能大的渗流面积,气流入井的阻力最小;
(3)对于水平段穿过多层的水平井,应能有效封隔气、水层,防止气窜或水窜,杜绝层间干扰;
(4)对于水平段穿过多层、储层非均质性严重或水平段较长的水平井,应考虑完井后,能够进行分层或分段作业及生产控制;
(5)应能防止井壁坍塌,确保气井长期生产;
(6)生产管柱既能满足完井工艺的要求,又能满足高产和长期安全稳定生产;
(7)应考虑气藏含H_2S、CO_2腐蚀介质,对管柱及工具的受力和寿命要有充分的设计安全系数;
(8)施工工艺成熟、可行,综合成本低,经济效益好。

(二)完井方式优选[2-6]

1. 井筒稳定性分析

井眼的稳定性,是指在生产过程中井壁岩石是否会发生剪切破坏,从而导致井眼垮塌。井壁及邻近岩体是否处于稳定状态取决于岩体所承受的应力张量是否达到了岩石的永久变形条件。通常运用 Mohr – Coulumb 剪切破坏理论和 Von Mises 剪切破坏理论,计算作用在井壁岩石上的各种剪切应力,从而判断井眼是否稳定。如果岩石是坚固的,同时井眼又是稳定的,则可以考虑裸眼完井,否则应考虑具有对井壁起支撑作用的完井方式。按照忽略中间主应力的 Mohr – Coulumb 剪切破坏理论,作用在井壁岩石最大剪切应力平面上的剪切应力和有效法向应力为:

$$\tau_{max} = (\sigma_1 - \sigma_3)/2 \tag{7-1}$$

$$\overline{\sigma}_N = (\sigma_1 + \sigma_3)/2 - p_s \tag{7-2}$$

再根据直线型剪切强度公式,计算井壁岩石的剪切强度,即:

$$[\tau] = C_h + \overline{\sigma}_N \tan\phi \tag{7-3}$$

其中,$C_h = \frac{1}{2}\sqrt{\sigma_c \sigma_t}$,$\phi = 90° - \arccos\frac{\sigma_c - \sigma_t}{\sigma_c + \sigma_t}$。

式中 τ_{max}——最大剪切应力,MPa;

$\overline{\sigma}_N$——作用在最大剪切应力平面上的有效法向应力,MPa;

σ_1——作用在井壁岩石上的最大主应力,MPa;

σ_3——作用在井壁岩石上的最小主应力,MPa;

p_s——地层孔隙压力,MPa;

$[\tau]$——储层岩石的剪切强度,MPa;

C_h——储层岩石的内聚力,MPa;

ϕ——储层岩石的内摩擦角,(°);

σ_c——储层岩石的单轴抗压强度,MPa;

σ_t——储层岩石的单轴抗拉强度,MPa。

若 $[\tau]$ 小于 τ_{max},则表明不会发生井眼的力学不稳定,反之,将会发生井眼的力学不稳定。通过室内实验获取岩心抗拉强度,结果见表7–1。采用 Mohr – Coulumb 剪切破坏理论判定井壁稳定性,结果见表7–2。

表7–1 储层岩石抗拉强度实验结果

井号	井深(m)	破坏时最大荷载(kN)	计算抗拉强度(MPa)
MX12	4636.08~4636.41	8.42	10.75
		8.07	10.14
	4650.92~4651.10	4.73	6.62
		6.68	8.50

续表

井号	井深(m)	破坏时最大荷载(kN)	计算抗拉强度(MPa)
	平均值	6.97	10.00
MX13	4586.76~4587.01	2.87	3.67
		3.17	4.10
	平均值	3.02	3.88
MX16	4756.07~4756.42	5.41	6.72
		7.42	9.57
	平均值	6.41	8.14
MX17	4615.64~4615.79	7.31	9.64
		5.77	7.22
		5.30	6.83
	平均值	6.12	7.89

表7-2 储层井壁稳定性判定结果

生产压差(MPa)	Mohr-Coulumb 井壁稳定判定结果
1.00	稳定
10.00	稳定
20.00	稳定
30.00	稳定
32.68	稳定

根据 Mohr-Coulumb 井壁稳定判定计算表明：储层的井壁稳定性条件较好，可以考虑选择包括裸眼完井在内的多种完井方式。

2. 地层出砂判断

地层出砂危害体现在：气井出砂会造成井下设备、地面设备及工具（如泵、分离器、加热器、管线）的磨蚀和损害，也会造成井眼堵塞，降低气井产量或迫使气井停产。对于出砂井，地层所出的砂分为两种：一种是地层中的游离砂，另一种是地层的骨架砂。

按岩石力学的观点，地层出砂是由于井壁岩石结构被破坏所引起的，而井壁的应力状态和岩石的抗张强度是地层出砂与否的内因。正确判断地层是否出砂，对于选择合理的防砂完井方式是非常重要的，其判断方法主要有现场观测法（岩心观察、DST 测试和邻井状态）、经验法（声波时差法、G/c_b 法、组合模量法）及力学计算方法等。

(1) 现场观测法。

① 岩心观测。疏松岩石用常规取心工具收获率低，将岩心从取心筒中拿出时，岩心易从取心筒中脱落；用肉眼观测、手触等方法判断时，疏松岩石或低强度岩石往往一触即碎，或停放数日自行破碎，或在岩心上用指甲能刻痕；对岩心浸水或盐水，岩心易破碎。如有上述现象，则说明生产过程中易出砂。

② DST 测试。如果 DST 测试期间气井出砂（甚至严重出砂），说明生产过程中地层易出

砂;如果 DST 测试期间未见出砂,仅仔细检查井下钻具和工具,在接箍台阶等处附有砂粒,或在 DST 测试完毕后,砂面上升,说明生产过程中地层易出砂。

③ 邻井状态。同一气藏中,邻井生产过程中出砂,本井出砂的可能性大。

(2) 经验法。

① 声波时差法。声波时差 Δt_c 不小于 $295\mu s$,地层容易出砂。

② G/c_b 法。根据力学性质测试所求得的地层岩石剪切模量 G 和岩石体积压缩系数 c_b,可以计算 G/c_b 值,其计算公式如下:

$$\frac{G}{c_b} = \frac{(1-2\mu)(1+\mu)\rho^2}{6(1-\mu)^2(\Delta t_c)^4} \times (9.94 \times 10^8)^2 \qquad (7-4)$$

式中 G——地层岩石剪切模量,MPa;
c_b——岩石体积压缩系数,MPa^{-1};
μ——岩石泊松比;
ρ——岩石密度,g/cm^3;
Δt_c——声波时差,$\mu s/m$。

当 G/c_b 大于 $3.8 \times 10^7 MPa^2$ 时,油气井不出砂;而当 G/c_b 小于 $3.3 \times 10^7 MPa^2$ 时,油气井要出砂。

③ 组合模量法。根据声速及密度测井资料,用式(7-5)计算岩石的弹性组合模量 E_c:

$$E_c = \frac{9.94 \times 10^8 \times \rho}{\Delta t_c^2} \qquad (7-5)$$

式中 E_c——地层岩石弹性组合模量,MPa;其他符号同上。

一般情况下,E_c 越小,地层出砂的可能性越大。出砂与否的判断方法如下:E_c 大于 $2.0 \times 10^4 MPa$,正常生产时不出砂;E_c 介于 $1.5 \times 10^4 MPa$ 和 $2.0 \times 10^4 MPa$ 之间时,正常生产时轻微出砂;E_c 小于 $1.5 \times 10^4 MPa$,正常生产时严重出砂。

(3) 力学计算法。根据研究成果,垂直井井壁岩石所受的切向应力是最大张应力,最大切向应力由式(7-6)表达:

$$\sigma_t = 2\left[\frac{\mu}{(1-\mu)}(10^{-6}\rho g H - p_s) + (p_s - p_{wf})\right] \qquad (7-6)$$

根据岩石破坏理论,当岩石的抗压强度小于最大切向应力 σ_t 时,井壁岩石不坚固,将会引起岩石结构的破坏而出砂。因此,垂直井的防砂判据为:

$$C \geq 2\left[\frac{\mu}{(1-\mu)}(10^{-6}\rho g H - p_s) + (p_s - p_{wf})\right] \qquad (7-7)$$

式中 σ_t——井壁岩石的最大切向应力,MPa;
C——地层岩石的抗压强度,MPa;
μ——岩石泊松比;
ρ——上覆岩层的平均密度,kg/m^3;
g——重力加速度,m/s^2;
H——地层深度,m;

p_s——地层孔隙压力，MPa；

p_{wf}——生产时井底流压，MPa。

如果上式成立，则表明在上述生产压差（$p_s - p_{wf}$）下，井壁岩石是坚固的，不会引起岩石结构的破坏，也就不会骨架出砂，可以选择不防砂的完井方式。反之，地层胶结强度低，井壁岩石的最大切向应力超过岩石的抗压强度，引起岩石结构的破坏，地层骨架会出砂，需要采取防砂完井方法。

水平井井壁岩石所受的最大切向应力 σ_t 可由式（7-8）表达：

$$\sigma_t = \frac{3-4\mu}{1-\mu}(10^{-6}\rho gH - p_s) + 2(p_s - p_{wf}) \tag{7-8}$$

同理，水平井井壁岩石的坚固程度判别式为：

$$C \geq \frac{3-4\mu}{1-\mu}(10^{-6}\rho gH - p_s) + 2(p_s - p_{wf}) \tag{7-9}$$

对于其他角度的定向井，其井壁岩石的坚固程度判据为：

$$C \geq \frac{3-4\mu}{1-\mu}(10^{-6}\rho gH - p_s)\sin\alpha + \frac{2\mu}{1-\mu}(10^{-6}\rho gH - p_s)\sin\alpha + 2(p_s - p_{wf}) \tag{7-10}$$

式中　α——井斜角，（°）；其余各参数符号意义同上。

针对储层特性制订了岩石力学实验方案，开展了岩石力学实验，获得了岩石弹性模量、泊松比、抗压强度等岩石力学实验参数，见表7-3。分别采用力学计算方法、声波时差法和组合模量法判定是否出砂，见表7-4。

表7-3　储层岩石力学参数实验结果

井号	深度（m）	密度（g/cm³）	抗压强度（MPa）	弹性模量（10⁴MPa）	泊松比
MX12	4636.08~4636.41	2.758	359.40	3.93	0.161
MX13	4586.76~4587.01	2.777	439.11	6.40	0.266
MX16	4756.07~4756.42	2.780	252.73	7.33	0.263
MX17	4615.64~4615.79	2.786	425.62	7.32	0.243

表7-4　储层出砂判定结果

生产压差（MPa）	力学计算法出砂判定	声波时差法出砂判定	组合模量法出砂判定
1	不出砂	不出砂	不出砂
5	不出砂	不出砂	不出砂
10	不出砂	不出砂	不出砂
15	不出砂	不出砂	不出砂
20	不出砂	不出砂	不出砂
25	不出砂	不出砂	不出砂
30	不出砂	不出砂	不出砂
35	不出砂	不出砂	不出砂
40	不出砂	不出砂	不出砂

根据理论计算判定结果表明,该储层不会出砂,完井方式不考虑防砂。

3. 储层改造要求

对于部署在储层厚度大、夹层薄、物性条件好的大斜度井,以解堵酸化为主,最大程度地解除近井地带污染,恢复气井产能,完井方式应满足均匀解堵酸化的要求,可采用尾管射孔完井、裸眼衬管完井等完井方式。对于部署在低渗、储层薄而集中、物性较差的水平井,由于施工井段长,储层具有非均质性,工作液浸泡时间差异大等特点,沿井眼方向上损害往往呈不均匀分布,通常采用分段酸压改造工艺,实现储层均匀改造,以提高气井产能,可采用裸眼完井,利用裸眼封隔器实施分段压裂工艺。

综上所述,完井方式的选择需要综合考虑井筒稳定性、地层出砂以及储层改造等各方面需求,才能有效地开发气田,延长气井寿命和提高经济效益。

二、射孔完井[7-13]

(一)射孔参数设计原则

1. 孔眼深度

裂缝一般都是在接近砂面孔眼的部分起裂并逐渐向 PFP 扩展,并且射孔枪的穿透性能与套管上孔眼直径尺寸的大小相互制约。

2. 孔眼直径

当对酸压井选择射孔弹时,穿深和孔眼尺寸必须较好协调。保证足够大的孔眼尺寸对于防止酸压剪切降解、孔眼摩阻过大十分重要。

3. 射孔孔眼密度

射孔密度不但影响射孔完井后气井的产能,也对酸压施工压力有一定影响。最小的射孔密度取决于每个孔眼所需的注入量、井口压力限制、流体性质、完井套管尺寸、允许的射孔孔眼摩阻和孔眼进口直径。

4. 射孔相位

射孔相位对气井产能影响相对较小,但对于酸压施工却有重要影响。一般的结论是:理想的酸压施工条件是孔眼和储集层的最大主应力方向一致,因此从孔眼处起裂的裂缝将沿着最小阻力的 PFP 平面扩展。适用于压裂施工的相位一般有 45°、60°和 120°。

(二)射孔完井地层渗流模型

对于射孔完井(射孔完井参数见图 7-1),可以认为射孔水平井井筒压力响应模型是在裸眼水平井压力响应模型的基础上,引入由射孔完井表皮引起的压力降得到的瞬态压力响应模型。

与裸眼井类似,同样把井筒划分成 $2M$ 相等的小段,并假设在同一个井筒段的每个孔眼有着一致的流量,离散后最终得到第 J 段射孔水平井瞬态压力响应模型,表示为:

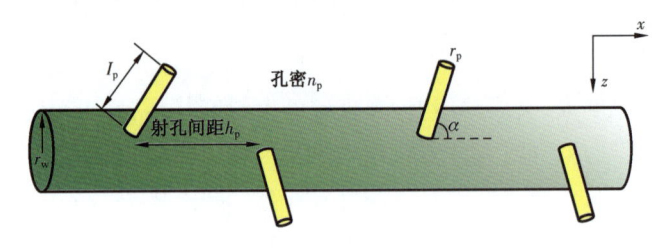

r_w—井筒半径；l_p—射孔孔眼深度；r_p—射孔孔眼半径；α—射孔相位角

图 7-1 射孔完井参数

$$m_{D,J}(t_D) = A_0 + 1 \sum_{I=1}^{2M} m_{hD,I} A_{J,I}^0 + q_{hD,J} S_{HK,J}^p \tag{7-11}$$

$$A_0 = \begin{cases} 2\pi t_{DA} + \ln\dfrac{r_{eD}}{r_D} - 0.75, \text{拟稳态流} \\ \ln r_{eD}, \text{稳态流} \end{cases} \tag{7-12}$$

$$A_{J,I}^0 = \sigma_{J,I}^O + C\lambda_{J,I}^O + F_{J,I}^O \tag{7-13}$$

$$\sigma_{J,I}^0 = \frac{1}{4}\left[\left(x_{JD} - \frac{I}{M}\right)\ln\left(x_{JD} - \frac{I}{M}\right)^2 - \left(x_{JD} - \frac{I-1}{M}\right)\ln\left(x_{JD} - \frac{I-1}{M}\right)^2\right] - 1 \tag{7-14}$$

$$\lambda_{J,I}^O = \frac{\left(x_{JD} - \dfrac{I-1}{M}\right)^3 - \left(x_{JD} - \dfrac{I}{M}\right)^3}{12 r_{eD}^2} \tag{7-15}$$

$$F_{J,I}^O = \sum_{n=1}^{\infty} \cos n\pi \frac{z_{JD}}{h_D} \cdot \cos\left(n\pi\frac{z_{wD}}{h_D}\right) \int_{\frac{I-1}{M}}^{\frac{I}{M}} \left\{ K_0\left[\frac{n\pi}{h_D}\sqrt{(x_{JD} - x'_D)^2}\right] dx'_D \right\} \tag{7-16}$$

式中 $M_{D,J}(t_D)$——第 J 个孔眼的总的无量纲压力降；

t_D——无量纲时间；

$m_{hD,I}$——第 I 段的无量纲井筒流量；

$q_{hD,I}$——单纯射孔完井产生的压降；

$S_{HK,J}^p$——非达西高速流产生的压降；

t_{DA}——无量纲时间；

r_{eD}——无量纲供给半径；

r_D——无量纲任意供给半径；

K_0——拉斯空间下变形贝塞尔函数；

x_{JD}——第 J 段的无量纲水平距离；

M——水平井总分段数；

z_{JD}——水平井跟端无量纲垂直距离；

h_D——无量纲储层厚度;

z_wD——水平井趾端无量纲垂直距离;

x'_D——气藏渗流模型中观察点无量纲水平距离。

考虑地层污染、孔眼汇流、射孔压实伤害以及非达西流动等影响因素,第 J 段射孔完井表皮因子 $S^p_{HK,J}$ 可以表示为:

$$S^p_{HK,J} S^o_J + D_{J \cdot q_{\mathrm{hD},J}} \tag{7-17}$$

$$S^o_J = S_{\mathrm{fo},J} + \frac{K_J}{K_{\mathrm{S},J}} S^o_{p,J} + h_{\mathrm{De}}\left(\frac{K_J}{K_{\mathrm{cz},J}} - \frac{K_J}{K_{\mathrm{S},J}}\right)\ln\frac{r_{\mathrm{cz},J}}{r_{\mathrm{p},J}} \tag{7-18}$$

$$S_{\mathrm{fo},J} = \left(\frac{K_J}{K_{\mathrm{S},J}} - 1\right)\ln(r_{\mathrm{S},J}/r_\mathrm{w}) \tag{7-19}$$

$$S^o_{p,J} = S_{2\mathrm{d}} + S_{\mathrm{wb}} + S_{3\mathrm{d}} \tag{7-20}$$

其中:

$$\begin{cases} S_{2\mathrm{d}} = a_m\ln\left(\dfrac{4r_\mathrm{w}}{l_{p,J}}\right) + (1-a_m)\ln\dfrac{r_\mathrm{w}}{r_\mathrm{w}+l_{p,J}} + \ln\left[\dfrac{\sqrt{K_{\mathrm{h},J}/K_{\mathrm{v},J}}+1}{2(\cos^2\alpha + K_{\mathrm{h},J}/K_{\mathrm{v},J}\sin^2\alpha)^{0.5}}\right] & m_p < 3 \\ S_{2\mathrm{d}} = a_m\ln\left(\dfrac{4r_\mathrm{w}}{l_{p,J}}\right) + (1-a_m)\ln\left(\dfrac{r_\mathrm{w}}{r_\mathrm{w}+l_{p,J}}\right) & m_p \geqslant 3 \end{cases}$$

$$\begin{cases} S_{\mathrm{wb}} = b_m\ln[c_m r_\mathrm{w}/l_{pJ,\mathrm{eff}} + \exp(-c_m r_\mathrm{w}/l_{pJ,\mathrm{eff}})] \\ S_{3\mathrm{d}} = 10^{[d_m\log(r_{pJ,\mathrm{eff}}/h_{J,\mathrm{eff}})+e_m]}\left[\dfrac{h_{J,\mathrm{eff}}}{l_{pJ,\mathrm{eff}}}\right]^{(f_m r_{pJ,\mathrm{eff}}/h_{J,\mathrm{eff}}+g_m-1)}\left(\dfrac{r_{pJ,\mathrm{eff}}}{h_{J,\mathrm{eff}}}\right)^{(f_m r_{pJ,\mathrm{eff}}/h_{J,\mathrm{eff}}+g_m)}, \\ (m_p \text{ 不同}, l_{pJ,\mathrm{eff}} \text{、} r_{pJ,\mathrm{eff}} \text{、} l_{pJ,\mathrm{eff}} \text{、} h_{J,\mathrm{eff}} \text{ 取值不同}) \end{cases}$$

$$\begin{cases} f_{t,pJ} = 1 + \left[\dfrac{2h_{J,\mathrm{eff}}/l_{pJ,\mathrm{eff}}}{2l_{pJ}/r_\mathrm{w}\sqrt{\cos^2\alpha + K_{\mathrm{h}J}/K_{\mathrm{v}J}+\sin^2\alpha}}\right]\left(\dfrac{h_{J,\mathrm{eff}}}{r_{pJ,\mathrm{eff}}} - 2\right) & m_p < 3 \\ f_{t,pJ} = 1 + \dfrac{h_{J,\mathrm{eff}}r_\mathrm{w}}{l_{pJ,\mathrm{eff}}l_{pJ}}\left(\dfrac{h_{J,\mathrm{eff}}}{r_{pJ,\mathrm{eff}}} - 2\right) & m_p \geqslant 3 \end{cases}$$

式中 a_m,b_m,c_m——与每个平面上的射孔数目 m_p 有关的系数;

d_m,e_m,f_m,g_m——与射孔相位角有关的系数;

$S_{\mathrm{fo},J}$——Hawkins 提出的裸眼井储层伤害表皮(第 J 段);

S^o_J——第 J 段由地层污染和射孔压实伤害引起的表皮;

$S^o_{p,J}$——与产量无关的射孔表皮系数;

$S_{2\mathrm{d}}$——二维平面流动表皮;

S_{wb}——井筒堵塞表皮;

$S_{3\mathrm{d}}$——三维孔眼汇聚表皮;

α——射孔相位角,(°);
l_{pJ}——第 J 段孔眼深度,mm;
r_{pJ}——第 J 段孔眼半径,mm;
D_J——高速非达西流动系数;
$D_J \cdot q_{hD,J}$——高速非达西流动产生的表皮系数;
K_J——第 J 段渗透率,D;
$K_{s,J}$——第 J 段污染后渗透率,D;
h_{De}——储层无量纲厚度;
$K_{cz,J}$——射孔压实带渗透率,D;
$r_{cz,J}$——射孔压实带厚度,mm;
$r_{p,J}$——第 J 段射孔孔眼深度,mm;
$r_{s,J}$——第 J 段污染半径,mm;
r_w——井筒半径,mm;
$K_{h,J}$——第 J 段水平渗透率,D;
$K_{v,J}$——第 J 段垂向渗透率,D;
$l_{pJ,\text{eff}}$——第 J 段有效射孔深度,mm;
$r_{pJ,\text{eff}}$——第 J 段有效射孔半径,mm;
$h_{J,\text{eff}}$——第 J 段有效射孔厚度,mm;

由于上面一些参数与射孔孔眼是否穿透污染带有密切关系,下面针对孔眼穿透和未穿透污染带两种情况下各个参数表达形式做更加详细讨论。

(1)射孔孔眼未穿透污染带。

当射孔孔眼未能穿透污染带时,第 J 段射孔总表皮系数为:

$$S_{\text{HK},J}^p = S_{\text{fo},J} + S_{p,J}^o / K_{\text{Ds},J} + h_{\text{De}}(K_{\text{Dcz},J}^{-1} - K_{\text{Ds},J}^{-1})\ln(r_{\text{cz},J} r_{p,J}) + D_{J,1} \cdot q_{\text{hD},J} \quad (7-21)$$

$$D_{J,1} = f_{t,1} \cdot F_{oJ,w} = \left\{ \beta_{\text{Dcz},J} \left(\frac{h_{\text{De}}}{l_{\text{Dp},J}} \right) \left(\frac{1}{r_{\text{De}}} - \frac{1}{r_{\text{De,cz}}} \right) + \beta_{\text{Ds},J} \left[1 + \left(\frac{h_{\text{De}}}{l_{\text{Dp},J}} \right) \left(\frac{1}{r_{\text{De,cz}}} - 2 \right) \right] \right\} \cdot F_{oJ,w} \quad (7-22)$$

$$F_{oJ,w} = \frac{\beta \rho K}{\mu} \left(\frac{q_{\text{hD},J}}{2\pi r_w L/2M} \right) \quad (7-23)$$

(2)射孔孔眼已穿透污染带。

在孔眼已穿透污染带的情况下,第 J 段射孔总表皮系数为:

$$S_{\text{HK},J}^p = S_{p,J}^o + h_{\text{De}}(K_{\text{Dcz},J}^{-1} - 1)\ln(r_{\text{cz},J}/r_{p,J}) + D_{J,2} \cdot q_{\text{hD},J} \quad (7-24)$$

$$D_{J,2} = f_{t,2} \cdot F_{o,w} = \left\{ 1 + \left(\frac{h_{\text{De}}}{l_{\text{Dp},J}} \right) \left[\left(\frac{1}{r_{\text{De}}} - \frac{1}{r_{\text{De,cz}}} \right) \cdot \beta_{\text{Ds},J} + \left(\frac{1}{r_{\text{De,cz}}} - 2 \right) \right] \right\} \cdot F_{o,w} \quad (7-25)$$

$$F_{oJ,w} = \frac{\beta_J \rho K_J}{\mu} \left(\frac{q_{\text{hD},J}}{2\pi r_w L/2M} \right) \quad (7-26)$$

式中 $F_{oJ,w}$——第 J 段上的 Forchheimer 数;

$K_{\text{Dcz},J}$——第 J 段射孔压实段渗透率,mD;

f_t——射孔完井非达西紊流系数;

$f_{t,1}$——未穿透污染带时的表达式;

$f_{t,2}$——穿透污染带时的表达式;

$K_{\text{Ds},J}^{-1}$——第 J 段污染带渗透率倒数,D^{-1};

$\beta_{\text{Dcz},J}$——无量纲系数;

r_{De}——污染带供给半径;

$r_{\text{De,cz}}$——射孔带供给半径;

$\beta_{\text{Ds},J}$——无量纲系数;

$\beta\rho k$——流体系数;

μ——流体黏度;mPa·s;

$F_{\text{o,w}}$——Forchheimer 数。

(三)射孔参数优化

为了科学地评价射孔过程对地层的伤害、预测不同射孔条件下的射孔井产能,需弄清不同条件下射孔参数与气井产能的关系。实际针对具体储层进行参数优选时,可利用理论模型或工具软件,计算各种可能的孔密、相位、射孔弹配合下的产能比,在确保套管强度的前提下,选择出使产能比最高的射孔参数配合。以 MX009 – X1 井为例,选取不同孔密、孔径、孔深、相位角、压实程度和压实厚度,进行射孔参数敏感性分析。

1. 孔密对产能的影响

图 7 – 2 表明,在孔密很小的情况下,射孔完井水平井产率比随孔密改变而改变的幅度很大;当孔密增加到一定程度时,孔密的增加就不会明显增加水平井产率比。

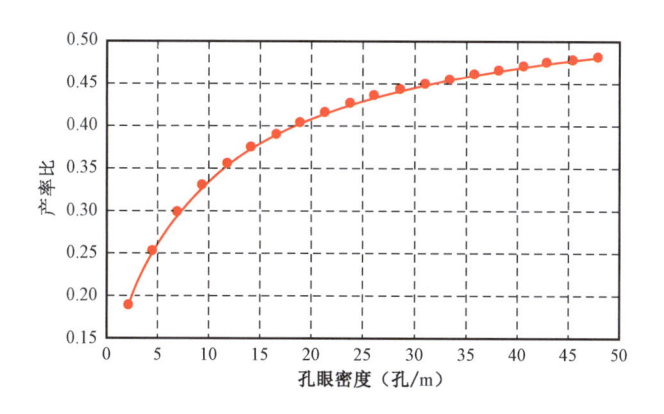

图 7 – 2 孔密对水平井产能的影响

2. 孔径对水平井产能的影响

图 7 – 3 表明孔径对水平井产率比的影响是明显的,在满足孔深要求的前提下,尽量选用孔径较大的射孔弹,这样有利于产能的发挥。增大孔径有利于提高流通面积,减小孔眼流动摩阻。

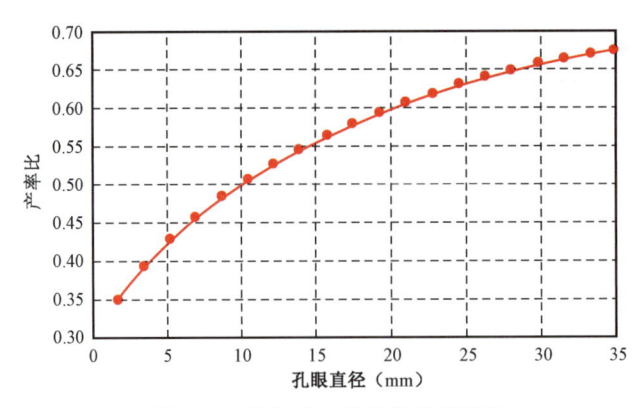

图 7-3　孔径对水平井产能的影响

3. 孔深对水平井产能的影响

图 7-4 表明水平井的产率比随孔眼深度的增加而增加,当孔眼深度达到钻井污染深度时,水平井的产率比有一个跃阶;孔眼深度达到钻井污染深度之前,产率比随孔眼深度增加而增加的幅度大于孔眼深度达到钻井污染深度之后的幅度。

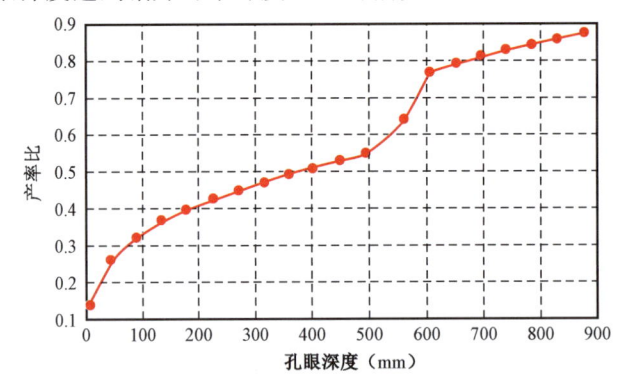

图 7-4　孔深对水平井产能的影响

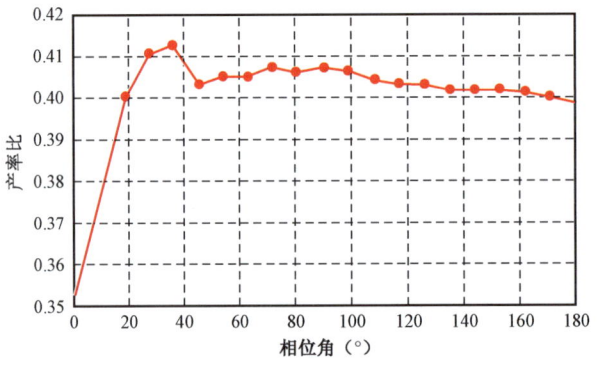

4. 射孔相位对水平井产能的影响

研究结果表明射孔相位对水平井产率比有一定的影响(图 7-5),不同的参数配合所得到的相位角对气井产率比的影响不同。如图所示,在 35°~145°相位角布孔时,所得到的产率比相对较高。

图 7-5　射孔相位对水平井产能的影响

5. 压实程度对水平井产能的影响

从图7-6可以看出,随着压实程度数值越大(压实程度越低),水平井产能逐渐增加。

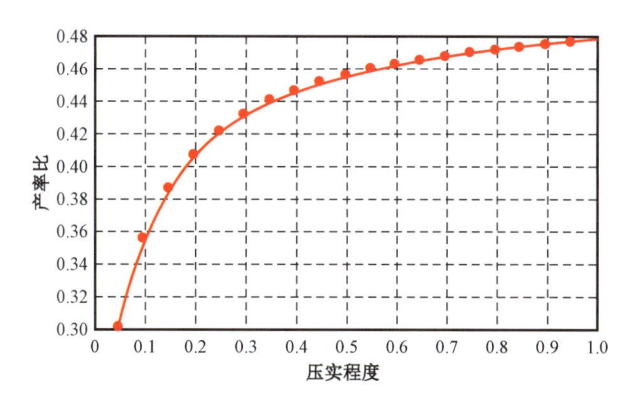

图7-6 压实程度对水平井产能的影响

6. 压实厚度对水平井产能的影响

从图7-7可以看出,水平井的产能随压实厚度增加逐渐降低。

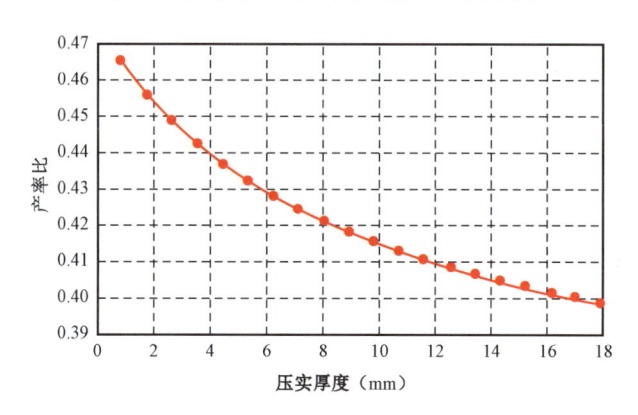

图7-7 压实厚度对水平井产能的影响

7. 射孔完井单元产率比评价结果

根据MX009-X1井对应储层的基本物性参数、选择的射孔枪弹以及校正的射孔弹地下穿深孔径,结合气藏水平井射孔完井产能评价模型,对MX009-X1井采用不同射孔孔密和射孔相位下的单元产率比进行了评价,结果见表7-5。

表7-5 不同相位、不同孔密、不同枪弹组合条件下单元产率比的计算结果

射孔枪型	射孔弹型	校正穿深(mm)	校正孔径(mm)	射孔相位(°)	孔密(孔/m)	套管强度降低系数(%)	产率比
SYD-89	DP41HMX-46-89	160.3	9.3	90	12	0.90	0.2901
SYD-89	DP41HMX-46-89	160.3	9.3	45	12	0.90	0.2866

续表

射孔枪型	射孔弹型	校正穿深（mm）	校正孔径（mm）	射孔相位（°）	孔密（孔/m）	套管强度降低系数（%）	产率比
SYD-89	DP41HMX-46-89	160.3	9.3	60	12	0.90	0.2859
SYD-89	DP41HMX-46-89	160.3	9.3	90	16	1.20	0.3174
SYD-89	DP41HMX-46-89	160.3	9.3	60	16	1.20	0.3141
SYD-89	DP41HMX-46-89	160.3	9.3	45	16	1.10	0.3135
SYD-89	DP41HMX-46-89	160.3	9.3	90	20	1.50	0.3383
SYD-89	DP41HMX-46-89	160.3	9.3	60	20	1.50	0.336
SYD-89	DP41HMX-46-89	160.3	9.3	45	20	1.40	0.3346
SYD-89	DP41HMX-1(89)	164.3	9.7	90	12	0.90	0.3068
SYD-89	DP41HMX-1(89)	164.3	9.7	45	12	0.90	0.3028
SYD-89	DP41HMX-1(89)	164.3	9.7	60	12	0.90	0.3025
SYD-89	DP41HMX-1(89)	164.3	9.7	90	16	1.30	0.3344
SYD-89	DP41HMX-1(89)	164.3	9.7	60	16	1.30	0.3312
SYD-89	DP41HMX-1(89)	164.3	9.7	45	16	1.20	0.3301
SYD-89	DP41HMX-1(89)	164.3	9.7	90	20	1.60	0.3553
SYD-89	DP41HMX-1(89)	164.3	9.7	60	20	1.60	0.3531
SYD-89	DP41HMX-1(89)	164.3	9.7	45	20	1.60	0.3512
SYD-89	DP41HMX-52-102	223.0	9.6	90	12	0.90	0.3394
SYD-89	DP41HMX-52-102	223.0	9.6	45	12	0.90	0.3353
SYD-89	DP41HMX-52-102	223.0	9.6	60	12	0.90	0.3349
SYD-89	DP41HMX-52-102	223.0	9.6	90	16	1.20	0.3678
SYD-89	DP41HMX-52-102	223.0	9.6	60	16	1.20	0.3647
SYD-89	DP41HMX-52-102	223.0	9.6	45	16	1.20	0.3638
SYD-89	DP41HMX-52-102	223.0	9.6	90	20	1.60	0.3888
SYD-89	DP41HMX-52-102	223.0	9.6	60	20	1.50	0.387
SYD-89	DP41HMX-52-102	223.0	9.6	45	20	1.50	0.3853
SYD-89	SDP43HMX-52-102	281.6	11.5	90	12	1.30	0.3871
SYD-89	SDP43HMX-52-102	281.6	11.5	60	12	1.30	0.3831
SYD-89	SDP43HMX-52-102	281.6	11.5	45	12	1.30	0.3825
SYD-89	SDP43HMX-52-102	281.6	11.5	90	16	1.80	0.4155
SYD-89	SDP43HMX-52-102	281.6	11.5	60	16	1.80	0.4134
SYD-89	SDP43HMX-52-102	281.6	11.5	45	16	1.70	0.4116
SYD-89	SDP43HMX-52-102	281.6	11.5	90	20	2.30	0.4358
SYD-89	SDP43HMX-52-102	281.6	11.5	60	20	2.20	0.4353
SYD-89	SDP43HMX-52-102	281.6	11.5	45	20	2.20	0.4331

从射孔完井单元产率比评价结果可以看出,对于射孔枪弹选定的情况下,孔密越大,射孔单元产率比越大,射孔相位60°对应的产率比最大。因为龙王庙组气层水平井投产之前都要进行酸化解堵,所以基于均匀布酸的目的(尽可能要求高孔密和低相位),推荐孔密为20孔/m,相位为60°。

三、智能基管设计技术

气藏具有非均质性,各处渗透率是不同的。水平井在酸化解堵时,酸液从根端沿水平方向向指端流动,由于井筒内已有流体的顶阻作用且水平段较长,酸液大部分消耗在根端,其他部位酸液少或者没有酸液而无法酸化,影响酸化增产效果。采用智能基管设计技术,进行衬管完井水平井酸化改造的目的就是要实现水平井段上的均匀布酸。通过理论研究与实验评价,依据储层物性差异进行变密度割缝参数设计,同时优化衬管缝眼过流阻力,来达到均匀布酸的目的。

(一)衬管完井地层渗流模型

对于衬管完井,同样可以认为衬管水平井井筒压力响应模型是在裸眼水平井压力响应模型的基础上,引入由割缝衬管完井表皮引起的压力降得到瞬态压力响应模型。与裸眼井类似,同样把井筒划分成 $2M$ 个相等的小段,并假设在同一个井筒段的每个孔眼有着一致的流量,离散后最终得到第 J 段割缝衬管水平井瞬态压力响应模型,表示为:

$$m_{D,J}(t_D) = A_0 + 1 + \sum_{I=1}^{2M} m_{hD,I} A_{J,I}^0 + q_{hD,J} S_{SL,J}^s \qquad (7-27)$$

式(7-27)中参数 A_0 以及 $A_{J,I}^0$ 在裸眼井和射孔井中都做了说明,此处就不再赘述。下面主要围绕割缝参数以及非达西流动效应对割缝衬管完井压力响应的影响进行分析。

对于割缝衬管完井,缝的排列有四种方式,第 J 段割缝参数如图7-8所示。

可得到割缝衬管完井方式下考虑钻井污染、缝眼汇聚、非达西流等影响下的表皮系数 $S_{SL,J}^s$,表达式如下。

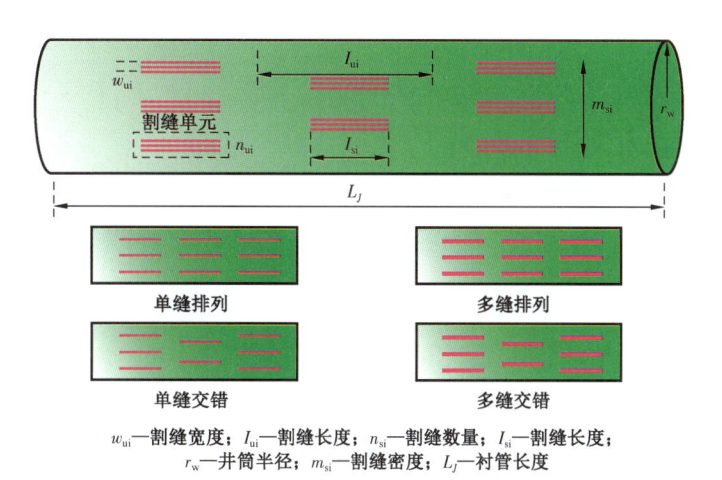

w_{ui}—割缝宽度;l_{ui}—割缝长度;n_{si}—割缝数量;l_{si}—割缝长度;
r_w—井筒半径;m_{si}—割缝密度;L_J—衬管长度

图7-8 衬管的割缝样式

高割缝穿透比 $\left[\dfrac{l_u}{2r_w} < \sin(\pi/m_s)\right]$：

$$S_{SL,J}^{S} = \left(\dfrac{k_J}{k_{sJ}} - 1\right)\ln\left\{\dfrac{\left[r_{shJ}/r_w + \sqrt{(r_{shJ}/r_w)^2 + k_h/k_v - 1}\right]}{1 + \sqrt{k_h/k_v}}\right\} + \dfrac{k_J}{k_{sJ}}\left\{\left(\dfrac{2\pi r_w}{n_{sJ}m_{sJ}w_{sJ}\lambda_J}\right)\dfrac{t_{sJ}k_J}{r_w k_{tJ}} + \right.$$

$$\dfrac{2}{n_{sJ}m_{sJ}\lambda_J}\ln\left(\dfrac{1 - \lambda_J + 2l_{DsJ}r_w/w_{sJ}}{1 - \lambda_J + n_{sJ}l_{DsJ}r_w/w_{uJ}}\right) + \dfrac{2}{m_{sJ}}\left[\dfrac{1}{\lambda_J}\ln(1 - \lambda_J + l_{DsJ}r_w/w_{uJ}) + \dfrac{2\lambda_J \sin(\pi/m_{sJ})}{l_{DsJ}}\right] +$$

$$\ln\left(\dfrac{r_e}{r_w(1 + \sin(\pi/m_{si}))}\right) - \ln\left(\dfrac{r_e}{r_w}\right)\right\} + \left\{\left(\dfrac{2\pi r_w}{n_{sJ}m_{sJ}w_{sJ}\lambda_J}\right)^2 \dfrac{t_{sJ}\beta_{tJ}}{r_w \beta_J} + \left(\dfrac{2}{n_{sJ}m_{sJ}\lambda_J}\right)^2 \times \right.$$

$$\left[-\dfrac{4(1 - \lambda_J)}{l_{DsJ}}\ln\left(\dfrac{1 - \lambda_J + 2l_{DsJ}r_w/w_{sJ}}{1 - \lambda_J + n_{sJ}l_{DsJ}r_w/w_{uJ}}\right) + \dfrac{4r_w}{w_{sJ}} - \dfrac{2n_{sJ}r_w}{w_{uJ}} + \dfrac{4(1 - \lambda_J)}{(1 - \lambda_J)w_{sJ}/r_w + 2l_{DsJ}} - \right.$$

$$\left.\dfrac{2(1 - \lambda_J)}{(1 - \lambda_J)w_{uJ}/(r_w n_{sJ}) + l_{DsJ}}\right] + \left(\dfrac{2}{m_{sJ}}\right)^2 \times \left[-\dfrac{4(1 - \lambda_J)}{l_{Dsi}\lambda_J^2}\ln(1 - \lambda_J + l_{DsJ}r_w/w_{uJ}) + \right.$$

$$\dfrac{2r_w}{w_{ui}\lambda_J^2} - \dfrac{1}{\sin(\pi/m_{sJ})\lambda_J^2} + \dfrac{2(1 - \lambda_J)}{\lambda_J^2(1 - \lambda_J)w_{uJ}/r_w + l_{DsJ}\lambda_J^2} - \dfrac{2(1 - \lambda_i)}{2(1 - \lambda_J)\sin(\pi/m_{sJ})\lambda_J^2 + l_{Dsi}\lambda_J^2} +$$

$$\left.\left.\dfrac{1}{\sin(\pi/m_{sJ})} - \dfrac{2\lambda_J}{l_{DsJ}}\right] + \dfrac{1}{1 + \sin(\pi/m_{sJ})}\right\} \times \dfrac{\beta_J \rho k_J}{\mu}\left(\dfrac{q_{iJ}}{2\pi r_w L_J}\right) \times \dfrac{\beta_{sJ}}{\beta_J}$$

(7－28)

低割缝穿透比 $\left[\dfrac{l_u}{2r_w} > \sin(\pi/m_s)\right]$：

$$S_{SL,J}^{S} = \left(\dfrac{k_J}{k_{sJ}} - 1\right)\ln\left\{\dfrac{\left[r_{shJ}/r_w + \sqrt{(r_{shJ}/r_w)^2 + k_h/k_v - 1}\right]}{1 + \sqrt{k_h/k_v}}\right\} + \dfrac{k_J}{k_{sJ}}\left\{\left(\dfrac{2\pi r_w}{n_{sJ}m_{sJ}w_{sJ}\lambda_J}\right)\dfrac{t_{sJ}k_J}{r_w k_{tJ}} + \right.$$

$$\dfrac{2}{n_{sJ}m_{sJ}\lambda_J}\ln\left(\dfrac{1 - \lambda_J + 2l_{DsJ}r_w/w_{sJ}}{1 - \lambda_J + n_{sJ}l_{DsJ}r_w/w_{uJ}}\right) + \dfrac{2}{m_{sJ}\lambda_J}\ln\left[\dfrac{1 - \lambda_J + l_{DsJ}r_w/w_{uJ}}{1 - \lambda_J + l_{DsJ}/2/\sin(\pi/m_{sJ})}\right] +$$

$$\dfrac{l_{DsJ}/\lambda_J}{l_{DsJ} - 2(1 - \lambda_J)}\ln\left[\dfrac{\lambda_J + l_{DsJ}/2}{1 + \sin(\pi/m_{sJ})} \cdot \dfrac{l_{DsJ} + 2\sin(\pi/m_{sJ})(1 - \lambda_J)}{l_{DsJ}}\right] +$$

$$\ln\dfrac{r_e/r_w}{1 + l_{DsJ}/(2\lambda_J)} - \ln\left(\dfrac{r_e}{r_w}\right)\right\} + \left\{\left(\dfrac{2\pi r_w}{n_{sJ}m_{sJ}w_{sJ}\lambda_J}\right)^2 \dfrac{t_{si}\beta_{tJ}}{r_w \beta_J} + \left(\dfrac{2}{n_{sJ}m_{sJ}\lambda_J}\right)^2 \times$$

$$\begin{aligned}&\left[-\frac{4(1-\lambda_J)}{l_{DsJ}}\ln\left(\frac{1-\lambda_J+2l_{DsJ}r_w/w_{sJ}}{1-\lambda_J+n_{sJ}l_{DsJ}r_w/w_{uJ}}\right)+\frac{4r_w}{w_{sJ}}-\frac{2n_{sJ}r_w}{w_{uJ}}+\frac{4(1-\lambda_J)}{(1-\lambda_J)w_{sJ}/r_w+2l_{DsJ}}-\right.\\&\left.\frac{2(1-\lambda_J)}{(1-\lambda_J)w_{uJ}/(r_wn_{sJ})+l_{DsJ}}\right]+\left(\frac{2}{m_{sJ}\lambda_J}\right)^2\left[-\frac{4(1-\lambda_J)}{l_{DsJ}}\ln\left(\frac{1-\lambda_J+l_{DsJ}r_w/w_{uJ}}{1-\lambda_J+l_{DsJ}/[2\sin(\pi/m_{sJ})]}\right)+\right.\\&\left.\frac{2r_w}{w_{uJ}}-\frac{1}{\sin(\pi/m_{sJ})}+\frac{2(1-\lambda_J)}{(1-\lambda_J)w_{uJ}/r_w+l_{DsJ}}-\frac{2(1-\lambda_J)}{2(1-\lambda_J)\sin(\pi/m_{sJ})+l_{DsJ}}\right]+\\&\left[\frac{l_{DsJ}/\lambda_J}{l_{DsJ}^{-2(1-\lambda_J)}}\right]2\times\left[\frac{1}{1+\sin(\pi/m_{sJ})}-\frac{1}{1+l_{DsJ}/(2\lambda_J)}+\frac{2(1-\lambda_J)}{2(1-\lambda_J)\sin(\pi/m_{sJ})+l_{DsJ}}-\right.\\&\left.\frac{2\lambda_J(1-\lambda_J)}{l_{DsJ}}-\frac{4(1-\lambda_J)}{l_{DsJ}-2(1-\lambda_J)}\ln\left(\frac{\lambda_J+l_{DsJ}/2}{1+\sin(\pi/m_{sJ})}\cdot\frac{l_{DsJ}+2\sin(\pi/m_{sJ})(1-\lambda_J)}{l_{DsJ}}\right)\right]+\\&\left.\frac{1}{1+l_{DsJ}/(2\lambda_J)}\right\}\times\frac{\beta_J\rho k_J}{\mu}\left(\frac{q_i}{2\pi r_w L_J}\right)\frac{\beta_{sJ}}{\beta_J}\end{aligned}$$

(7-29)

其中 $l_{DsJ}=\frac{2l_{sJ}/r_w}{\sqrt{k_{hJ}/k_{vJ}}+1}$,$\lambda_J=\frac{l_{sJ}}{l_{uJ}}$

交错割缝时,用 m'_{sJ} 代替 m_{sJ},$m'_{sJ}=m_{sJ}(1+e^{-m_{sJ}l_{DsJ}/\lambda_J})$。

式中 m_{sJ}——割缝密度(第 J 段),孔/m;

L_s——割缝长度,mm;

w_s——割缝宽度,mm。

(二)缝眼过流阻力分析

1. 过流面积分析

缝眼通过能力考虑以下两个方面的因素:(1)由于衬管的下壁与井眼直接接触,实际有效的过流面积约为理论割缝面积的80%左右;(2)缝眼可能被砂堵,考虑极限情况下80%的缝眼可能被堵。因此,要求在考虑上述极限情况下,割缝衬管有效通过面积大于油管过流面积所需最短衬管长度,见表7-6。

表7-6 不同方案所需衬管长度

方案	壁厚6.45mm 的3½油管 最少需要衬管长度(m)	壁厚6.88mm 的4½油管 最少需要衬管长度(m)
方案1	29	50
方案2	29	50
方案3	15	25

考虑配产 $100\times10^4\text{m}^3/\text{d}$,衬管长1000m,计算不同方案的过流阻力,见表7-7。

表7-7 不同方案过流阻力表

方案	开口面积（%）	缝宽（mm）	缝长（mm）	缝数（条/m）	衬管剩余强度（MPa）	过流阻力（MPa）
方案1	0.25	0.5	60	50	82.77	0.6763
方案2	0.25	1.0	60	25	84.63	0.3381
方案3	0.5	1.0	60	50	82.77	0.1691

从过流阻力来说,方案3最好;考虑衬管剩余强度,方案2最好。在强度满足要求的情况下,应尽量减少流通阻力,因此首选方案3,次选方案2,最后是方案1。

2. 防冲蚀分析

缝眼防冲蚀同样主要考虑以下两个方面的因素:(1)由于衬管的下壁与井眼直接接触,实际有效的过流面积约为理论割缝面积的80%左右;(2)缝眼可能被砂堵,考虑极限情况下80%的缝眼可能被堵。因此,根据缝眼冲蚀公式,计算配产$(100 \sim 250) \times 10^4 m^3/d$,不同方案最短需要的衬管长度见表7-8。

表7-8 不同方案、不同产气量下所需衬管长度表

产量（$10^4 m^3/d$）	防冲蚀最少需要衬管长度(m)		
	方案1	方案2	方案3
100	13	13	7
150	20	20	10
200	26	26	13
250	33	33	16

3. 割缝参数推荐方案

根据前面的计算结果,具体方案见表7-9。

表7-9 最后推荐衬管割缝参数表

开口面积（%）	缝宽（mm）	缝长（mm）	缝数（条/m）	衬管余剩强度（MPa）	布缝格式	挡砂精度（目）	挡砂精度（mm）	衬管所需最短长度（m）
0.2	1	60	13	84	120°相位角螺旋布缝	40~45	0.398~0.402	11.88

注意:每根衬管母螺纹下面0.5m不割缝,公螺纹上面0.3m不割缝。

衬管缝型推荐采用:(1)断面缝型采用梯形缝;(2)表面缝型采用直线形;(3)布缝类型采用螺旋布缝。梯形缝横截面如图7-9所示。

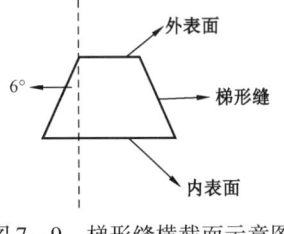

图7-9 梯形缝横截面示意图

（三）衬管割缝参数优化

对衬管进行割缝参数优化的目的就是针对储层非均质性,

通过优化设计衬管割缝参数,来保证下入井筒中的衬管每处向储层中渗透的酸液量基本相同,不受储层渗透率的影响。即:$Q_1(K_1,R_1) = Q_2(K_2,R_2) = Q_3(K_3,R_3) = K$,其中,$Q$ 为酸液量,R 为衬管的流动阻力系数,K 为储层渗透率。

基于气藏储层特征,开展不同排量下酸化效果模拟对比分析,优化衬管割缝参数,为储层实现均匀改造提供基础。以 MX008 – H1 井为例,对衬管割缝参数进行优化分析。

1. 储层特征分析

测井解释证实储层发育。本井测井共解释 20 段储层,累计段长 462.0m,孔隙度 1.0% ~ 7.0%,含水饱和度 9% ~ 30%。其中差气层 6 段,累厚 77.0m;气层 14 段,累厚 385.0m。该井孔隙度和渗透率分布情况分别如图 7 – 10 和图 7 – 11 所示。

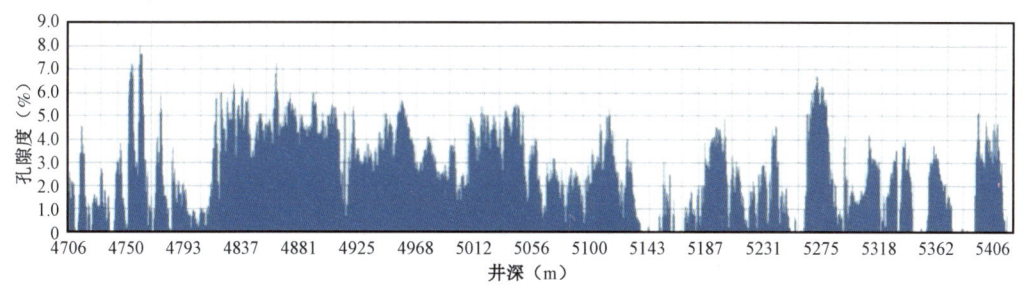

图 7 – 10 测井孔隙度分布图

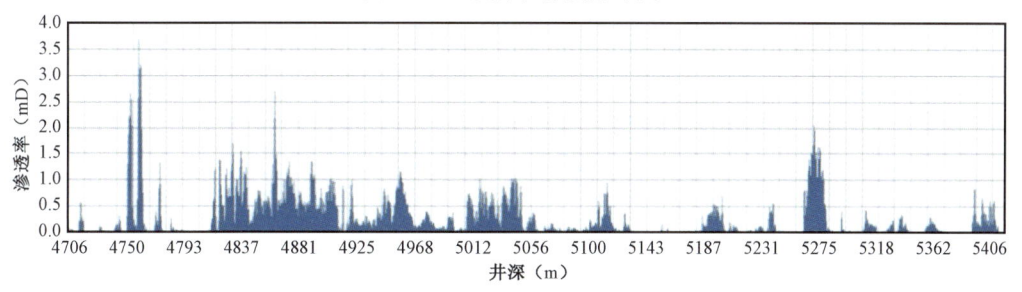

图 7 – 11 测井渗透率分布图

2. 酸化效果模拟分析

酸化时,井筒流入动态如图 7 – 12 所示。基于该流动原理,采用 Landmark 软件计算得到不同排量下井筒动态流入剖面,如图 7 – 13 和图 7 – 14 所示。

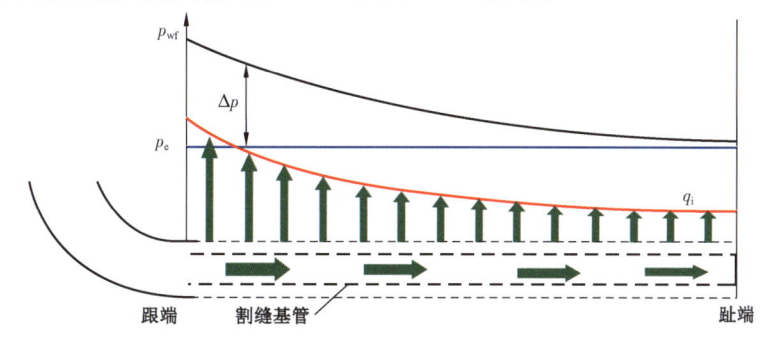

图 7 – 12 酸化工况下井筒流入动态示意图

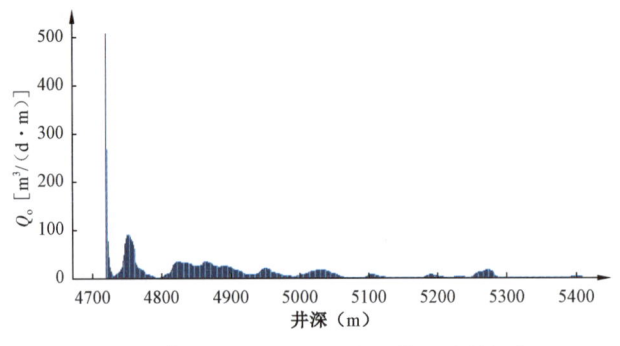

图 7-13 6m³/min 排量下酸化效果模拟（衬管到环空）

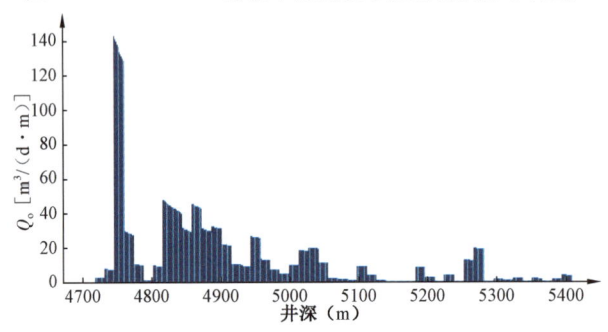

图 7-14 6m³/min 排量下酸化效果模拟（环空到地层）

为了研究不同渗透率层位下的动态流入情况，根据产层渗透率分布，把水平段分成三段，做对比研究，如图 7-15 所示。

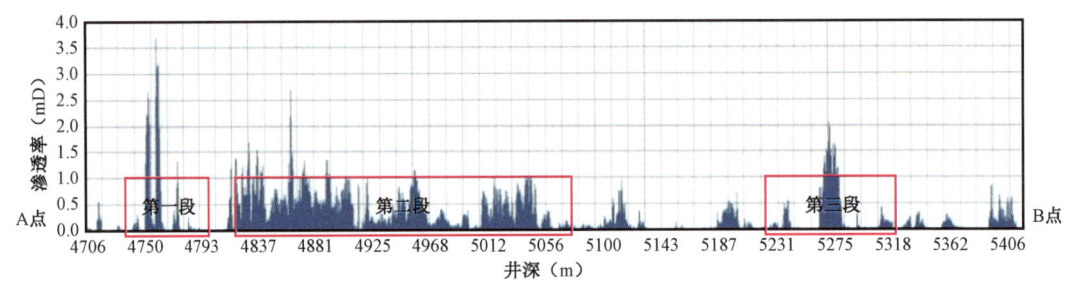

图 7-15 水平井分段及渗透率分布示意图

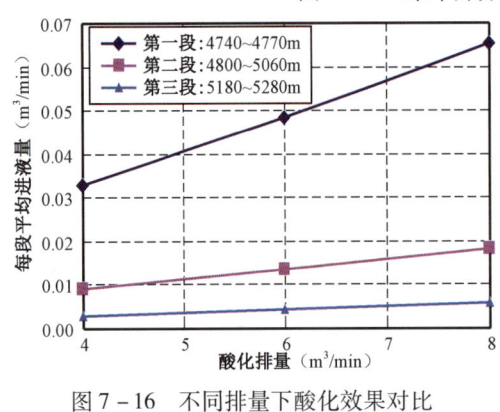

分段结果如下：第一段，4740~4770m；第二段，4800~5060m；第三段，5180~5280m。

计算不同排量下各段流入量，如图 7-14 所示，酸液主要分布在靠近 A 点部分，其余层段进液较少，甚至不进液。根据综合对比（图 7-16）可以看出：随着排量的增加，各段进液量都有所增加，但是第一段增加速度大于第二段，第二段又大于第三段，并且对第三段影响较小。也就是说随着酸化排量的增加，主要对 A 点附近改造效果提升较大，对 B 点附近

图 7-16 不同排量下酸化效果对比

地层提升不大。

3. 不同完井参数情况下酸化效果对比

为进行不同完井参数下的对比研究,共考虑了3种情况:

(1)考虑加管外封隔器变割缝参数完井(表7–10);
(2)考虑不加管外封隔器变割缝参数完井(表7–11);
(3)采用 MX008–H1 井统一完井参数(表7–12),酸化排量都考虑 $6m^3/min$,采用 Landmark 软件对这三种情况进行模拟。

表7–10 加管外封隔器变割缝参数完井(排量 $6m^3/min$)

井段(m)	缝宽(mm)	缝长(mm)	缝数(条/m)	布缝格式
第一段参数:4705~4800	0.6	20	0.1	120°相位角螺旋布缝
第二段参数:4800~5060	0.6	40	0.1	120°相位角螺旋布缝
第三段参数:5060~5436	1.0	60	13.0	120°相位角螺旋布缝

注:封隔器1:坐封位置4800m;封隔器2:坐封位置5060m。

表7–11 不加管外封隔器变割缝参数完井(排量 $6m^3/min$)

井段(m)	缝宽(mm)	缝长(mm)	缝数(条/m)	布缝格式
第一段参数:4705~4800	0.6	20	0.1	120°相位角螺旋布缝
第二段参数:4800~5060	0.6	40	0.1	120°相位角螺旋布缝
第三段参数:5060~5436	1.0	60	13.0	120°相位角螺旋布缝

注:封隔器1:坐封位置4800m;封隔器2:坐封位置5060m。

表7–12 采用 MX008–H1 井完井参数(排量 $6m^3/min$)

MX008–H1 井完井参数	缝宽(mm)	缝长(mm)	缝数(条/m)	布缝格式
	1.0~1.2	60	13	120°相位角螺旋布缝

根据计算结果(图7–17)可以看出:采用加封隔器+变参数完井方式,与不加封隔器变参数完井相比,在第一段和第三段都对储层进行了有效的改造,而全井筒采用统一参数情况下(如 MX008–H1 井),跟趾差异较大。因此,通过计算表明:采用变参数情况下,可不加管外封隔器即可达到对产层的相对均匀改造,改造效果明显优于统一参数下的完井方式。

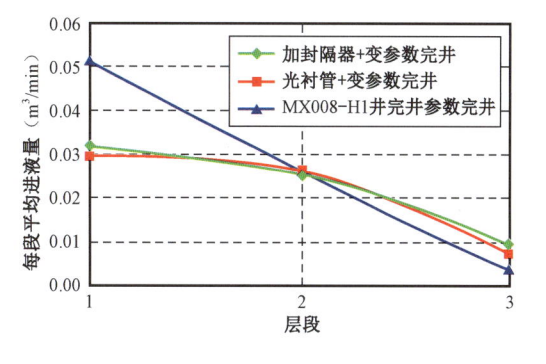

图7–17 不同完井参数下各段进液量对比图

第二节 腐蚀与防腐

一、腐蚀环境及类型分析

龙王庙组气藏地层压力 75.74～76.08MPa,地层温度 140.24～144.88℃,硫化氢含量 0.44%～0.68%,计算分压 0.33～0.52MPa,二氧化碳含量 1.78%～2.37%,计算分压 1.35～1.80MPa,属于中含硫化氢、低—中含二氧化碳气藏,气井生产过程中有凝析水产出。根据 NACE MR0175 标准规定,龙王庙组 $p_{CO_2}/p_{H_2S}=3.46$(图 7-18),腐蚀类型以 H_2S 腐蚀为主,处于 H_2S 应力腐蚀开裂区(图 7-19),腐蚀环境恶劣。

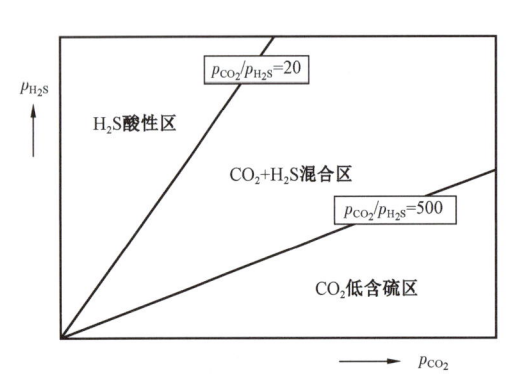

图 7-18 龙王庙组气藏腐蚀类型分析图

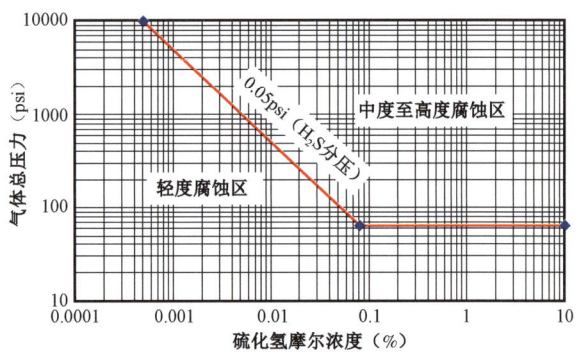

图 7-19 龙王庙组气藏腐蚀环境分析

二、腐蚀评价与材质选择[14-34]

对磨溪龙王庙组气藏开展管材腐蚀室内评价实验,分别以 MX9 井和 MX11 井地层水为腐蚀介质,对 BG110SS、BG2532、BG2830 三种管材进行腐蚀评价实验。从实验结果看(表 7-13、表 7-14、图 7-20、图 7-21):BG110SS 的腐蚀速率均处于 NACE 标准中极严重腐蚀的范围,BG2532 和 BG2830 的腐蚀速率均处于 NACE 标准中轻微腐蚀的范围。

表 7-13 MX9 井地层水条件下的腐蚀实验结果

材质	试件位置	腐蚀速率(mm/a)	备注
BG110SS	液相	0.3188	存在蚀斑
BG2532	液相	0.0007	均匀腐蚀
BG2830	液相	0.0001	均匀腐蚀

注:实验条件为 $p_{H_2S}=2.7$MPa,$p_{CO_2}=1.76$MPa,MX9 井现场水 pH 值 5.076,Cl^- 含量 12.08mg/L,水型为硫酸钠,实验温度 140℃,实验时间 72h。

表 7-14 MX11 井地层水条件下的腐蚀实验结果

材质	试件位置	腐蚀速率(mm/a)	备注
BG110SS	液相	0.3221	有较严重局部腐蚀(图 7-21),局部腐蚀坑最大面积约 0.85mm², 最大深度约 0.02mm
BG2532	液相	0.0020	均匀腐蚀
BG2830	液相	0.0030	均匀腐蚀

实验条件：$P_{H_2S}=2.7$ MPa, $p_{CO_2}=1.76$ MPa, MX11 井现场水 pH 值 6.532, Cl^- 含量 28378mg/L, 水型为氯化钙, 实验温度 140℃, 实验时间 72h。

(a) BG110SS　　(b) BG2532　　(c) BG2830

图 7-20 MX9 井地层水条件下三种材质试件处理后表面图

(a) BG110SS　　(b) BG2532　　(c) BG2830

图 7-21 MX11 井地层水条件下三种材质试件处理后表面图

结合龙岗气田开展的在 150℃条件下国产 028 材质的室内抗开裂耐蚀性能实验结果[国产宝钢 028 材质在实验条件下未开裂,满足标准 ISO 15156-3 对抗开裂要求(表 7-15)],表明 BG2532、BG2830 等同等级别管材均能满足龙王庙气藏开发井抗腐蚀性能要求。

表 7-15 国产 028 钢抗开裂耐蚀性能实验结果

被检测对象	国产 028 钢油管管体
实验遵循的标准	GB/T 15970.2—2000 idt ISO 7539-2:1989; NACE TM0177
实验方法	小四点弯曲
实验条件	实验溶液:模拟 LG6 井气田水溶液。温度:150℃±5℃。p_{H_2S}:6MPa。p_{CO_2}:5.4MPa。加载应力:100% AYS=850MPa。实验周期:720h
实验结果	未开裂
验收指标	不开裂(标准 ISO 15156-3)

根据某公司材质选择图版(图7-22),选用镍基耐蚀合金油管,该材质能满足气田生产防腐要求。

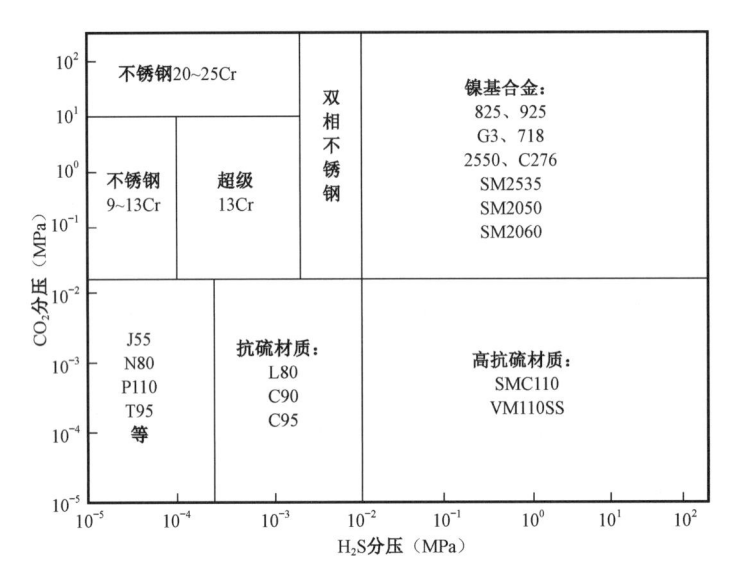

图 7-22 某公司材质选择图版

第三节 生产管柱及工具

一、管柱尺寸与结构设计

(一)油管尺寸

生产油管尺寸是确定生产套管尺寸的首要依据,而确定气井油管尺寸必须考虑以下几个因素:气井理论产气量、携液能力、冲蚀条件、摩阻损失、能保证动态监测仪器在油管中的正常起下以及气井增产措施和修井作业等。其主要选取原则为[35-40]:

(1)满足气井单井配产及油管抗冲蚀能力要求;
(2)井筒压力损失相对较小,能够实现开发设计的要求;
(3)具有较强的携液能力,能够最大限度延长气井水淹时间;
(4)能够满足增产措施等工况对油管强度的要求;
(5)所选用的油管尺寸,要求具有与其成熟配套的井下工具;
(6)满足气井效益开发需求,降低生产建设成本。

根据龙王庙组气藏参数建立气井节点分析模型,采用气井压力系统节点分析法,对不同管径油管的最大协调产量、井筒压力损失分析、防冲蚀能力及携液能力进行计算分析,并结合不同工况下管柱力学分析及储层改造的要求,推荐不同配产条件下油管管径大小,见表7-16。

表 7-16 不同配产条件下生产油管尺寸推荐表

井深 （m）	<40×10⁴m³/d （mm）	(40~120)×10⁴m³/d （mm）	(120~230)×10⁴m³/d （mm）
<5000	φ73（内径62）	φ88.9（内径76）	φ114.3（内径100.53）

综合考虑气井的稳产能力和稳产时间，推荐配产小于 $40\times10^4m^3/d$ 气井采用 φ73mm 油管，配产 $(40\sim120)\times10^4m^3/d$ 气井采用 φ88.9mm 油管，配产大于 $120\times10^4m^3/d$ 气井采用 φ114.3mm 油管，可满足气井生产要求。

（二）油管下深及强度校核

根据储层埋深及气井井身结构特点，直井及大斜度井生产油管下深 4600~4800m，水平井至 A 点井深 4800~5000m，油管强度设计需求出满足生产要求的最佳钢级壁厚长度组合。因油管的抗挤强度和抗内压强度较大，静态强度校核时主要计算抗拉强度。考虑到气藏中含 H_2S、CO_2，地层压力、温度高，单井配产高，单轴抗拉安全系数取 1.8。几种常用油管单级管柱的下入深度计算结果见表 7-17，可以看出 110 以上钢级的油管可满足龙王庙组气井生产油管下入深度强度的要求。

表 7-17 单级管柱参数及可下入深度

钢级	油管外径 （mm）	壁厚 （mm）	内径 （mm）	每米质量 （kg/m）	抗外挤 （MPa）	抗内压 （MPa）	抗拉 （kN）	最大下深(m) 安全系数=1.8
110	88.9	5.49	77.92	11.46	67.1	81.9	1090	5284
125	88.9	5.49	77.92	11.46	72.4	93.1	1241	6016
110	88.9	6.45	76.00	13.69	93.3	96.3	1268	5145
125	88.9	6.45	76.00	13.69	102.7	109.4	1440	5844
110	114.3	6.88	100.54	18.75	63.5	79.9	1761	5217
125	114.3	6.88	100.54	18.75	68.2	90.8	2002	5932
110	114.3	8.56	97.18	22.47	98.9	99.4	2157	5330
125	114.3	8.56	97.18	22.47	109.6	112.9	2451	6060

（三）油管扣型

龙王庙组气藏地层压力、温度高，气井配产较高，天然气含酸性气体，生产过程中对完井管柱的气密封性要求高，故生产油管采用金属对金属的气密封螺纹，如 VAM-TOP、3SB、BGT1 扣等，以保证油管的长期密封性。

为了验证油管气密封螺纹的密封效果，开展了 BGT1 扣在交变载荷条件下油管螺纹气密封评价试验，内容主要包括循环上卸扣试验和复合载荷下的气密封试验。试验依据的主要标准有：

（1）参考 ISO 13679:2002 石油天然气工业油管、套管接头试验评价推荐程序；

（2）API RP 5C1:1999(R2010)套管、油管维护和使用推荐做法；
（3）API SPEC 5B 套管、油管和管线管螺纹的加工、测量和检验规范；
（4）生产厂螺纹上扣扭矩要求；
（5）油气田的井下工况条件。

1. 上扣、卸扣试验

对所送油管试样内、外螺纹随机配对进行上扣、卸扣试验，油管试样编号为 1# 和 2#。对接头现场端进行 5 次上扣、4 次卸扣，上扣速度控制在 5～10r/min。每次上扣前对螺纹进行仔细检查、清洗、风干、均匀涂抹螺纹脂，内、外螺纹均涂抹 SHELL TYPE3 螺纹脂。上扣控制扭矩按照生产厂的推荐要求：前 4 次上扣采用最大扭矩，最后 1 次上扣 1# 和 2# 试样分别采用最大和最小扭矩。针对 ϕ73.02mm × 5.51mm BG2830 – 110 BGT1 油管，推荐最大和最小扭矩分别为 2070 lbf·ft(2810N·m) 和 1760 lbf·ft(2390N·m)。上扣、卸扣试验数据见表 7 – 18。

表 7 – 18 ϕ73.02mm × 5.51mm BG2830 – 110 BGT1 油管的上扣、卸扣试验数据

试样编号	上扣端	上扣、卸扣次数	上扣扭矩(N·m)	台肩扭矩(N·m)	卸扣扭矩(N·m)
1#	现场端	1	2960	606	2737
		2	2695	579	2385
		3	2506	416	2348
		4	2914	435	1959
		5	2876	408	—
2#	现场端	1	2663	616	2588
		2	2682	495	2440
		3	2866	519	2510
		4	2881	579	2594
		5	2714	510	—

1# 和 2# 试样 4 次卸扣均未发现粘扣现象，第四次卸扣后的内、外螺纹照片如图 7 – 23 和图 7 – 24 所示。

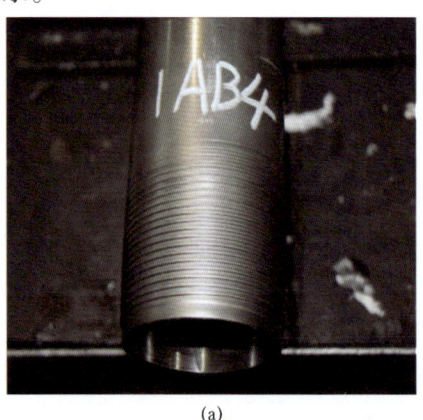

(a)　　　　　　　　　　　　(b)

图 7 – 23 1# 油管试样第四次卸扣照片

(a)   (b)

图 7-24　2#油管试样第四次卸扣照片

2. 复合载荷气密封试验

对上、卸扣后的 4 根试样进行 150℃、12h 烘干后,进行模拟工况和计算参数复合载荷气密封试验。压力介质为干燥氮气,两端焊接堵头。

实际工况模拟试验中,拉伸载荷按照抗拉安全系数 1.8 和 1.6 两种工况考虑,压缩载荷选取 300kN,不施加弯曲载荷,施加内压为 50MPa。计算参数试验中,根据实物管体的外径、壁厚和材料屈服强度按照 95% VME 计算载荷点。

试验控制载荷见表 7-19 和表 7-20。所有试样在试验过程中均未发生泄漏。

表 7-19　ϕ73.02×5.51mm BG2830-110 BGT1 油管模拟工况试验(1#、2#)

序号	管体弯曲度[(°)/(30m)]	轴向总载荷(kN)	机械载荷(kN)	内压(MPa)	保载时间(min)
1	—	494	338	50	30
2	—	-298	-454	50	30
3	—	552	396	50	30
4	—	-298	-454	50	30
5	—	552	396	50	30
6	—	-298	-454	50	30
7	0	0	0	0	1
8	—	494	338	50	30
9	—	-298	-454	50	30
10	—	552	396	50	30
11	—	-298	-454	50	30
12	—	552	396	50	30
13	—	-298	-454	50	30

表7-20 ϕ73.02×5.51mm BG2830-110 BGT1 油管计算参数试验(1#、2#)

序号	管体弯曲度[(°)/(30m)]	轴向总载荷(kN)	机械载荷(kN)	内压(MPa)	保载时间(min)
1	—	872	716	50.0	30
2	20	783	627	50.0	30
3	—	-298	-454	50.0	30
4	20	-298	-454	50.0	30
5	—	654	347	100.1	30
6	20	569	262	100.1	30
7	—	0	-307	100.1	30
8	20	0	-307	100.1	30

3. 综合分析

送检的 ϕ73.02×5.51mm BG2830-110 的 BGT1 扣油管实物试样,在上、卸扣试验过程中未发生粘扣等损伤;所有试样在模拟工况和计算参数复合载荷气密封试验过程中均未发生泄漏。模拟工况和计算参数载荷点均在95%屈服强度应力椭圆内(图7-25)。

根据室内对 BGT1 扣油管交变载荷条件下螺纹气密封评价试验结果,BGT1 扣满足龙王庙气藏开发井管柱气密封要求。

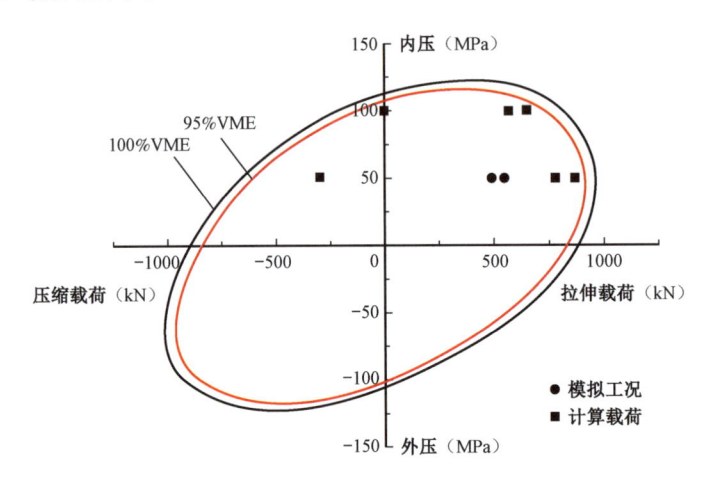

图7-25 BGT1 扣规定最小屈服强度应力椭圆图

(四)生产管柱结构设计

龙王庙储层压力、温度高,天然气中含有酸性气体,气井配产高,生产管柱结构方案必须满足以下要求:

(1)生产管柱结构满足长期安全生产的要求下,结构尽量简单;

(2)紧急情况下,应能截断井下气源,实现井下安全控制;

(3)避免套管内部和油管外壁接触酸性气体,保证气井的长期完整性;
(4)满足生产管柱长期的气密封性能;
(5)满足完井时酸化、测试、生产测井等作业的需要。

根据相关标准要求,结合龙王庙组储层特征和开发井井身结构特点,生产井根据不同井况推荐采用3套生产管柱结构。

(1)直井(自上而下):油管挂+气密封扣油管+上流动短节+井下安全阀+下流动短节+气密封扣油管+锚定密封总成+永久式封隔器+磨铣延伸筒+坐放短节+球座+筛管+丢枪接头+射孔枪(射后丢枪)(图7-26a)。观察井与评价井不下入井下安全阀。

(2)大斜度井(自上而下):油管挂+气密封扣油管+上流动短节+井下安全阀+下流动短节+气密封扣油管+锚定密封总成+永久式封隔器+磨铣延伸筒+坐放短节+球座(图7-26b)。

(3)水平井(自上而下):油管挂+气密封扣油管+上流动短节+井下安全阀+下流动短节+气密封扣油管+锚定密封总成+永久式封隔器+磨铣延伸筒+坐放短节+"裸眼封隔器+滑套"分段酸化工具(图7-26c)。

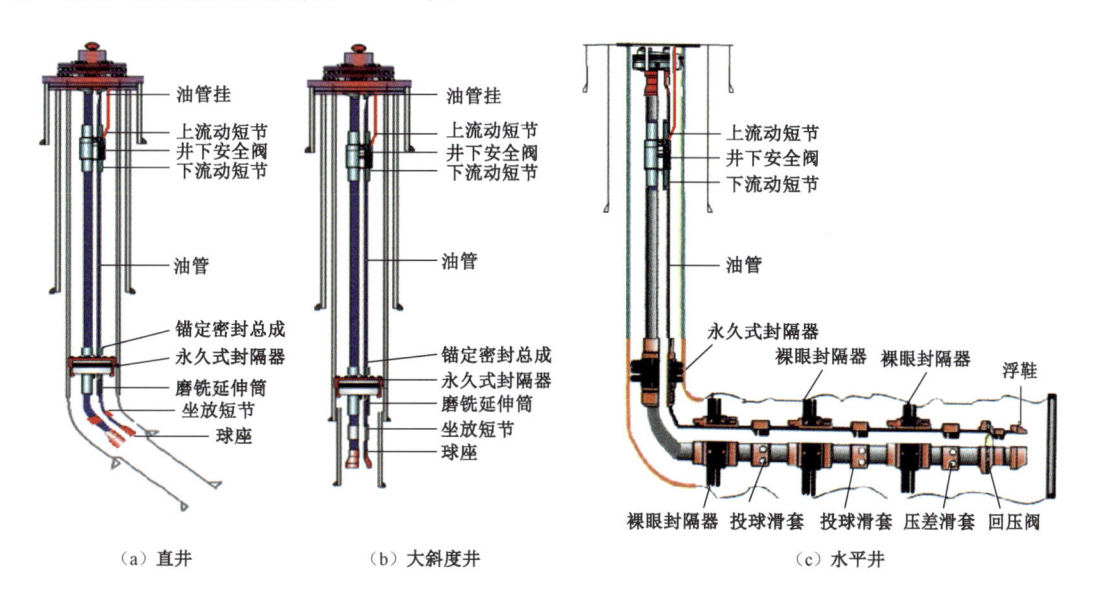

图7-26 龙王庙组气藏开发井完井管柱结构示意图

二、井下工具

(一)井下安全阀

井下安全阀在采气树被毁坏时或地面出现火灾等异常情况时,可实现自动或人为关闭,实现井下控制,保证气井的安全。安全阀安装在井口以下80~100m,并在上下各安装一个流动短节,防止流体流动对安全阀的冲击(表7-21、图7-27)。

表 7-21　井下安全阀技术规格

油管规格	88.9mm 或 114.3mm	安全阀规格①	3½in
最大外径	143.51mm	最小内径	71.5mm
材质	718	压力等级	70MPa
扣型	气密封螺纹	温度等级	177℃

① 安全阀控制管线规格：外径 6.35mm(¼in)，壁厚 1.2446mm(0.049in)，内径 3.8608mm(0.152in)。

图 7-27　井下安全阀示意图

（二）永久式封隔器

永久式封隔器用于避免套管内部和油管外壁接触酸性气体，保证气井的长期完整性。封隔器安装在气层以上 50~100m 固井质量优质段，坐封处井斜角小于 45°（表 7-22、图 7-28）。

表 7-22　永久式封隔器技术规格

套管尺寸	177.8mm	重量级别	32~35lb/ft
压力等级	70MPa	温度等级	177℃
最大外径	146.05mm	最小内径	82.55mm
材质	718	扣型	气密封螺纹
坐封方式	液压	解封方式	磨铣

图 7-28　永久式完井封隔器示意图

（三）锚定密封总成

与完井封隔器上密封筒及上端方扣配合，可反转脱手起出永久式封隔器以上油管（见表 7-23 和图 7-29）。

表 7-23　锚定密封总成技术参数表

压力等级	70MPa	温度等级	177℃
最大外径	114.3mm	最小内径	76.2mm
材质	718	扣型	气密封螺纹
脱手方式	右转 12~15 圈	密封件类型	K-Ryte

图 7-29　锚定密封总成示意图

(四)磨铣延伸筒

配合封隔器磨铣打捞工具对封隔器进行磨铣打捞。该工具所有连接方式为右旋扣连接,并用销钉锁紧,可防止倒扣(表7-24和图7-30)。

表7-24 磨铣延伸筒技术参数表

压力等级	70MPa	温度等级	177℃
最大外径	115.4mm	最小内径	99.54mm
材质	718	扣型	气密封螺纹
抗拉强度	50000lb	磨掉封隔器所用时间	2~4h

图7-30 磨铣延伸筒及磨铣打捞工具示意图

(五)坐放短节

配合堵塞锁芯,可以满足生产过程中不压井换井口或修井作业,也可起到坐封封隔器的作用,同时可以满足生产过程中的测压、测温要求,油管堵塞器与坐落接头匹配(表7-25和图7-31)。

表7-25 坐放短节技术参数表

压力等级	70MPa	温度等级	177℃
最大外径	97.69mm	最小内径	69.85mm
材质	718	扣型	气密封螺纹

图7-31 坐放短节及堵塞器示意图

三、采气井口装置

采气井口装置的选择主要是对采气井口装置压力级别、温度级别、材质级别和规范级别等进行优选。根据地层压力、流体性质及施工工况进行综合考虑。其压力级别应根据气井最大关井压力和井口最大作业压力来共同确定,取其两者最大值;温度类别应依据 API Spec 6 19th 标准,根据环境的最低温度、流经采气井口装置的流体最高温度选择,使用温度范围应符合表7-26要求;材质应符合或超过表7-27的要求来选择。

(一)井口装置选型

1. 压力级别

龙王庙组气藏地层压力 75.74~76.08MPa,最高关井压力 64.0MPa(MX9 井)。主体区开发井采用酸化解堵,释放气井产能,采用加重酸控制施工泵压在 70MPa 以下。对于储层物性较差、气藏边部的开发井,需要进行基质酸化或酸压提高气井产能,酸化施工泵压可能超过 70MPa,此时采用井口保护器,可以避免井口承受高压。综合分析,推荐井口装置压力等级为 70MPa。

2. 温度级别

龙王庙组储层温度 137.19~147.70℃,根据配产,预测井口温度为 75.51~107.04℃。参考以上预测资料,根据 API Spec 619th 和 SY/T 5127—2002 标准(表 7-26),结合该地域最低温度记录,考虑一定的安全系数,推荐龙王庙组气井井口装置温度级别选择 P~X 级(-29~176℃)。

3. 材质级别

龙王庙组气井井口温度高(最高107℃),压力高(最大关井压力64MPa),天然气中硫化氢含量 0.44%~0.68%,计算分压 0.33~0.52MPa,二氧化碳含量 1.78%~2.37%,计算分压 1.35~1.80MPa,天然气中含凝析水,井口腐蚀环境恶劣。根据采气井口装置材质选择标准(表 7-27),借鉴龙岗气田的井口使用情况,推荐采用 HH 级进口采气井口装置,保证气井长期安全生产。

表 7-26 API 标准井口温度等级表

温度类别	适用温度范围(℃)
K	-50~82
L	-46~82
P	-29~82
R	4~49
S	-18~66
T	-18~82
U	-18~121
V	2~121
X	-18~176
Y	-18~343
Z	-18~380

表 7-27 采气井口材质选择标准

材料类别	工况特征	p_{H_2S}(psi)	p_{CO_2}(psi)	Cl^-(mg/L)
AA(合金铁)	一般使用—无腐蚀	<0.05	<7	<20000
BB(不锈钢合金铁)	一般使用—轻度腐蚀	<0.05	<30	<20000
CC(不锈钢)	一般使用—中到高度腐蚀	<0.05	≥30	<20000
DD(NACE 合金铁)	酸性环境—无腐蚀	<0.05	<30	<20000
EE(NACE 不锈钢合金铁)	酸性环境—轻度腐蚀	≥0.05	<30	<50000
FF(NACE 不锈钢)	酸性环境—中到高度腐蚀	≥0.05	≥30	<50000
HH(全面镀金)	酸性环境—严重腐蚀	≥0.05	≥30	>100000

4. 产品规范级别

根据 API Spec6 19th 标准推荐的规范级别选择图,可知龙王庙气藏开发井采气井口规范级别应选择 PSL3G 级。

5. 性能级别

借鉴邻区龙岗气田的开发经验,磨溪气田龙王庙组气藏开发井性能级别选择 PR2。

综上所述,龙王庙组气藏开发井采气井口装置选择方案为:压力级别 70MPa,温度级别 P~X 级,材料级别 HH 级,规范级别 PSL3G,性能级别 PR2。

(二)技术要求

(1)主通径:78mm(3 1/16 in)或 103.2mm(4 1/16 in),与生产油管尺寸配套。
(2)油管头侧翼闸阀通径:2 9/16 in(65mm)。
(3)油管悬挂器密封、主密封和脖径密封均应采用金属密封。
(4)井下安全阀控制管线整体穿越。
(5)井口配安全控制系统和测温装置。
(6)连接形式:API Spec6 19th。

第四节 管柱力学与冲蚀分析

一、管柱力学分析

深层、高温、高压气井在大产量生产、酸化施工等不同工况时,管柱的压力、温度变化较大,造成油管应力变化大,有必要对完井管柱在气井极限工况下进行管柱力学计算分析,校核其安全性能[41-49]。通常采用 Landmark 软件分别对不同油管管串酸化、生产等极限工况进行力学分析和计算。

根据石油天然气安全规程(AQ2012—2007),推荐油管柱设计安全系数,抗挤为 1.0~1.25,抗内压为 1.03~1.25,抗拉为 1.8 以上,含硫天然气井应取高限。根据龙王庙组气藏的特点,参考中国石油天然气股份有限公司勘探与生产分公司"高温高压深层及含酸性介质气井完井投产技术要求",安全系数取值为:三轴应力强度安全系数取值 1.7~1.8,抗拉强度安全系数取值 1.8,抗外挤强度安全系数取值 1.4~1.5,抗内压强度安全系数取值 1.25。

(一)直井不同工况计算

根据磨溪区块龙王庙组气藏的实际井下条件(井深 4800m,封隔器坐封位置 4570m;地层压力 76MPa,地层温度 143℃,地面温度 20℃;酸化改造初期排量 0.5~1.0m³/min,平均排量 3.5m³/min;环空保护液 1g/cm³),计算 ϕ88.9mm、壁厚 6.45mm、钢级 110 油管在酸化和生产条件下的管柱受力情况(表 7-28、表 7-29)。可以看出,酸化施工时,环空平衡压力 30~50MPa,管柱安全系数满足设计要求,封隔器受力在要求范围内,管柱处于安全状态;正常配产条件下,管柱安全系数满足设计要求,管柱处于安全状态。

表7-28　ϕ88.9mm、壁厚6.45mm、110钢级油管酸化工况管柱力学计算结果

泵压（MPa）	平衡套压（MPa）	位置	三轴	抗拉	抗内压	抗外挤	油管对封隔器	封隔器对套管
90	50	井口	1.70	1.78	2.41	100	28.5	57.5
		封隔器上部	4.20	13.00	3.90	100		
70	40	井口	1.80	1.83	3.21	100	23.5	40.4
		封隔器上部	5.70	15.70	6.50	100		
70	30	井口	1.70	1.73	2.40	100	27.2	56.0
		封隔器上部	4.27	10.80	3.88	100		

表7-29　ϕ88.9mm、壁厚6.45mm、110钢级油管生产工况管柱力学计算结果

产量（$10^4 m^3/d$）	井口压力（MPa）	井口温度（℃）	位置	三轴	抗拉	抗内压	抗外挤	油管对封隔器	封隔器对套管
40	61.90	67.54	井口	1.71	2.21	1.51	>100	7.2	43.8
			封隔器	3.33	9.76	3.10	>100		
60	60.88	81.94	井口	1.73	2.27	1.52	>100	5.7	42.3
			封隔器	3.22	8.01	3.1	>100		
80	59.28	91.55	井口	1.75	2.31	1.54	>100	4.8	41.3
			封隔器	3.17	7.29	3.1	>100		
100	57.12	98.31	井口	1.78	2.34	1.57	>100	4.1	40.7
			封隔器	3.11	6.81	3.11	>100		

同时计算油管（ϕ88.9mm、壁厚5.49mm、钢级125）在酸化和生产条件下的管柱受力情况（表7-30、表7-31）。可以看出，酸化施工时，环空平衡压力30~50MPa，管柱安全系数满足设计要求，封隔器受力在要求范围内，管柱处于安全状态；正常配产条件下，管柱安全系数满足设计要求，管柱处于安全状态。

表7-30　ϕ88.9mm、壁厚5.49mm、125钢级油管酸化工况管柱力学计算结果

泵压（MPa）	平衡套压（MPa）	位置	三轴	抗拉	抗内压	抗外挤	油管对封隔器	封隔器对套管
95	50	井口	1.80	1.97	2.07	100	28.7	63.8
		封隔器上部	3.65	10.5	3.10	100		
70	40	井口	2.05	2.08	3.10	100	21.7	68.6
		封隔器上部	5.90	14.80	6.30	100		
70	30	井口	1.90	1.96	2.33	100	25.4	54.5
		封隔器上部	4.30	10.30	3.75	100		

表 7-31　φ88.9mm、壁厚 5.49mm、125 钢级油管生产工况管柱力学计算结果

产量 ($10^4 m^3/d$)	井口压力 (MPa)	井口温度 (℃)	油管安全系数 位置	三轴	抗拉	抗内压	抗外挤	封隔器受力 (tf) 油管对封隔器	封隔器对套管
40	61.90	67.54	井口	1.73	2.45	1.50	>100	9.1	45.6
			封隔器	3.36	17.60	2.95	>100		
60	60.88	81.94	井口	1.75	2.52	1.47	>100	7.6	44.1
			封隔器	3.26	12.90	2.97	>100		
80	59.28	91.55	井口	1.77	2.57	1.48	>100	6.6	43.2
			封隔器	3.20	10.90	2.96	>100		
100	57.12	98.31	井口	1.80	2.60	1.50	>100	3.7	32.6
			封隔器	3.15	9.80	2.96	>100		

(二) 大斜度及水平井不同工况计算

根据磨溪区块龙王庙组气藏的大斜度及水平井井下条件(井深 5100~5750m,封隔器坐封位置 4500m;地层压力 76MPa,地层温度 143℃,地面温度 20℃;酸化改造初期排量 0.5~1.0m³/min,平均排量 5.5m³/min;环空保护液 1g/cm³),计算 φ114.3mm、壁厚 6.88mm、钢级 110 和 125 两种油管配产(100~200)×$10^4 m^3/d$ 时生产管柱受力(表 7-32 至表 7-35),可知钢级 110 油管在生产时三轴安全系数不满足设计要求,钢级 125 油管在酸化和生产工况下,管柱三轴、抗拉、抗内压、抗外挤安全系数均大于安全值,封隔器受力在允许范围内,管柱处于安全状态,满足气井安全要求。

表 7-32　φ114.3mm、壁厚 6.88mm、110 钢级油管酸化工况管柱力学计算结果

井口油压 (MPa)	套压 (MPa)	油管安全系数 位置	三轴	抗拉	抗内压	抗外挤	封隔器受力 (tf) 油管对封隔器	封隔器对套管	封隔器受压差 (MPa)	管柱伸缩 (m)
90	50	井口	1.52	1.68	2.00	100	51.5	66.3	18	2.8
		封隔器上部	2.90	5.10	2.80	100				
70	50	井口	1.73	1.76	4.00	100	37.4	41.5	5	1.9
		封隔器上部	4.20	7.10	9.52	100				
70	40	井口	1.67	1.66	2.66	100	43.5	53.0	22	2.4
		封隔器上部	3.67	5.70	4.30	100				

表 7–33　ϕ114.3mm、壁厚 6.88mm、110 钢级油管生产工况管柱力学计算结果

产量 (10^4m³/d)	井口压力 (MPa)	井口温度 (℃)	油管安全系数 位置	三轴	抗拉	抗内压	抗外挤	封隔器受力(tf) 油管对封隔器	封隔器对套管
100	62.37	86.67	井口	1.52	2.34	1.26	>100	5.9	29.6
			封隔器	2.66	7.40	2.57	>100		
140	60.63	97.43	井口	1.54	2.39	1.27	>100	4.3	28.1
			封隔器	2.60	6.80	2.57	>100		
160	59.48	101.26	井口	1.55	2.40	1.28	>100	3.7	27.5
			封隔器	2.60	6.60	2.58	>100		
200	56.67	107.04	井口	1.58	2.44	1.30	>100	2.8	26.5
			封隔器	2.59	6.29	2.59	>100		

表 7–34　ϕ114.3mm、壁厚 6.88mm、125 钢级油管酸化工况管柱力学计算结果

井口油压 (MPa)	套压 (MPa)	油管安全系数 位置	三轴	抗拉	抗内压	抗外挤	封隔器受力(tf) 油管对封隔器	封隔器对套管	封隔器受压差 (MPa)	管柱伸缩 (m)
90	50	井口	1.75	1.83	2.27	100	51.5	66.3	18	2.8
		封隔器上部	3.30	5.80	3.19	100				
70	50	井口	1.96	2.00	4.54	100	37.4	41.5	5	1.9
		封隔器上部	4.77	8.08	10.80	100				
70	40	井口	1.78	1.78	2.27	100	49.7	64.5	18	3.0
		封隔器上部	3.38	5.40	3.20	100				

表 7–35　ϕ114.3mm、壁厚 6.88mm、125 钢级油管生产工况管柱力学计算结果

产量 (10^4m³/d)	井口温度 (℃)	井底温度 (℃)	油管安全系数 位置	三轴	抗拉	抗内压	抗外挤	封隔器受力(tf) 油管对封隔器	封隔器对套管
100	103	140	井口	1.73	2.66	1.43	>100	5.9	29.6
			封隔器	3.02	8.40	2.90	>100		
140	108		井口	1.75	2.70	1.44	>100	4.3	28.1
			封隔器	2.98	7.73	2.93	>100		
160	110		井口	1.76	2.74	1.45	>100	3.7	27.5
			封隔器	2.97	7.49	2.90	>100		
200	113		井口	1.79	1.77	1.48	>100	2.8	26.5
			封隔器	2.94	7.14	2.94	>100		

(三) 分析结果

通过对不同油管方案在酸化和生产工况下管柱力学计算分析可以看出:配产小于 100 ×

$10^4m^3/d$ 气井采用 ϕ88.9mm、壁厚 6.45mm、110 钢级油管,配产不小于 $100 \times 10^4m^3/d$ 气井采用 ϕ114.3mm、壁厚 6.88mm、125 钢级油管,可以满足气井在酸化和生产时的管柱安全要求。酸化施工时,要求环空平衡压力 30~50MPa。

二、管柱抗冲蚀能力分析

对不同尺寸井下工具对气井产能的影响进行计算分析可知(表 7–36、表 7–37):气井采用 ϕ114.3mm 油管进行生产时,井下采用 3½in 井下安全阀,相对于采用 4½in 井下安全阀,对气井产能影响较小;采用小内径(82.55mm)完井封隔器,相对于采用大内径(98.43mm)完井封隔器,对气井产能影响较小。

表 7–36 不同尺寸井下安全阀协调产量计算对比结果表(地层压力 76.008MPa)

井口流压 (MPa)	气井协调产量($10^4m^3/d$)		减小比例 (%)
	ϕ114.3mm 油管 +4½in 井下安全阀 (内径 96.85mm)	ϕ114.3mm 油管 +3½in 井下安全阀 (内径 71.5mm)	
7.8	467.11	465.91	0.257
10.0	463.99	462.81	0.254
20.0	440.20	439.12	0.245
30.0	401.92	400.94	0.244
40.0	348.02	347.21	0.233
50.0	273.04	272.42	0.227
60.0	151.96	151.61	0.257

表 7–37 不同尺寸完井封隔器协调产量计算对比结果表(地层压力 76.008MPa)

井口流压 (MPa)	气井协调产量($10^4m^3/d$)		减小比例 (%)
	ϕ114.3mm 油管 +7in 完井封隔器 (内径 98.43mm)	ϕ114.3mm 油管 +7in 完井封隔器 (内径 82.55mm)	
7.8	467.48	467.15	0.071
10.0	464.37	464.03	0.073
20.0	440.55	440.24	0.070
30.0	402.23	401.95	0.070
40.0	348.30	348.05	0.072
50.0	273.26	273.06	0.073
60.0	152.08	151.97	0.071

同时对不同尺寸井下安全阀抗冲蚀能力进行计算分析可知(表 7–38、表 7–39):3½in 井下安全阀在井口油压 15~60MPa 时,满足气井配产大于 $100 \times 10^4m^3/d$ 的抗冲蚀能力要求;4½in 井下安全阀在井口油压 15~60MPa 时,满足气井配产大于 $200 \times 10^4m^3/d$ 的抗冲蚀能力要求。根据生产井配产设计要求,同时考虑到气井采用 4½in 井下安全阀时,油层套管及技术套管 0~200m 井段需扩大一级,对井筒完整性造成一定影响,不推荐使用 4½in 井下安全阀。

表 7-38 3½in 井下安全阀(内径 71.5mm)抗冲蚀能力计算结果表

标准	井口压力(MPa)	临界冲蚀流量($10^4 m^3/d$)
API RP 14E ($C = 200$)	7.8	78.1
	10.0	90.1
	15.0	112.4
	20.0	129.2
	25.0	140.4
	30.0	148.4
	40.0	159.2
	50.0	166.1
	60.0	171.2

表 7-39 4½in 井下安全阀(内径 96.85mm)抗冲蚀能力计算结果表

标准	井口压力(MPa)	临界冲蚀流量($10^4 m^3/d$)
API RP 14E ($C = 200$)	7.8	148.5
	10.0	171.3
	15.0	207.2
	20.0	245.5
	25.0	266.9
	30.0	282.3
	40.0	302.7
	50.0	316.0
	60.0	325.6

注:考虑井下安全阀采用718材质,且上下有流动短节保护,冲蚀流量计算时 C 值取 200。

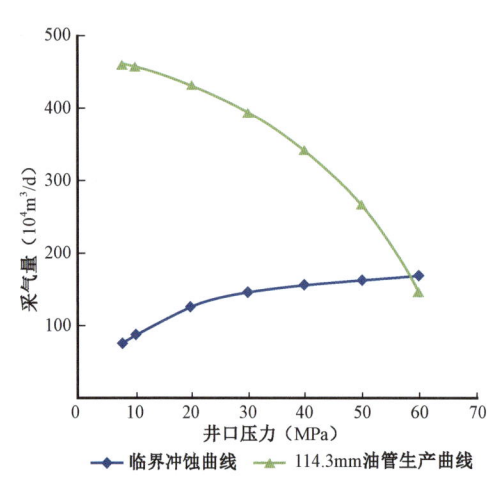

图 7-32 "ϕ114.3mm 油管 + 3½in 井下安全阀"管柱抗冲蚀能力分析图

根据以上计算结果,采用"ϕ114.3mm 油管 + 3½in 井下安全阀"管柱生产,对管柱抗冲蚀能力进行分析(图 7-32),可知在目前地层压力条件下,气井最大合理配产为 $160 \times 10^4 m^3/d$。

根据以上分析,结合储层改造要求及完井工具与油管配套情况,推荐配产小于 $100 \times 10^4 m^3/d$ 气井采用"ϕ88.9mm 油管(壁厚 6.45mm、110 钢级) + 3½in 井下安全阀(内径 71.5mm) + 7in 完井封隔器(内径 82.55mm)"的完井管柱;配产 $(100 \sim 160) \times 10^4 m^3/d$ 的气井采用"ϕ114.3mm 油管(壁厚 6.88mm、125 钢级) + 3½in 井下安全阀(内径 71.5mm) + 7in 完井封隔器(内径 82.55mm)"的完井管柱。

第五节　试油工艺技术

一、试油难点及工艺要求

(一)试油难点分析

1. 地层压力高

各个工况下井口压力均有可能超过表层套管清水最高承压。在如此高压条件下,对工具性能提出了严苛的考验,在整个试油过程中一旦封隔器及管柱串漏都可能会造成上部套管损坏,从而导致严重的井控问题。对于地面流程设备来说,高压情况下降压难度增加。同时,在节流降压设备(一般为油嘴管汇或放喷排液管汇)上游一直到井口采气树都是超高压区域,在这一区域内的设备都需要人员手动操作、巡查设备、更换油嘴,致使操作人员必须长时间暴露在超高压区域进行工作,操作风险非常高。此外,在高压条件下精细分离及精确计量难度增大。

2. 地层温度高

高温会引起管材强度下降,增加了地面设备和井下工具的密封件密封失效风险,导致井下和地面高精度电子仪器、仪表的灵敏度降低,甚至失效,也对压井液耐温性能提出更高的要求。高温下硫化氢、二氧化碳酸性气体导致钻井液稠化,同时高温也可能导致重晶石沉淀堵塞等,这些都可能导致后期的管柱卡埋,起钻困难。此外,高温返排流体导致井口温度高,放喷测试周期较长,要求测试设备必须具有更高的耐酸腐蚀能力。

3. 硫化氢、二氧化碳含量高

酸性气体对管材腐蚀严重。在高低温变化条件下会大大增加管材硫化物应力开裂的敏感性,对管柱安全是一个严峻的考验。因此,要求管柱及流程设备必须有良好的抗硫、气密封性能。

4. 复杂工况管柱受力情况恶劣

为避免重复压井带来的井控风险和储层伤害,此类井的测试工况较多,井筒温度及管柱内、外压力变化较大。管柱不但要承受很大的静载荷,而且还要承受很大的交变动载荷,导致管柱应力分布情况复杂。酸化时,管柱因温度效应及鼓胀效应产生的收缩形变会在封隔器附近产生轴向上的附加拉应力,会拉开液压循环阀及封隔器,造成油套连通及封隔器失封;开井时,管柱伸长所产生的附加轴向压力,又会造成下部油管螺旋屈曲损坏。

5. 地层出砂

放喷过程中,高压高速流体携带的地层岩屑及其他固相颗粒流会对井下管柱及地面流程产生冲蚀和堵塞。冲蚀会造成地面测试计量装备损坏、管线刺漏,测试风险大。堵塞则会导致井下管柱流道完全或不完全阻断,造成井下复杂。

(二)试油工艺要求

(1)管柱强度满足深井高温高压测试的需要,保证有足够的剩余拉力应对可能出现的井下复杂情况。此外,要求管柱和工具抗腐蚀能力强,在酸性条件下不易发生腐蚀断裂和刺漏。

（2）为避免多次压井造成的储层伤害及井控风险，要求一趟管柱同时满足射孔、酸化、测试、气举、长时间关井及各种绳索作业的要求。

（3）满足长时间测试及试井的要求。

（4）满足大规模改造及大产量测试的要求。

二、试油工艺及管柱

近年来，国内外相关领域的专家及工程技术人员针对高温高压酸性气藏试油工艺进行了大量探索和实践，逐步形成了以射孔—酸化—测试联作系列技术及试油完井一体化技术等为代表的试油新技术，配合耐高温高压的大通径 APR 测试工具、高精度大量程存储式电子压力计等工具。随着这些新技术的推广应用，气井试油测试效率、成功率稳步提升，成本大幅降低，安全风险得到有效控制。

（一）射孔—酸化—测试联作系列工艺技术

1. 基本管柱——射孔—酸化—测试联作管柱

高温高压高酸性气藏地层条件复杂，为了尽量避免多次起下钻作业所带来的储层伤害及井控风险，要求一趟管柱完成尽可能多的工艺措施。经实践总结，形成了一套使用 APR 工具带电子压力的射孔—酸化—测试联作工艺。

（1）管柱结构（图 7-33）：油管挂 + 油管 + 伸缩接头 + 油管 + OMNI 阀 + LPR-N 阀 + RD 取样器 + RDS 阀 + 压力计托筒 + 震击器 + RD 阀 + 液压旁通 + RTTS 安全接头 + RTTS 封隔器 + 尾管安全接头 + 筛管 + 油管 + 筛管 + 射孔枪。

（2）工艺流程。APR 测试工具下入至尾管内，下入时 OMNI 阀处于循环位，LPR-N 阀球阀关闭。下钻至预定位置后进行电测校深，根据校深结果调整管柱使射孔枪对准目的层。然后上提管柱，正转加压坐封 RTTS 封隔器，坐封完成后换装井口，作酸化施工前准备。酸化施工时，先通过 OMNI 阀循环孔控制排量不超过 500L/min，控制油压低于射孔枪起爆压力低值 7MPa 以上，进行低替酸液。低替完成后环空加、泄压力操作关闭 OMNI 阀循环孔。确认关闭后，环空加压验封合格后，保持环空压力不低于 20MPa，压降不超过 3MPa，打开 LPR-N 阀，进行射孔、高挤酸液施工。酸化完成后，根据情况调整环空压力，保持 LPR-N 阀开启。进行排液、测试等作业，测试结束后，环空加压操作 RDS 阀、RD 取样器进行取样及关井，并通过 RDS 阀循环孔循环均匀上部压井液，根据实际情况决定是否打开 RD 阀进行堵漏作业。最后上提解封封隔器，循环、起钻，结束测试。

（3）管柱特点。① 本管柱是射孔—酸化—测试系列基本管柱。根据井身结构，套管尺寸灵活选择坐封位置及合适的封隔器尺寸，封隔器可以坐封于上部套管，对下部套管或裸眼进行测试，

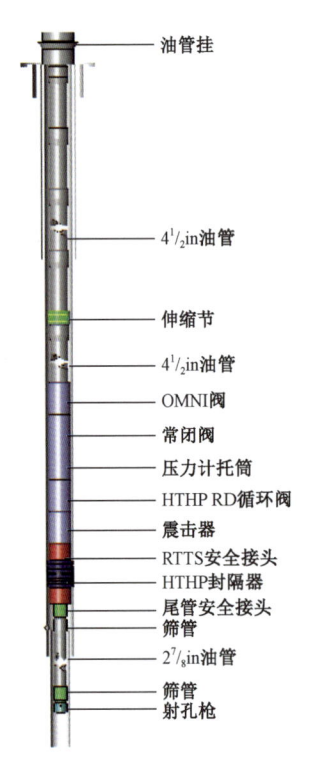

图 7-33 射孔—酸化—测试联作管柱结构示意图

也可以坐封于尾管段中进行小井眼测试。管柱中 OMNI 阀为替液阀和第一循环阀,RDS 为备用循环阀,RD 阀作为后期压井堵漏使用。采用双筛管设计,即在封隔器以下管柱中设置了双筛管。一根筛管连接在起爆器上,另一根筛管在封隔器以下一根油管下面。当测试遇到高产气流后,往往在封隔器以下油管和套管环空之间会形成一段高压气柱。在进行直推法压井时,一部分压井钻井液从上筛管出来,有利于把封隔器以下的管柱外的环空天然气推回地层;另一部分压井钻井液从下筛管出来,将整个油管内充满钻井液,降低循环压井和起钻过程中的不安全因素。② 使用全通径的测试工具,可以防止酸化时酸液在工具处节流,减小冲蚀作用,降低摩阻。也可以防止放喷测试时地层出砂和后期压井过程中堵漏材料导致管柱堵塞。同时也为连油气举及绳索作业提供了条件。③ 考虑到部分深井受固井质量及回接筒的影响,套管清水条件下最高控制套压为65MPa。若管柱中同时使用 RD 及 RDS 循环阀,则操作压力窗口狭窄,破裂盘设置困难。若后期不涉及地层流体 PVT 分析,则可去掉 RD 取样器及 RDS 阀,使用 RD 阀作为备用循环阀。或者使用 OMNI 阀带球阀,去掉 RDS 阀,将 RD 取样器放置于 OMNI 阀与 LPR - N 阀之间进行取样。④ 以该管柱为基础,通过增减或更换特定工具,可以形成众多射孔—酸化—测试衍生管柱及工艺。

2. 衍生管柱——滑套(或暂堵球)分层酸化—测试管柱

将 RTTS 封隔器换成分层酸化封隔器即可实现分层酸化测试作业。

(1)管柱结构(图7-34):油管挂 + 油管 + APR 工具(带压力计托筒) + HPHT RP 封隔器 + 油管 + 喷砂滑套 + 油管 + HPHT RP 封隔器 + 油管 + 节流启动器。

(2)工艺流程。管柱下至预定井深后,油管内以低于 $0.4\text{m}^3/\text{min}$ 的排量正替改造液体,并控制压力不超过 4MPa,可以防止封隔器提前坐封。当改造液体替至井底后,加大排量至 $0.8\sim1.5\text{m}^3/\text{min}$,利用节流启动器的作用,同时启动两个 HPHT RP 封隔器,确认封隔器坐封以后,可以继续采用大排量进行最下层段的改造作业,期间封隔器工作压差控制在 45~55MPa 即可。最下层段改造即将结束前,管柱内投入节流启动器专用球,待球入座后,憋压 25MPa 憋掉节流启动器阀,确保生产管柱大通径。待施工层结束后,投低密度球转层,候球入座后,油管打压差 12~15MPa,打开喷砂滑套,对上施工层进行施工。在下层施工停泵前,注意油套压匹配,使油压高于套压 20MPa 以上,保证封隔器的正常工作。当改造作业结束后,在放喷测试的过程中,随着油压逐渐减小,油套压差减小后,封隔器自动解封并收回水力锚,并且投入的低密度球随井底流体一并被带至地面。

(3)管柱特点。① 根据地层情况和改造规模,选用大通径高温高压压启式循环阀,能够允许更高的改造泵压,利于进行大排量改造作业;② 对于更多层位的分层改造,基本工艺与此相同,每增加一层及增加一支封隔器,就相应增加一级喷砂滑套,滑套从上至

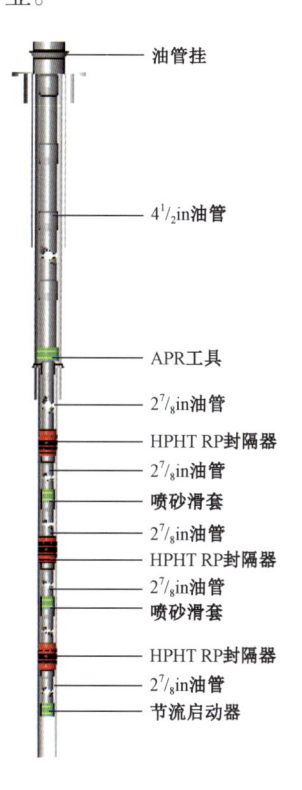

图7-34 滑套分层酸化—测试管柱结构示意图

下,设计内径由大至小,并与相应转层球直径对应。

(4)工艺分析。① 使用滑套分层酸化这种管柱,其优点在于封隔器坐封方式为液压坐封,可以在大斜度井中使用;② 对于分层改造,尤其需要注意各级转向球直径与相应喷砂滑套内径的尺寸匹配问题,以保证分层改造的顺利实施;③ 虽然 HPHT RP 系列封隔器为泄压解封,但进行储层改造后容易出现井下管柱被返排砂粒填埋的情况,且封隔器个数较多,经常存在解封困难,造成井下复杂。目前,对于产水量不多的水层或隔层,现场多采用 RTTS 封隔器下带含有丢枪接头的射孔枪,射孔后立即丢枪,让出流道。酸化时通过投暂堵球进行分段酸化,其他工具及工序与上述相似。

3. 衍生管柱——酸化—测试—封堵管柱

将 RTTS 封隔器换成完井封隔器,测试后通过丢手起钻,即可实现封堵工艺。

(1)管柱结构(图 7-35):油管挂+油管+伸缩接头+油管+油管+APR 测试工具+丢手装置+封堵工具+完井封隔器+油管+球座(液压坐封)。

(2)工艺流程。酸化—测试—封堵管柱目前主要分为两大类型。一是液压坐封的永久式封隔器配合循环滑套,或永久式封隔器配合 RDS 循环阀使用,前期进行正常的投球,替液坐封、酸化、测试和关井等作业,作业完成后通过关闭循环滑套或击破 RDS 破裂盘关闭其球阀的方式实现井下封堵,再通过丢手锚定密封或安全接头起出上部管柱;二是机械双向卡瓦自锁封隔器配合旋转开关阀及密封脱节器使用,前期施工过程与 APR 测试管柱作业相同,作业完成后通过上提管柱,关闭旋转开关阀实现井下封堵,同时旋转管柱从密封脱节器处丢手起出上部管柱。

(3)管柱特点。① 酸化—测试封堵管柱最大的特点就是在作业完成后,可实现井下环空及正眼的同时封堵,避免大规模井漏的发生。② 管柱中加入了 APR 工具,既可下入井下电子压力计实现井下资料的录取,又能实现多次开关井或低替酸液等功能。③ 所使用的封隔器都为生产封隔器,使用锚定密封或密封脱节器丢手方式起出管柱后都可以更换上部管柱后回插,进行完井生产,实现试油完井一体化功能。

(4)工艺分析。① 使用液压坐封的永久式封隔器,其坐封不受井斜影响,且密封可靠。作业完成后可丢手起出封隔器上部管柱,若需投产,重新下入完井油管(带井下安全阀)和锚定密封,同时推动循环滑套芯轴开启循环滑套或开启球阀实现完井生产。② 对易漏地层具有很强的针对性,丢手同时封堵地层,绕开了堵漏环节,避免了产层的二次污染,安全高效,经济效益好。③ 大大缩短试油周期,节约成本。

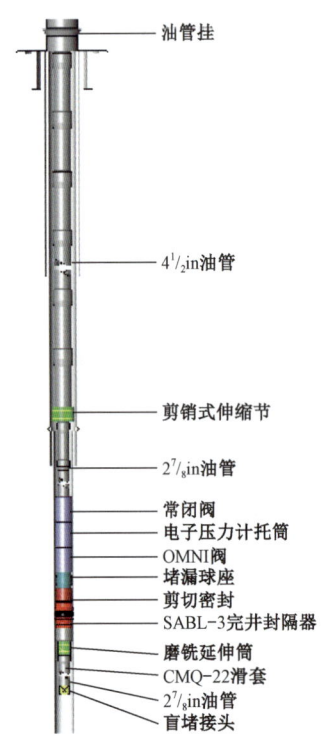

图 7-35 酸化—测试—封堵管柱结构示意图

(油管挂、4½in油管、剪销式伸缩节、2⅞in油管、常闭阀、电子压力计托筒、OMNI阀、堵漏球座、剪切密封、SABL-3完井封隔器、磨铣延伸筒、CMQ-22滑套、2⅞in油管、盲堵接头)

(二)试油完井一体化工艺技术

该技术将试油的工序和完井的工序通过一趟管柱结合在一起,管柱在实现测试的基础上又加上了完井的功能。直接利用测试管柱实现完井生产,或利用测试管柱中的井下工具实现对产层的封堵,为二次完井提供安全的井筒环境和管柱回插通道,从而避免压井堵漏带来的一系列难题和风险。同时取消后续坐桥塞或打水泥塞等工序,将大大提高试油完井效率,节约试油完井时间和成本。该试油完井一体化工艺具有以下优点。

(1)永久式封隔器承压等级更高,能够有效提高酸化改造泵注压力限制,改善酸化效果。同时,封隔器上的双向卡瓦机构可承受更大的交变载荷,保证不同工况下封隔器坐封效果及密封性。

(2)RDS 阀作为井下关断阀,结构简单,操作方便,强度满足超深小井眼测试要求,井下性能可靠。同时符合井筒完整性要求,环空加压可关闭油管生产通道,提供井控屏障,保证试油作业安全。

(3)偏心式压力计托筒能够携带 2~4 支井下储存式电子压力计,同时能保持中心流道与上下通径一致,避免缩径节流,减少冲蚀,降低酸化摩阻,改善酸化效果。

(4)该工艺可以一趟管柱同时实现射孔、酸化、测试、封堵等不同工艺,后期可通过正转倒开锚定密封的方式丢手起出上部管柱,再投入暂堵球临时封堵地层,确保起、下钻井控安全,有效解决测试后堵漏压井困难且压井成本高的问题,节约了压井堵漏时间,避免储层污染,缩短单层试油完井作业周期,提高了油气勘探效率。

1. 测试—封堵—生产完井一体化管柱

(1)管柱结构如图 7-36 所示。前文中介绍的酸化—测试—封堵一体化管柱,实现了测试—封堵的目标。但该管柱不能实现后期完井开采。因为 RDS 阀是一种操作不可逆的井下关断阀,一旦关闭就无法再次打开,只能用于永久封堵地层。如果要重新沟通就必须把井下工具磨掉并打捞上来,增加了作业难度。为此,为了实现测试—封堵—生产完井一体化,将 RDS 替换成可重复开关的脱节式封堵阀。

(2)工艺流程。下测试—封堵—生产完井一体化管柱,如管柱带有射孔枪,则需进行电测校深,调整射孔枪对准产层。上提管柱,正转管柱,使封隔器右旋 1/4 圈,下放管柱,撑开封隔器下卡瓦,继续在封隔器上施加坐封重量,挤压胶筒;施加一定的管柱重量到封隔器上后,上提管柱,拉紧封隔器使得上卡瓦撑开胶筒完全膨胀,完成封隔器坐封。环空加压进行验封,若

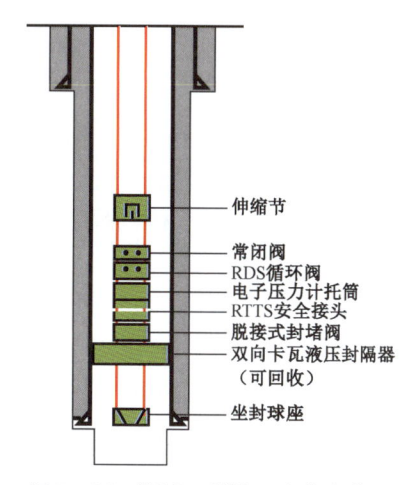

图 7-36 测试—封堵—生产完井一体化管柱结构示意图
（伸缩节、常闭阀、RDS循环阀、电子压力计托筒、RTTS安全接头、胶接式封堵阀、双向卡瓦液压封隔器（可回收）、坐封球座）

验封不合格,则重复坐封过程。拆封井器,换装采气井口,确保采气井口副密封试压合格。连接采气井口至地面测试流程管线,确保试压合格。若管柱带射孔枪,则进行加压射孔。酸化施工或放喷排液,开关井测试测试。通过 RDS 循环阀或常闭阀进行循环压井,敞井观察。拆采气井口,换装封井器,确保试压合格。循环井内压井液,全井试压,确定一个基准压力;接方钻杆上提管柱,保持左旋扭矩上提管柱,密封脱节器处左旋(反转)1/4 圈即可实现上部管柱的丢手,同时旋转开关阀使球阀关闭,隔断下部地层;再进行全井在丢手后以该基准值为参照,再进

行一次全井试压,确认球阀是否关闭可靠,如果未能完全关闭,则重新插入密封脱节器重复丢手,如果依然未能关闭,可直接进行堵漏压井。起出密封脱节器以上管柱。如需回插生产,则更换密封脱节器密封件后,重新回插入旋转开关阀内,通过棘爪推动旋转开关阀,开启球阀,沟通下部地层。

2. 测试—暂堵—生产完井一体化管柱

(1)管柱结构如图 7-37 所示。酸化—测试—封堵管柱与测试—封堵—生产完井一体化管柱,基本满足了大部分高压气井的需求。但考虑到某些井特殊的地质和工程要求,比如:① 套管固井质量差,清水条件下套管承压能力受限,不能使用压控式工具;② 最后一层试油,不用回收封隔器。则可将一体化封隔器换成常规完井封隔器,形成测试—暂堵—生产完井一体化工艺技术。

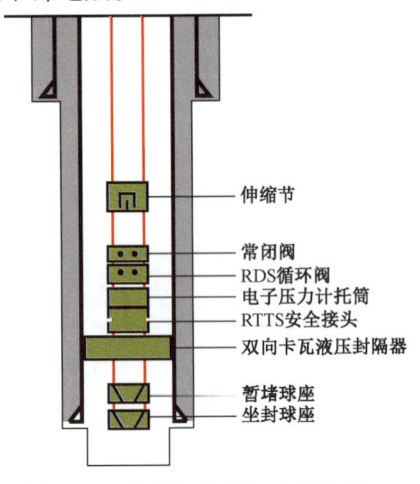

图 7-37 测试—暂堵—生产完井一体化管柱结构示意图

(2)工艺流程。下测试—暂堵—生产完井一体化管柱,如管柱带有射孔枪,则需进行电测校深,调整射孔枪对准产层。拆封井器,换装采气井口,对采气井口副密封使试压合格。连接采气井口至地面测试流程管线,确保试压合格。若管柱带射孔枪,则进行加压射孔;若管柱不带射孔枪,产层已打开,则用环空保护液控压反替出井内压井液。油管内投入坐封球,候球入座,记录坐封基准油压及套压。油管内逐级加压坐封封隔器。泄油压至坐封基准油压,环空加压进行验封。若验封合格,则油管内加压憋掉球座;若验封不合格,则重复坐封过程。酸化施工或放喷排液,开关井测试测试。油管内直推压井液,投入暂堵球,通过液柱压力与地层压力的压差,使暂堵球落在暂堵球座上,实现暂堵下部地层。环空加压击破 RDS 循环阀破裂盘,开启循环孔,循环压井液压井,敞井观察。拆采气井口,换装封井器,确保试压合格。上提管柱,正转倒开锚定密封,实现丢手。起出锚定密封以上管柱。更换锚定密封密封件,回插锚定密封,油管内加压憋掉暂堵球及球座,重新沟通地层,进行生产。

三、地面测试流程

(一)高压油气井地面测试技术

1. 地面流程组成

根据高压油气井地面测试特点,满足工艺、安全要求的典型高压油气井地面测试工艺流程如图 7-38 所示,主要包括放喷排液流程、测试计量流程两部分。

(1)放喷排液系统:采气树→除砂设备(除砂器等)→排污管汇→放喷池。放喷排液流程(图 7-39)主要用于气井测试计量前的放喷排液及液体回收。流程保证含砂流体经过的设备尽可能少,并配备了除砂器和动力油嘴等,能够最大程度保护其他测试设备不受冲蚀。此外,两条排液管线分别独立安装和使用,且均配备有固定油嘴和可调油嘴,可相互倒换使用。其主要设备有地面安全阀(SSV)及 ESD 控制系统、旋流除砂器、主(副)排污管汇、远程控制动力油嘴等。

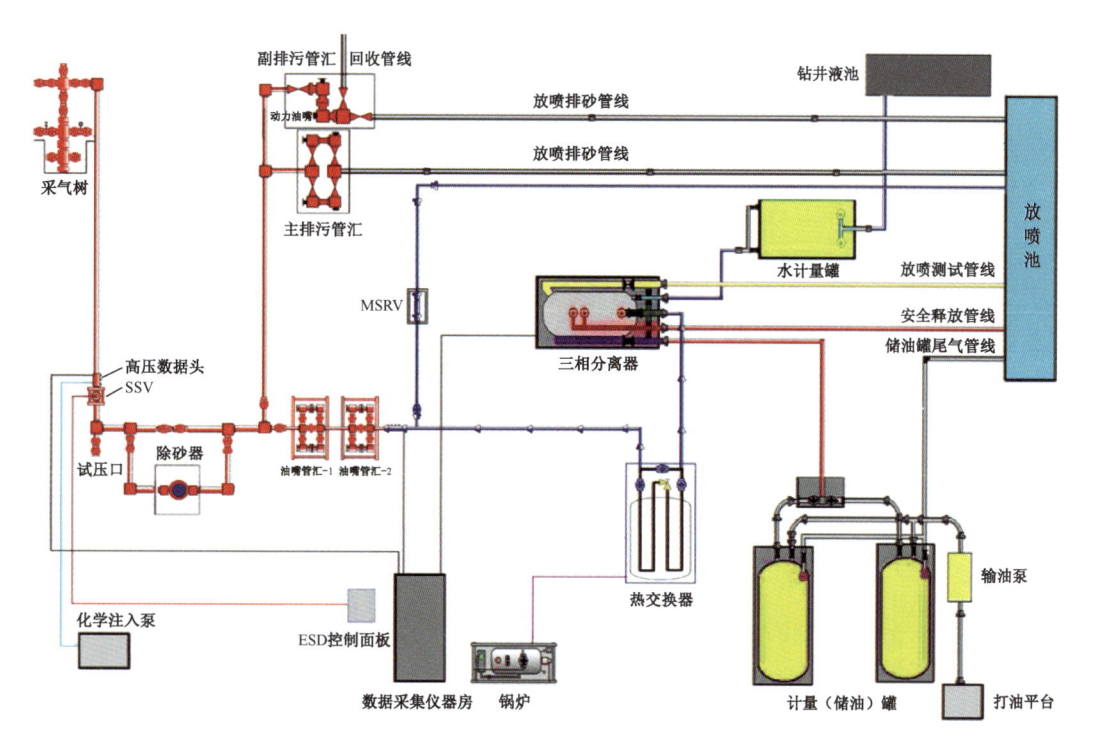

图 7-38 典型高压油气井地面测试工艺流程图

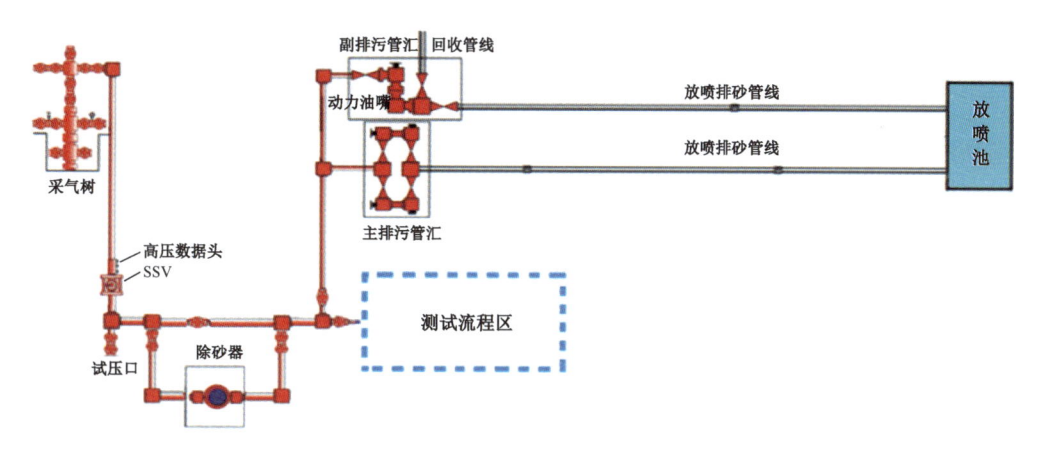

图 7-39 放喷排液工艺流程图

(2)测试计量系统:采气树→除砂设备(除砂器等)→油嘴管汇→热交换器→三相分离器→(气路出口→燃烧池)或(水路出口→常压水计量罐)或(油路出口→计量区各种储油罐)。测试计量流程(图 7-40)主要用于气井的测试计量。流程配备了完善的在线除砂设备、精确计量设备、主动安全设备、防冻保温设备,大大提高了测试精度及作业安全。其主要设备有地面安全阀(SSV)及 ESD 控制系统、旋流除砂器、双油嘴管汇、MSRV 多点感应压力释放阀、热交换器、三相分离器、丹尼尔流量计、计量罐、化学注入泵、电伴热带、远程点火装置。

(3)安全控制系统:地面安全阀(SSV)+ESD 控制柜、MSRV 多点感应压力释放阀、高

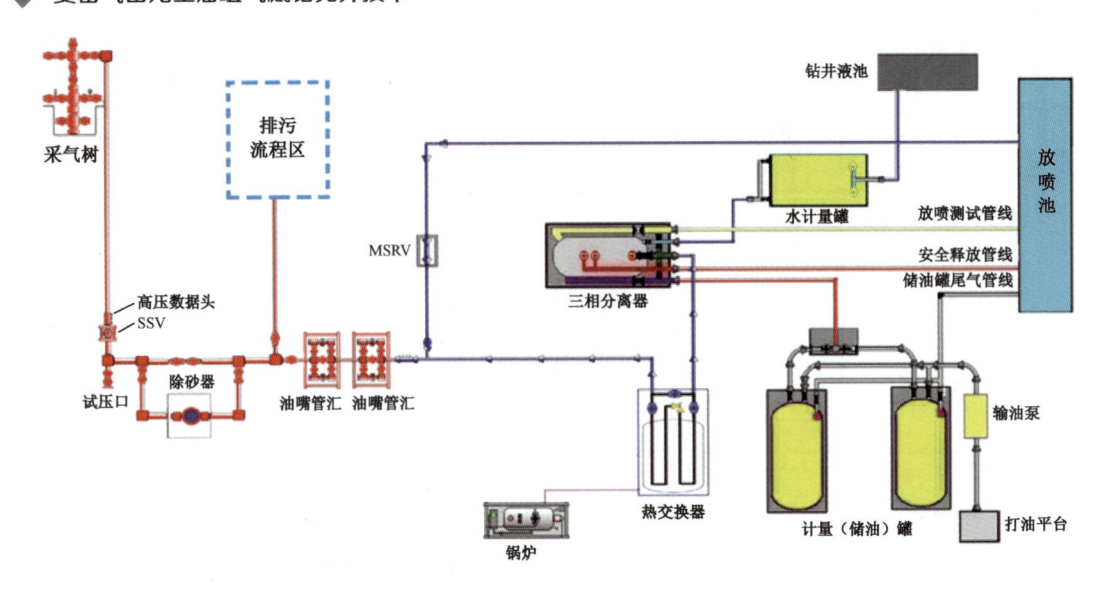

图 7-40 测试计量工艺流程图

（低）压导向阀、各设备自带的安全阀和泄压阀。

（4）防冻保温系统：锅炉+间接式热交换、化学注入泵+乙二醇、自控温型电伴热带。

（5）数据采集系统：由上游数据头、下游数据头、压力表、温度表、温度传感器、压力传感器、压差传感器、数据自动采集系统等组成。

（6）精确分离、计量系统：由三相分离器、丹尼尔流量计、fisher 压力控制系统、fisher 液位控制系统、巴顿记录仪、各种液体计量罐等组成。

2. 工艺特点

超高压气井地面测试除具备常规地面测试流程的测试功能（放喷排液、计量、测试、数据采集、取样、返排液回收等）和安全功能（紧急关井、紧急泄压等）外，还有如下特点。

（1）超高压流体的有效控制。

① 流程高压部分（从井口至油嘴管汇或放喷排液管汇）的连接管线、弯头、三通全部采用整体锻造加工，地面安全阀、手动平板阀、固定油嘴、节流阀和动力油嘴等压力等级可根据具体井况选择 150MPa 或 140MPa，能够满足超高压油气井地面测试压力要求。② 流程配置两套油嘴管汇，并采用串联方式连接，增加一级节流；另外，配置两套放喷排液管汇，管汇上配备耐冲蚀的楔形节流阀和动力油嘴，能够实现超高压流体的有效节流降压。③ 利用相对独立的放喷排液流程和测试流程进行不同的作业，能够有效减少超高压区域的范围，最大限度控制超高压带来的风险。

（2）可选配除砂、耐冲蚀设备，使流程具备连续除砂和排液能力。

① 可在流程前端靠近井口的地方安装除砂设备（旋流除砂器等），保证及时去除井筒返出流体内的固相颗粒，有效降低固相颗粒对下游设备的冲蚀。② 也可选装耐冲蚀性的动力油嘴代替普通针阀用于节流降压，从而更好地满足放喷排液及冲砂作业期间的节流控压要求。③ 安装镶嵌硬质合金油嘴的固定节流阀，提高了耐冲蚀能力。

（3）油、气、水的精细分离和产量精确计量。

① 通过油嘴管汇等节流降压设备的作用，井口的超高压流体能够逐级降低到满足精细分

离所要求的压力,从而实现精细分离。② 专门设计了计量区,并配备各种标准规格的液体计量罐,通过安装在罐体上的标准刻度就可以直接读取液量,改变了通过丈量残酸池长、宽、高尺寸来计算液量的计量方式,实现了返排液体的精确计量。③ 配置自动化程度高的三相分离器,通过气路和液路上的 fisher 阀自动控制压力和液位,进而实现油、气、水的精细分离和精确控压操作。④ 高精度的压力、温度传感器保障了产量计量的准确性。

(4) 安全控制技术完善,智能化程度高,超高压区域大量采用远程控制技术,减少操作人员的安全风险。

① 在流程高压区安装地面安全阀系统(SSV),紧急情况下能够直接从高压端截断流体流动通道,从而保证测试安全。② 在油嘴管汇和热交换器之间的中压区安装 MSRV 多点感应压力释放阀,当该区域超压时,MSRV 多点感应压力释放阀自动打开通往燃烧池的管线泄压,从而保护下游设备的安全。③ 油嘴管汇采用远程控制系统控制阀门的开关,降低了操作人员长期暴露在高压区域的风险。

(5) 测试流程满足多种工序施工要求。

① 替液或压井期间的液体回收:放喷排液管汇有两个出口,一个到放喷池,另一个到压井液回收罐。因此,不论是作业前的替液作业,还是后续的压井作业,测试流程都能满足回收压井液的要求。② 放喷排液或冲砂作业:除砂—放喷排液流程由除砂器和放喷排液管汇等组成,不用经过测试流程上的油嘴管汇及其下游关键设备。井筒返出的携砂流体先经过除砂器除掉大部分砂粒后再进入放喷排液流程,通过放喷排液管汇有控制地进行放喷排液。减少了含砂流体流经地面设备的数量,最大限度减少了含砂流体对设备的冲蚀损害。③ 测试求产:通过油嘴管汇—三相分离器等测试流程进行降压、分离和计量。④ 特殊需求:流程采用模块化设计,除砂设备、放喷排液流程和测试流程可独立使用和拆除。当流程上的某些设备出现问题时,可在不关井的情况下一边继续放喷排液或测试计量,一边关闭故障设备所在模块,进行检修或更换。

(6) 防冻、保温性能优良。

① 采用"蒸汽锅炉+热交换器"的组合进行加热保温,蒸汽最高温度可达200℃,通过热交换提高经过油嘴管汇节流降压后的流体温度。② 采用"蒸汽锅炉+高温橡胶软管"的方式对中压端(油嘴管汇至热交换器)管线进行加热保温,减少油嘴管汇下游管线的结冰程度。③ 采用"电伴热带+毛毡+塑料薄膜"的方式进行保温,最高温度可以达到60℃,主要用于对井口高压管线、油路、水路管线等需要进行长时间保温的地方。④ 在采气树出口端、油嘴管汇入口端、数据头等处,通过化学剂注入泵注入甲醇(乙二醇),降低地面测试设备由于地层流体产生水合物而堵塞的几率。

(二) 含硫井井筒返出液地面实时处理技术

1. 流程组成

井筒返出流体依次通过转向管汇、节流管汇进入热交换器,再进入两个加速混合器。加速混合器形式上类似于三通,将连续加药装置中 pH 调节剂管道和消泡剂管道接入加速混合器,通过连续加药装置分别加入 pH 调节剂和消泡剂中和残酸和消泡。经分离器一级分离后,流体再进入另一个加速混合器,然后通过连续加药装置加入除硫剂去除硫化氢,处理后的流体经缓冲罐继续化学反应和气液进一步分离。整个过程均在全封闭流程内进行,最终在排污口处排出,实现安全排放。地层水和残酸中 H_2S 处理流程如图 7-41 所示。

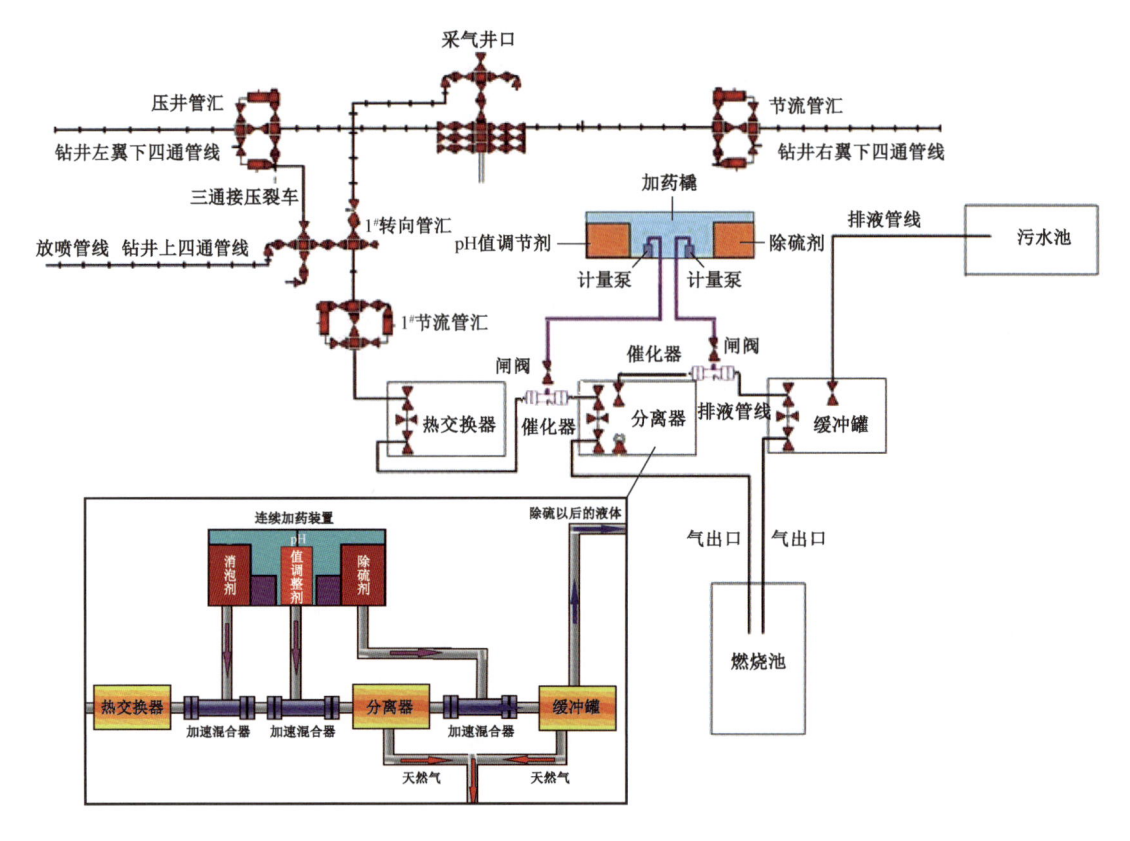

图 7-41 地层水和残酸中 H_2S 处理流程图

2. 工艺特点

该技术可以解决处理返排液中硫化氢主要采用人工直接在罐上加处理剂,从而效率低、人员安全风险大、加入比例不均匀、易浪费药剂等问题。同时也可消除酸化后排出液中气泡,中和排出液中的残酸,达到试油期间井筒出液无害化的目的。利用该技术,可以进一步提高井场安全性,避免井场大气中硫化氢超标,实现排出液的无害化,最终实现试油期间环境保护的目的。

(三)地面高压旋流除砂技术

1. 流程组成

高压旋流除砂技术的主要设备是旋流除砂器,将旋流除砂器和井口超高压管线(可选 105MPa 或 140MPa)并联连接,并在主流程与旋流除砂器之间的进出口两端都分别单独连接两个与主流程压力等级一致的防砂阀门进行压力隔断。当需要进除砂器进行除砂作业时,只需要关闭主流程上的隔断阀门,打开和除砂器连接的进出口阀门即可;反之,关闭和除砂器连接的进出口阀门,打开主流程上的隔断阀门即可。除砂器服务结束,关闭主流程和除砂器连接的阀门后,隔断主流程和除砂器之间的压力就可以直接拆除除砂器,能够减少除砂器在现场的等待时间,提高设备使用效率。除砂器在线排砂流程如图 7-42 所示。

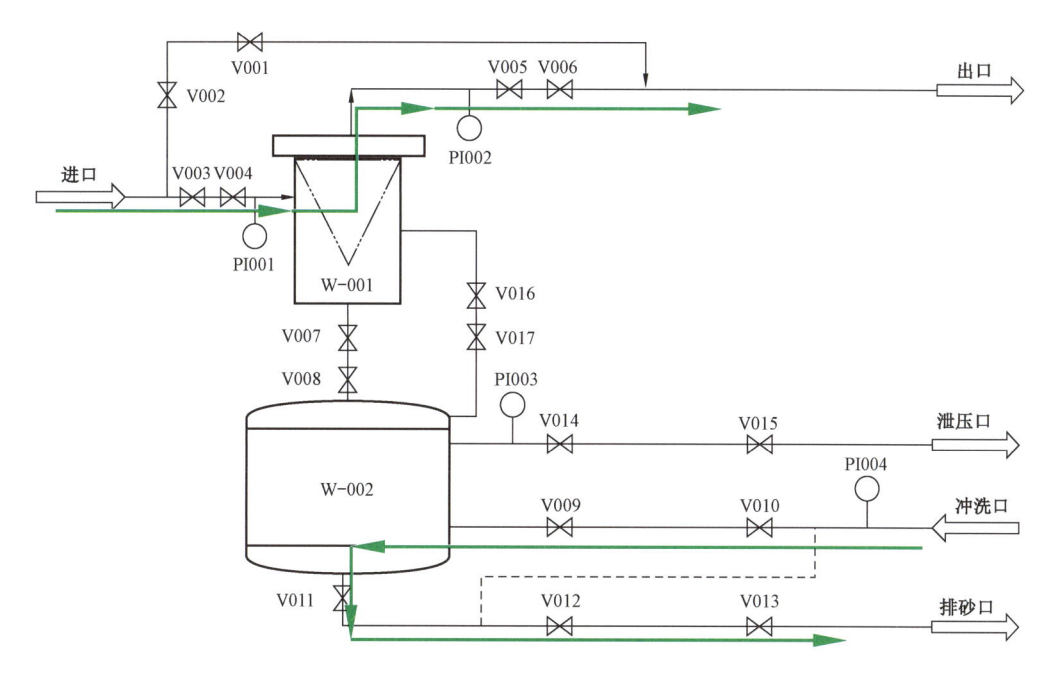

图 7-42 除砂器在线排砂流程示意图

2. 工艺特点

（1）该流程可选 105MPa 和 140MPa 压力等级设备，流程耐压等级高，能够适应高温高压高含硫气藏测试工艺的需求。

（2）能够实现连续返排除砂作业，提高了流程除砂能力，避免了频繁关闭流程进行清砂作业导致的井筒砂桥、砂堵风险。

（3）除砂器清砂操作简便、快捷，减少了劳动强度，提高了作业效率。

第六节　磨溪区块完井技术应用情况

一、射孔完井技术应用情况

磨溪区块龙王庙组气藏水平井射孔完井普遍采用钻杆传输射孔的射孔方式（表 7-40），射孔参数：采用 86 型射孔枪，先锋弹，孔密 16 孔/m，相位 60°。

表 7-40　磨溪区块龙王庙组气藏射孔参数表

井号	射孔层位	井型	射孔套管	射孔参数
MX009-X1	龙王庙组	大斜度井	5in 尾管	采用 86 型射孔枪,先锋弹,孔密 16 孔/m,相位 60°
MX008-7-H1	龙王庙组	水平井	5in 尾管	采用 86 型射孔枪,先锋弹,孔密 16 孔/m,相位 60°
MX008-H8	龙王庙组	水平井	5in 尾管	采用 86 型射孔枪,先锋弹,孔密 16 孔/m,相位 60°
MX008-X2	龙王庙组	大斜度井	5in 尾管	采用 86 型射孔枪,先锋弹,孔密 16 孔/m,相位 60°

续表

井号	射孔层位	井型	射孔套管	射孔参数
MX009-X2	龙王庙组	大斜度井	5in 尾管	采用86型射孔枪,先锋弹,孔密16孔/m,相位60°
MX16C1	龙王庙组	大斜度井	5in 尾管	采用86型射孔枪,先锋弹,孔密16孔/m,相位60°
MX201	龙王庙组	直井	7in 套管	采用127mm射孔枪,大1m射孔弹,孔密16孔/m,相位60°
MX204	龙王庙组	直井	7in 套管	采用127mm射孔枪,大1m射孔弹,孔密16孔/m,相位60°
MX202	龙王庙组	直井	7in 套管	采用127mm射孔枪,大1m射孔弹,孔密16孔/m,相位60°
MX205	龙王庙组	直井	7in 套管	采用127mm射孔枪,大1m射孔弹,孔密16孔/m,相位60°

磨溪区块龙王庙组气藏测试井31口,获工业气井26口,现场管柱下入、封隔器坐封、酸化、放喷、测试中未发现异常,施工安全顺利,成功率100%。ϕ88.9mm 油管测试产量 $(68.83 \sim 214.5) \times 10^4 m^3/d$,$\phi$114.3mm 油管测试产量 $263.47 \times 10^4 m^3/d$,满足龙王庙组气藏生产井测试投产及后期开发生产要求。磨溪区块射孔完井管柱结构如图7-42所示,完井工具主要技术参数见表7-41,完井测试情况见表7-42。

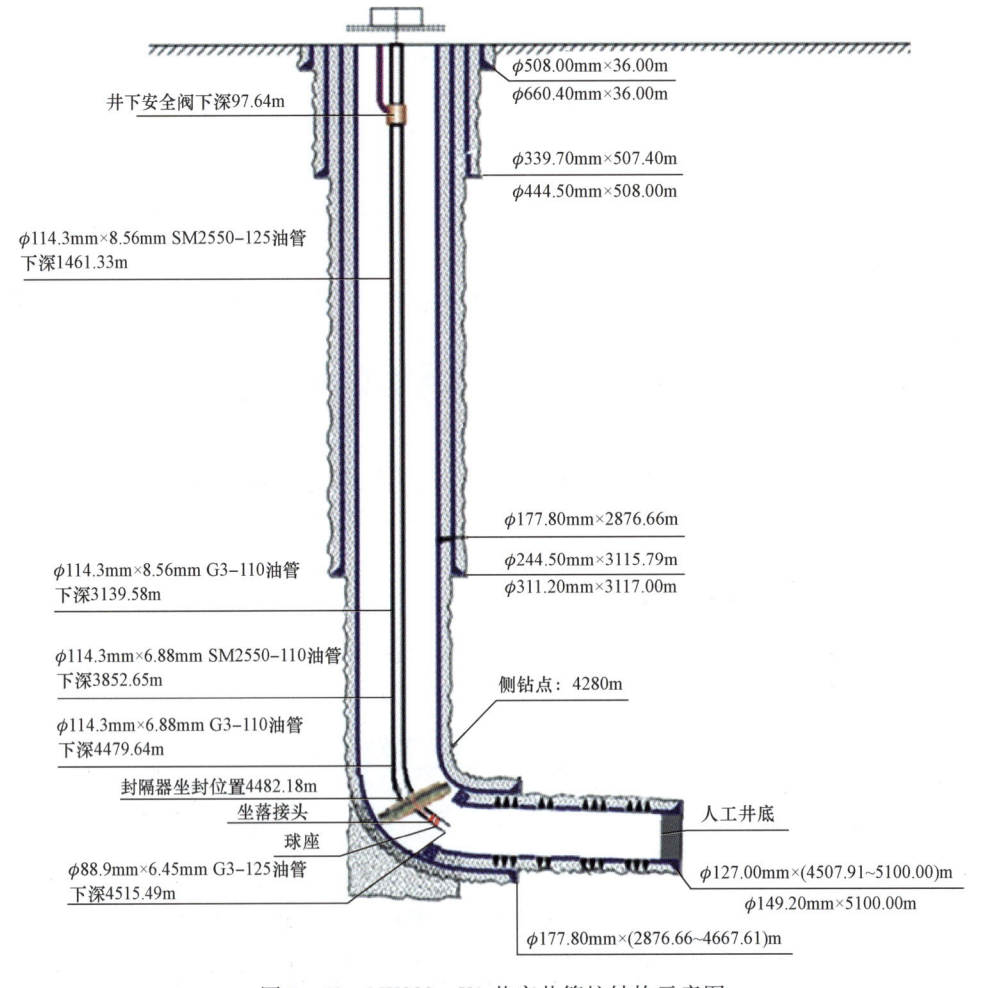

图7-43 MX009-X1井完井管柱结构示意图

表 7-41 完井工具主要技术参数

序号	工具名称	最大外径（mm）	最小内径（mm）	材质	耐压（MPa）	耐温（℃）	备注
1	NE 井下安全阀	134.62	71.45	718	70	149	
2	流动短节	100.00	73.15	718			
3	锚定密封总成	131.83	74.91	718			
4	7in MHR 封隔器	146.05	94.49	718	70	177	
5	磨铣延伸筒	129.03	107.19	718			
6	坐落短节	100.00	71.45	718			
7	剪切球座	100.33	73.03	718			打掉球座后

表 7-42 磨溪区块龙王庙组气藏射孔完井测试情况

井别	井号	完井方式	层位	试油井段（m）	射孔段（m）	测试油压（MPa）	测试产量（$10^4 m^3/d$）
试采探井	MX8	射孔完井	龙王庙组下部	4713.0~4697.5	15.5	53.21	107.18
	MX9	射孔完井	龙王庙组	4549.0~4607.5	40.5	50.04	154.29
	MX10	射孔完井	龙王庙组	4646.0~4697.0	42.0	58.30	122.09
	MX11	射孔完井	龙王庙组下部	4723.0~4734.0	11.0	52.53	109.49
	MX12	射孔完井	龙王庙组	4603.5~4619.0	15.5	50.67	116.77
	MX13	射孔完井	龙王庙组	4575.5~4648.5	61.5	50.50	128.84
	MX201	射孔完井	龙王庙组	4547.0~4608.5	41.5	50.12	132.20
	MX204	射孔完井	龙王庙组上部	4655.0~4685.0	30.0	50.72	115.62
	MX205	射孔完井	龙王庙组	4588.5~4654.5	56.5	50.03	116.87
开发井	MX009-X1	射孔完井	龙王庙组	4750.0~5000.0	250.0	52.73	263.47
	MX009-X2	射孔完井	龙王庙组	5035.0~5400.0	310.0	40.42	203.79
	MX009-3-X1	射孔完井	龙王庙组	4991.0~5353.0	310.0	40.41	213.50
	MX009-4-X1	射孔完井	龙王庙组	4940.0~5355.0	305.0	40.41	189.17

二、智能基管完井技术应用情况

磨溪区块龙王庙组气藏智能基管完井应用8口井，管柱下入、封隔器坐封、酸化、放喷、测试中未发现异常，现场施工安全顺利，成功率100%。其中，MX008-H1井酸化前在初测油压47.12MPa下稳定测试产量 $78.73 \times 10^4 m^3/d$，酸化后在测试油压46.3MPa下稳定测试产量 $182.77 \times 10^4 m^3/d$，其管柱结构及测试情况如图7-44至图7-46所示。磨溪区块龙王庙组气藏智能基管完井测试成果见表7-43。

表 7-43 磨溪区块龙王庙组气藏智能基管完井测试情况

井别	井号	完井方式	层位	测试油压（MPa）	测试产量（$10^4 m^3/d$）
开发井	MX008-H1	衬管完井	龙王庙组	46.30	182.77
	MX008-H19	衬管完井	龙王庙组	42.02	155.04
	MX009-X5	衬管完井	龙王庙组	41.75	176.62
	MX008-6-X2	衬管完井	龙王庙组	45.03	106.77
	MX008-X16	衬管完井	龙王庙组	42.61	165.59
	MX008-17-X1	衬管完井	龙王庙组	50.54	227.07
	MX008-20-H2	衬管完井	龙王庙组	47.82	110.85
	MX008-12-X1	衬管完井	龙王庙组	47.05	108.75

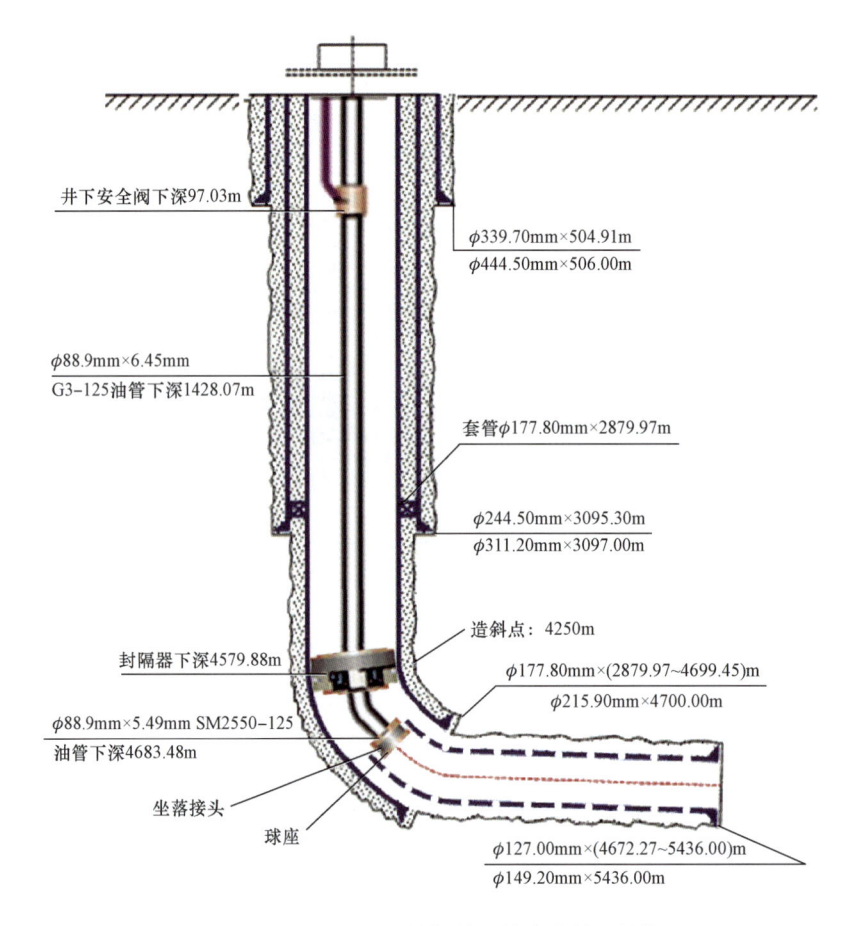

图 7-44 MX008-H1 井智能基管完井管柱结构图

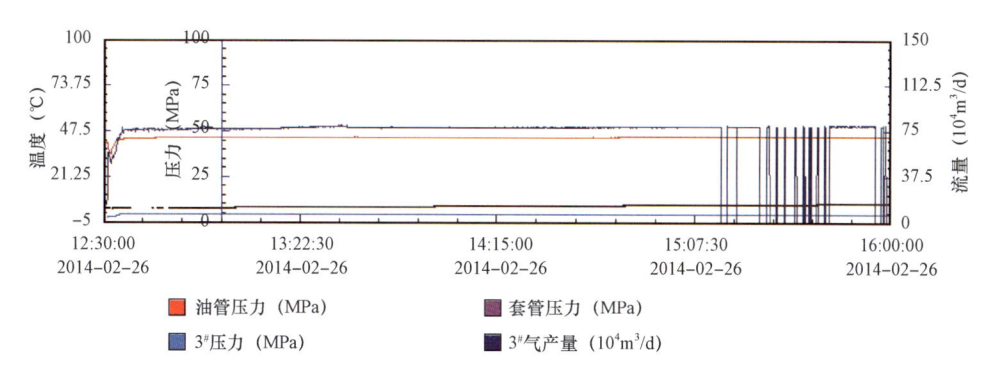

图 7–45　MX008–H1 井初测曲线

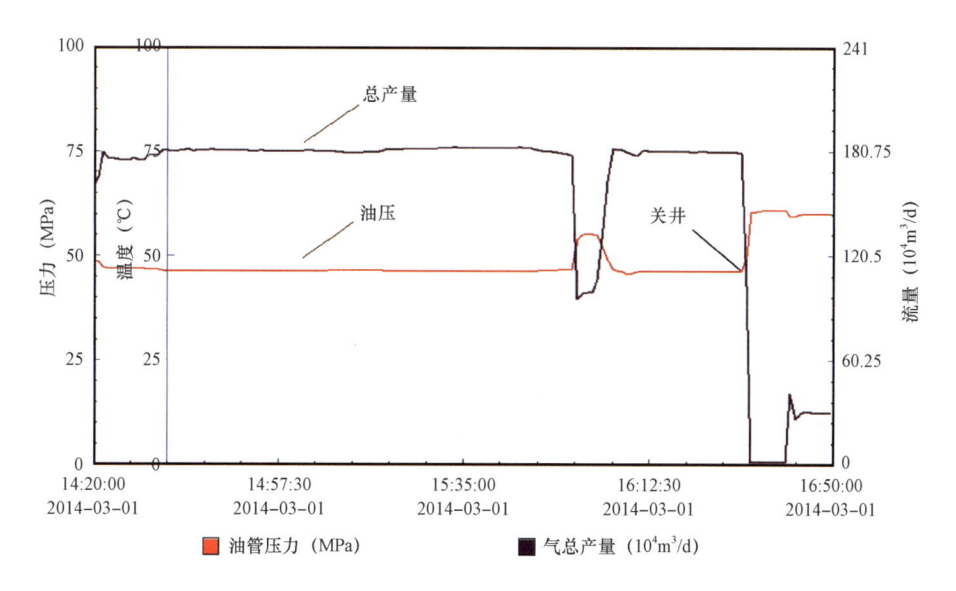

图 7–46　MX008–H1 井酸化后测试曲线

参 考 文 献

[1] 万仁溥. 现代完井工程[M]. 2 版. 北京:石油工业出版社,2001.
[2] 马克 D. 佐白科. 储层地质力学[M]. 石林,等译. 北京:石油工业出版社,2012.
[3] 李玉飞,付永强,唐庚,等. 地应力类型影响定向井井壁稳定的规律[J]. 天然气工业,2012,31(4):51–54.
[4] 金晓剑. 复杂结构井完井及开采技术研讨会论文集[M]. 北京:中国石化出版社,2006.
[5] 蔡凡. 高含硫油气田开采工艺[M]. 北京:石油工业出版社,1990.
[6] 何鲜. 国外深层气藏水平井定向井完井技术[M]. 北京:石油工业出版社,2001.
[7] 显辉,窦益华,许爱荣,等. 高温高压深井射孔卡枪原因分析及对策[J]. 石油机械,2008,36(9):182–184.
[8] 窦益华,徐海军,姜学海,等. 射孔测试联作封隔器中心管损坏原因分析[J]. 石油机械,2007,35(9):113–115.

[9] 窦益华,李明飞,张福祥,等. 井身结构对射孔段油管柱强度安全性影响分析[J]. 石油机械,2012,40(3):27-29.

[10] 常鹏刚,王永清,刘忮,等. 动态负压射孔方案优化设计软件开发与应用[J]. 石油机械,2014,42(3):67-71.

[11] 任闽燕,田玉刚,张峰,等. 胜利油田水平井射孔参数优化技术[J]. 测井技术,2013,37(4):441-444.

[12] 蒋贝贝,李海涛,袁锦亮,等. 底水油藏水平井射孔密度优化[J]. 石油天然气学报,2010,32(6):284-288.

[13] 刘冰,徐兴平,李继志. 水平井射孔优化设计的增广拉格朗日乘子法[J]. 钻采工艺,2010,33(3):67-73.

[14] 陈中一. 四川含硫气井完井工艺技术探讨[J]. 天然气工业,1996(4):43-45.

[15] 李文生. 川西高温高压气井完井投产工艺技术[J]. 天然气勘探与开发,2004,27(4):25-28.

[16] 何生厚. 高含硫化氢和二氧化碳天然气田开发工程技术[M]. 北京:中国石油化工出版社,2008.

[17] 苏镖,龙刚,许小强,等. 超深高温高压高含硫气井的安全完井投产技术——以四川盆地元坝气田为例[J]. 天然气工业,2014(7),60-64.

[18] 苏镖,赵柞培,杨永华. 高温高压高含硫气井完井试气工艺技术与应用[J]. 天然气工业,2010,30(12):53-56.

[19] 李颖川. 采油工程[M]. 北京:石油工业出版社,2002.

[20] 车争安,张智,陈胜宏,等. 酸性气田开发中腐蚀对套管强度的影响[J]. 石油钻采工艺,2012,34(4):114-118.

[21] 李鹭光,黄黎明,谷坛,等. 四川气田腐蚀特征及防腐措施[J]. 石油与天然气化工,2007,36(1):46-54.

[22] 薛丽娜,周小虎,严众诚. 高温酸性气藏油层套管选材探析—以四川盆地元坝气田为例[J]. 天然气工业,2013,33(1):85-89.

[23] 姜放. 高酸性气田金属材料的实验室评价方法研究[J]. 天然气工业,2004,24(10):105-107.

[24] 原青民. 油气田开发过程中H_2S、二氧化碳腐蚀及防护的认识和实践[J]. 石油与天然气化工,1991,20(1):80-85.

[25] 岑芳,李治平,张彩,等. 含硫气田H_2S腐蚀[J]. 资源产业,2005,7(4):79-81.

[26] Tsay L W, Lee W C, Shiue R K, et al. Notch tensile Properties of laser-surface-annealed 17-4pH stainless steel in hydrogen-related environments [J]. Corrosion Science,2002,44(1):2101-2118.

[27] Berkowitz B J, Horowitz H. The role of in the corrosion and hydrogen embrittlement of steel [J]. Joural of Electrochem Society,1982,129(3):468-474.

[28] Cayar M S, Kane R D. Large-scale wet hydrogen sulfide cracking performance: Evaluation of metallurgical, mechanical, and welding variables [J]. Corrosion,1997,53(3):227-233.

[29] Li J C M. Computer simulation of dislocations emitted from a crack [J]. Scripta Metal,1986,20(11):1477-1480.

[30] Lu H, Li M D, Zhang T C. Hydrogen-enhanced dislocation emission, motion and nucleation of hydrogen-induced cracking for steel [J]. Science in China,1997,40(5):530.

[31] NACETM0177, Labortory testing of metals for resistance to sulfide stress cracking and stress corrosion cracking in H_2S environments [S].

[32] 张智,李炎军,张超,等. 高温含CO_2气井的井筒完整性设计[J]. 天然气工业,2013,33(9):79-86.

[33] 刘杰,何治,乐宏,等. 川渝地区高酸性气井完井投产技术及实践[J]. 天然气工业,2006,26(1):71-75.

[34] 裴智超,熊春明,常泽亮. CO_2和H_2S共存环境下井筒腐蚀主控因素及防腐对策——以塔里木盆地塔中Ⅰ气田为例[J]. 石油勘探与开发,2012,39(2):238-242.

[35] 刘殷韬,雷有为,曹言光. 普光气田大湾区块高含硫水平井完井管柱优化设计[J]. 天然气工业,2012,32(12):71-75.

[36] 宋治,冯耀荣. 油井管与管柱技术及应用[M]. 北京:石油工业出版社,2007.

[37] 文浩,杨存旺. 试油作业工艺技术[M]. 北京:石油工业出版社,2002.

[38] 王一兵. 蒲洪江. 新851井—高温高压高产气井的新探索[M]. 北京:中国石化出版社,2005.

[39] 陈飞,任丽俊,牛明勇. 异常高压特高产气井井下管柱力学分析[J]. 钻采工艺,2008,31(1):95-97.

[40] 龙学,李发全,严焱诚,等. 河坝1井完井测试—试采一体化工艺技术[J]. 石油勘探与开发,2008,31(1):36-39.

[41] 刘世奇. 高温高压深井试气管柱受力分析[D]. 青岛:中国石油大学,2010.

[42] 刘殷韬,雷有为,曹言光. 普光气田大湾区块高含硫水平井完井管柱优化设计[J]. 天然气工业,2012,32(12):71-75.

[43] 郭建华,佘朝毅,唐庚. 高温高压高酸性气井完井管柱优化设计[J]. 天然气工业,2011,31(5):70-72.

[44] 郭建华,马发明. 四川盆地高含硫气井油管螺纹气密封性能评价与应用——以龙岗气田为例[J]. 天然气工业,2013,20(5):77-78.

[45] 何银达,秦德友,凌涛,等. 塔里木油田高压气井油管气密封问题探析[J]. 钻采工艺,2010,33(3):36-39.

[46] American Petroleum Institute. APIRP 90 Annular Casing Pressure Management for Offshore Wells[R]. USA,2006.

[47] KEVIN SOTER. Improved techniques to alleviate sustained casing pressure in a mature gulf ofmexico mield[J]. SPE 84556,2003.

[48] DUAN S. Risk analysis method of continuous air emissions from wells with sustained casinghead pressure[J]. SPE 94455,2005.

[49] HASAN. Managingsustainable annulus Pressures(SAP) in adco field[J]. SPE 102052,2006.

第八章 储层改造技术

磨溪区块龙王庙组白云岩气藏微裂缝和毫米—厘米级溶蚀孔洞发育,主要为裂缝—孔洞型储层,局部发育裂缝—孔隙型、孔隙型等储层类型,非均质性极强。长井段大斜度井和水平井是磨溪龙王庙组气藏实现高效开发的重要手段,钻进过程中钻井液漏失或侵入,对储层伤害严重,需要酸化改造有效解除钻完井液伤害,充分释放气井自然产能。从储层伤害机理入手,通过布酸工艺优化、酸化施工参数优化设计,形成长井段大斜度井和水平井智能基管均匀改造技术和高效可溶性暂堵转向改造技术。现场应用30口井,其中28口井测试日产气量超过百万方,累计获得测试产量 $4485.76 \times 10^4 \mathrm{m}^3/\mathrm{d}$,强力支撑了龙王庙组气藏高效开发。

第一节 储层伤害评价及改造需求分析

解除储层伤害是基质酸化的改造目标。对于长井段大斜度井和水平井而言,储层在钻完井工作液中浸泡时间长、接触面积大,伤害范围和伤害程度复杂。因此需要通过室内实验和数值模拟明确整个长井段上的表皮系数分布和伤害深度分布,进而针对性地进行布酸设计,指导长井段大斜度井和水平井酸化工艺选择和施工参数优化[1-3]。

一、储层伤害诊断评价

(一)钻完井液伤害评价

钻完井过程中,钻完井液固相和滤液在压差作用下侵入地层内部,形成侵入带,并在井壁上堆积形成滤饼。长井段大斜度井和水平井伤害范围和伤害程度主要取决于钻进时间、滤液分布情况、井周渗透率变化及过平衡压差。

储层段钻井液滤液中微粒及固相颗粒的粒径为 $0.03 \sim 500\mathrm{\mu m}$,粒径中值 d_{50} 为 $2.66 \sim 11.0\mathrm{\mu m}$,见表8-1。

表8-1 龙王庙组储层钻井液固相粒度分析结果统计表

序号	粒径 $d_{10}(\mathrm{\mu m})$	粒径 $d_{50}(\mathrm{\mu m})$	粒径 $d_{90}(\mathrm{\mu m})$	备注
1	0.055	0.106	20.730	微粒
2	0.216	2.659	16.216	微粒
3	0.216	6.622	31.563	三级颗粒
4	0.202	2.890	34.786	三级颗粒
5	0.210	3.791	126.321	二级颗粒
6	0.211	4.169	136.741	二级颗粒
7	0.154	11.001	250.971	二级颗粒

岩心压汞测试表明,中值孔喉半径为 0.0150~4.4845μm,平均孔喉半径为 0.69μm(图 8-1),属于中喉储层。喉道类型以缩颈喉道和片状喉道为主,管状喉道所占比例较少,固相颗粒通过基质孔隙侵入储层深部的可能性较小。扫描电镜(SEM)和CT扫描表明,微裂缝发育频率达到40%,微裂缝以溶蚀缝为主,缝宽介于1~100μm(图 8-2),固相颗粒通过微裂缝进入储层深部是造成储层伤害的主要原因。

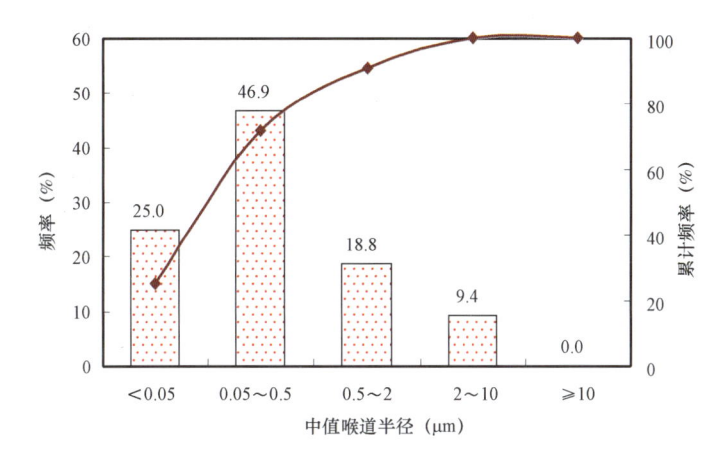

图 8-1 压汞测试孔喉半径分布频率图

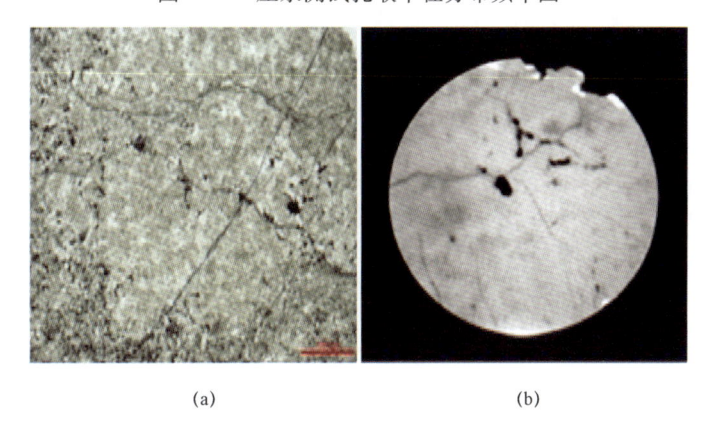

(a)　　　　　　　　　(b)

图 8-2 扫描电镜图(a)和CT扫描图(b)

采用人工剖缝岩心模拟天然裂缝,开展钻井液伤害评价实验。循环压力为3MPa,伤害时间2h,实验结果见表 8-2。

表 8-2 剖缝岩心钻井液伤害实验数据表

序号	裂缝宽度 (μm)	基质渗透率 (mD)	岩心渗透率 (mD)	伤害后岩心渗透率 (mD)	伤害率 (%)	伤害深度 (cm)
1	1.98	1.97×10^{-4}	0.78	0.42	46.4	<1.0
2	2.14	2.55×10^{-5}	1.05	0.54	48.5	<1.0
3	4.39	4.58×10^{-5}	8.90	3.52	60.4	<2.0
4	22.49	3.03×10^{-3}	1127.96	195.98	82.6	—

钻井液对岩心的伤害率达到46.4%~82.6%,且随着裂缝宽度增加,伤害程度增加;当裂缝宽度较小时,固相颗粒主要堆积在岩心表面或沉积在裂缝入口端;随着裂缝宽度的增大,固相颗粒进入岩心深部,造成严重伤害。对裂缝表面进行电镜扫描后发现,固相颗粒附着在岩石表面,对晶间孔及裂缝通道造成堵塞(图8-3)。

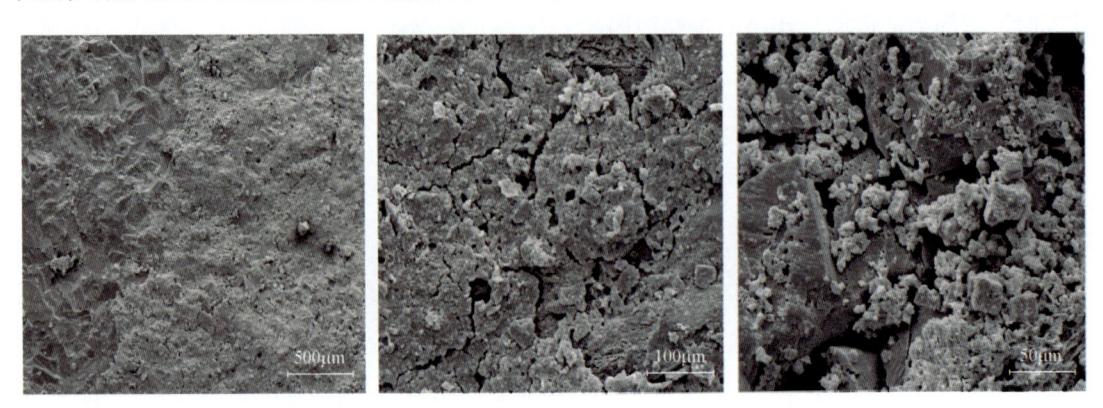

图8-3 钻井液伤害后的岩心裂缝表面扫描电镜图

(二)储层非均匀伤害模拟

钻井液固相侵入对储层的伤害可以分为外滤饼区和内滤饼区,如图8-4所示。由于钻井液中含有不同尺寸的悬浮颗粒,较大的悬浮颗粒会被阻截在孔隙介质表面,形成外滤饼;较小的悬浮颗粒进入基质孔隙并堵塞孔隙吼道,形成内滤饼,严重损害储层渗透性能。

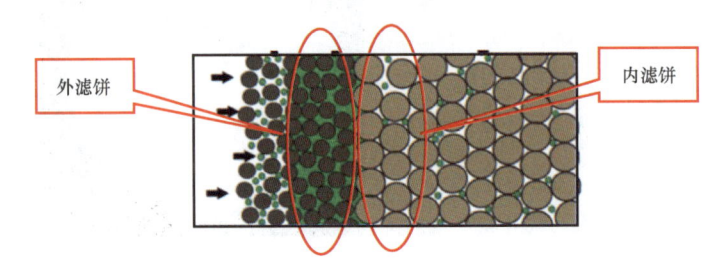

图8-4 外滤饼和内滤饼形成机理示意图

采用等效伤害模型评价钻完井液对储层的伤害,得到长井段不同位置处的等效伤害半径和表皮系数。根据体积守恒法可以计算每一小段的伤害带等效半径:

$$r_{d,eq} = \sqrt{\frac{V_{leak}}{\phi(1-S_{gr}-S_{wi})\pi \, dl} + r_{w,eq}^2} \quad (8-1)$$

假设渗透率在伤害带内按指数规律分布,等效伤害渗透率可由式(8-2)计算:

$$K_{d,eq} = \frac{\ln(r_{d,eq}/r_{c,eq})}{\frac{1}{K_0}\left(\frac{K_0}{K_c}\right)^{\frac{r_{d,eq}}{r_{d,eq}-r_{c,eq}}} \times \left[-\text{Ei}\left(-\frac{r_{c,eq}}{r_{d,eq}-r_{c,eq}}\ln\frac{K_0}{K_c}\right) + \text{Ei}\left(-\frac{r_{d,eq}}{r_{d,eq}-r_{c,eq}}\ln\frac{K_0}{K_c}\right)\right]} \quad (8-2)$$

考虑储层各向异性的表皮系数可由式(8-3)计算：

$$S = \left(\frac{K_0}{K_{d,eq}} - 1\right)\ln\left(\frac{r_{d,eq}}{r_{w,eq}}\right) \quad (8-3)$$

式中 V_{leak}——单位井段长度 dl 上的钻井液滤液滤失量，m^3；

ϕ——储层孔隙度，%；

S_{gr}——残余气饱和度，%；

S_{wi}——原始含水饱和度，%；

$r_{w,eq}$——等效井眼半径，m；

$r_{d,eq}$——等效伤害带半径，m；

r_{ceq}——滤饼半径，m；

K_0——原始渗透率，mD；

K_c——滤饼渗透率，mD；

$K_{d,eq}$——等效伤害带渗透率，mD；

S——表皮系数。

根据龙王庙组气藏大斜度井和水平井实钻数据，可以得到沿井筒剖面的钻井液滤液侵入深度和伤害表皮系数剖面，如图8-5和图8-6所示。从图中可以看出：钻井液滤液侵入深度和伤害表皮系数总体呈跟端大趾端小的近似椭圆形态，但受孔、洞、缝非均匀发育的影响，局部存在波动现象。

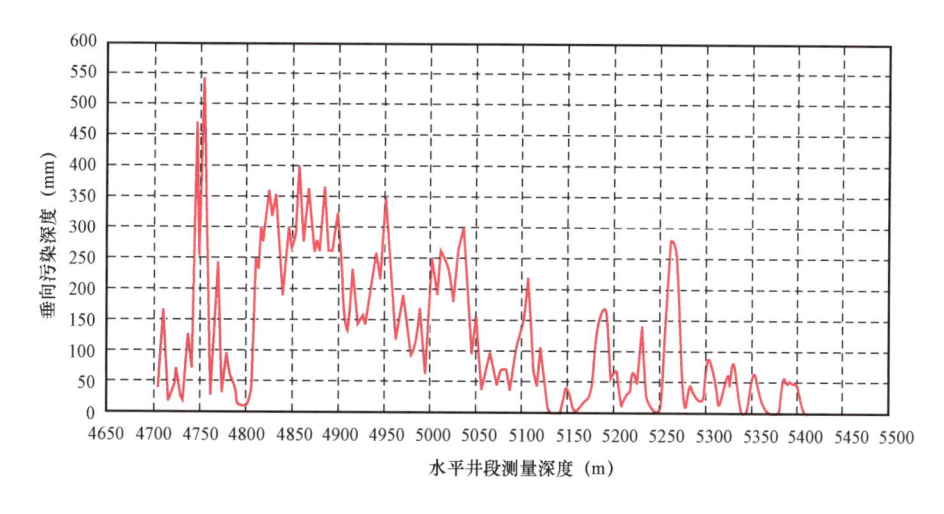

图8-5 沿井筒钻井液滤液侵入深度剖面

二、储层改造需求分析

（一）有效解除钻井液堵塞伤害

从部分井钻井液漏失及浸泡时间的统计结果来看（表8-3），龙王庙组储层存在钻井液漏失量大、浸泡时间长等现象。从施工井酸化前后的试井解释结果来看（图8-7、图8-8），酸

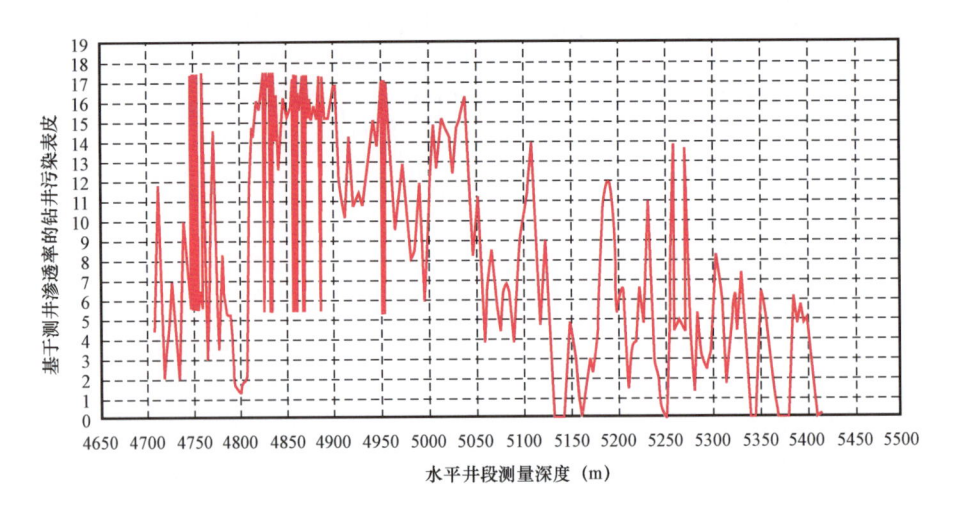

图 8-6 沿井筒钻井液伤害表皮系数剖面

化后的生产压差和表皮系数明显降低,表明储层存在一定的堵塞伤害。因此,需要通过酸化解除钻井液对储层造成的堵塞伤害。

表 8-3 磨溪区块龙王庙组部分井钻井液漏失情况统计表

井号	井段(m)	漏失钻井液(m³)	浸泡时间(d)
MX11	4702.0~4714.0	126.0	235
MX16	4775.0~4776.2	51.3	40
MX21	4635.0~4653.0	16.7	106
MX201	4594.0~4599.0	211.9	41
MX202	4637.5~4638.5	75.1	59
MX204	4675.5~4678.0	45.9	51
MX205	4606.0~4606.6	48.6	53

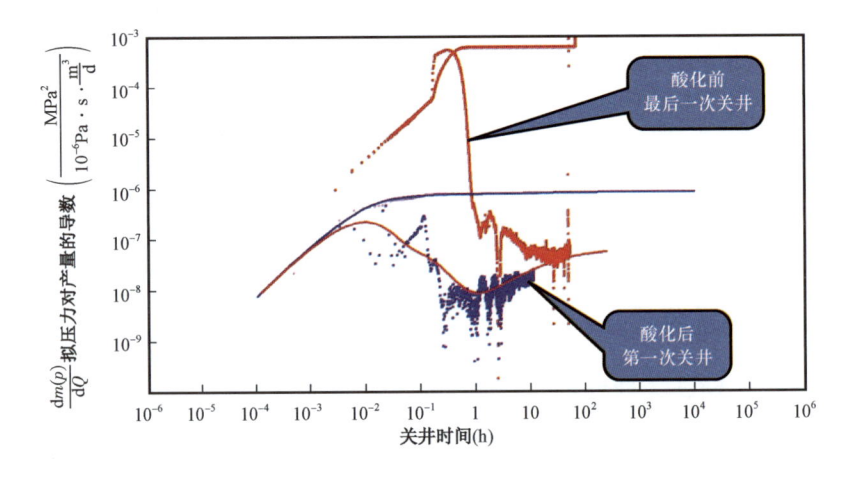

图 8-7 磨溪 8 井龙王庙组酸化后试井分析双对数图(径向复合模型)

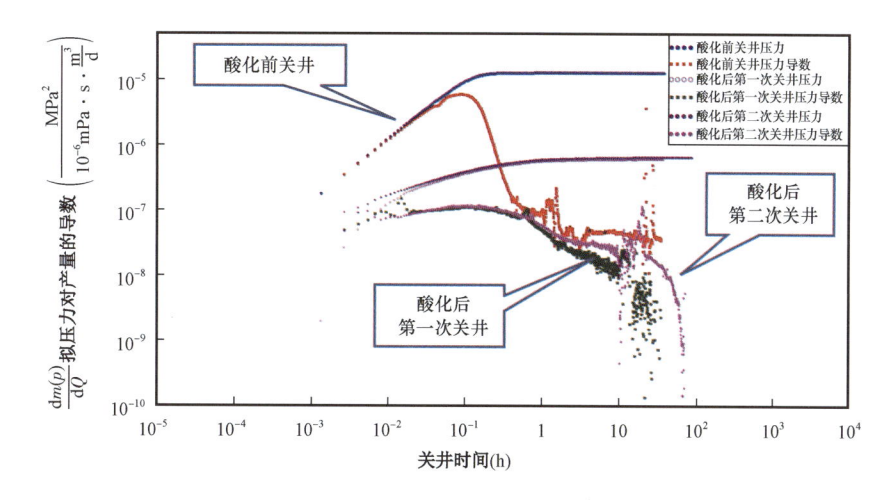

图 8-8　磨溪 10 井酸化前后压力恢复双对数曲线对比

(二) 适合工艺实现均匀布酸

龙王庙组不同储层类别单井剖面如图 8-9 所示，Ⅰ、Ⅱ、Ⅲ类储层在纵向上和横向上均不同程度发育。MX008-H3 井龙王庙组测井剖面如图 8-10 所示，沿井筒方向的物性（孔隙度、渗透率）呈非均匀分布现象。储层具有的非均质性导致井段间的吸酸能力存在差异；同时，等效伤害模型的评价结果表明钻井液在长井段上的伤害程度也呈非均匀分布。因此，需要采用相应的均匀布酸工艺实现对长井段储层纵横向的均匀改造。

第二节　长井段酸化设计

基质酸化作为碳酸盐岩储层增产改造的重要手段，通过形成酸蚀蚓孔突破伤害带，将表皮系数降至零以下，实现增产。优化基质酸化施工排量和规模，确保酸蚀蚓孔突破伤害带，是经济、有效地酸化设计的关键。

一、酸蚀蚓孔扩展规律

双尺度蚓孔扩展模型常用于模拟碳酸盐岩储层基质酸化的蚓孔扩展，其中，达西尺度模型（介于微米级与厘米级之间）描述了酸岩反应和溶蚀过程，孔隙尺度模型（微米级）描述了溶蚀引起的储层物性参数改变，包括结构—孔隙度关系及传质系数的求取。

达西尺度模型包括酸液渗流方程、连续性方程、酸浓度方程、酸岩反应方程、孔隙度变化方程：

$$U = -\frac{10^{-6}K}{\mu}\nabla p \tag{8-4}$$

$$\frac{\partial \phi}{\partial t} + \nabla \cdot U = 0 \tag{8-5}$$

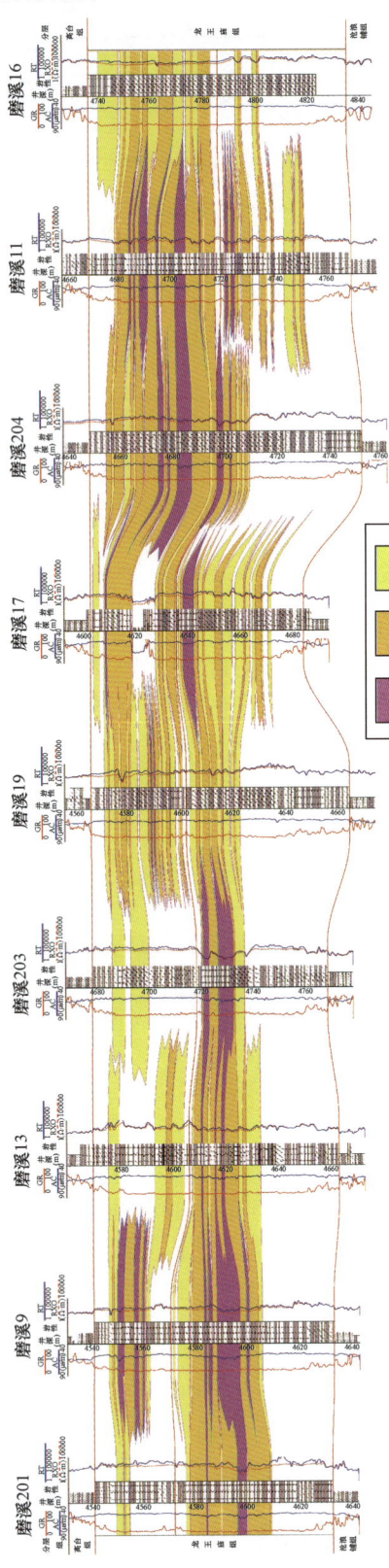

图8-9 磨溪构造龙王庙组不同储层类别单井剖面分布图

第八章 储层改造技术

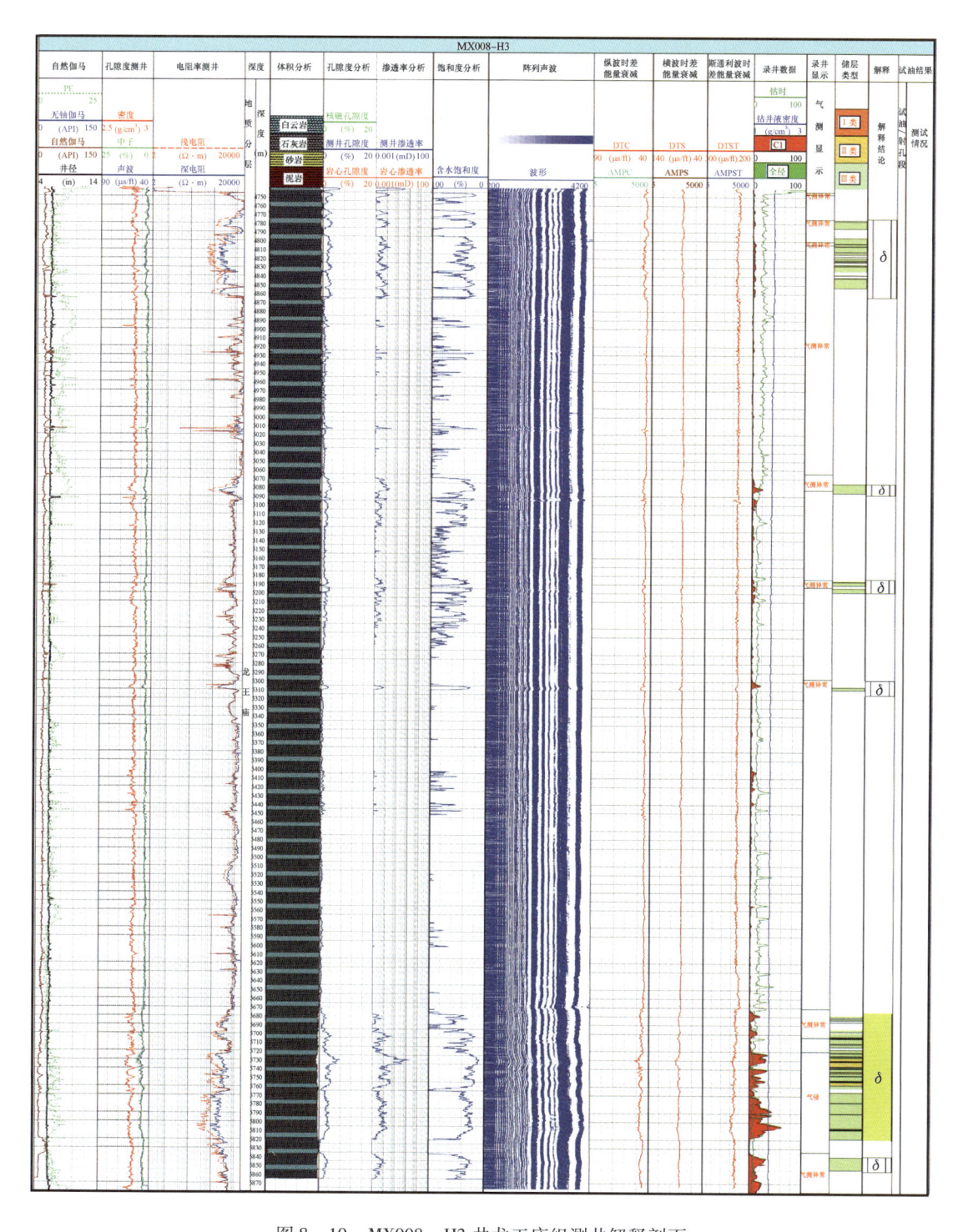

图 8-10 MX008-H3 井龙王庙组测井解释剖面

$$\frac{\partial(\phi C_{\mathrm{f}})}{\partial t} + \nabla \cdot (UC_{\mathrm{f}}) = \nabla \cdot (\phi D_{\mathrm{e}} \nabla C_{\mathrm{f}}) - R(C_{\mathrm{s}}) \quad (8-6)$$

$$R(C_{\mathrm{s}}) = k_{\mathrm{c}} a_{\mathrm{v}} (C_{\mathrm{f}} - C_{\mathrm{s}}) \quad (8-7)$$

$$\frac{\partial \phi}{\partial t} = \frac{R(C_{\mathrm{s}})\beta}{\rho_{\mathrm{s}}} \quad (8-8)$$

式中 U——渗流速度,m/s;

K——渗透率,mD;

μ——流体的黏度,mPa·s;

p——压力,MPa;

ϕ——孔隙度,%;

t——时间,s;

C_{f}——酸液浓度,kmol/m³;

C_{s}——孔隙壁面酸液浓度,kmol/m³;

D_{e}——酸液有效传质系数,m²/s;

k_{c}——传质速度,m/s;

a_{v}——比表面,m²/m³;

β——酸液的溶蚀能力,kg/kmol;

ρ_{s}——岩石密度,kg/m³。

孔隙尺度模型用于描述渗透率、传质系数、比表面和孔隙半径等随孔隙度变化的经验关系。

$$\frac{K}{K_0} = \frac{\phi}{\phi_0} \left[\frac{\phi}{\phi_0} \left(\frac{1-\phi_0}{1-\phi} \right) \right]^{2m} \quad (8-9)$$

$$\frac{r_{\mathrm{p}}}{r_{\mathrm{p}0}} = \sqrt{\frac{K\phi_0}{\phi K_0}} \quad (8-10)$$

$$\frac{\alpha_{\mathrm{v}}}{\alpha_{\mathrm{v}0}} = \frac{\phi r_{\mathrm{p}0}}{\phi_0 r_{\mathrm{p}}} \quad (8-11)$$

$$D_{\mathrm{e}} = \alpha_{\mathrm{os}} D_{\mathrm{m}} + \frac{2\lambda |U| r_{\mathrm{p}}}{\phi} \quad (8-12)$$

式中 K_0——初始渗透率,mD;

ϕ_0——初始孔隙度,%;

m——经验系数;

r_{p}——喉道半径,m;

$r_{\mathrm{p}0}$——初始喉道半径,m;

$\alpha_{\mathrm{v}0}$——初始比表面,m²/m³;

α_{os}——取决于孔隙,结构的常数;

其初始条件和边界条件为：

$$\begin{cases} p(r,t=0) = p_e \\ C_f(r,t=0) = 0 \end{cases} \quad \begin{aligned} \sum q(r=r_w,t) &= q_{inj} \\ p(r=r_e,t) &= p_e \\ C_f(r=r_w,t) &= C_f^0 \end{aligned} \tag{8-13}$$

式中 D_m——分子有效扩散系数，m^2/s；
　　λ——取决于孔隙结构的常数；
　　p_e——地层压力，MPa；
　　r_e——地层供给半径，m；
　　r_w——井眼半径，m；
　　q_{inj}——注入排量，m^3/s；
　　C_f^0——注入酸液浓度，mol/m^3。

采用所建立的转向酸酸化模型，在柱坐标系(r,θ,z)中进行差分求解，即可实现模型求解。

若要用于模拟转向酸基质酸化，则需要耦合转向酸的流变模型。转向酸 pH 值可以通过酸浓度（即 H^+ 浓度）计算，而 Ca^{2+} 和黏弹性表面活性剂浓度则需要重新计算。

基于质量守恒原理，可以跟踪转向酸酸化过程中 Ca^{2+} 和黏弹性表面活性剂的浓度变化：

$$\frac{\partial(\phi C_{Ca^{2+}})}{\partial t} + \nabla \cdot (U C_{Ca^{2+}}) = \nabla \cdot (\phi D_{e,Ca^{2+}} \nabla C_{Ca^{2+}}) + 0.5 k_c a_v (C_f - C_s) \tag{8-14}$$

$$\frac{\partial(\phi C_{VES})}{\partial t} + \nabla \cdot (U C_{VES}) = \nabla \cdot (\phi D_{e,VES} \nabla C_{VES}) \tag{8-15}$$

式中 $D_{e,Ca^{2+}}$——Ca^{2+} 的有效传质系数，m^2/s；
　　$D_{e,VES}$——表面活性剂有效传质系数，m^2/s。

根据室内实验测得的转向酸黏度随 pH 值、Ca^{2+} 浓度、黏弹性表面活性剂浓度的变化规律，可以拟合得到转向酸黏度经验公式：

$$\mu_{eff} = \mu_0 + \mu_{max} \cdot f(pH) f(Ca^{2+}) f(VES) \tag{8-16}$$

$$f(pH) = \frac{\text{erf}(b \cdot pH - c) + 1}{W_1} \tag{8-17}$$

$$f(Ca^{2+}) = \exp\left[-\left(\frac{C_{Ca^{2+}} - C_{m,Ca^{2+}}}{W_2}\right)^2\right] \tag{8-18}$$

$$f(VES) = \exp\left[-0.5\left(\frac{C_{VES} - C_{m,VES}}{W_3}\right)^2\right] \tag{8-19}$$

式中 μ_{eff}——转向酸有效黏度，$mPa \cdot s$；
　　μ_0——转向酸鲜酸表观黏度，$mPa \cdot s$；
　　μ_{max}——转向酸最大表观黏度，$mPa \cdot s$；

C_{VES}——黏弹性表面活性剂质量浓度,%;

$C_{Ca^{2+}}$——$CaCl_2$ 的质量浓度,%;

$C_{m,VES}$——转向酸最大表观黏度对应的黏弹性表面活性剂浓度,%;

$C_{m,Ca^{2+}}$——转向酸最大表观黏度对应的 $CaCl_2$ 质量浓度,%;

W_1, W_2, W_3, b, c——拟合参数。

可以得到转向酸酸化过程中 pH 值、Ca^{2+} 浓度、酸液黏度、酸蚀蚓孔的分布情况,如图 8 - 11 所示。可以看出:酸蚀蚓孔(图 8 - 11d 中的红色区域)内部为低 pH 值、低 Ca^{2+} 浓度、低黏度的鲜酸;而蚓孔周边(图 8 - 11a 中的绿色区域),蚓孔内部的鲜酸与蚓孔壁面岩石反应,酸浓度降低,pH 增大至 2~3,生成的 Ca^{2+} 被驱替进入储层内部,并在蚓孔周边形成高黏区域(图 8 - 11c),迫使酸液进入其他层段。

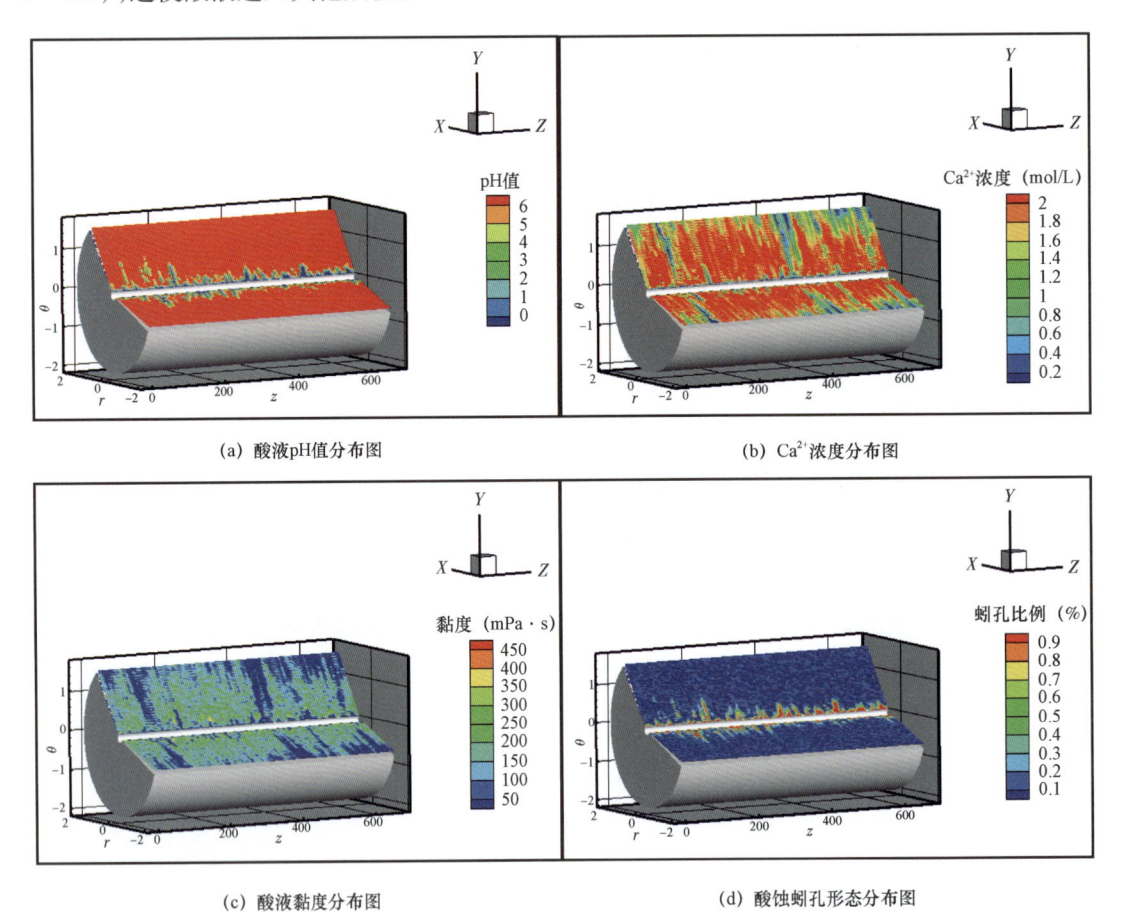

(a) 酸液pH值分布图

(b) Ca^{2+} 浓度分布图

(c) 酸液黏度分布图

(d) 酸蚀蚓孔形态分布图

图 8 - 11 转向酸酸化模拟结果图

二、施工压力控制

解堵酸化是在低于岩石破裂压力下将酸注入岩石孔隙,溶解孔隙内的颗粒及堵塞物,恢复和提高储层渗透率,达到增产的目的。

对 MX12 井、MX13 井、MX16 井、MX17 井、MX203 井 5 口井龙王庙储层段岩心开展了岩石力学参数(包括巴西抗拉、单轴力学和三轴力学)实验和地应力(包括差应变和古地磁)实验。获得了岩石抗拉强度、弹性模量、泊松比、单轴抗压强度和三轴抗压强度等岩石力学测试参数和三向地应力大小(表 8-4)。

表 8-4 磨溪区块龙王庙组岩石力学参数测试结果

岩石力学参数		实验套次	最小值	最大值	平均值
抗拉强度(MPa)		13	3.67	11.10	7.83
单轴力学	抗压强度(MPa)	7	55.85	161.10	97.70
	杨氏模量(10^4MPa)		1.513	4.170	3.151
	泊松比		0.074	0.227	0.142
三轴力学	抗压强度(MPa)	19	161.53	589.00	389.44
	杨氏模量(10^4MPa)		3.404	9.420	6.537
	泊松比		0.132	0.390	0.250
最大水平主应力(MPa)		5	110.2	119.5	113.9
最小水平主应力(MPa)			83.9	106.8	95.1
垂向主应力(MPa)			127.5	131.4	128.5
最大主应力方向(°)		10	117	130	123

采用 GMI 力学分析软件,可以确定不同井底压力下天然裂缝的开启条件,为施工压力控制提供依据。计算结果显示,当量钻井液密度 1.79~1.83g/cm³ 时储层天然裂缝开启 5%,当量钻井液密度 2.12~2.15g/cm³ 时天然裂缝张开 95% 以上(图 8-12、图 8-13)。

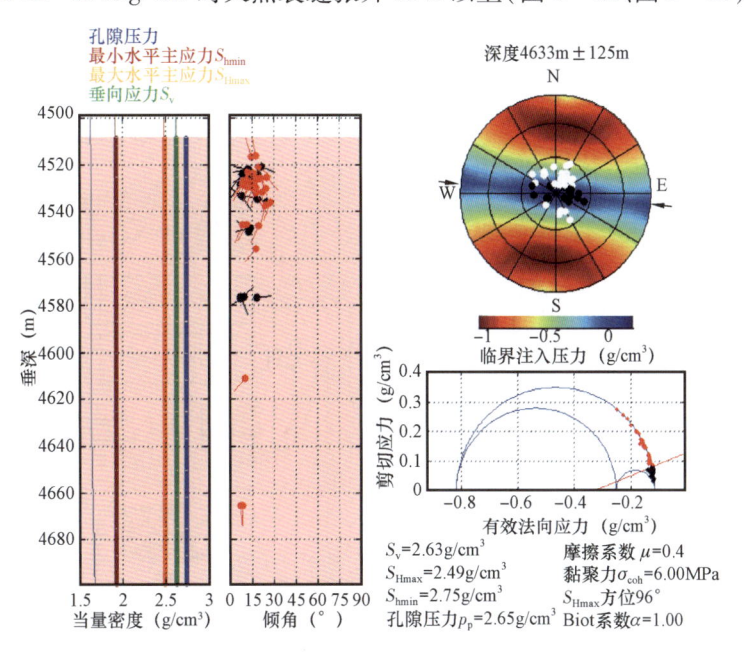

图 8-12 MX12 井天然裂缝开启分析

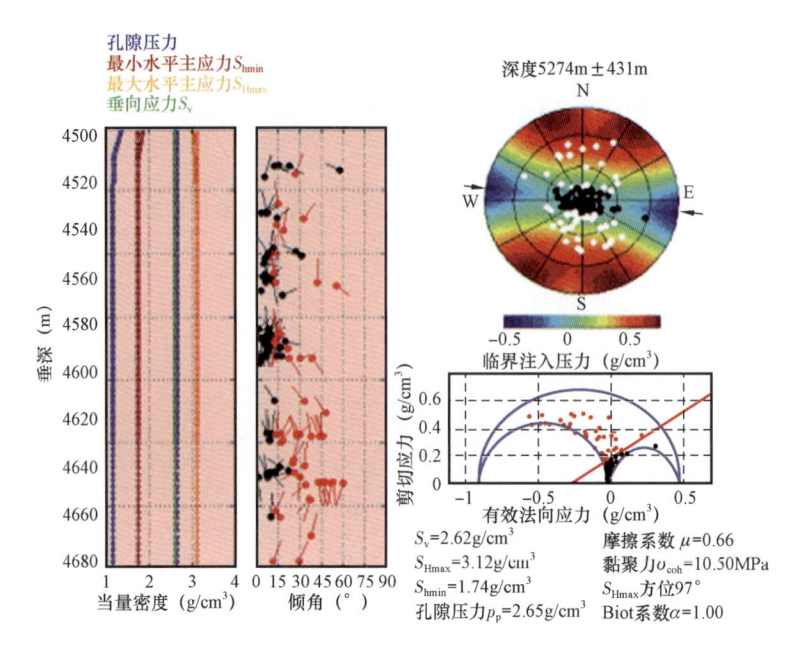

图 8-13 MX8 井天然裂缝开启分析

解堵酸化是在低于地层破裂压力下注入酸液。依据岩石力学及地应力室内岩心测试结果，计算出龙王庙组储层井底破裂压力 105MPa，折算破裂压力梯度 0.023MPa/m 左右，采用 70MPa 井口即可满足酸化施工要求。初期控制井底压力大于天然裂缝开启压力，小于破裂压力，充分解除钻井液侵入天然裂缝产生的伤害，地层疏通后，提高排量，达到深度酸化，提高改善效果。

三、施工排量预测

岩心流动实验(图 8-14、图 8-15)表明：随注入排量增大，溶蚀形态变化，蚓孔突破伤害带所需酸液用量先减小后增大，存在一个最优注入速率 q_{opt}，使得蚓孔穿透一定长度岩心所需的酸液 PV_{bt} 最少，通过此方法可确定排量和酸液用量(图 8-16)。

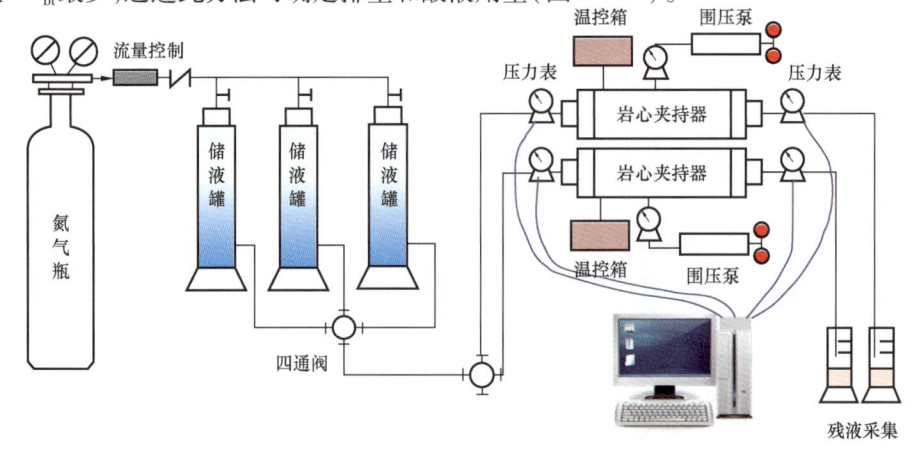

图 8-14 线性流动实验装置示意图

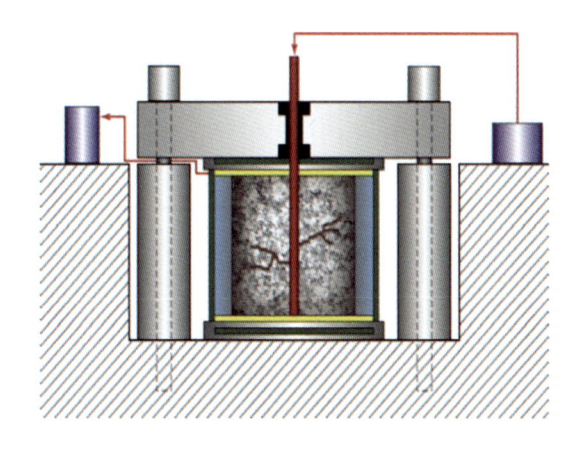

图 8–15　大尺寸径向流动实验装置示意图

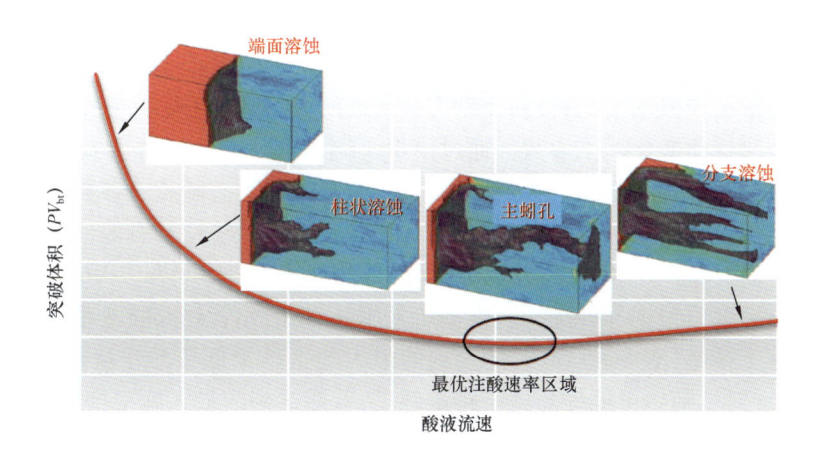

图 8–16　不同注酸流速下形成不同的溶蚀形态

对于任何岩石或液体体系而言，这个最优值可以通过形成酸蚀蚓孔注入的酸液孔隙体积与酸液注入速率的交汇图得到。通过实验评价对比不同注入速率下所需酸液体积，并结合形成蚓孔后的导流能力对比，可以优化注入排量。

$$Q_{acid} = 2\pi r_w h_f q_{opt} \tag{8-20}$$

式中　Q_{acid}——现场注酸排量，m^3/min；

　　　r_w——井眼半径，m；

　　　h_f——吸酸储层厚度，m；

　　　q_{opt}——最优注酸排量，m^3/min。

评价不同注入速率下胶凝酸穿透的酸液体积，实验温度150℃，围压20MPa，最大驱替压力为16MPa，注入速率分别为10mL/min、25mL/min、40mL/min。低排量下(10mL/min)注入酸液，刻蚀深度较深但易均匀刻蚀，用酸量较大，裂缝端面吻合度下降值小，为10.57%；高排量下(40mL/min)注入酸液，刻蚀深度0.2~1.0mm蚓孔形态较佳，但用酸量相对较大，裂缝端面吻合度下降值中等，为13.76%；而中等排量25mL/min注入酸液，刻蚀深度0.2~1.0mm，蚓孔形态较为单一,但用酸量最少,裂缝端面吻合度下降值最大,为16.93%。优选出酸液体系在25mL/min注入时,酸液刻蚀形成的蚓孔较深,形态较为单一且用酸量最少(图8-17)。此时,折算到地层条件下施工排量约4.0~6.0m³/min。

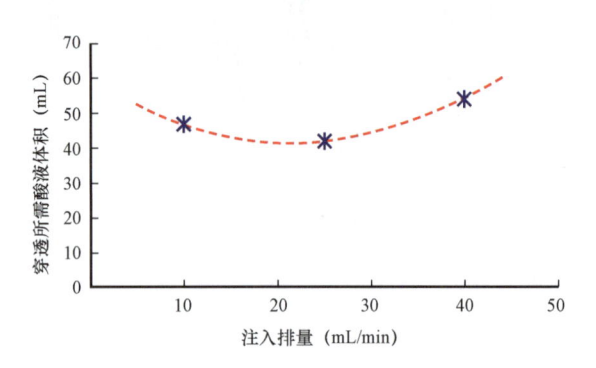

图8-17 不同注入速率下穿透岩心所需酸液体积对比图

虽然通过酸化流动实验可以获取并折算得到最优注入排量,但也存在一些不足:线性流动不能反映井下酸液径向流动情况;径向流动实验所需的大尺寸岩心不易获得。因此,也可以采用数值模拟的方法优化酸化施工参数。通过模拟不同酸液、储层、完井方式、施工参数下的酸蚀蚓孔增长规律,实现全程可视化,直观分析表皮系数、蚓孔形态随施工参数的变化规律,为基质酸化设计提供理论依据和优化手段,提高施工参数设计的经济性和有效性。

根据地层破裂压力梯度,磨溪龙王庙组储层的单井吸酸压力梯度为0.016~0.022MPa/m,具体单井吸酸压力梯度可根据邻井选择。根据所采用井口、酸化管柱和酸液摩阻,可以计算单井可达到的最大施工排量(表8-5)。若能达到的最大施工排量低于酸化流动实验或酸蚀蚓孔模拟优化的施工排量,则尽可能提高施工排量施工;若能达到的最大施工排量高于酸化流动实验或酸蚀蚓孔模拟优化的施工排量,则可按稍大于最优排量施工。

表8-5 MX008-17-X1井酸化施工排量预测表

酸液排量 (m³/min)	液柱压力 (MPa)	摩阻 (MPa)	不同吸酸压力梯度下泵压(MPa)				
			0.015MPa/m	0.016MPa/m	0.017MPa/m	0.018MPa/m	0.019MPa/m
4	50.6	10.03	28.43	33.03	37.63	42.23	46.83
5	50.6	14.83	33.23	37.83	42.43	47.03	51.63
6	50.6	20.41	38.81	43.41	48.01	52.61	57.21
7	50.6	26.75	45.15	49.75	54.35	58.95	63.55
8	50.6	33.80	52.20	56.80	61.40	66.00	70.60

四、施工规模优化

解堵酸化规模选择原则是表皮系数降到 0 以下即可。模拟计算初始不同伤害程度下用酸强度与表皮系数的关系,可以得到解堵酸化施工的用酸量。从模拟计算结果可以看出,随着用酸强度的增加,地层表皮系数 S 逐渐降低。对于轻、中等伤害的储层(如初始表皮系数 $S=10$、20),用酸强度 $3.0 \sim 6.0 \mathrm{m}^3/\mathrm{m}$ 时可以使表皮系数降到 0 以下。对于伤害特别严重的储层(如初始表皮系数 $S=50$),尤其是存在钻井液漏失的情况,用酸强度需达到 $7\mathrm{m}^3/\mathrm{m}$ 可使表皮系数降到 0 以下(图 8—18)。

通过实验评价出较优注入排量下的酸液穿透体积,可以理论计算酸化施工规模,更新了常规施工规模计算方法,提高了施工规模的经济型。

$$V_{\mathrm{acid}} = \pi(r_\mathrm{d}^2 - r_\mathrm{w}^2)\phi h_\mathrm{f} PV_{\mathrm{bt}} \qquad (8-21)$$

式中　V_{acid}——现场注酸规模,m^3;

　　　r_d——伤害半径,m;

　　　r_w——井筒半径,m;

　　　ϕ——孔隙度,%;

　　　h_f——吸酸储层厚度,m;

　　　PV_{bt}——酸蚀蚓孔穿透孔隙体积。

现场施工实践表明(图 8—18),改造效果较好的井施工用酸强度集中在 $3.0 \sim 5.0\mathrm{m}^3/\mathrm{m}$,增加用酸强度,改造效果增加不明显。因此,综合软件模拟和现场施工实践,认为磨溪构造龙王庙组气藏储层解堵酸化施工的用酸强度在 $3.0 \sim 5.0\mathrm{m}^3/\mathrm{m}$,既可以起到解堵的效果,同时又避免酸液的浪费。

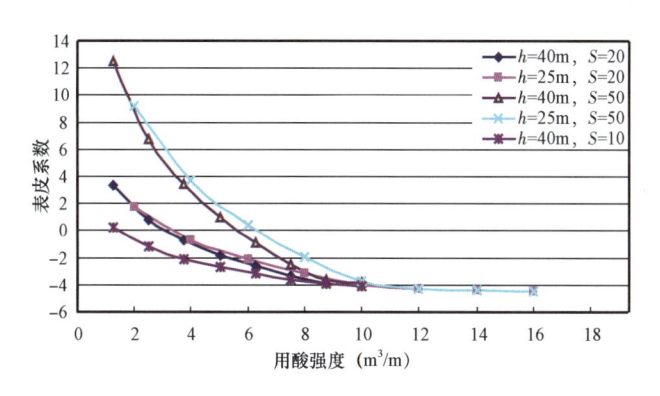

图 8—18　不同伤害程度情况下施工用酸强度与表皮系数关系
h—储层厚度;S—初始表皮系数

通过实验评价出酸岩反应动力参数,可以理论计算在实际地层温度条件下转向酸的有效作用时间(图 8—19)。实验结果表明,转向酸酸岩反应有效作用时间为 $80 \sim 100\mathrm{min}$,结合现场选择的施工排量,可以指导施工规模的选择。

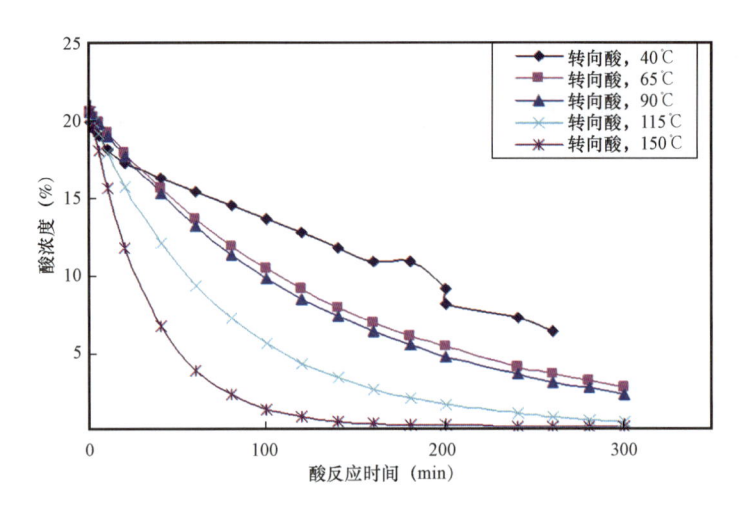

图 8-19 转向酸酸岩反应有效作用时间图

第三节 长井段酸化工艺

长井段大斜度井和水平井钻完井液伤害特征复杂,钻完井液侵入深度和伤害程度存在显著非均匀性,加之储层天然强非均质性,酸液置放对于长井段大斜度井和水平井酸化改造尤为重要。通过储层改造实验评价、工艺优化和现场试验,形成了基于智能基管完井的变转向强度转向酸非机械方式均匀改造技术。

一、自转向酸酸化工艺

磨溪龙王庙组气藏储层厚度大,夹层薄,储集类型为裂缝—孔(洞)型。试井解释储层具有高渗特征,地层压力温度高。钻井时采用的钻井液密度大,储层污染较严重,基本都需要进行解堵酸化作业,恢复气井产能。针对钻遇过程中井壁稳定性较好、储层物性较好、物性分布相对均匀的储层,形成了割缝衬管完成井变转向剂浓度转向酸均匀改造技术,现场应用8井次,累计获得井口测试产量 $1233.46 \times 10^4 \text{m}^3/\text{d}$,平均单井改造后测试产量 $154.18 \times 10^4 \text{m}^3/\text{d}$,增产倍比1.78,可以大幅降低成本。

(一)技术原理

采用人造大理石岩心开展并联岩心转向酸酸化流动模拟实验,实验温度为120℃。每组岩心均含有一块高渗岩心和一块低渗岩心,高渗岩心初始渗透率 K_0 为 30.98~60.56mD,模拟溶蚀孔洞发育层段;低渗岩心初始渗透率 K_0 为 3.48~6.23mD,模拟孔洞欠发育层段,初始渗透率级差 k_{diff} 为 7.29~11.02。采用 VES 表面活性剂浓度分别为 4.0% 和 5.0% 的转向酸进行实验(表 8-6)。

从实验结果可以看出:高渗岩心酸化后渗透率 K_{acid} 为 356.44~568.32mD,改造倍数 9.3~11.5;低渗岩心酸化后渗透率 K_{acid} 为 9.24~10.67mD,改造倍数 1.5~2.7;酸化后渗透率级差 K_{diff} 为 38.58~53.26,且 VES 表面活性剂浓度为 5% 的转向酸的转向性能更优。

表 8-6 并联岩心转向酸酸化实验

序号	岩心编号	VES（%）	K_0（mD）	K_{acid}（mD）	K_{diff} 酸化前	K_{diff} 酸化后	改造倍数
1	1#	4.0	45.44	496.2	7.29	51.63	10.9
	2#		6.23	9.61			1.5
2	3#	4.0	60.56	568.32	10.33	53.26	9.4
	4#		5.86	10.67			1.8
3	5#	5.0	50.24	468.32	11.02	45.73	9.3
	6#		4.56	10.24			2.2
4	7#	5.0	30.98	356.44	8.90	38.58	11.5
	8#		3.48	9.24			2.7

采用初始渗透率差异为 10~40 倍的岩心进行并联岩心流动实验,实验结果表明低渗岩心的改造效果不小于 110%（图 8-20）,可有效实现低渗储层的酸化改造。

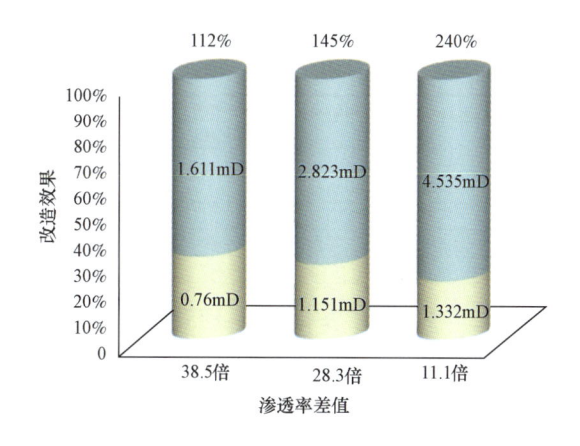

图 8-20 双岩心渗透率差值 10~40 倍低渗透岩心改造效果

利用图 8-20 第二组实验的岩心数据,采用转向酸酸化数学模型和转向酸流变经验拟合模型进行酸化模拟,对比了 20%HCl 的胶凝酸、5%VES 表面活性剂浓度的转向酸酸化的蚓孔形态。注入排量为 2mL/min,注入酸液 100mL 时的酸蚀蚓孔形态如图 8-21 所示,各岩心的流量分配对比如图 8-22 所示。

可以看出:胶凝酸酸化后高渗岩心蚓孔长度约为 6.5cm,而低渗岩心蚓孔长度仅 0.7cm,低渗岩心初始吸液占 9%,改造后吸液占 1%,总进液占 6%,低渗岩心未得到明显改造;而转向酸酸化后高渗岩心蚓孔长度为 4.5cm,低渗岩心蚓孔长度为 1.5cm,相比胶凝酸酸化,低渗岩心改造程度增加 1 倍;低渗岩心初始吸液占 9%,随酸岩反应进行,高渗岩心中形成高黏区域,增大了渗流阻力,低渗岩心吸液占比增加至 23%,迫使酸液进入低渗岩心,随后高低渗岩心中均形成高黏区域,高低渗岩心吸液占比存在波动,低渗岩心总吸液占 18%,转向酸作用使 12% 的酸液更多地进入了低渗岩心,可有效改善非均质性储层的吸酸剖面。

(a)高渗岩心胶凝酸酸化　　(b)低渗岩心胶凝酸酸化
(c)高渗岩心转向酸酸化　　(d)低渗岩心转向酸酸化

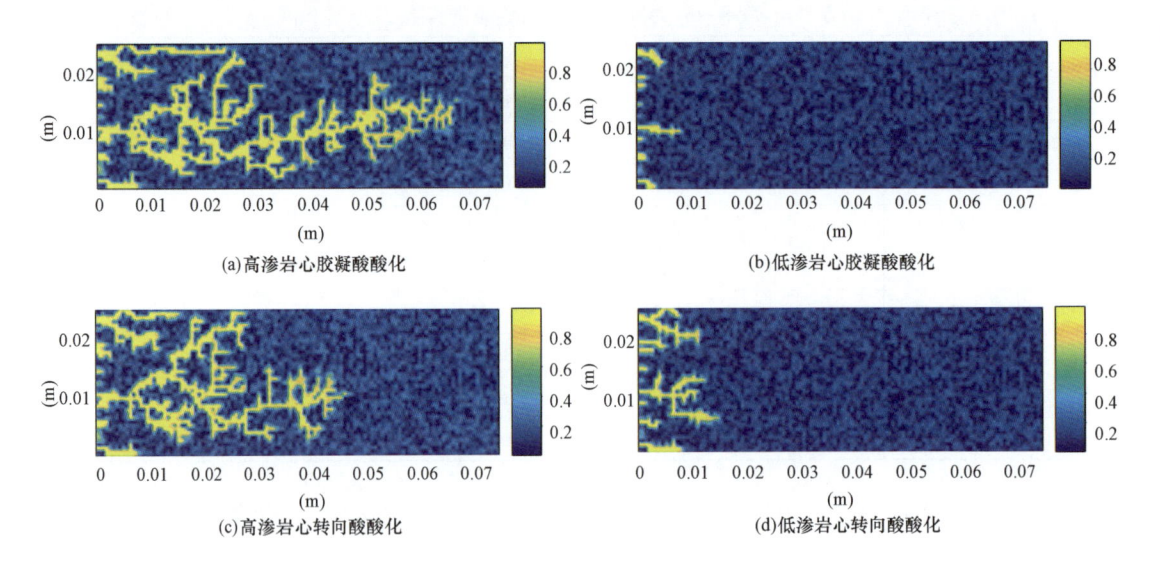

图 8-21　不同酸液并联岩心酸蚀蚓孔对比

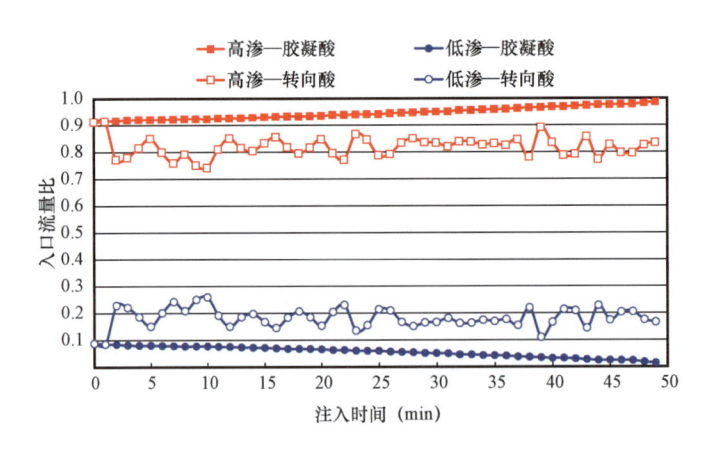

图 8-22　不同酸液并联岩心酸化流量分配

转向酸被高压挤入地层之后,首先会沿着较大的孔道进入渗透率高的储层,与碳酸盐岩发生反应。随着酸岩反应的进行,酸液黏度自动增加(图 8-23),变黏后的酸液对大孔道和高渗透地层进行堵塞,迫使注入压力上升,鲜酸进入渗透率低的储层,并再次与储层岩石进行反应,并再次发生黏度升高,注入酸压力升高。直到上升的压力使酸液冲破对渗透率较大的大孔道的暂堵,酸液才会继续前进。这样,酸液不仅对渗透率较大的储层进行了酸化,对渗透率较小的储层也产生了酸化作用(图 8-24)。

(二)变转向剂浓度转向酸酸化工艺

由于智能基管割缝几何形状的影响,可降解暂堵球和纤维暂堵剂均不能适应衬管完井方式下的转向酸化改造,而转向酸可以在无节流压差的情况下通过割缝衬管。通过不同井段净压力差值预测,磨溪龙王庙组气藏衬管完井不同井段净压力差值在 2.0~5.0MPa。在 150℃条件下开展柱塞岩心酸化驱替实验,设置围压 20MPa,最大驱替压力 16MPa,在恒定排量下记

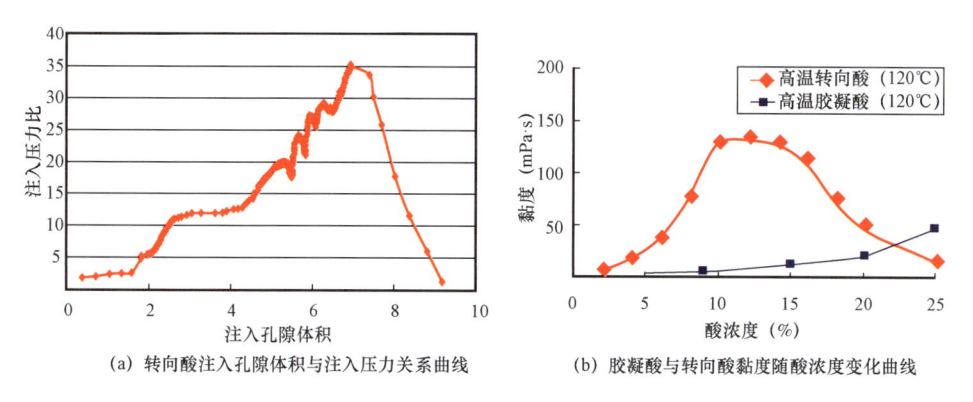

(a) 转向酸注入孔隙体积与注入压力关系曲线

(b) 胶凝酸与转向酸黏度随酸浓度变化曲线

图 8-23 高温转向酸转向性能及黏度变化关系图

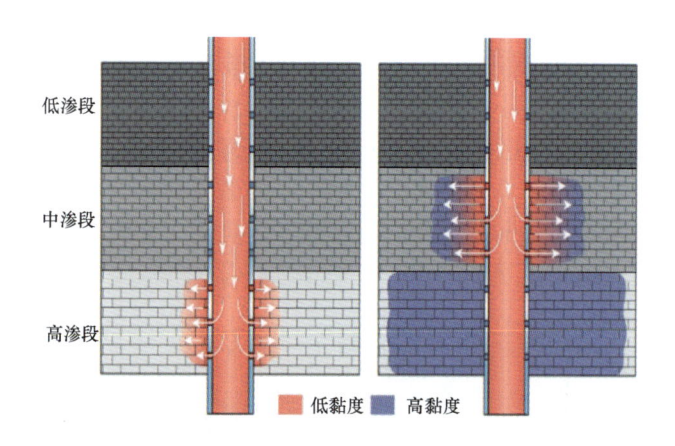

图 8-24 转向酸均匀布酸工艺技术原理示意图

录驱替压力变化。实验评价结果显示,优化化学转向酸配方可以实现不同的转向压力值,转向剂加量 4.0%~5.0% 时,转向压力可达 4.0~4.6MPa(图 8-25),可满足不同井段净压力差的需求,对于安岳气田磨溪构造龙王庙组气藏,优选转向剂用量,可以实现酸液的均匀分布。对于高渗层进行暂堵转向,选择 4% 浓度转向剂转向酸,一是高渗层层内转向需要的转向压力较小,二是通过降低转向压力,使高渗层得到充分改造,释放气井产能;对于低渗储层,选择 5% 浓度转向剂转向酸,一是低渗层层内转向需要的转向压力较大,二是通过增加转向压力,提高低渗储层的改造效果;随着 5% 浓度转向剂转向酸的注入,井底压力提高,突破高渗层暂堵,酸液继续前进,这时高渗层和低渗层都得到了一定改善,最后尾追 4% 浓度转向酸,进一步改善整个井段的渗流通道。

二、可降解暂堵球转向酸化工艺

(一)技术原理

可溶性暂堵球转向酸化工艺的主要原理是采用一种可溶性的暂堵球,酸化时随酸液泵注进地层中,主要适用于射孔完成的井。根据流动阻力最小的原理,酸液将优先进入流动阻力较小的高渗透层或裂缝,酸液携带暂堵球到射孔孔眼形成封堵,阻碍后续酸液继续进入高渗透

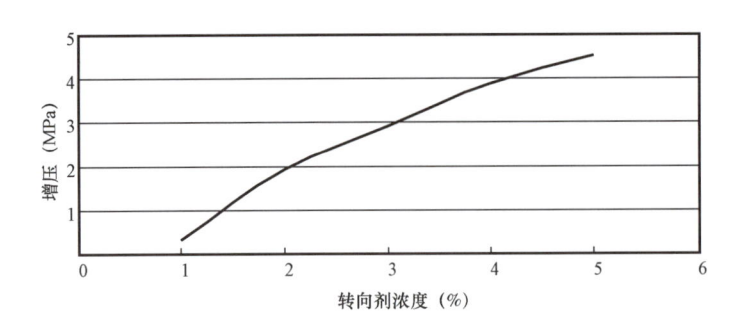

图 8-25 转向酸加入转向剂浓度与增压能力关系曲线

层,使酸液往相对低渗储层转移,从而调节各层的注入能力,最终达到各层均匀进酸的目的(图 8-26)。同时,转向酸在被高压挤入地层之后,首先会沿着较大的孔道与碳酸盐岩发生反应,随着酸岩反应的进行,酸液黏度自动增加,变黏后的酸液对大孔道进行堵塞,迫使注入压力上升,从而鲜酸进入孔道相对较小的储层,并再次与储层岩石进行反应,并再次发生黏度升高,注入酸压力升高。直到上升的压力使酸液冲破对渗透率较大的大孔道的暂堵,酸液才会继续前进,这样实现了层内的暂堵转向。转向酸+可降解暂堵球暂堵转向酸化通过物理与化学复合转向工艺的结合,实现了层间与层内的均匀布酸。一旦施工结束,井筒中的压力下降,暂堵球将脱离射孔孔眼,可在地层温度下溶解。

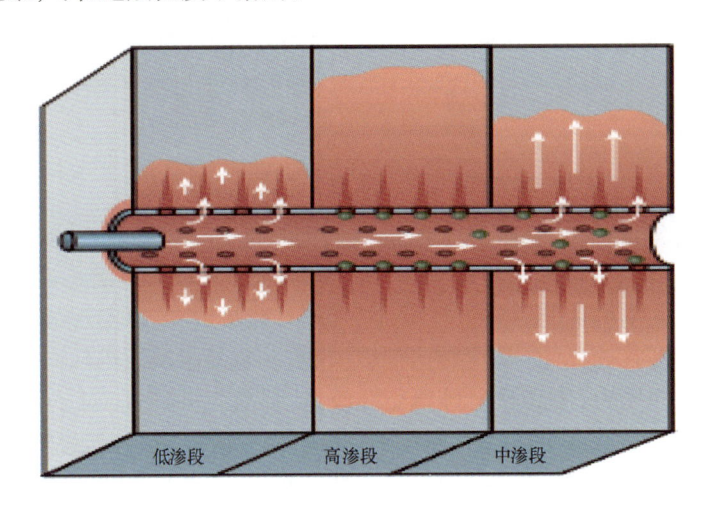

图 8-26 可降解暂堵球分层转向示意图

(二)暂堵位置及暂堵级数设计

可溶性暂堵球转向酸化工艺采用转向酸+可溶性暂堵球多级交替注入的形式,逐段暂堵高渗储层段,形成段间暂堵转向,所以暂堵位置的选择(或暂堵级数设计)是工艺关键。暂堵位置选择主要依据以下几点。(1)根据施工段储层的物性情况确定:由于磨溪龙王庙组储层缝洞发育,微细裂缝对渗透率具有较大贡献(表 8-7),因此优先暂堵裂缝发育层段,促进基质孔隙发育段的吸液;同时,随着基质孔隙度的增大,储层渗透率也逐渐增大(图 8-27),因此二级暂堵Ⅰ类储层发育段,促进Ⅱ、Ⅲ储层段的吸液。(2)根据钻井过程中钻井液漏失位置来确定:钻井液漏失位置裂缝和溶洞较为发育,酸液会加速倒灌,需对其进行暂堵作业。

表8-7 磨溪龙王庙组储层典型样品物性与裂缝统计表

序号	孔隙度(%)	渗透率(mD)	备注
1	3.89	0.00252	微细裂缝不发育
2	2.62	7.92000	微细裂缝发育
3	11.28	4.91000	溶蚀孔洞、微细裂缝发育
4	5.15	11.00000	微细裂缝发育

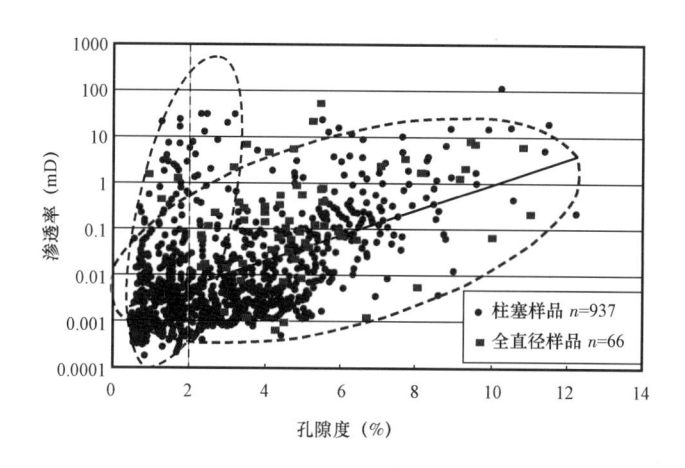

图8-27 龙王庙组气藏孔渗关系

(三)暂堵球注入方式及用量设计

1. 注入方式

考虑现场地面投球的施工风险,需要降低施工排量来实现施工压力降低,从而保证现场作业人员安全。同时,为避免在泵注可降解暂堵球过程中,暂堵球从射孔孔眼脱落,采用降排量,控制压力在40MPa以下的泵注投放暂堵球的方式。研制了可降解暂堵球投放的专用地面投球器设备(图8-28),每个投球器能够满足600颗暂堵球投放,采用投球器组合形式能够满足更多颗数的可降解暂堵球投放需求。

2. 用量设计

根据暂堵球暂堵室内实验,由于重力作用,1号位置(图8-29)对于排量要求最低,最先封堵,因此在水平段上暂堵球会优先坐放在靠近下部井壁的孔眼。随着酸液的运移,下部井壁孔眼被全部封堵后,孔眼流量上涨才能使上部井壁的孔眼封堵。但封堵下部井壁的过程中,部分暂堵球会随着酸液的运移到暂堵段底部,而不能回到暂堵段上部,未能起到暂堵高渗层的目的。因此附加一个系数确保高渗段能够完全被暂堵球封堵,根据现场实践优化,大斜度井或水平井附加系数为1.1~1.2。

各次暂堵球大小及用量根据式(8-22)确定:

图 8-28 可降解暂堵球投放的专用地面投球器设备

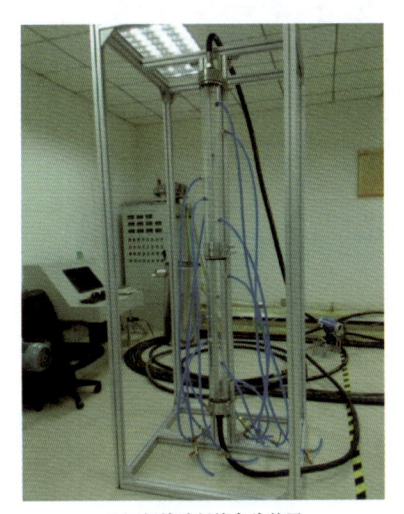

(a) 暂堵球封堵实验装置

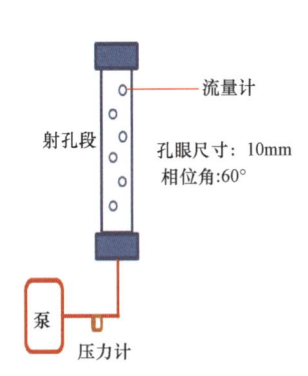

(b) 直井暂堵球装置示意图

(c) 水平井暂堵球装置示意图

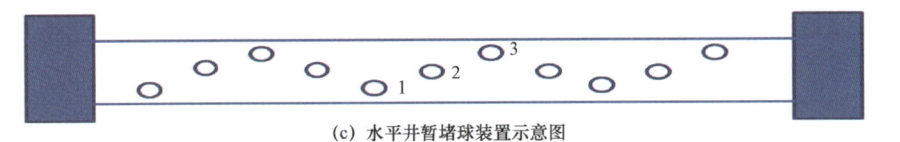

图 8-29 暂堵球封堵室内实验装置及示意图

$$n_b = (1.1 \sim 1.2) n_p \qquad (8-22)$$

式中 n_b——暂堵球用量,颗;
n_p——射孔孔眼数量,个。

(四)送球排量优化

暂堵球对射孔孔眼的封堵效果受两方面的影响:(1)暂堵球能否坐在射孔孔眼上,这取决于液体流向射孔孔眼的流速对球产生的拖拽力与球的惯性力的相对大小;(2)已坐在孔眼上的暂堵球能否继续封堵,这取决于球在孔眼上的附着力与井筒内流体流动产生的脱落力的相对大小。

由于所用暂堵球密度比送球液(酸液)密度更大,暂堵球在压裂管柱中垂直向下的流速 u_b 是送球液在管柱内的流速 u_f 与暂堵球在送球液中的沉降速度 u_s 之和,即:

$$u_b = u_f + u_s \quad (8-23)$$

在直径为 D 的管柱内,液体的平均流速 u_f 为:

$$u_f = 2.122 \times 10^{-2} \times \frac{Q}{D^2} \quad (8-24)$$

式中　Q——送球液排量,m³/min;
　　　D——压裂管柱内径,m。

在紊流状态下,暂堵球在管柱中的沉降速度为:

$$u_s = \frac{3.615}{1 + d_b/(D - d_b)} \sqrt{\frac{(\rho_b - \rho_f)d_b}{\rho_f f_d}} \quad (8-25)$$

式中　ρ_b——暂堵球密度,kg/m³;
　　　ρ_f——送球液密度,kg/m³;
　　　d_b——暂堵球直径,m;
　　　f_d——阻力系数。

大斜度井或水平井中暂堵球到达孔眼处,受到的力主要有:使球靠近孔眼的拖拽力 F_D 和维持球继续往水平方向流动的惯性力 F_I 作用。

考虑到送球液在射孔段流动时,每经过一个射孔孔眼,必然会产生流体外流,从而使得各个孔眼处的暂堵球惯性力由跟端向趾端方向逐渐下降,对送球液流速(暂堵球速度)进行修正,暂堵球在压裂管柱中所受的最大惯性力为:

$$F_I = 0.2168 \frac{\rho_b d_b^3}{D} \left(2.12 \times 10^{-2} \times \frac{QZ}{nD^2} + u_s\right)^2 \quad (8-26)$$

式中　n——射孔孔眼总数;
　　　Z——自下而上的射孔孔眼序号。

送球液对暂堵球的拖拽力为:

$$F_D = 4.4210 \times 10^{-5} \times \frac{f_d \rho_f d_b^2 Q^2}{n^2 d_p^4 C_D^2} \quad (8-27)$$

式中　C_D——流量系数,一般取 0.82。

暂堵球坐封在射孔孔眼后,同时受到使暂堵球脱离孔眼的力 F_u 以及将球维持在孔眼上的持球力 F_h 的作用。考虑到暂堵球的部分面积隐藏在射孔孔眼外,流体流动使球脱落的力 F_u 由式(8-28)计算:

$$F_u = 0.3927 f'_d \rho_f u_f^2 \left(d_b^2 - \frac{d_b^2 \theta}{\pi} + \frac{d_b}{\pi}\sqrt{d_b^2 - d_p^2}\right) \quad (8-28)$$

式中 f'_d——阻力系数,与 f_d 的计算方法相同。

持球力是由射孔孔眼内外压差作用在孔眼面积上而实现的,它还与暂堵球与射孔孔眼几何尺寸的比值有关。

$$F_h = 1.765 \times 10^{-4} \times \rho_f d_p^2 Q^2 \left(\frac{1.062}{n^2 d_p^4 C_D^2} - \frac{1}{D^4} \right) \times \frac{d_p}{\sqrt{d_b^2 - d_p^2}} \quad (8-29)$$

为了使暂堵球稳稳地坐封在射孔孔眼上,并且不脱离,必须满足的条件是:

$$\begin{cases} F_D \geqslant F_1 \\ F_u \leqslant F_h \end{cases} \quad (8-30)$$

由以上公式可以得到控制排量方程,根据这个方程计算出在不同射孔长度上的送球排量。

三、非放射性示踪剂后评估

非放射性化学示踪剂测试技术所用示踪剂是一种自然界不常见的、在色谱分析中具有独特峰值、无毒、无放射性、与目标介质物理亲和、具有痕量示踪能力的化学剂,施工无须下井作业、零井口占用,适合于各种完井方式作业,在北美地区广泛使用。理论上讲,暂堵球根据吸液能力依次封堵各层段射孔孔眼,可实现全井段酸液置放,但暂堵球对射孔孔眼封堵的有效性,以及改造后各层段的产气贡献并不能有效联系。在暂堵前后随酸液伴不同种类的示踪剂,施工结束后采集返排液及气体样品,根据采集样品中各示踪剂的绝对含量和动态变化趋势,可评价暂堵有效性和量化分析不同层段的产气贡献,为进一步优化地质工程方案、提高改造效果及经济效益提供依据。

MX008-20-X1 井为射孔完井,累计射厚 380m,射孔跨度 559m,储层物性较好。根据测井解释孔隙度划分储层类型,其中 $\phi \geqslant 7\%$ 的 I 类储层 77.6m,$7\% > \phi \geqslant 4\%$ 的 II 类储层 157.2m,$4\% > \phi \geqslant 2\%$ 的 III 类储层 150.9m。成像测井显示溶蚀孔洞发育。针对储层厚度大、非均质性强的特点,采用转向酸酸化工艺,配合使用可降解暂堵球,实现长井段上酸液的合理置放,均匀解除井眼周围储层伤害,提高气井产能。分 3 次投入暂堵球共 2600 颗,第一次投球 1000 颗封堵缝洞发育段射孔孔眼,第二次投球 800 颗封堵溶蚀孔洞发育段射孔孔眼,第三次投球 800 颗封堵其他储层发育段。在暂堵球投入前后,随酸液伴注 4 种水溶性示踪剂和气溶性示踪剂,酸化施工曲线如图 8-30 所示。

通过实验室室内色谱分析方法对返排测试期间流体样品中的示踪剂进行跟踪和分析,水溶性示踪剂产出占比如图 8-31 所示。示踪剂 W1 的初期占比较高,且占比缓慢增加;示踪剂 W2 和 W3 的初期占比较低,呈缓慢上升趋势;示踪剂 W4 的初期占比高,随返排时间的增加而降低。结合酸化施工曲线的压力变化特征,可判断出第一次暂堵有效,第二次和第三次暂堵效果有限。结合暂堵效果评价和气溶性示踪剂产出占比测试结果,可知 I 类储层为主力产层,II 类储层产气贡献较大,III 类储层产气贡献较少,产出剖面模拟结果如图 8-32 所示。

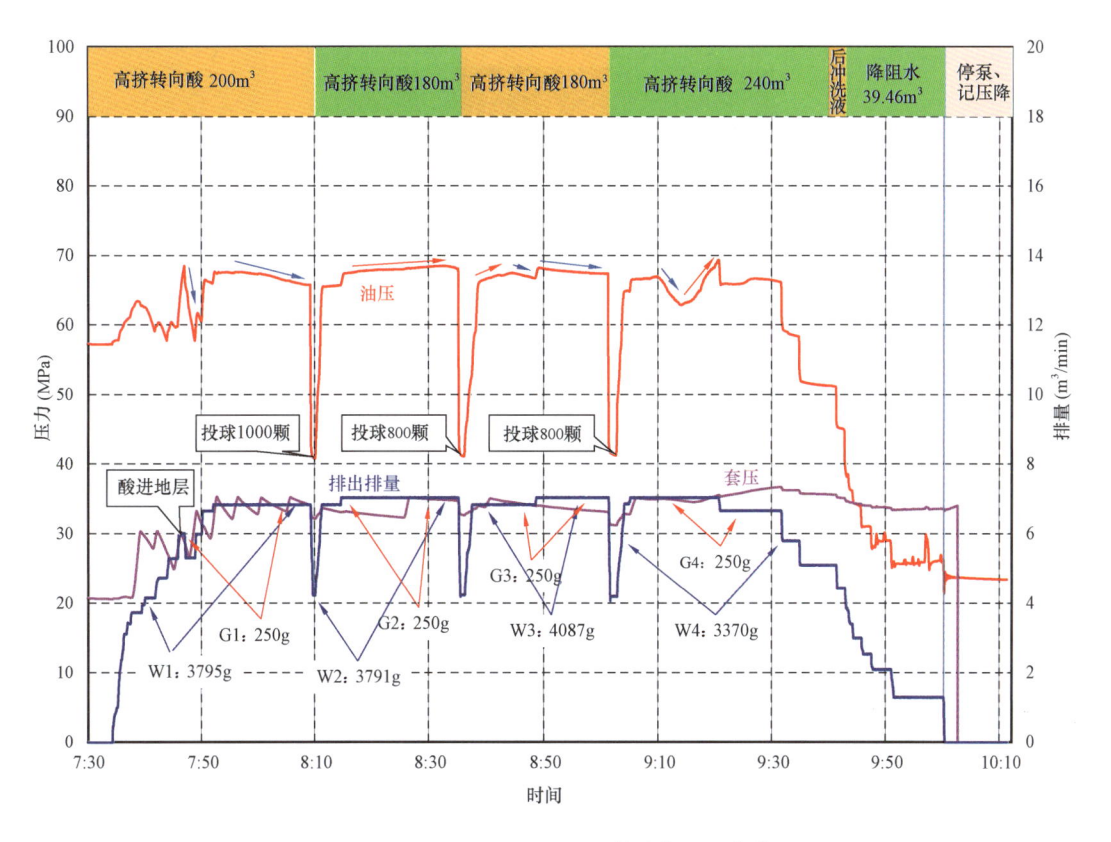

图 8-30 MX008-20-X1 井酸化施工曲线

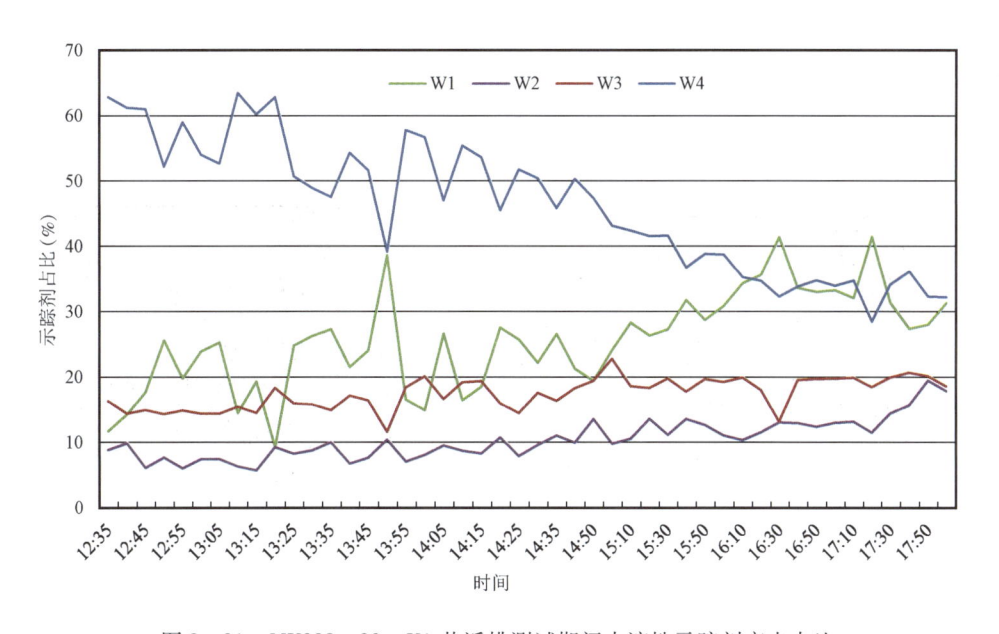

图 8-31 MX008-20-X1 井返排测试期间水溶性示踪剂产出占比

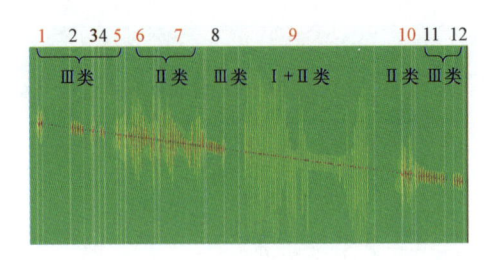

图 8-32　MX008-20-X1 井改造程度及产出模拟剖面

第四节　暂堵转向酸液及材料

一、自转向酸体系

对于非均质储层而言，常规的酸液体系通常优先穿透大孔道或高渗部分，酸液很难作用于低渗透部分。转向酸是一种无聚合物类酸液体系，其关键的黏弹性表面活性剂为两性离子表面活性剂或阳离子季铵盐类表面活性剂[4-9]。以两性离子表面活性剂为例，其在不同 pH 值下呈现不同的带电特征。当 pH 值低于等电点时，其阴离子基团电离程度弱，表现为阳离子特征，表面活性剂分子呈单体分布，故鲜酸黏度很低；随 pH 值升高，阴离子基团电离程度增加，阴离子特性增强，阳离子特性减弱，从等电点开始表现为中性特征，电荷效应减弱，表面活性剂分子呈球形或短棒状胶束，在酸岩反应生成的二价阳离子（Ca^{2+}、Mg^{2+}）的交联作用下，球形或短棒状胶束相互缠绕形成具空间网状结构的蠕虫状胶束，体系黏度急剧增加；随 H^+ 浓度的进一步降低，或遇到储层中的原油、天然气等烃类物质，蠕虫状胶束向球状胶束转化而自动破胶，黏度降低，如图 8-33 所示。

采用长碳链两性离子表面活性剂做酸液转向剂，配套可降解纤维及专用缓蚀剂、沉淀控制剂，形成的高温转向酸体系，最高峰值黏度 200mPa·s，残酸黏度小于 5mPa·s（表 8-8）。

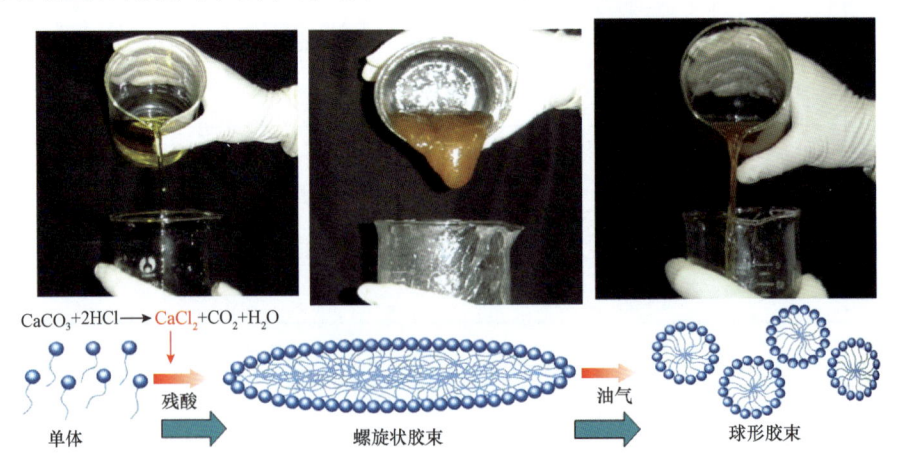

图 8-33　转向酸黏弹机理示意图

表8-8 高温转向酸主要性能评价结果(150℃)

酸液性能	评价结果
峰值表观黏度(mPa·s)	200(90℃)
	50(150℃)
残酸黏度(mPa·s)	3.6
腐蚀速率[g/(m²·h)]	62.9
沉淀控制率(%)	86.1

二、可降解暂堵球

针对磨溪龙王庙组气藏射孔完成的大斜度井和水平井,研发可溶性暂堵球直径5~50mm、密度1.23~1.79g/cm³、溶解时间3~5h可调(图8-34)。在130℃的温度下,将直径为13.5mm的暂堵球分别坐封于直径9mm和10mm球座上,加压至70MPa左右,反复多次打压(图8-35),暂堵球无变形和破碎现象,说明暂堵球具有70MPa以上的承压能力。配合具有分流能力的转向酸,形成了高效可溶性暂堵球复合转向技术,现场应用22井次,累计获得井口测试产量3252.30×10⁴m³/d,平均单井改造后测试产量147.83×10⁴m³/d,增产倍比达2.20。

(a) 溶解前外观　　　(b) 130℃下溶解3h后外观

图8-34 可降解暂堵球溶解实验前后外观

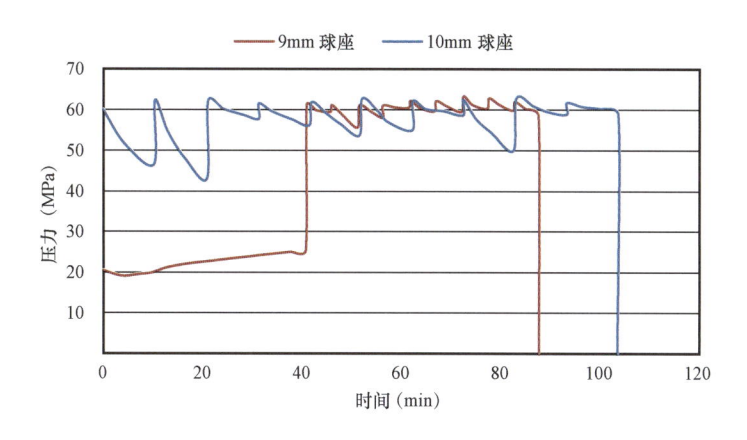

图8-35 暂堵球承压能力实验曲线

暂堵球在不同温度下20MPa清水和酸液中的溶解实验结果见表8-9。

表8-9 不同温度下20MPa清水中暂堵球溶解实验

实验温度(℃)	90			130			150		
暂堵球规格(mm)	13	15	18	13	15	18	13	15	18
原始直径(mm)	11.74	14.98	17.86	13.36	15.08	18.00	12.96	15.00	17.92
溶解3h后直径(mm)	11.68	14.80	17.86	11.58	13.18	16.12	7.10	11.88	13.46

暂堵球在不同温度下在常规酸和转向酸中的溶解实验结果见表8-10,可知温度越高,暂堵球溶解速度越快,当温度低于90℃后,暂堵球基本不溶于清水。而在酸液中,温度越高,溶解速度越快,在95℃以下时,酸对球的溶解度较慢,溶解体积均在10%以下,且转向酸和常规酸的溶解速度基本一致。可降解暂堵球转向酸压具有节约试油时间和成本、不进入地层、完全溶解(不堵塞管柱和流程)的优点。

表8-10 不同温度下20MPa清水中暂堵球溶解实验

酸液类型	时间(h)	95℃	90℃	80℃	70℃	60℃	50℃
常规酸	0	13.54	13.24	13.24	13.24	13.40	13.24
	1	13.40	13.08	13.14	13.24	13.38	13.24
	2	13.00	13.00	13.14	13.23	13.36	13.24
	3	13.28	12.66	12.94	13.22	13.34	13.28
	4	12.26	12.54	12.80	13.22	13.34	13.24
转向酸	0	12.80	12.84	12.86	12.99	12.96	12.96
	1	12.54	12.54	12.70	12.96	12.90	12.94
	2	12.00	12.24	12.26	12.76	12.86	12.94
	3	11.80	12.30	12.16	12.68	12.84	12.90
	4	11.44	12.00	12.00	12.62	12.80	12.90

注:表中数据为暂堵球直径,单位mm。

第五节 磨溪区块储层改造技术应用实例

一、变转向剂浓度转向酸酸化应用实例

MX008-17-X1井是磨溪构造东高点高部位的一口大斜度井,采用割缝衬管完井(图8-36)。割缝段为4738.0~5400.0m,缝长60mm,缝宽1mm,割缝密度13条/m,采用120°相位角螺旋布缝。龙王庙组采用1.70~1.75g/cm³的钻井液,钻进过程中见5次气侵显示,气测全烃最高达到65.32%。测井共计解释3段储层,累厚528.6m,储厚451.0m,平均孔隙度4.7%,平均渗透率1.0mD,其中Ⅰ类储层1.25m(ϕ=12.8%),Ⅱ类储层80.9m(ϕ=7.3%),Ⅲ类储层368.88m(ϕ=4.1%),详见表8-11。成像测井显示天然裂缝、溶蚀孔洞,如图8-37所示。

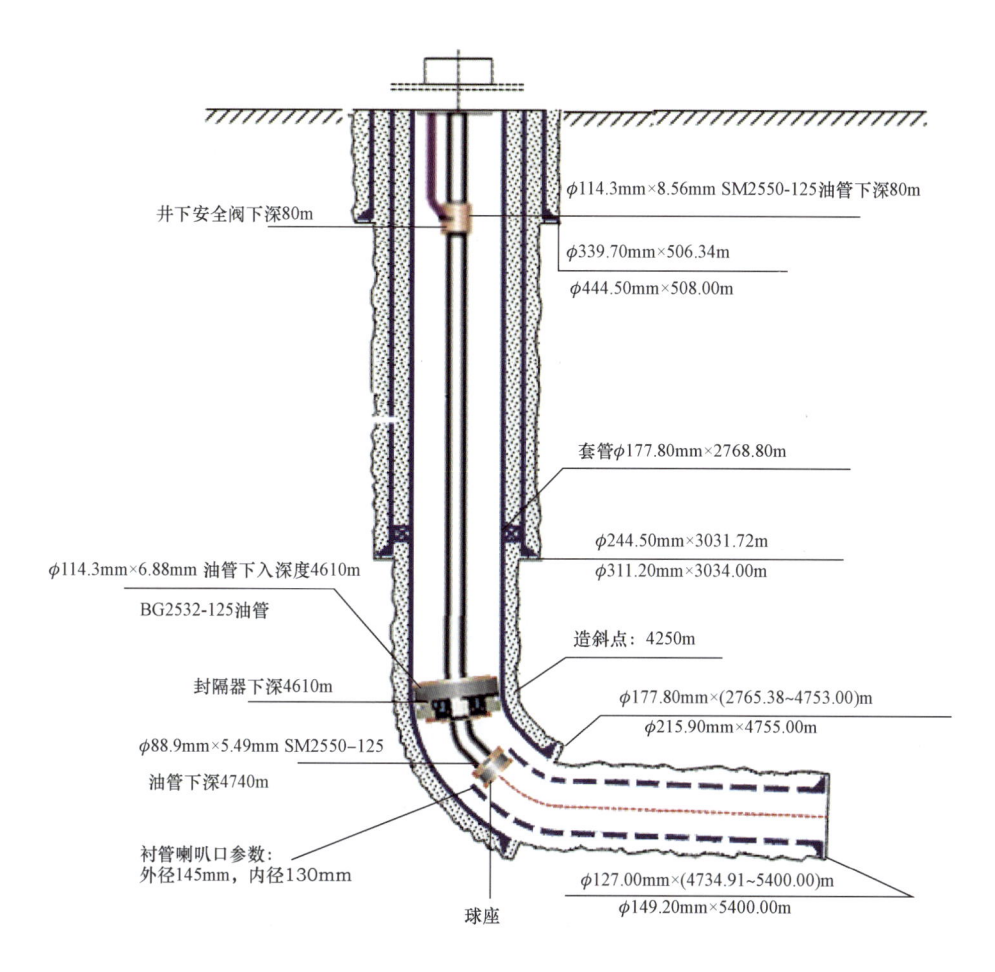

图 8-36　MX008-17-X1 井龙王庙组井身结构及压裂酸化管柱示意图

表 8-11　MX008-17-X1 井测井解释成果表

序号	顶深（m）	底深（m）	厚度（m）	储厚（m）	φ（%）	渗透率（mD）	S_w（%）	I类 φ≥12% 厚(m)	I类 φ≥12% φ(%)	II类 12%>φ≥6% 厚(m)	II类 12%>φ≥6% φ(%)	III类 6%>φ≥2% 厚(m)	III类 6%>φ≥2% φ(%)	解释结论
1	4765.4	5060.7	295.3	237.4	4.9	1.3	11	1.25	12.8	57.1	7.6	179.0	4.0	气层
2	5064.9	5287.3	222.4	209.1	4.5	0.7	14			23.8	6.6	185.4	4.3	气层
3	5291.9	5302.8	10.9	4.5	2.5	0.1	38					4.5	2.5	差气层
平均	4765.4	5302.8	528.6	451.0	4.7	1.0	13	1.25	12.8	80.9	7.3	368.9	4.1	

本井立足于解除钻完井过程中对储层段造成的伤害，实现大斜度井段上均匀布酸，设计采用转向酸酸化工艺。施工采用 KQ103-70 井口，φ114.3mm 油管注入，设计施工规模为 680m³（480m³ 4% VES 浓度转向酸，200m³ 5% VES 浓度转向酸），设计排量为 7.0～8.0m³/min。施工曲线如图 8-38 所示。转向酸进入地层后，排量从 6m³/min 增加至 8.2m³/min，泵压从 60.14MPa 下降至 45.44MPa，酸液解除钻井液滤饼伤害；随后保持排量稳定，泵压持续下降至 37.7MPa，转

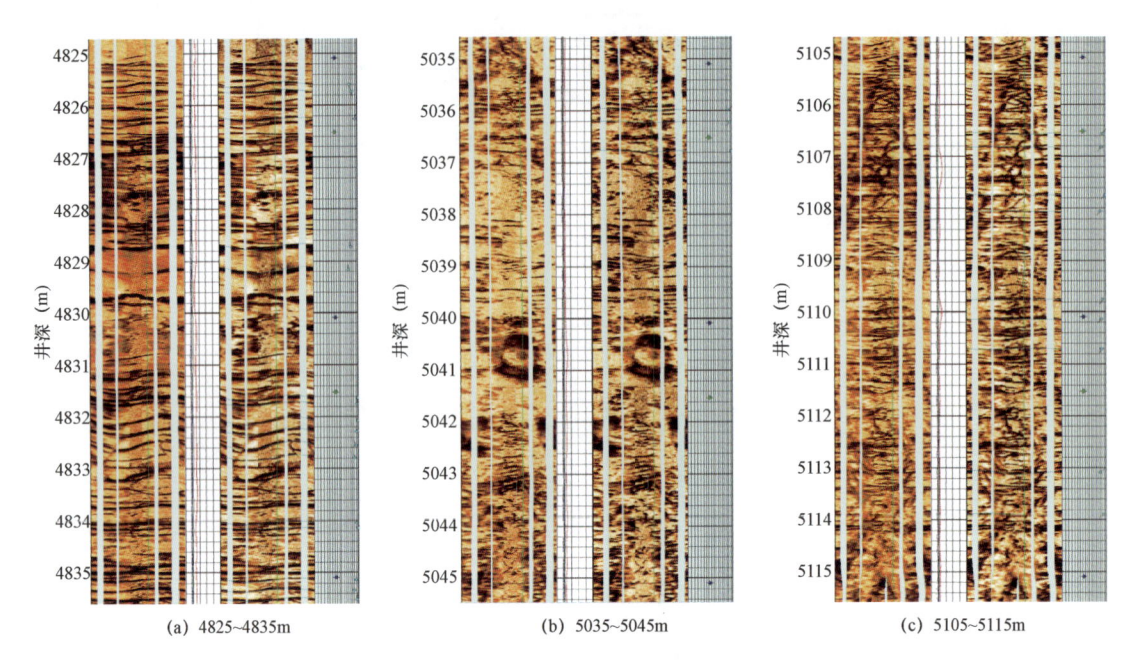

(a) 4825~4835m　　(b) 5035~5045m　　(c) 5105~5115m

图 8-37　MX008-17-X1 井成像测井

向酸形成的酸蚀蚓孔突破伤害带,解堵作用显著;期间泵压从 41.31MPa 上升至 43.93MPa,转向作用明显。采用 50.8mm 临界速度流量计进行测试,酸化前测试产量 $143.18 \times 10^4 \mathrm{m}^3/\mathrm{d}$,酸化后测试产量 $227.07 \times 10^4 \mathrm{m}^3/\mathrm{d}$,增产倍比 1.59。

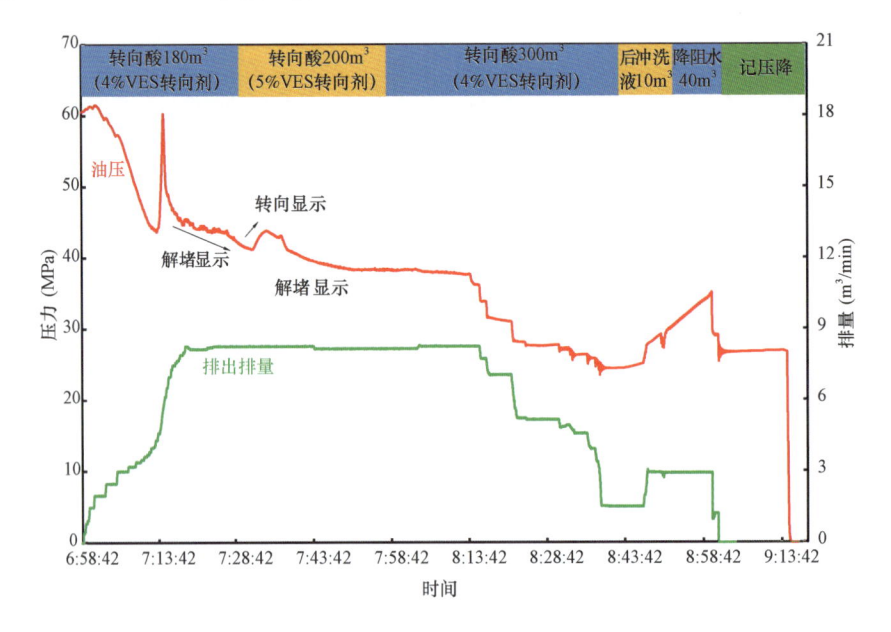

图 8-38　MX008-17-X1 井转向酸酸化施工曲线

二、可降解暂堵球转向酸化应用实例

MX009-X2井是磨溪构造西高点高部位的一口大斜度井,采用射孔完井(图8-39)。射孔井段为5035.0~5050.0m、5070.0~5325.0m、5360.0~5400.0m,射孔累厚310m,射孔跨度365m。采用86枪、先锋弹射孔,孔密16孔/m,60°相位角螺旋布孔。本井龙王庙组采用1.83~1.84g/cm³的钻井液,钻进过程中见5次气测异常显示。测井解释6段储层,累计厚度413.5m,孔隙度2.0%~12.3%。其中差气层5段,累厚137.0m(表8-12);气层1段,累计厚度276.5m。成像测井显示天然裂缝、溶蚀孔洞,综合测井解释成果如图8-40所示。

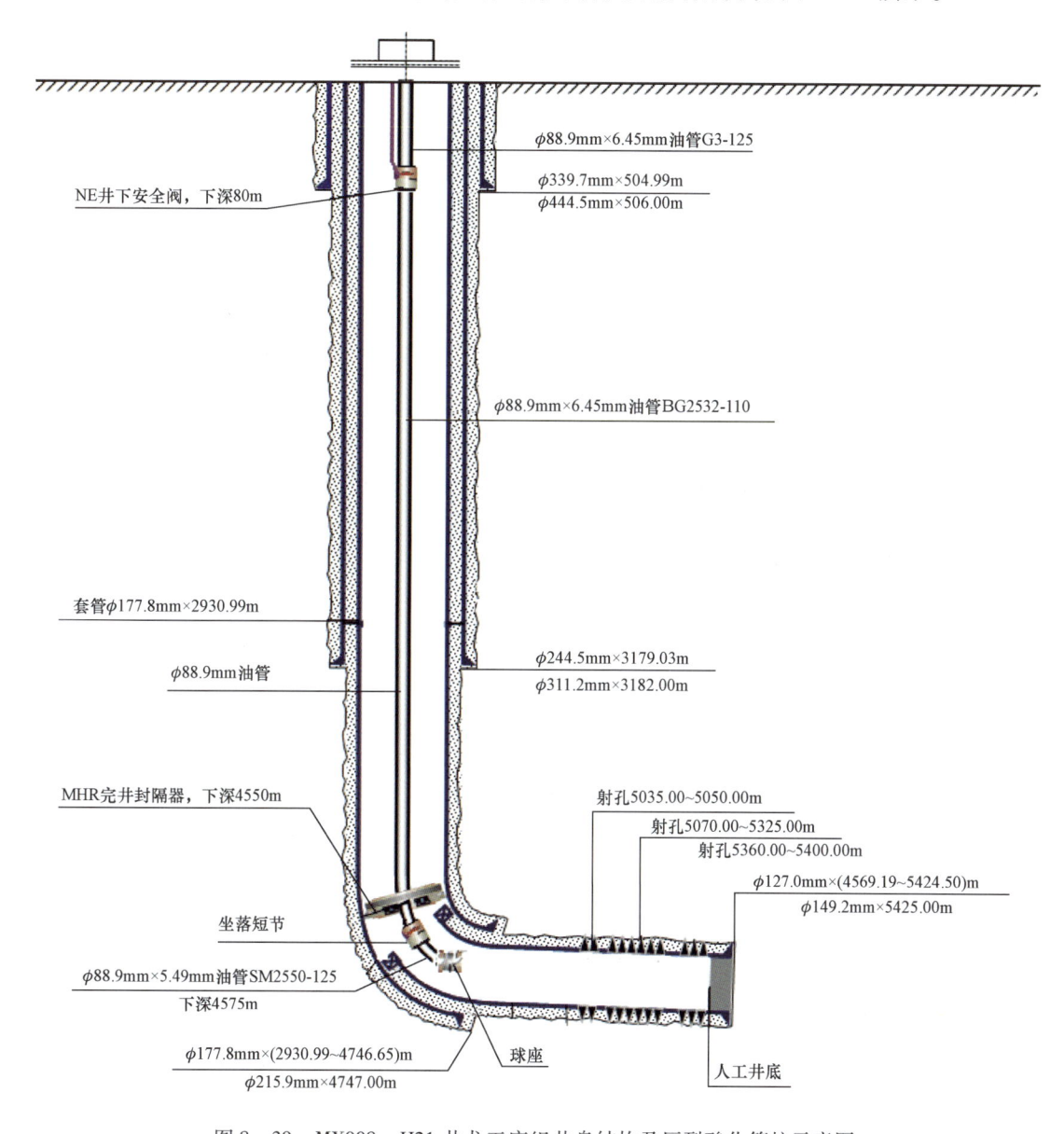

图8-39 MX008-H21井龙王庙组井身结构及压裂酸化管柱示意图

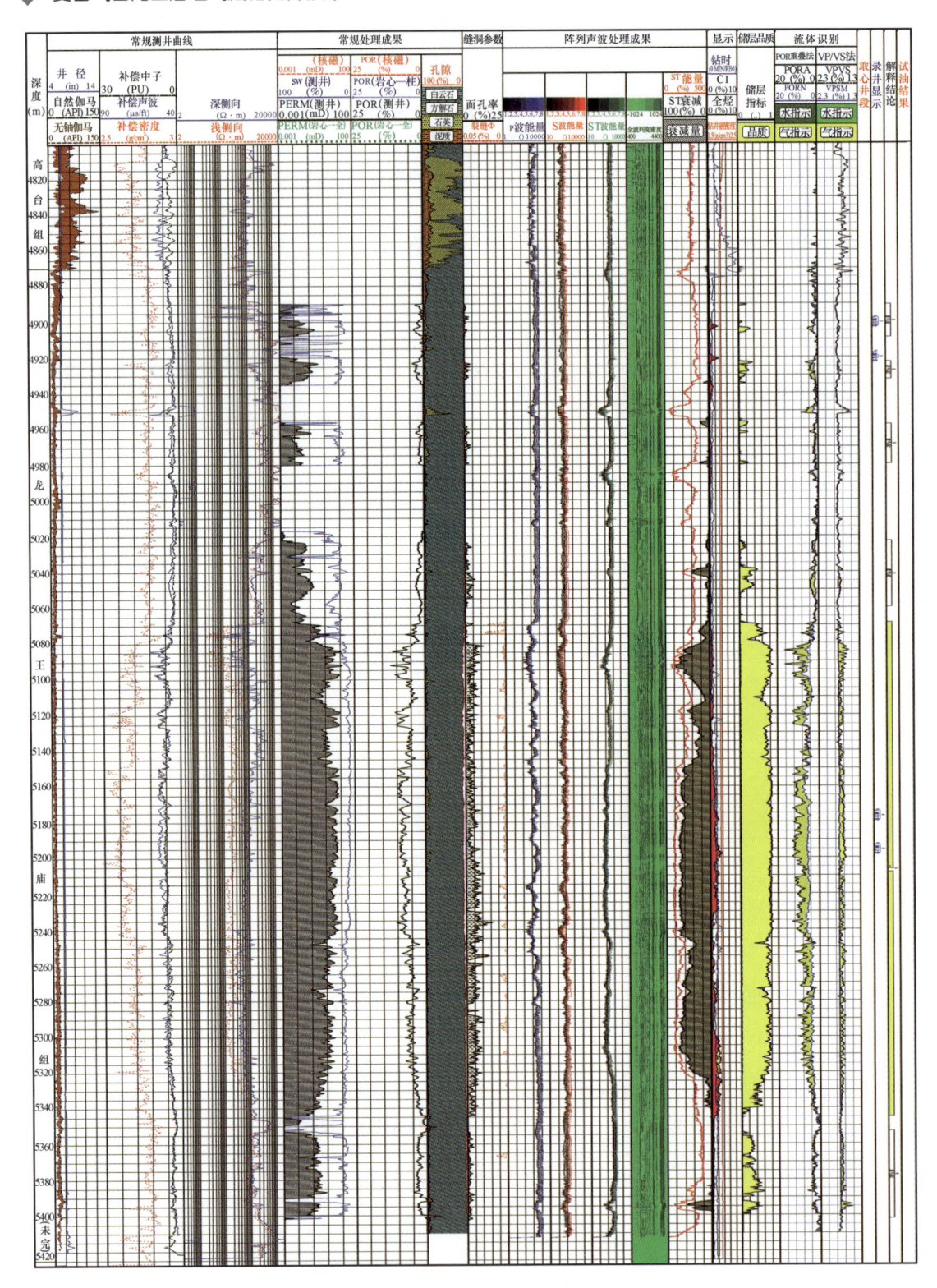

图 8-40 MX009-X2 井综合测井解释成果图

表8-12　MX008-H21井测井解释成果表

井段 (m)	厚度 (m)	自然 伽马 (API)	补偿 声波 (μs/ft)	补偿 中子 (PU)	补偿 密度 (g/cm³)	深侧向 (Ω·m)	浅侧向 (Ω·m)	孔隙度 (%)	含水饱 和度 (%)	解释结论
4890.5~ 4909.0	18.5	14.1~ 28.2	45.5~ 47.9	2.4~ 4.1	2.75~ 2.84	112~ 5274	73~ 3838	2.0~ 3.5	10.8~ 100.0	差气层
4922.5~ 4932.5	10.0	11.3~ 17.4	46.0~ 48.6	2.1~ 3.4	2.64~ 2.83	808~ 3032	769~ 3093	2.0~ 4.2	12.2~ 24.2	差气层
4957.5~ 4980.0	22.5	12.3~ 14.7	45.5~ 47.2	2.2~ 2.9	2.74~ 2.80	2458~ 5308	1576~ 3744	2.0~ 2.9	13.0~ 17.8	差气层
5023.0~ 5060.0	37.0	9.9~ 16.1	45.3~ 48.1	2.0~ 3.1	2.70~ 2.84	1232~ 7886	862~ 5385	2.0~ 3.2	9.3~ 28.1	差气层
5068.5~ 5345.0	276.5	7.4~ 33.5	45.0~ 60.6	2.6~ 9.6	2.48~ 2.87	82~ 5156	19~ 1176	2.0~ 12.3	4.5~ 37.2	气层
5353.0~ 5402.0	49.0	11.5~ 24.1	44.6~ 49.1	2.8~ 5.2	2.58~ 2.83	753~ 3036	530~ 2320	2.0~ 5.0	10~ 31.0	差气层

本井改造立足于解除钻完井过程中钻井液及压井液对储层段造成的伤害,力争实现大斜度井水平段上均匀布酸,设计采用可溶性暂堵球转向酸化工艺。施工采用KQ78-70井口,ϕ88.9mm油管注入,施工规模为480m³转向酸;13.5mm可降解暂堵球1100颗分两次投入,第一次投600个球暂堵Ⅰ类储层和溶蚀孔洞发育段,第二次投500个球暂堵溶蚀孔洞相对发育段,施工排量为4.0~4.5m³/min。施工曲线如图8-41所示。酸液进入地层后,施工压力下降40.0MPa,解除近井地带堵塞,转向酸进入地层后,暂堵压力上升6.49MPa,暂堵球暂堵上升22.8MPa,二次投球暂堵球暂堵上升20.3MPa,实现了均匀布酸的施工目的。酸化前测试产量113.0×10⁴m³/d,酸化后测试产量203.79×10⁴m³/d,增产倍比1.803。

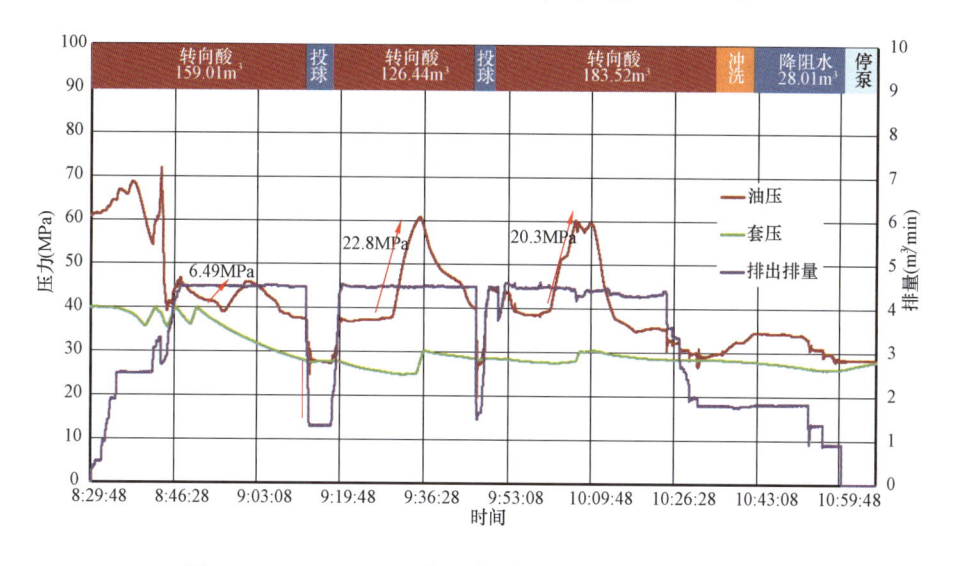

图8-41　MX009-X2井可降解暂堵球转向酸化施工曲线

参 考 文 献

[1] Jones A T, Davies D R. Quantifying Acid Placement: The Key to Understanding Damage Removal in Horizontal Wells[J]. SPE Production & Facilities, 1996, 13(3): 163-169.

[2] Kalfayan L J, Martin A N. The art and practice of acid placement and diversion: history, present state and future [C]. SPE Annual Technical Conference and Exhibition, Louisiana, 2009, SPE-124141-MS.

[3] Taylor D, Kumar P S, Fu D, et al. Viscoelastic surfactant based self-diverting acid for enhanced stimulation in carbonate reservoirs[J]. SPE European Formation Damage Conference, Netherlands, 2003, SPE-82263-MS.

[4] Al-Ghamdi A H, Mahmoud M A, Wang G, et al. Acid diversion by use of viscoelastic surfactants: the effects of flow rate and initial permeability contrast[J]. SPE Journal, 2014, 19(6): 1203-1216.

[5] 曲占庆, 曲冠政, 齐宁, 等. 粘弹性表面活性剂转向酸液体系研究进展[J]. 油气地质与采收率, 2011, 18 (5): 89-96.

[6] 曲占庆, 曲冠政, 齐宁, 等. 中低温VES-BAT转向酸性能评价[J]. 大庆石油地质与开发, 2013, 32(2): 130-135.

[7] Liu P L, Xue H, Zhao L Q, et al. Analysis and simulation of rheological behavior and diverting mechanism of In Situ Self-Diverting acid[J]. Journal of Petroleum Science and Engineering, 2015, 132(1): 39-52.

[8] 牟建业, 李双明, 赵鑫, 等. 基于真实孔隙空间分布的酸蚀蚓孔扩展规律数值模拟研究[J]. 科学技术与工程, 2014, 14(35): 40-46.

[9] 薛衡, 赵立强, 刘平礼, 等. 碳酸盐岩多尺度三维酸蚀蚓孔立体延伸动态模拟[J]. 石油与天然气地质, 2016, 37(5): 792-797.

第九章　井完整性管理与评价技术

目前国际上广泛接受的井完整性概念是综合运用技术、操作和组织管理的解决方案来降低井在全生命周期内地层流体不可控泄漏的风险。井完整性贯穿于油气井方案设计、钻井、试油、完井、生产、修井、弃置的全生命周期,核心是在各阶段都必须建立两道有效的井屏障。井喷或严重泄漏都是由于井屏障失效导致的重大井完整性破坏事件[1-4]。

井完整性管理是目前国际石油公司普遍采用的管理方式。通过测试和监控等方式获取与井完整性相关的信息并进行集成和整合,对可能导致井失效的危害因素进行风险评估,有针对性地实施井完整性评价,制订合理的管理制度与防治技术措施,从而达到减少和预防油气井事故发生、经济合理地保障油气井安全运行的目的,最终实现油气井安全生产的程序化、标准化和科学化的目标。

井完整性和油气井钻井、试油、完井、生产、修井、弃置等各阶段的设计、施工、运行、维护、检修和管理等过程密切相关。

第一节　井屏障划分

有效的井屏障是保证油气井完整性的关键。井屏障指的是一个或几个相互依附的屏障组件的集合,它能够阻止地下流体无控制地从一个地层流入另一个地层或流向地表。井屏障可以分为初次(一级)屏障和二次(二级)屏障。

一、钻井阶段井屏障划分

钻井设计是钻井作业必须遵循的准则,是组织钻井生产和技术协作的基础。钻井设计的规范性、针对性、适用性关系到井全生命周期的完整性。依据中国石油《高温高压及高含硫井完整性指南》,在详细分析地质和工程资料、做好风险评估的基础上,开展高温高压及高含硫井钻井优化设计,重点做好井身结构、井控、钻井液、套管柱、固井等设计工作。从设计、准备、施工、检验等环节对井屏障部件严格把关,建立安全可靠的井屏障,确保各井屏障部件在钻井阶段及后期试油完井至油气井生产过程中的安全可靠。

以钻进、起下钻具等作业为例,钻井液为第一井屏障,地层、套管、固井水泥环、套管头、套管挂及密封、钻井四通、防喷器组、内防喷工具、钻柱共同组成第二井屏障,如图9-1所示。

二、试油阶段井屏障划分

根据试油地质目的来确定试油地质设计和工程设计,设计过程中应遵循以下原则:在确定试油目的及层位时,应考虑钻井工程对井完整性要求;制订试油工程方案时,应考虑试油期间

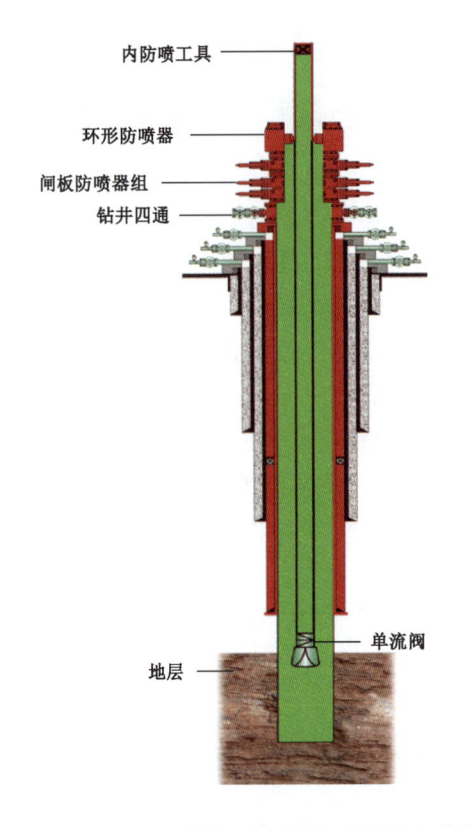

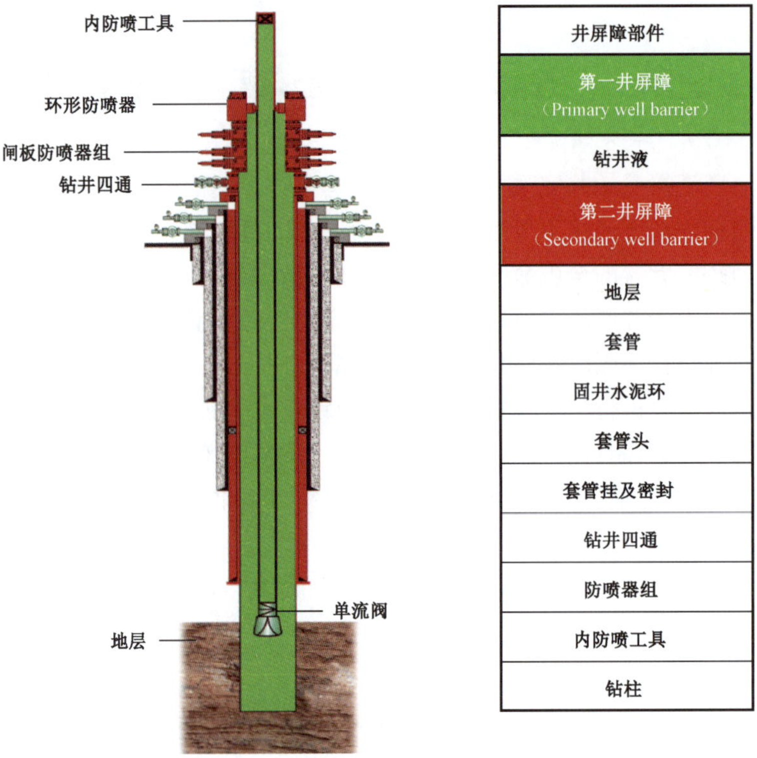

图9-1 钻进、起下钻具等作业井屏障示意图

的井完整性要求;要长期试采、完井投产及弃置的井,应考虑相应的井完整性要求。

试油井完整性设计由试油前井屏障完整性评价、井屏障部件设计、井屏障完整性控制措施等三部分组成,各部分内容的设计原则如下。

(1)试油前的井屏障完整性评价包括地层完整性评价、井筒完整性评价和井口完整性评价三部分,分别评价地层、井筒和井口屏障部件的完整性,明确地层、井筒和井口装置现状及屏障失效造成的潜在风险。

(2)井屏障部件设计应结合井完整性评价得出的井屏障现状和潜在风险,设计第一井屏障,并根据试油方案、试油工艺对第一井屏障进行评估,绘制试油各阶段的井屏障示意图。

(3)井屏障完整性控制应根据第一井屏障设计与评估结果、第二井屏障评价结果,结合各井屏障部件的设计参照标准和需要考虑的因素,确定井屏障部件初次验证和长期监控要求。初次验证应针对试油作业期间的所有恶劣工况条件,通过管柱校核、制订作业控制参数来保证试油管柱、井下工具和附件等井屏障部件的安全。以试油前的井屏障划分为例,绘制某井试油前的井屏障示意图,如图9-2所示。

三、生产阶段井屏障划分

在制订开发方案时,应充分考虑完井投产作业及长期生产期间对井完整性的要求。

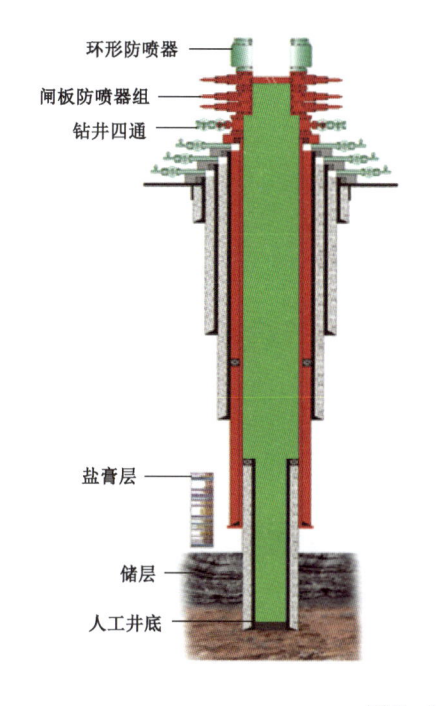

井屏障部件	测试要求	监控要求
第一井屏障		
压井液	定期钻井液性能监测	监控液面
第二井屏障		
地层	地层承压实验	—
油层套管	入井前气密封检测 全井筒试压	A（B）环空压力监控
油层套管外水泥环	固井质量测井	A（B）环空压力监控
尾管	入井前气密封检测 全井筒试压	A环空压力监控
尾管外水泥环	固井质量测井	A环空压力监控
人工井底水泥塞	试压	—
套管头	安装后试压	—
套管挂及密封	安装后试压	—
钻井四通	安装后试压	—
防喷器	安装后和交接井时试压	—

图 9-2　试油前的井屏障示意图

完井投产井完整性设计由完井前井屏障完整性评价、井屏障部件设计、井屏障完整性控制措施等三部分组成，各部分内容的设计原则如下。

（1）完井前的井完整性评价应包括地层完整性评价、井筒完整性评价和井口完整性评价三部分，分别评价地层、井筒和井口屏障部件的完整性，明确地层、井筒和井口装置现状及屏障失效造成的潜在风险。

（2）井屏障部件设计应结合井完整性评价得出的井屏障现状和潜在风险，设计第一井屏障，并根据完井方案、完井工艺对第一井屏障进行评估，绘制完井各阶段的井屏障示意图。

（3）井屏障完整性控制应根据第一井屏障设计与评估结果、第二井屏障评价结果，结合各井屏障部件的设计参照标准和需要考虑的因素，确定井屏障部件初次验证和长期监控要求。初次验证应针对完井投产作业期间的所有恶劣工况条件，通过管柱校核、制订作业控制参数来保证完井管柱、井下工具和附件等井屏障部件的安全。以生产阶段为例，图 9-3 为中国石油西南油气田分公司高温高压高酸性气藏生产井典型井屏障示意图，在井身结构图上显示针对防止地层流体外泄的第一井屏障、第二井屏障及其包含的井屏障部件完整性状态和测试要求。第一井屏障是指直接阻止地层流体无控制向外层空间流动的屏障，第二井屏障是指第一井屏障失效后，阻止地层流体无控制向外层空间流动的屏障。

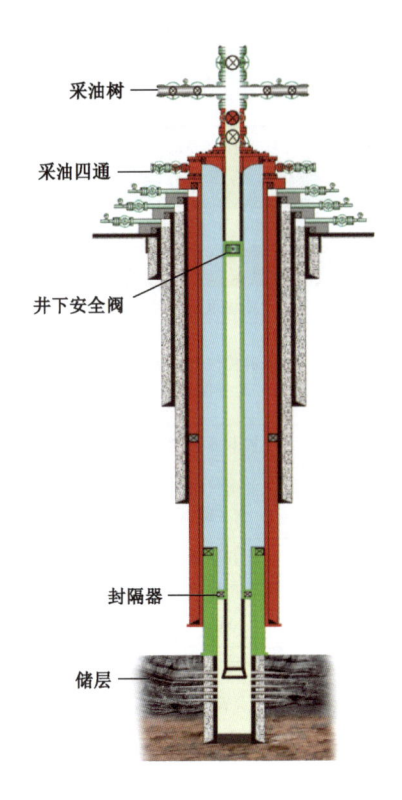

图9-3　生产井典型井屏障示意图

第二节　井完整性管理技术

井完整性管理是指采用系统的方法来管理全生命周期的井完整性,包括通过规范管理流程、职责及井屏障部件的监测、检测、诊断、维护等方式,获取与井完整性相关的信息,对可能导致井完整性问题的危害因素进行风险评估。根据评估结果制订合理的技术和管理措施,预防和减少井完整性事故发生,实现井安全生产的程序化、标准化和科学化的目标。

一、井完整性管理要求

(一)井完整性管理体系

各油田公司应建立完备的井完整性管理体系,并明确井完整性管理部门和人员的职责。油田公司业务管理部门负责井完整性管理体系的设计审核、整体运行及决策管理;技术支撑单位负责协助制订井完整性策略,指导和跟踪井完整性动态,为业务管理部门和生产单位提供技术支撑;建井单位负责井屏障的建立,建井期间井屏障的维护、测试及建井资料的移交;生产单位负责生产阶段井完整性的日常管理,并对所辖区块内井完整性状况负责。

各相关单位应设立井完整性管理岗位、明确井完整性管理职责并配备相关人员,其中业务管理部门应设立井完整性管理部门或岗位,配备专(兼)职的完整性管理人员;技术支撑单位应设立井完整性研究机构；相关建井、生产单位应设立井完整性管理岗位。应对各级井完整性管理人员进行专业的井完整性培训，满足开展井完整性工作的能力要求。

（二）井完整性管理流程

1. 建井阶段井完整性管理流程

建井阶段井完整性管理流程如图9-4所示（图中井完整性设计是指与井完整性相关的设计内容）。

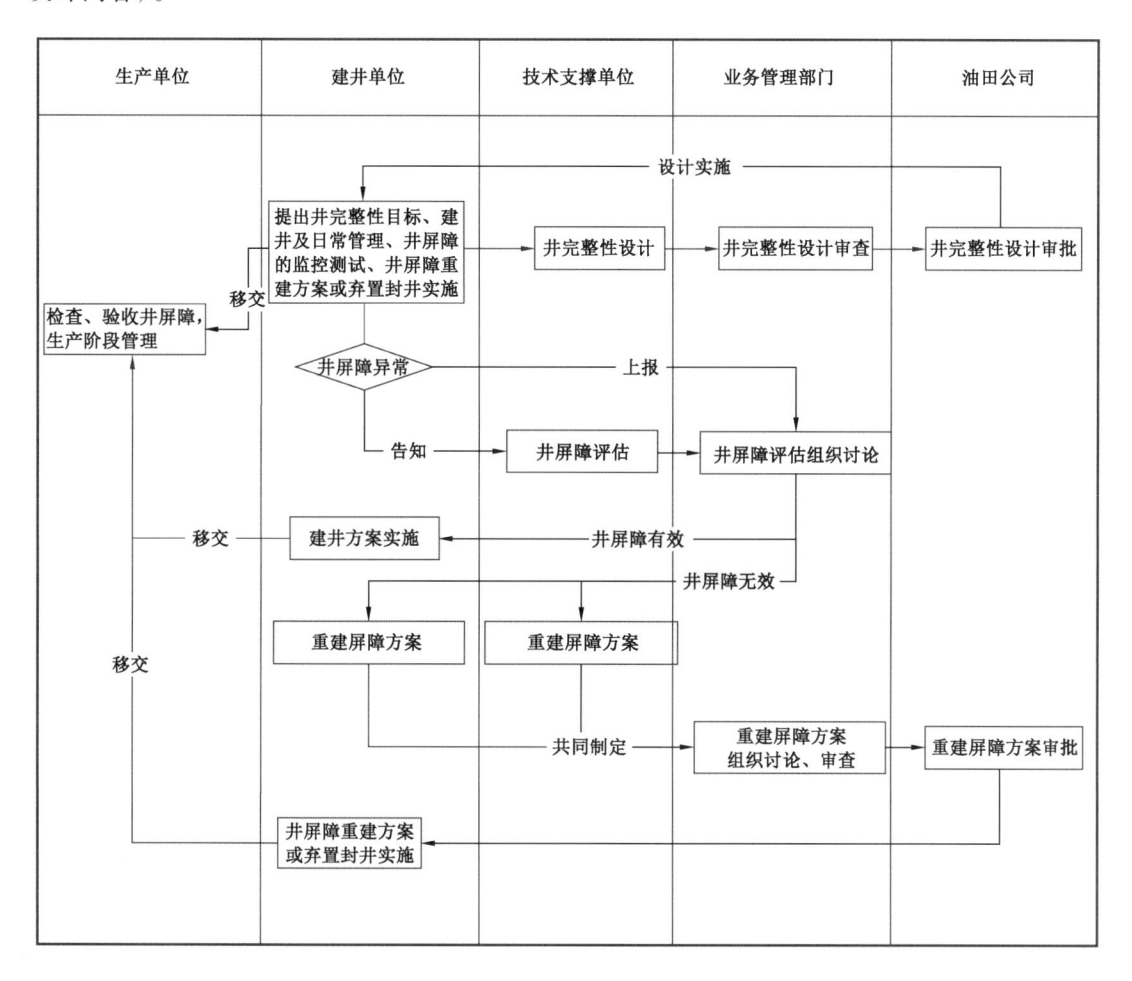

图9-4 建井阶段井完整性管理流程

2. 生产阶段井完整性管理流程

生产阶段井完整性管理流程如图9-5所示。

（三）建井阶段的井完整性管理

1. 井屏障管理

每个作业阶段都应建立至少两道独立的经测试验证合格的屏障，若屏障不足两道时，应建立屏障失效的相关应对措施。按井完整性设计要求对井屏障部件进行测试、监控和验证,并做好记录,井屏障示意图应根据实际情况及时更新。

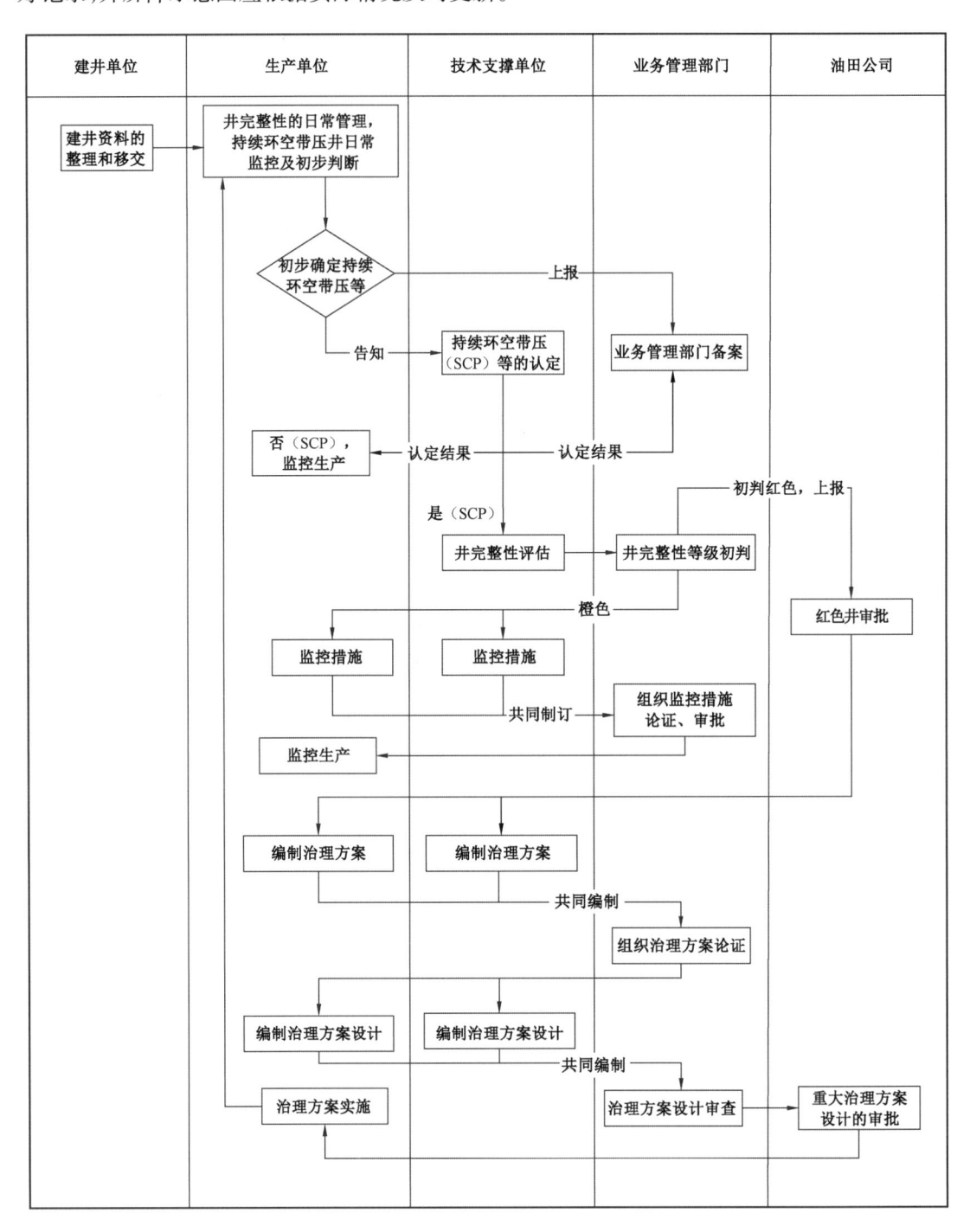

图 9-5 生产阶段井完整性管理流程

2. 环空压力管理

钻井期间应保持井筒液柱压力或井筒液柱压力与井口控制压力之和大于或等于地层孔隙压力。井口安装套管头后应安装校验合格的压力表监控环空压力变化，做好记录。环空异常带压时，应安装环空泄压管线。

3. 建井质量控制

依据中国石油《高温高压及高含硫井完整性指南》和《高温高压及高含硫井完整性设计准则》编制井完整性设计内容，并进行施工及验证。

4. 建井资料管理

建井资料包括钻井资料、试油和完井投产资料、不同作业阶段的井屏障示意图、复杂情况的处理情况资料。

(四) 生产阶段的井完整性管理

1. 基础资料收集

建立完整的气井基础资料数据库，主要包括气井基础资料、钻井资料、试油资料及生产资料。

2. 气井完整性屏障建立

气井通常包括两级完整性屏障，一级完整性屏障包括油管、封隔器、井下安全阀等，二级完整性屏障包括地层、水泥环、套管、井口装置等。建立气井完整性屏障划分示意图，对两级完整性屏障单元参数及工作状态进行详细说明。

3. 井口装置完整性管理

在气井生产过程中，应对气井井口装置进行测温记录、采气树内腐蚀（冲蚀）检测、阀门内漏（外漏）检测、标高测量、阀门维护等作业，在作业过程中要进行详细记录。检测到异常情况要报告相关主管部门，并对异常情况开展二次评估，制订相应处理方案。

4. 环空压力控制

正常生产期间，按照气矿相关规定对气井环空压力进行监测，当发现非生产条件变化引起的环空压力异常和流体性质异常变化时应上报主管部门，并组织专家开展分析，制订下步处理方案。

5. 油管腐蚀监测和检测

针对碳钢油管完井，结合室内油管腐蚀评价实验结果和气井生产状况适时开展井下油管腐蚀监测工作和腐蚀检测工作。

6. 气井完整性档案和完整性报告建立

建立并保存完整的记录档案，以便管理者可以快速、准确地掌握气井完整性现状。所建立的气井完整性档案应包括气井基础信息、气井完整性屏障数据、气井维护、环空压力诊断测试、环空流体分析、环空液面测试资料、气井腐蚀监测、检测资料、气井完整性评价资料等。

(五）暂闭和弃置的完整性管理

对于暂闭井，要求井内留有一定深度的管柱。采油（气）井口装置组合完好便于监控和应急处理，以及使井筒流体与地表有效隔离。暂闭井应对井的第一井屏障和第二井屏障进行定期的跟踪监控。

至少每月一次跟踪记录井口油压和各个环空压力情况，若遇到井口起压时，应加密观察记录，必要时进行测试，为后期作业方案提供资料。

二、井完整性分级管理技术

（一）风险评估及分级管理

1. 风险评估

针对认定为环空压力异常井，应开展井完整性失效风险评估。评估基本方法如下。

（1）绘制潜在泄漏通道图，结合进一步的诊断分析，判断异常压力来源。

（2）根据需要，开展井屏障部件可靠性测试。

（3）重新评估各环空允许最大工作压力。

（4）建立风险分析所使用的风险矩阵和可接受准则（高风险：风险不可接受，要提供处理措施，验证处理措施实施的效果；中风险：开展最低合理可行分析，应考虑适当的控制措施，持续监控此类风险；低风险：风险可接受，只需要正常的维护和监控），确保分析的一致性，并提供决策依据。风险矩阵应至少考虑安全风险、环境风险和经济风险，并对失效可能性和失效后果进行定性和（或）定量描述，以确保分析的需要。

（5）根据矩阵图确定气井风险等级（图9-6）。

		失效可能性				
		非常低	低	中等	高	非常高
失效后果	轻微	L	L	L	L	M
	一般	L	L	L	M	M
	中等	L	L	M	M	H
	重大	L	M	M	H	H
	灾难	M	M	H	H	H

图9-6 风险矩阵图
L—低风险；M—中风险；H—高风险

2. 井完整性分级及响应措施

通过井屏障完整性分析及风险评估对井进行分级，根据不同级别制订相应的响应措施，井分级原则及响应措施见表9-1。

表 9-1 井完整性分级及响应措施

类别	分级原则	措施	管理原则
红色	第一屏障失效,第二屏障受损(或失效),风险评估确认为高风险;或已经发生泄漏至地面	红色井确定后,必须立即治理,业务管理部门应立即组织治理方案编制,生产单位立即采取应急预案,实施风险削减措施,防控风险;组织实施治理方案	油田公司领导批准治理方案,业务管理部门组织协调,生产部门组织实施
橙色	第一屏障受损(或失效),第二屏障完好;或第一屏障受损(或失效),第二屏障虽然受损,但经过风险评估后,确认为中或低风险	首先制订应急预案,根据情况进行监控生产或采取风险削减措施,少调产,尽量减少对环空实施泄压或补压;严密跟踪生产动态,发现问题及时分析评估并采取相应措施	业务管理部门组织技术支撑单位和生产部门共同制订监控措施;生产单位负责监控生产,发生重大变化时,上报业务管理部门,并组织技术支撑单位分析变化原因及影响,提出处置意见
黄色	第一屏障完好,第二屏障受损,经过风险评估后,确认为低风险	采取维护或风险削减措施,保持稳定生产,严密监控各环空压力的变化情况;尽量减少对环空采取泄压或补压措施	由生产单位自行监控生产,若发生重大变化,上报业务管理部门,并组织技术支撑单位分析变化原因及影响,提出处置意见
绿色	第一及第二屏障均处于完好状态	正常监控和维护	由生产单位自行监控生产,若发生重大变化,上报业务管理部门,并组织技术支撑单位分析变化原因及影响,提出处置意见

(二)中高风险井完整性管理

中高风险井一般指橙色、红色井。中高风险井的风险削减措施至少包括但不限于以下几个方面:
(1)重新确定环空许可压力操作范围,并设定报警值;
(2)配备必要的泄压或补压装置;
(3)制订开井、关井工况下的油套压力控制措施;
(4)制订相应的应急预案并定期演练;
(5)应对措施方案应根据井的分级情况由业务管理部门组织专家进行审查,并经业务管理部门或油田公司领导审批后方能实施。

(三)完整性分级变更管理

环空压力出现异常变化应及时上报业务管理部门,并由技术支撑单位开展持续环空压力的分析及风险评估,提出分级变更意见,由业务管理部门或油田公司领导审核确定。

三、井完整性管理系统

(一)国内外井完整性管理系统概况

埃及的 GOS 公司联合 BP 石油公司开发了一个井完整性安全管理系统(Well Integrity

Safety Management System),用于管理和评价 Brown 油田中"高风险"和"相对低风险"井的作业。该系统主要包括井口温度压力监测、环空压力管理、井下油管完整性、地面和地下安全阀操作、维护和测试、井口装置测试、维修和冶金技术以及结垢管理和修复。

Statoil、Norsk Hydro、Total E&P UK Ltd. 联合 ExproSoft 等公司建立了一个井完整性管理软件系统(Well Integrity Management System,WIMS)。该软件能对作业井历史和实际的完整性状况进行系统的描述。该 WIMS 包括了井数据收集、处理并报告井筒的完整性。通过对测试数据、连续的温度压力数据、环空压力恢复及泄压数据进行分析,对井筒泄漏进行诊断、风险评估并制订正确的控制措施。

Expro Well Services(EWS)公司也是较早针对井完整性问题开展研究的一家单位,从井的概念设计、建井、作业、到弃井各个阶段,EWS 开发的井完整性管理系统能提供相关的服务和功能,让井眼发挥其最大的利用率并降低作业风险。该系统依据 ISO 009 系列标准,包括了井筒诊断、屏障划分、井作业、井管理、人员管理和安全管理等方面的功能。

WG Intetech 公司是一家向全球公司提供专业井完整性分析与管理的公司。WG Intetech 与油气生产商合作已有 20 多年的历史。其开发的井完整性评价系统能在井完整性管理、腐蚀监测和材料工程方面为油气生产商们提供帮助,提高了井的安全和操作效率。

国内有如北京奥合达森(AOHEDS)石油技术服务公司,包括 ExpoSoft 井完整性管理、CS 完井信息可视化管理、ScanWell 泄漏监测系统等模块。其中 ExpoSoft 模块建立于 2000 年,是井完整性和分析方面的全球领先者,与全球 50 个油气公司进行过 300 个项目合作,拥有全球 5000 口井 30000 条有关可靠性和完整性数据,建立了世界上最大的井完整性数据库 WELLMASTER。该公司开发的 WIMS 系统包括数据管理(完整性历史、部件的流程、测试等)、设备和井的特征(井测试、完井、环空、生命周期跟踪)、监控(MAASP 管理、温度压力监控、SCP 监控、泄漏等)以及分析(失效记录、风险评价、WI 状态与管理措施、作业施工等)几个方面。

此外,Centrica Energy、Chevron、ExxonMobil、Marathon、Shell、Star Energy 等公司也都相继开展了井完整性管理的应用系统研究。国内目前尚未见关于井完整性管理系统的相关报道。

(二)中国石油西南油气田分公司井完整性管理系统

为全面提升井完整性管理水平,实现井完整性实时在线管理,中国石油西南油气田分公司在不断吸收国内外先进的管理技术和理念的基础上,研发了井完整性管理系统。该系统是国内首款集井完整性管理数据采集、检测、评价、预警、决策、业务流程管理、维护一体化的井完整性管理在线平台,囊括了完整性概况、完整性评价管理、预警管理、维护措施跟踪及系统管理 5 大模块 12 个应用功能,如图 9-7 所示。通过专业处室、研究院、生产单位对井完整性的协同管理,现已初步实现油气田各级生产单位对油气井井完整性全面管控。

1. 完整性概况模块

完整性概况模块主要包括屏障等级查询、压力等级查询、井口抬升监测、环空压力监测四个功能模块,可实现对所有井的完整性等级和环空压力等级的全面掌控,实现对井口抬升和环空压力实施监控跟踪管理,如图 9-8 所示。

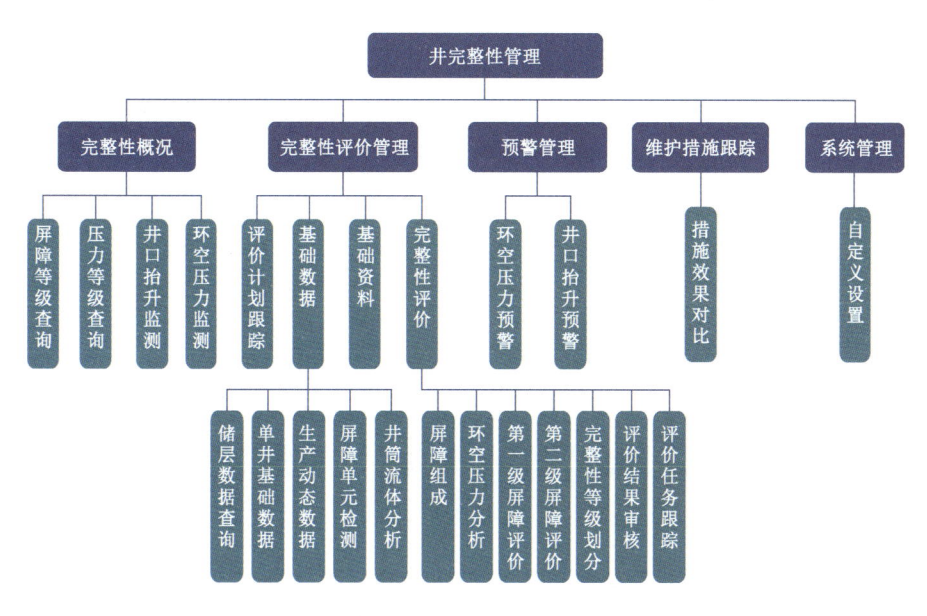

图 9-7　井完整性管理系统功能模块

图 9-8　完整性概况模块界面

2. 完整性评价管理

完整性评价管理主要包括评价计划跟踪、基础数据、基础资料及完整性评价四个功能模块,可实现对井完整性评价任务的跟踪、基础数据和资料的完整性管理。结合基础资料、检测资料、实验评价资料,对单井环空压力分析及控制、完整性等级评价及措施建议在线实时评价,如图 9-9 所示。

— 289 —

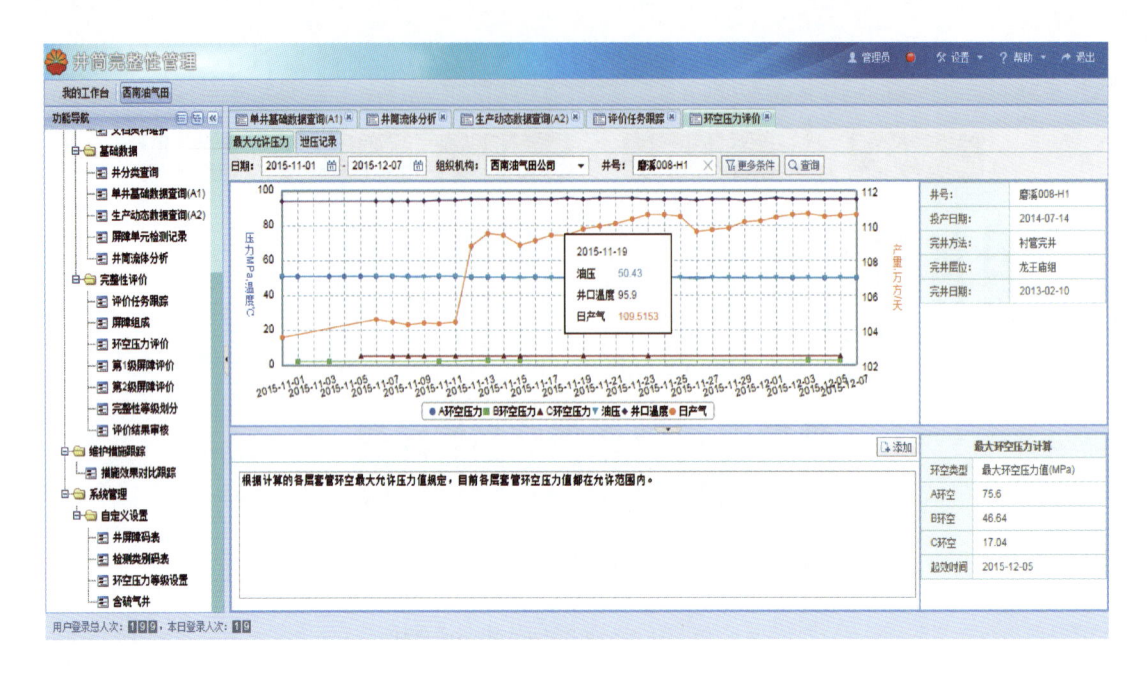

图9-9 完整性评价管理模块

3. 预警管理模块

预警管理模块主要包括井口抬升预警和环空压力预警两个功能模块,可实现对单井井口抬升状态和各环空压力变化的实时监测预警,提前采取相应措施,有效降油气井安全风险,如图9-10所示。

图9-10 预警管理模块界面

4. 维护措施跟踪模块

维护措施跟踪模块主要包括措施效果对比一个模块,实现对不同等级的油气井的相应现场管理措施的跟踪评价管理,实现对气井整个生命周期的一个闭环管理,如图9-11所示。

图9-11 维护措施跟踪模块界面

5. 系统管理模块

系统管理模块主要包括自定义设置功能模块,主要功能是针对系统管理员对系统功能进行完善设置。

第三节 大产量气井管柱力学完整性评价

一、基于多管柱力学的井口抬升预测

根据调研结果,井口抬升现象通常出现在稠油油藏注蒸汽开采井中。在稠油井中注入高温蒸汽时,套管、水泥环及稠油地层全部都被加热,使得套管及地层温度升高而发生热膨胀,产生热应力,在温差作用下产生线膨胀,形成套管轴向伸长和径向形变,套管端部产生轴向位移。当温差足够大,产生轴向作用力大于套管重力及水泥石胶结作用力和井口重量等外载荷时,套管将举升井口,出现井口抬升现象[5-11]。井口受多层套管作用力抬升示意图如图9-12所示。

龙王庙组气藏生产井生产过程中,由于井底温度高、配产大等特点,生产时井口温度不断升高。当由温度变化产生的热应力大于水泥环对套管的作用力时,就会导致套管伸长,从而导致与套管相连接的井口装置不断升高。

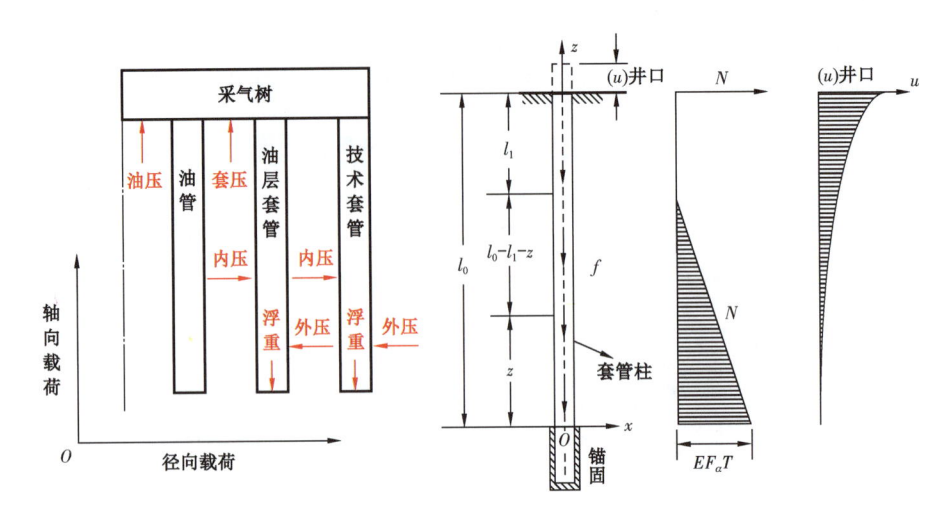

图 9-12　井口活动段升高力学分析模型

由于高温、高产气井在生产过程中气井温度高,大温差使得井口附近自由段套管产生热应力变化,进而导致井口装置抬升,破坏气井完整性以及损坏地面流程。建立考虑环空流体膨胀、井口装置、油层套管柱自重以及端部效应的多层级管柱力学模型,形成了井口抬升高度预测方法。

假设气井套管程序是由多层管柱相互连接在一起的多管柱系统组成,并在井口由井口装置将它们连接在一起。生产阶段各层套管柱主要受温度效应影响,各层套管柱在井口处连接,底部边界是水泥返高位置,井口装置受套管热应力和轴向位移的影响,每层套管柱中的温度变化导致每层套管柱轴向力的变化($i=0,1$ 或 2),进而产生非均匀力导致井口装置抬升。

假设井口增长从零开始,方程如下:

$$\Delta F_i = - E \alpha A_i \Delta T_i \tag{9-1}$$

考虑每层套管伸长造成各层套管柱中轴向力的变化,方程如下:

$$\Delta F_i = E A_i \frac{\Delta z}{z_i} \tag{9-2}$$

从公式(9-1)和(9-2)计算得出整体井口装置增长:

$$\Delta z = \alpha \frac{\sum_{i=0}^{2} A_i \Delta T_i}{\sum_{i=0}^{2} A_i / z_i} \tag{9-3}$$

三层套管柱轴向力的总和:

$$\Delta F_i = E A_i \left(\frac{\Delta z}{z_i} - \alpha \Delta T_i \right) \tag{9-4}$$

式中 ΔF_i——第 i 层管柱热膨胀产生的应力,MPa;
　　E——钢的弹性模量,MPa;
　　α——钢的热膨胀系数,℃$^{-1}$;
　　A_i——第 i 层管柱横截面积,m^2;
　　ΔT_i——第 i 层管柱温度变化量,K;
　　z_i——第 i 层管柱伸长量,m;
　　Δz——井口抬升量,m。

图 9-13 是气井产量与井口温度和抬升高度的关系,可以看出,随着产量的增加,井口温度逐步上升,而抬升高度同样随着配产的增加而增加,并且井口抬升高度与温度具有较好的相关性。图 9-14 是自由段套管(或者说是井口段固井质量差井段长度)对井口最大抬升高度的影响规律。可以看出,随着自由段套管长度的增加,井口最大抬升高度迅速增加。

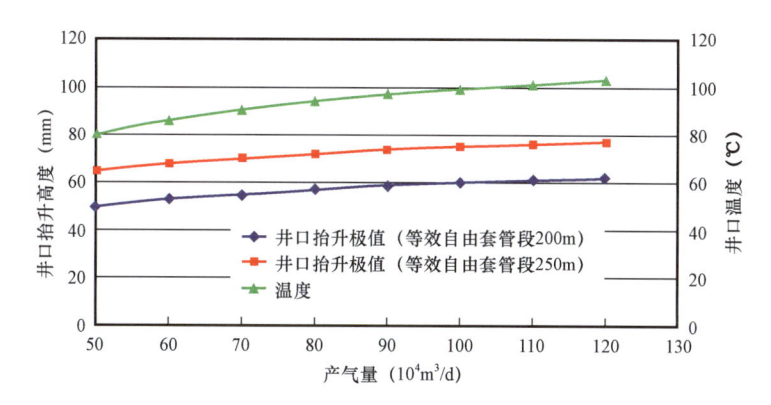

图 9-13　气井产量对井口温度和最大抬升高度的影响规律

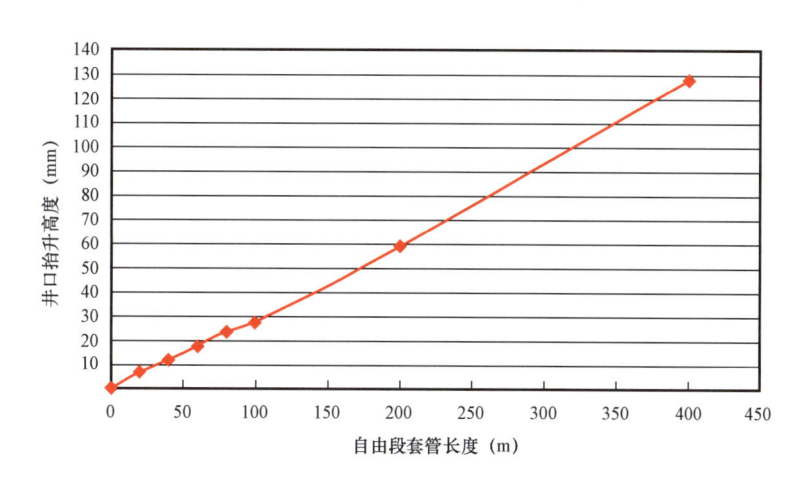

图 9-14　自由段套管长度对井口最大抬升高度的影响

通过井口装置抬升高度预测(表 9-2),可为气井井口抬升现场监测及预警提供依据,有效支撑气井安全生产。

表9-2 龙王庙气井井口抬升高度预测

井 号	最大预测井口抬升高度(mm)	实测最大井口抬升高度(mm)
MX8	51.0	30
MX9	6.2	1
MX10	31.0	15
MX11	5.6	1
MX12	10.0	7
MX13	16.0	10
MX16C1	5.8	4
MX18	5.5	1
MX101	10.0	5
MX201	8.6	8

二、自由段套管承载能力分析与评价

(一)套管承受能力判定准则

根据相关文献套管内的应力计算公式,一定可以得到套管内任意点的三个主应力 σ_1、σ_2 和 σ_3。由于套管属于材质比较均匀的弹塑性材料,且具有很好的弹塑性,因此,其综合的三向应力可以用第四强度理论公式,即 Von Mises 应力计算公式进行计算,Von Mises 应力判断准则为:

$$\sigma_{vms} = \sqrt{\frac{1}{2}[(\sigma_1 - \sigma_2)^2 + (\sigma_3 - \sigma_2)^2 + (\sigma_1 - \sigma_3)^2]} \quad (9-5)$$

式中 σ_{vms}——Von Mises 应力,MPa;

$\sigma_1,\sigma_2,\sigma_3$——三个主应力,MPa。

根据式(9-5)所计算出的 Von Mises 应力与套管的屈服应力 S_y 和强度极限 S_b 进行比较,即可以判断套管是否处于屈服后的塑性状态,或强度破坏。

套管柱射孔段高温区的热应力安全性评估用(9-6)式来评价:

$$n_h = \frac{\sigma_b}{S_{vms}} \quad (9-6)$$

式中 n_h——评估系数;

σ_b——射孔段最高温度对应的套管强度极限,MPa;

S_{vms}——第四强度理论的 Von Mises 综合应力,该应力如果大于相应温度下对应的套管材料屈服应力 σ_s,那么套管处于塑性状态工作,MPa。

套管螺纹接头连接处是整个管柱中的薄弱环节,关井和降低产气量时,套管内存在残余应力首先会影响到高温区附近的套管螺纹连接强度。根据套管强度设计理论和 API 套管强度设计规范可知,套管的螺纹连接强度是套管本体强度的 0.8 倍。如套管本体的屈服强度为 σ_s,套管本体的强度极限为 σ_b,则套管螺纹连接的屈服强度和极限强度分别为 $0.8\sigma_s$ 和 $0.8\sigma_b$。

则对螺纹连接强度评价为式(9-7)、式(9-8)和式(9-9)。

$$\sigma_r < 0.8\sigma_s \qquad (9-7)$$

$$0.8\sigma_s < \sigma_r < 0.8\sigma_b \qquad (9-8)$$

$$\sigma_r > 0.8\sigma_b \qquad (9-9)$$

式中 σ_r——关井和降低产气量后套管内的残余应力,MPa。

如果满足式(9-7),则套管接头处于弹性安全状态下工作;如果满足式(9-8),则套管接头处于实行状态的亚安全状态下工作;如果满足式(9-9),则套管接头处于拉断破坏的不安全状态工作。

(二)套管承载能力分析与评价

以 MX8 井为例,采用有限元分析方法对不同工况下套管应力变化和承载能力进行了分析与评价。在套管耦合水泥石井时抬升模型的基础上得到 $60×10^4 m^3/d$、$80×10^4 m^3/d$、$100×10^4 m^3/d$ 和无穷大产量工况及其去掉井口情况下的套管 Von Mises 应力,如图 9-15 至图 9-20 所示。产气时井口油层套管 Von Mises 应力最大的是表层套管,$60×10^4 m^3/d$ 时井口表层套管最大 Von Mises 应力为 84.9MPa,$100×10^4 m^3/d$ 时约为 105MPa,无穷大产量时约为 176MPa。表层套管钢级为 J55,屈服强度为 379MPa;油层套管和技术套管的钢级是 P110,屈服强度为 758MPa。由此可知,井口套管应力都远低于表层套管屈服强度,井口套管承受能力足够。

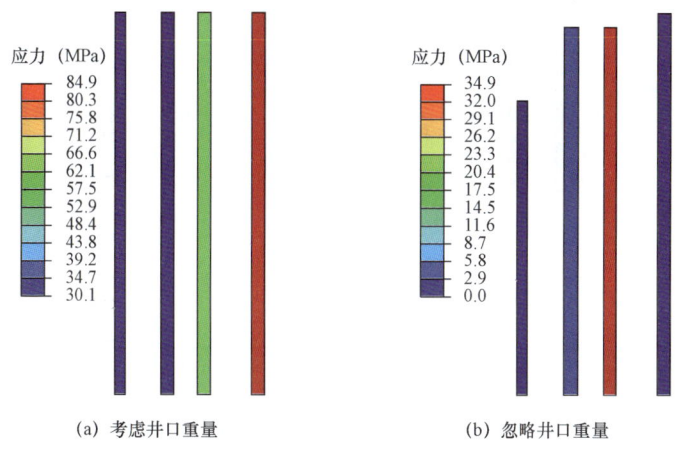

图 9-15 MX8 井 $60×10^4 m^3/d$ 油层套管应力分布

(a) 考虑井口重量   (b) 忽略井口重量

当忽略井口重量后,油层套管获得自由伸长,应力重新分布,井口油层套管应力降低,最大应力发生在技术套管,分别约为 35MPa、36MPa、41MPa,几乎全部释放载荷。

沿井口油层套管路径取出数据,可知井口套管在生产和去掉井口后的应力大幅度降低。产气量为 $(60~100)×10^4 m^3/d$ 时,井口套管应力相差不大,即使以无穷大产量生产时,井口套管最大应力也在 200MPa 以内,低于套管屈服强度,井口套管承受能力足够。

纵向上看,油层套管所处温度最高,从固井后到生产时温度变化最大,井深最大,可能造成套管应力分布较大变化,影响套管承受能力。一旦出现套管承受能力不足,将出现套管损坏,影响气井安全生产。因此,建立油层套管全井段模型,分析 MX8 井油层套管在固井、生产时的应力分布。

(a) 考虑井口重量　　　　　　　(b) 忽略井口重量

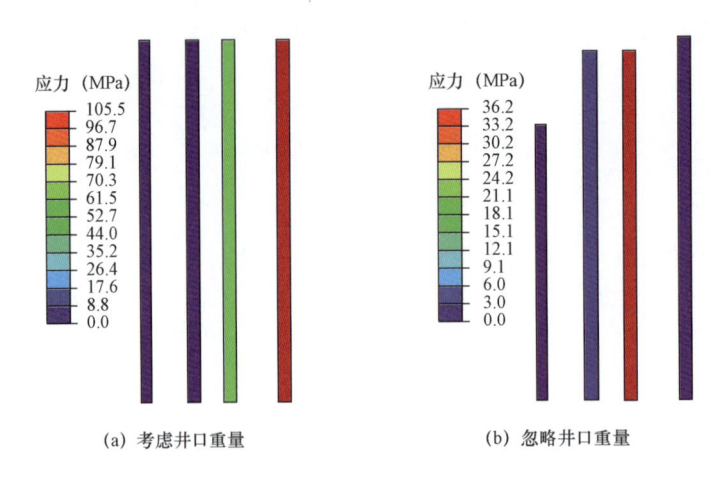

图 9-16　MX8 井 $100 \times 10^4 \text{m}^3/\text{d}$ 油层套管应力分布

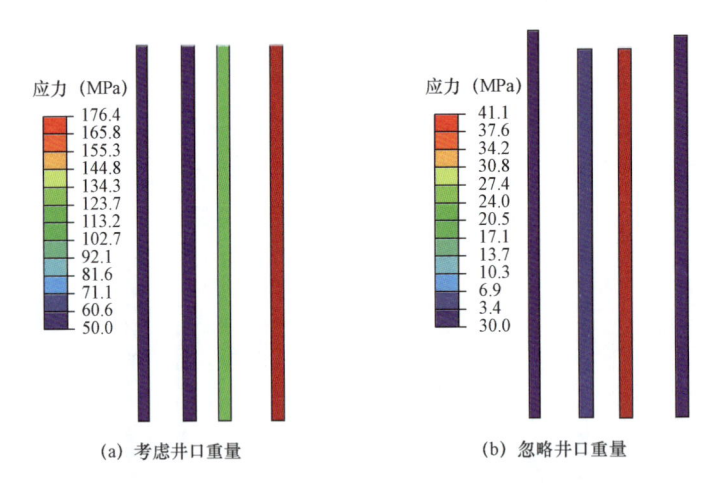

(a) 考虑井口重量　　　　　　　(b) 忽略井口重量

图 9-17　MX8 井无穷大产量油层套管应力分布

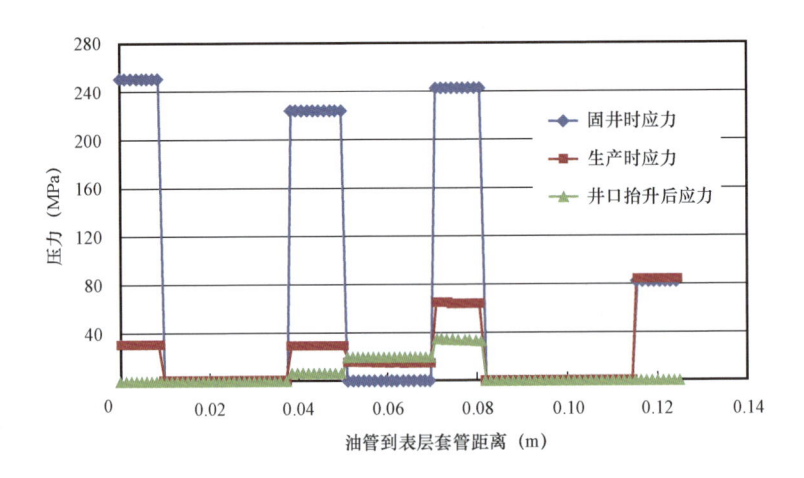

图 9-18　MX8 井 $100 \times 10^4 \text{m}^3/\text{d}$ 产量井口油层套管应力变化

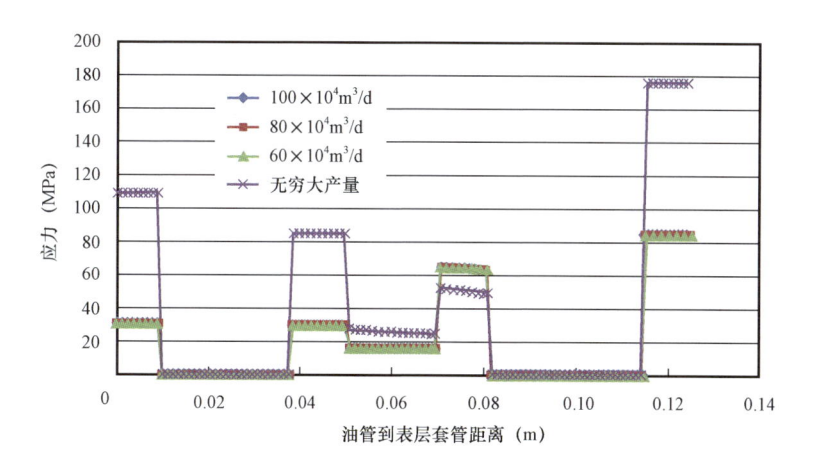

图 9-19　MX8 井不同产量井口油层套管应力变化

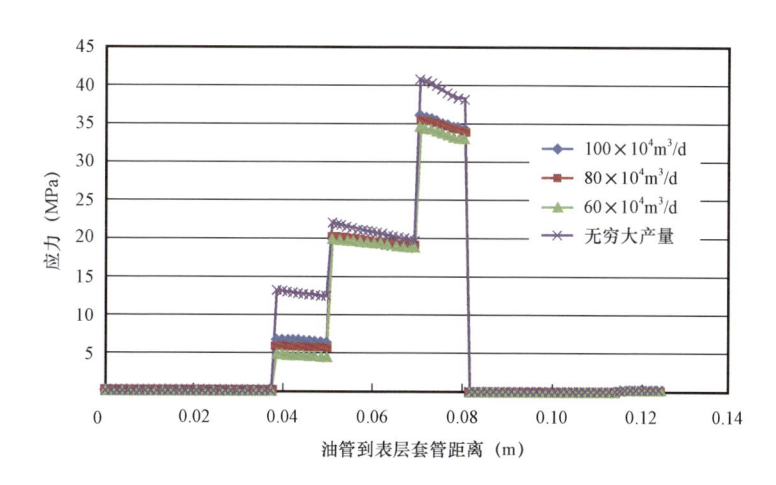

图 9-20　MX8 井不同产量井口抬升后井口油层套管应力变化

由井身结构可知,油层套管在 2845m 处回接,使得 0~2845m 和 2845~5099m 套管段之间不承受拉力作用。在固井完成后,两段套管最大应力分别出现在井口和 2845m 处,由两段套管重力产生,如图 9-21 至图 9-24 所示。

当以 $100 \times 10^4 m^3/d$ 产量生产时,温度升高,油层套管应力重新分布,使得油层套管上部 0~2845m 和下部 2845~4700m 两段套管顶部应力最低,底部应力最大,分别升高到 279MPa 和 329MPa。虽然有较大幅度的增加,但是都仅为 P110 油层套管材料屈服强度的一半,套管承受能力足够。

无穷大产量生产时,两段套管的底部最大应力变化为 367MPa 和 352MPa,比 $100 \times 10^4 m^3/d$ 产气量工况下分别增加了 88MPa 和 23MPa,此时套管应力仍然低于屈服强度,套管承受能力足够。但是值得注意的是,虽然从应力强度角度来看,油层套管强度足够,但是套管在高产工况下明显增加内应力,高温高压酸性环境可能加剧材料硫化物应力腐蚀。

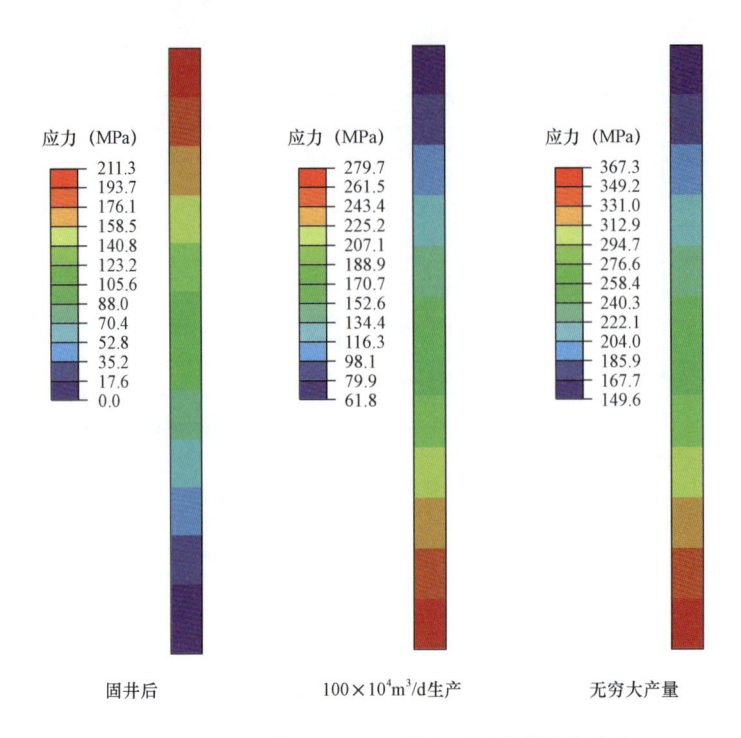

图 9-21　MX8 井 0~2845m 井段油层套管应力分布

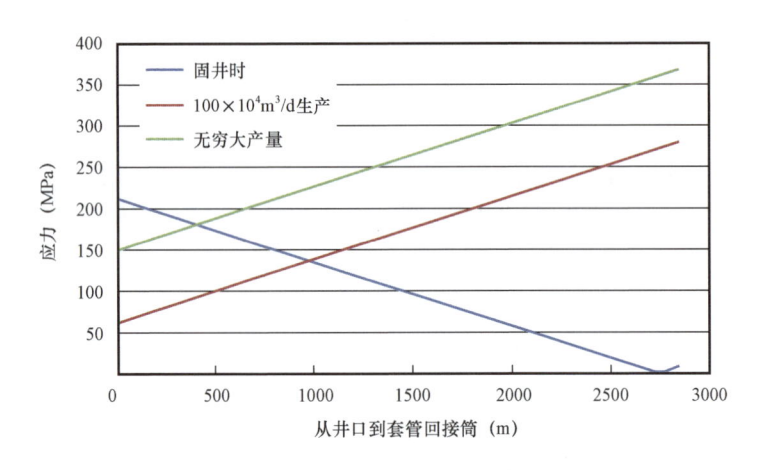

图 9-22　MX8 井不同井深油层套管应力分布

三、大产量气井完井管柱动力学评价

由于产量与储层压力的波动、管柱横截面积及构形的变化、开关井作业的影响,完井管柱常常在动载下工作。当流速达到一定值时,管柱与管内流体甚至会出现"共振"这一严重损伤管柱的现象。振动对大产量气井完井管柱的影响主要有以下几方面。

（1）放大完井管柱的工作载荷和工作应力。由于管柱的振动,动载作用下完井管柱的工作载荷和工作应力大于静载作用下完井管柱得到的工作载荷与工作应力。从材料强度的角度

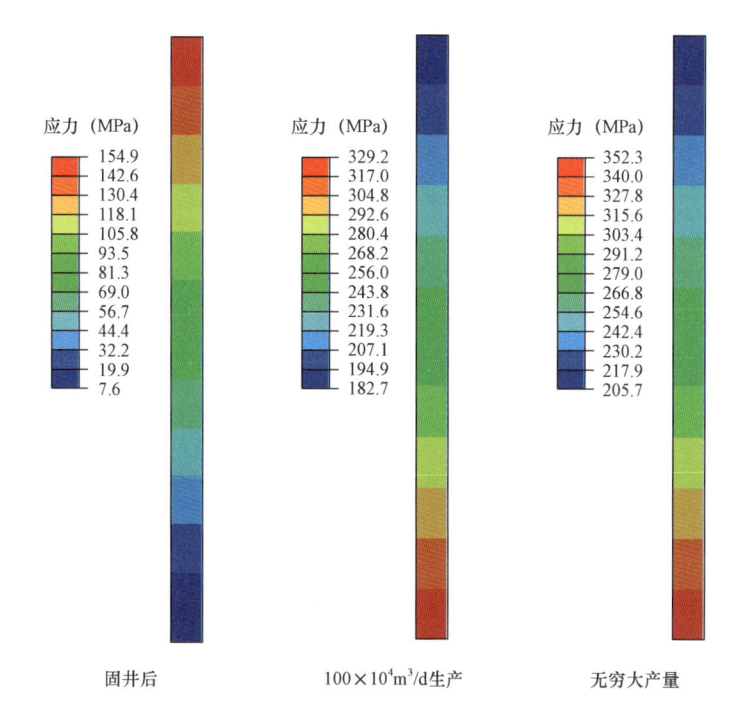

图 9-23　MX8 井 2845m 至产层井段油层套管应力云图

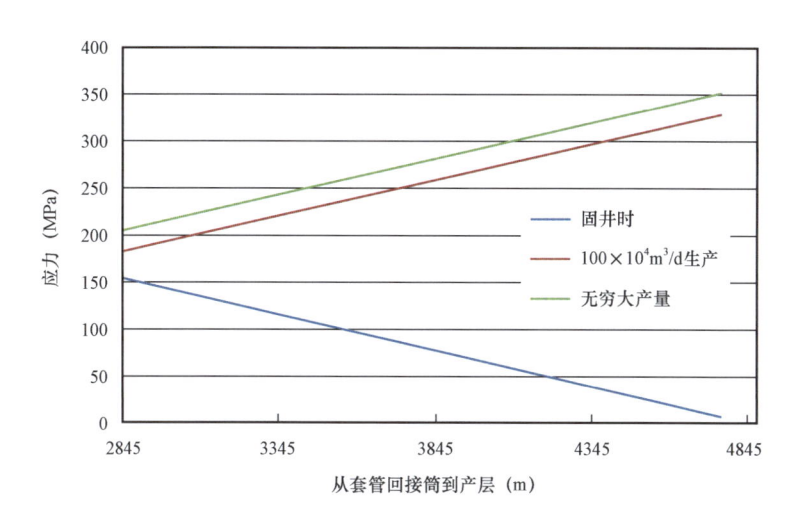

图 9-24　MX8 井 2845m 至产层井段油层套管应力分布

可以认为,动载下工作构件应取较大的安全系数。

(2)引起裂纹疲劳扩展。由于金属晶格与金相组织的作用,制造、储运等原因,完井管柱管体不可避免存在初始裂纹或缺陷。此外,振动载荷也会使管柱产生裂纹。根据金属疲劳理论,交变载荷作用下,裂纹不可避免会扩展,当裂纹长度扩展至临界裂纹长度时,将导致管柱断裂破坏。

(3)影响螺纹接头应力和密封完整性。由于高温高压酸性气井井况的复杂性,传统 API

接头已不能满足需求。为了保证管柱连接处有良好的气密封性,需采用气密封螺纹接头,即特殊螺纹接头。气密封螺纹接头靠金属密封面之间的过盈配合来实现金属密封。为了确保过盈密封,油管入井时要保证足够的上扣扭矩。实际工作过程中,由于管柱的振动,螺纹接头处于交变应力工作状态,金属密封面之间的接触应力也会随之发生变化,严重时会使原来处于拧紧状态的接头松扣,接头密封面处将不能保证足够的接触应力,从而影响接头密封完整性,甚至产生脱扣现象。

无论是光油管还是带封隔器的复合管柱,由于内部气体或其他流体的流动,都会诱发管柱的振动。流速越快、排量越大或开关井速度越快,振动现象就越严重。因此,进行大产量气井管柱振动特性分析,进行完井管柱动力学评价及动力学设计,以减少管柱事故,提高管柱的可靠性和疲劳寿命。

(一)高温高压酸性气井完井管柱动力学理论分析[12-15]

气井生产过程中,压力激励对管柱及井口装置将产生严重影响,甚至会造成破坏,这种破坏现象在中低压气井生产中并不明显,高压生产时有显著的表现。因此,必须高度重视高温高压酸性气井完井管柱振动现象。由于所受外界载荷的复杂性,高温高压酸性气井完井管柱的振动既有纵向振动又有横向振动。

1. 高温高压酸性气井完井管柱纵向振动分析

分析过程中采用如下假设:管柱的振动属弹性体的振动,符合均质、各向同性并服从虎克定律;管柱轴线与井眼轴线重合,管柱不接触井壁,即忽略管柱的弯曲变形和与井壁的摩擦作用;略去管柱重力、井液浮力等静力的影响;在分析管柱纵向振动时忽略横向振动的影响。

(1)管柱纵向振动微分方程建立。

由力平衡条件推导出管柱纵向振动方程为:

$$EA\frac{\partial^2 u}{\partial x^2} + \rho A\frac{\partial^2 u}{\partial t^2} - 2\nu\rho_f A_f \frac{\partial^2 \eta}{\partial t^2} = 0 \qquad (9-10)$$

式中 μ——管柱微元的轴向振动位移,m;
η——管柱内液体微元的轴向振动位移,m;
A——管柱的横截面积,m^2;
A_f——管柱内液体的横截面积,m^2;
ρ——管柱密度,kg/m^3;
ρ_f——管柱内液体的密度,kg/m^3;
E——管柱的弹性模量,MPa;
ν——管柱的泊松比。

在管柱内壁面有:

$$\frac{\partial p}{\partial x} = -\rho_f \frac{\partial^2 \eta}{\partial t^2} \qquad (9-11)$$

式中 p——管柱内液体的液动压力,MPa。

假设管柱内液体随管壁一起微小振动,将式(9-11)代入式(9-10),可得考虑管柱内液

体的液动压力的泊松耦合影响时,管柱纵向振动的微分方程:

$$EA\frac{\partial^2 u}{\partial x^2} + \rho A\frac{\partial^2 u}{\partial t^2} + 2\nu A_f\frac{\partial p}{\partial x} = 0 \quad (9-12)$$

式(9-12)中第三项反映了管柱内流体对管柱纵向振动的泊松耦合影响。设 $u_n(x)$ 为管柱第 n 阶振型时的纵向位移;ω_n 为充满液体的管柱第 n 阶振型时的自振圆频率;l 为管柱长度。把式(9-12)中流体液动压力对管柱振动的影响折算成相应的附加质量 $M_n(x)$ 代入管柱纵向振动方程,则管柱第 n 阶纵向自由振动方程可写为:

$$EA\frac{d^2 u_n}{dx^2} + [\rho A + M_n(x)]\omega_n^2 u_n = 0 \quad (9-13)$$

可求得式(9-13)的通解为:

$$u_n = A\cos\lambda x + B\sin\lambda x + \sum_{s=0}^{\infty} F_s[AI_s^{(1)} + BI_s^{(2)}]\cos\frac{s\pi x}{l} \quad (9-14)$$

其中 $\lambda^2 = \frac{\rho}{E}\omega_n^2$;$\gamma^2 = \frac{1}{\rho A}\lambda^2$;$E_s = \frac{\gamma^2 p_s}{\lambda^2 - \left(\frac{s\pi}{l}\right)^2}$;$F_s = \frac{E_s}{1 - \frac{l}{s\pi}E_s}$;

$I_s^{(1)} = \int_0^l \cos\lambda x\sin\frac{s\pi x}{l}dx$;$I_s^{(2)} = \int_0^l \sin\lambda x\sin\frac{s\pi x}{l}dx$。

(2)管柱纵向振动频率方程建立。

对于管柱,上端悬挂井口,下端有封隔器固定,可得管柱的边界条件为:

$$\begin{cases} u_n\mid_{x=0} = 0 \\ u_n\mid_{x=l} = 0 \end{cases} \quad (9-15)$$

将式(9-15)代入式(9-14),由系数行列式为0得管柱纵向振动频率方程为:

$$\sin\lambda l - E\cos\lambda l + F = 0 \quad (9-16)$$

其中,$E = \dfrac{\sum_{s=0}^{\infty} F_s I_s^{(2)}}{1 + \sum_{s=0}^{\infty} F_s I_s^{(1)}}$;$F = \dfrac{\sum_{s=0}^{\infty}(-1)^s F_s I_s^{(2)}}{1 + \sum_{s=0}^{\infty} F_s I_s^{(1)}}$。

求解式(9-16)即可解出管柱纵向振动的固有频率。将其代入式(9-14)中,可以计算得到管柱内有流体流动时的振型。求得管柱振型函数后,可以计算出管柱由于纵向振动所产生的载荷为 $F = EA\dfrac{du_n}{dx}$。

2. 高温高压酸性气井完井管柱横向振动分析

完井管柱工作时,承受自重、封隔器坐封载荷、内外流体压力、管内流体流动时的黏滞摩阻、管柱弯曲后与井壁之间的支反力、摩擦力、弯矩,以及由于这些载荷复合作用产生的附加载荷。管内流体高速流动会引起管柱横向振动,当流速超过临界流速后,结构变得不稳定,严重时会使封隔器失封、管柱连接螺纹松扣甚至疲劳断裂,从而影响管柱安全性。分析过程中采用如下假设:流体是理想流体,即无黏性且不可压缩;管柱运动满足小变形假设;将管柱考虑成欧拉—伯努利梁模型,即忽略管道的旋转惯性与剪切变形;忽略管柱重力与材料阻尼;忽略油套环空流体的影响。

(1)管柱横向振动微分方程建立。

完井管柱工作时,管柱是由多段油管连接而成,由封隔器起定位和密封作用。分析时采用如下假设:忽略接头及变径的影响,将管柱理想化为等截面管;将封隔器的约束简化为铰接支撑条件。为说明管柱内部气流流动对管柱横向振动的影响,将管柱理想化为如图9-25所示的等截面两端铰接支撑的流体输送管道。图中跨距长度为L,单位长度管柱质量为m,管柱的抗弯刚度为EI,管柱内、外直径分别为d、D,流体密度为ρ,以恒定速度v流经管柱的横截面面积A_i,管柱横向挠度为$y(x,t)$,管柱轴向坐标为x。

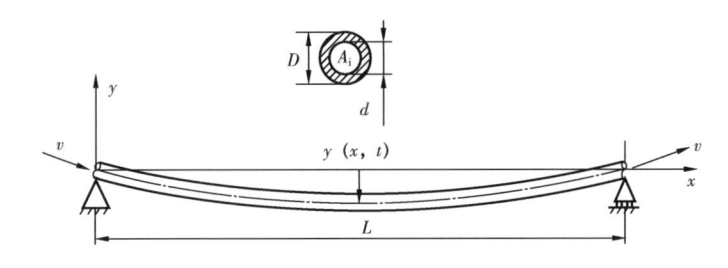

图9-25 两端铰接支撑的管柱

在微幅振动情况下,$\dfrac{\mathrm{d}y}{\mathrm{d}x} \leqslant 1$,于是管内流体速度$v$的水平分量与垂直分量分别为:

$$v_x = v, v_y = \frac{\partial y}{\partial t} + v\frac{\partial y}{\partial x} = \dot{y} + vy' \qquad (9-17)$$

式中 $\dot{y}$——管柱横向振动时的速度,m/s,$\dot{y} = \partial y/\partial t$;

y'——管柱轴线斜率,$y' = \partial y/\partial x$。

取一小段管柱$\mathrm{d}x$为研究对象,管柱在横向弯曲振动过程中,微元$\mathrm{d}x$段的总动能$\mathrm{d}T$为管道动能加上流体动能,即:

$$\mathrm{d}T = \left\{\frac{1}{2}m\dot{y}^2 + \frac{1}{2}\rho A_i [(\dot{y} + vy')^2 + v^2]\right\}\mathrm{d}x \qquad (9-18)$$

管柱弯曲变形势能$\mathrm{d}U$为:

$$\mathrm{d}U = \frac{1}{2}EI(y'')^2 \qquad (9-19)$$

管柱的总能量W为:

$$W = T - U = \int_{t_1}^{t_2}\int_{x_1}^{x_2}\left\{\frac{1}{2}m\dot{y}^2 + \frac{1}{2}\rho A_i[(\dot{y} + vy')^2 + v^2] - \frac{1}{2}EI(y'')^2\right\}\mathrm{d}x\mathrm{d}t \qquad (9-20)$$

根据汉密尔顿(Hamilton)原理,$\delta W = 0$,即:

$$\delta \int_{t_1}^{t_2} \int_{x_1}^{x_2} \left\{ \frac{1}{2}m\dot{y}^2 + \frac{1}{2}\rho A_i [(\dot{y}+vy')^2 + v^2] - \frac{1}{2}EIy''^2 \right\} \mathrm{d}x \mathrm{d}t = 0 \tag{9-21}$$

积分为0的充要条件是被积函数等于0,将式(9-21)化简后得:

$$EI\frac{\partial^4 y}{\partial x^4} + (m+\rho A_i)\frac{\partial^2 y}{\partial t^2} + 2\rho A_i v \frac{\partial^2 y}{\partial x \partial t} + \rho A_i v^2 \frac{\partial^2 y}{\partial x^2} = 0 \tag{9-22}$$

式(9.21)即为管柱横向振动微分方程。方程第1项和第2项是通常的刚度项和惯性项,这两项不管流体是否流动都始终存在;第3项代表管道中每一点以角速度 $\frac{\partial^2 y}{\partial x \partial t}$ 转动时使流体转动所需要的力;第4项代表使流体改变流动方向以符合管柱曲率所需要的力。式(9.22)不同于一般的梁式结构的振动方程,主要在于它含有 $2\rho A v \frac{\partial^2 y}{\partial x \partial t}$,它是流固耦合振动的必然结果,其物理意义是管柱在振动中液体相对于管柱流动而产生的Coriolis惯性力的影响。

若管柱内、外流体均考虑在内,内压为 p_i,外压为 p_o,管柱所受轴向拉力为 F,管柱的内横截面积为 A_i,外横截面积为 A_o,相应的 $\mathrm{d}U = \left\{ \frac{1}{2}EI(y'')^2 + \frac{1}{2}(F-p_iA_i+p_oA_o)(y')^2 \right\}$,管柱横向振动微分方程变为:

$$EI\frac{\partial^4 y}{\partial x^4} + (m+\rho A_i)\frac{\partial^2 y}{\partial t^2} + 2\rho A_i v \frac{\partial^2 y}{\partial x \partial t} + (\rho A_i v^2 - F + p_iA_i - p_oA_o)\frac{\partial^2 y}{\partial x^2} = 0 \tag{9-23}$$

(2)管柱横向振动频率方程建立。

引入参数 α,β,γ,则式(9-23)可整理为:

$$\frac{\partial^4 y}{\partial x^4} + \alpha \frac{\partial^2 y}{\partial t^2} + \beta \frac{\partial^2 y}{\partial x \partial t} + \gamma \frac{\partial^2 y}{\partial x^2} = 0 \tag{9-24}$$

其中,$\alpha = \frac{m+\rho A_i}{EI}$;$\beta = \frac{2\rho A_i v}{EI}$;$\gamma = \frac{\rho A_i v^2}{EI}$。

采用分离变量法求解式(9-24),令:

$$y(x,t) = H(x)\mathrm{e}^{\omega t} \tag{9-25}$$

代入式(9-24),得常微分方程为:

$$\frac{\mathrm{d}^4 H}{\mathrm{d}x^4} + \alpha \omega^2 H + \beta \omega \frac{\mathrm{d}H}{\mathrm{d}x} + \gamma \frac{\mathrm{d}^2 H}{\mathrm{d}x^2} = 0 \tag{9-26}$$

对于两端铰接支撑管柱,其约束条件为铰支端的挠度与弯矩都为零,即:

$$\begin{cases} y(x,t) = 0 \\ EI\dfrac{\partial^2 y}{\partial x^2} = 0 \end{cases}, x = 0 \text{ 或 } L \tag{9-27}$$

对于两端铰接支撑管柱,可取:

$$H(x) = \sum_{n=1}^{\infty} A_n \sin \frac{n\pi x}{L} \qquad (9-28)$$

将式(9-28)代入式(9-26),得：

$$\left(\frac{\pi}{L}\right)^4 \sum_{n=1}^{\infty} A_n n^4 \sin \frac{n\pi x}{L} + \alpha\omega^2 \sum_{n=1}^{\infty} A_n \sin \frac{n\pi x}{L} + \beta\omega\left(\frac{\pi}{L}\right) \sum_{n=1}^{\infty} A_n n \cos \frac{n\pi x}{L} - \gamma\left(\frac{\pi}{L}\right)^2 \sum_{n=1}^{\infty} A_n n^2 \sin \frac{n\pi x}{L} = 0 \qquad (9-29)$$

式(9-29)两边同乘以 $\sin \frac{k\pi x}{L}(k=1,2,\cdots,n)$，并沿全长 L 积分，得到关于 A_n 的线性齐次方程组为：

$$\begin{cases} \left[\left(\frac{\pi}{L}\right)^4 (2m-1)^4 - \gamma\left(\frac{\pi}{L}\right)^2 (2m-1)^2 + \alpha\omega^2\right] A_{2m-1} + \\ \beta\frac{\omega}{L} \sum_{S=1}^{\infty} A_{2S} \frac{4(2m-1)(2S)}{(2m-1)^2 - (2S)^2} = 0 \\ \left[\left(\frac{\pi}{L}\right)^4 (2m)^4 - \gamma\left(\frac{\pi}{L}\right)^2 (2m)^2 + \alpha\omega^2\right] A_{2m} + \\ \beta\frac{\omega}{L} \sum_{S=1}^{\infty} A_{2S-1} \frac{4(2m)(2S-1)}{(2m)^2 - (2S-1)^2} = 0 \end{cases} \quad (m=1,2,3,\cdots)$$

$$(9-30)$$

其矩阵形式为：

$$[[K] + \alpha\omega^2[I] + \omega[C]]\{A\} = 0 \qquad (9-31)$$

式中　$[K]$——刚度矩阵；

$[I]$——单元矩阵；

$[C]$——阻尼矩阵。

式(9-31)有非零解的充要条件是系数行列式为零,即：

$$\det[[K] + \alpha\omega^2[I] + \omega[C]] = 0 \qquad (9-32)$$

由式(9-32)可求解出管柱的固有频率 $\omega_1,\omega_2,\omega_3,\cdots$，求出频率后再代回式(9-31)可求出 A,进而可求出振型函数 $H(x)$。

一个连续体有无穷多阶固有频率,相应的有无穷多阶振型。在外界激励作用下,响应为许多不同阶振型的组合,与各阶振型参数系数有关。由于低阶模态的模态刚度相对比较弱,对运动起主导作用的只是前面的几阶模态,即低阶模态相对所占的权值会大一些,所以,工程上低阶模态比较受关注。

由于结构的动力响应主要是最先的若干个低阶振型起控制作用,所以通常只需取前几阶振型进行计算,从而使计算工作量大为减少。此处仅考虑管柱的前两阶固有频率,由式

(9-32)可求得第一、第二阶频率方程:

$$\alpha^2\omega^4 + \omega^2\left[17\alpha\left(\frac{\pi}{L}\right)^4 - 5\alpha\gamma\left(\frac{\pi}{L}\right)^2 + \left(\frac{8\beta}{3L}\right)^2\right] + 4\left(\frac{\pi}{L}\right)^4\left[\left(\frac{\pi}{L}\right)^4 - \gamma\right]\left[4\left(\frac{\pi}{L}\right)^4 - \gamma\right] = 0 \quad (9-33)$$

可得到考虑流体流动时管柱的横向振动频率为:

$$\begin{cases} \omega_1 = i\dfrac{\pi^2}{L^2}\dfrac{1}{\sqrt{\alpha}}\sqrt{1 - v^2\dfrac{L^2\rho A_i}{\pi^2 EI}} \\ \omega_2 = i\dfrac{2\pi^2}{L^2}\dfrac{1}{\sqrt{\alpha}}\sqrt{4 - v^2\dfrac{L^2\rho A_i}{\pi^2 EI}} \end{cases} \quad (9-34)$$

若 $v=0$,可得到管柱横向自振固有频率为:

$$\begin{cases} \omega_1 = i\dfrac{\pi^2}{L^2}\dfrac{1}{\sqrt{\alpha}} \\ \omega_2 = i\dfrac{(2\pi)^2}{L^2}\dfrac{1}{\sqrt{\alpha}} \end{cases} \quad (9-35)$$

由式(9-35)可知,管柱的固有频率取决于管柱的抗弯刚度 EI、管柱的跨距 L、管柱的过流面积 A_i、管内流体密度 ρ 与流速 v,且随着管内流速 v、跨距 L 的增加,管柱横向振动频率呈下降趋势。

(3)管内气体流动对管柱稳定性的影响。

由式(9-35)可知,当流速 $v_1 = \dfrac{\pi}{L}\sqrt{\dfrac{EI}{\rho A}}$ 时,$\omega=0$,即达到了临界流速,由压杆稳定理论可知,此时管道将失稳。混合偏导项代表流动流体对管柱施加的力,它与管柱的位移总是呈90°的相位,而与管道的运动速度同相位。这个力本质上是一个负阻尼机制,它从流体中吸取能量并把能量输入弯曲的管道,起初使它振动,最后使它失稳。

(4)管内气体流速对管柱横向振动频率的影响。

以 3½in×6.45mmP110 钢级油管为例,管材弹性模量 $E=2.1\times10^{11}$Pa,管柱内天然气相对密度为0.6,假设管柱1个跨距长度为100m,按式(9-35)可得出管内流体流速与管柱横向振动频率的关系曲线,如图9-26所示。可以看出,随着管内流速增加,管柱前两阶横向振动频率呈非线性下降趋势。

(二)流体诱发管柱振动有限元分析

流体流经管柱的接箍部位、变径部位及弯曲段部位时,由于管柱截面积发生突变,或流体流动方向发生改变,使其对管柱的压力和速度在局部范围内发生变化,在这些区域产生漩涡。应用流体力学软件 FLUENT,对完井管柱接箍部位、变径部位及弯曲段等部位的流场进行模拟,发现在这些部位会形成如图9-27所示的漩涡。在各个漩涡区域,都会产生脉冲载荷,会使管柱承受交变的动载荷,诱发管柱振动。当脉冲载荷的频率与完井管柱的各阶固有频率接近时,整个管柱将发生共振,同时漩涡还会对管柱产生冲蚀。

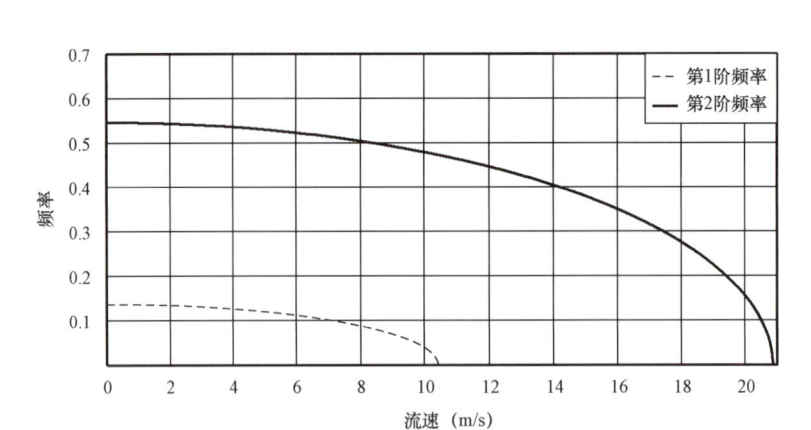

图 9-26　管柱横向振动频率与管内流体流速关系曲线

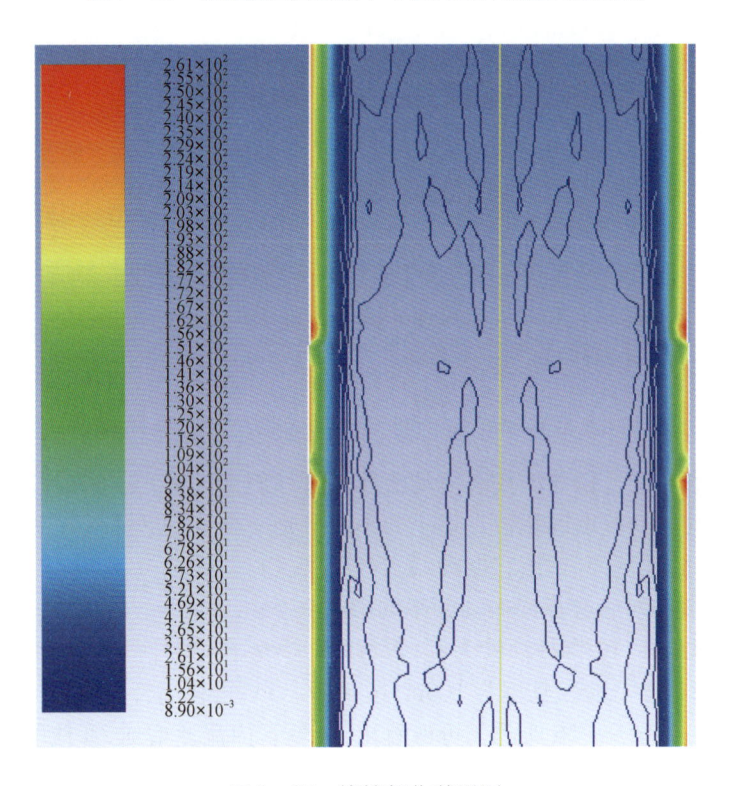

图 9-27　接箍部位漩涡图

1. 不同产量下接箍处动压力分析

随着开采的进行,天然气的产量不断变化,进而对管柱产生的压力也不相同。不同产量下接箍处的压力分布如图 9-28 所示,正方形表示产量最大,三角形表示产量最小,图形表示产量中等。由图可知,动压力随产量的增加而增大。所以,振动现象在高温高压酸性气井中表现更突出,更应该引起重视。产量的突变对管柱振动的影响也很大。可通过研究振动对管柱疲劳寿命的影响制订有效的投产方案。

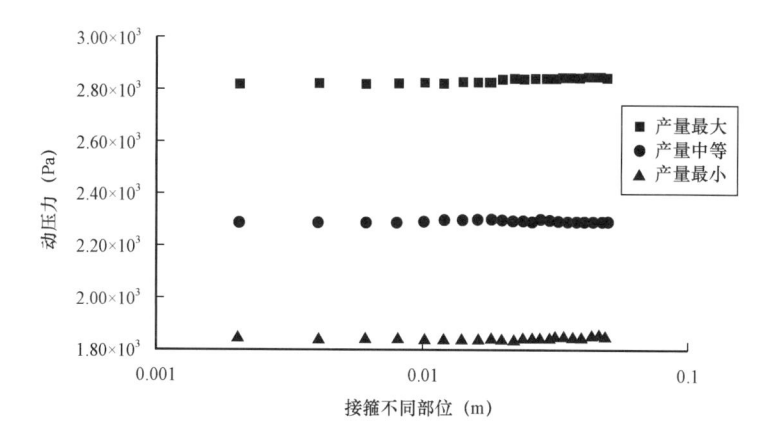

图 9-28 不同产量下接箍处的动压力分布

2. 不同产量下高温高压酸性气井管柱 Von Mises 应力分析

借助 ANSYS Workbench 软件,考虑气体流过管柱时的流固耦合,分析采气过程中,不同流速、不同产量时,管柱 Von Mises 应力分布。

采用压力入口、出口边界条件,先使用 FLUENT 软件,分析不同日产量时流体施加在管柱上的压力分布,将 FLUENT 分析得到的压力分布作为结构分析的初始载荷,施加在管柱内壁上;进行类似常规 ANSYS 结构分析方法分析管柱 Von Mises 应力。

表 9-3 为日产量为 $30 \times 10^4 m^3$、$50 \times 10^4 m^3$、$70 \times 10^4 m^3$、$100 \times 10^4 m^3$、$200 \times 10^4 m^3$ 时,作用在管柱上的压力及管柱上的 Von Mises 应力。入口边界为质量入口(Mass flow inlet),出口边界为自由流出边界出口(outflow)。由表可见,随着日产量的增大,作用于管柱上的压力最大值及由此产生的 Von Mises 应力均增大。日产气为 $200 \times 10^4 m^3$ 时,达到 P110 管材的强度安全极限。

表 9-3 不同日产量时管柱上的压力及 Von Mises 应力最大值

日产量($10^4 m^3$)	流体作用于管柱的压力最大值(MPa)	管柱 Von Mises 应力最大值(MPa)
30	78.29	432
50	80.14	445
70	82.57	466
100	87.14	496
200	98.82	746

(三)交变载荷作用下特殊螺纹接头密封性与连接强度分析

高温高压气井完井管柱在生产过程中承受着因开、关井及流体流动等因素引起的交变载荷。长期交变载荷作用下,油管接头连接部位将会松动,从而影响接头的密封性能。根据管柱力学知识可知,受井深和管柱重量的影响,越靠井口的油管所受的拉力越大,而交变拉伸载荷将导致接头松动、密封面应力下降,进而可能导致接头泄漏。

以 5000m 垂直井为例,$\phi 88.9mm \times 6.45mm$ 110 钢级油管单位长度质量为 13.32kg/m,结

合完井生产工况,考虑井下管柱接头受上扣扭矩、内压及轴向交变载荷的影响,其中内压为80MPa,交变拉伸载荷如图9-29所示。

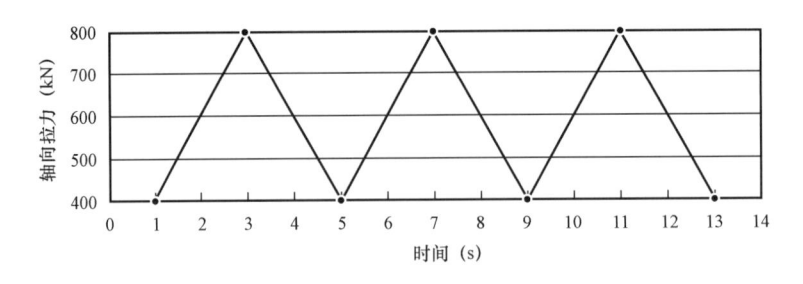

图9-29 交变拉伸载荷

1. 交变拉伸载荷作用下接头密封面应力分析

图9-30给出了交变拉伸载荷作用下某特殊螺纹接头密封面最大等效应力的变化情况。可以看出,所有载荷点的等效应力均超过材料屈服极限(758MPa),已进入塑性变形阶段。同一周期内,加载过程中密封面最大等效应力随轴向拉力的增大而增大;卸载过程中密封面最大等效应力随轴向拉力的减小而减小。第一周期内,相同拉力作用下,卸载时密封面的最大等效应力较加载时急剧减小。第二、第三周期内,400kN、800kN拉力作用下密封面最大等效应力随交变周期的增加而增大,增幅在0.03MPa以内;拉力为600kN时,加载段与卸载段的应力均随交变周期的增加而增加,同一周期内加载段的密封面最大等效应力较卸载段小。因为拉力由600kN加载至800kN过程中,材料塑性变形量逐渐增大,再次卸载至600kN时材料塑性变形不可完全恢复,导致该处存在残余应力,所以同一周期相同拉力作用下加载段密封面最大等效应力小于卸载段。经有限元进一步计算,若交变周期继续增加,密封面最大等效应力的变化趋势与第二、第三周期相似。与静载相比(第一周期加载过程计算结果即为相应静载计算结果,下同),交变拉伸载荷有可能进一步影响接头抗粘扣性能。

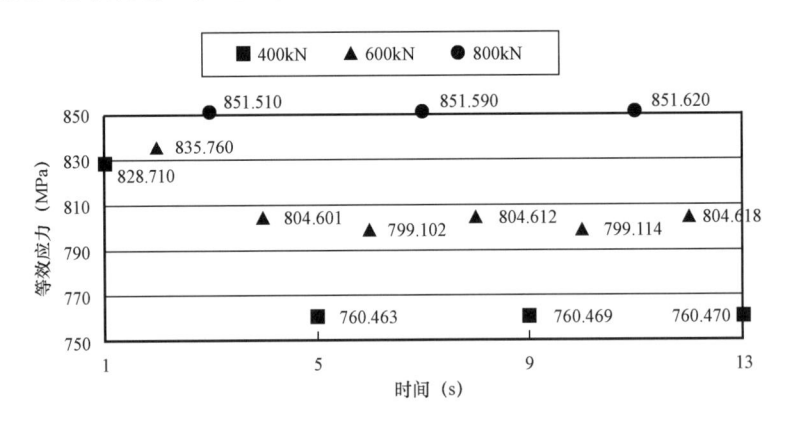

图9-30 交变拉伸载荷作用下接头密封面最大等效应力

图9-31给出了交变拉伸载荷作用下某特殊螺纹接头密封面最大接触压力的变化情况。同一周期内,加载过程中密封面最大接触压力随轴向拉力的增大而减小;卸载过程中密封面最大接触压力随轴向拉力的减小而增大。第一周期内,相同拉力作用下,卸载时密封面的最大接

触压力较加载时急剧减小。说明加载拉力时密封面发生位移、接头松动,进而导致卸载段密封面接触压力急剧下降。第二、第三周期内,400kN、800kN 拉力作用下密封面最大接触压力随交变周期的增加而减小,减幅在 0.2MPa 以内;拉力为 600kN 时,加载段与卸载段的接触压力均随交变周期的增加而减小,同一周期内加载段的密封面最大接触压力较卸载段大。由此可知,在轴向拉力作用下密封面已屈服,变形不能完全恢复,导致卸载时密封面仅能恢复部分变形量,因此相同拉力作用下卸载段密封面接触压力减小。

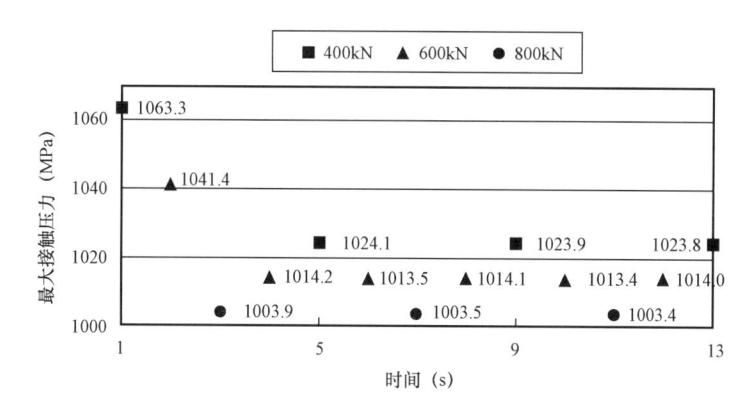

图 9-31 交变拉伸载荷作用下接头密封面最大接触压力

2. 交变拉伸载荷作用下接头扭矩台肩应力分析

图 9-32 给出了交变拉伸载荷作用下某特殊螺纹接头扭矩台肩最大等效应力的变化情况。由图可知,所有载荷点等效应力均未超过材料屈服极限,材料处于弹性变形阶段,加载过程中扭矩台肩最大等效应力随轴向拉力的增大而增大;卸载过程中扭矩台肩最大等效应力随轴向拉力的减小而减小。受密封面塑性变形的影响,第一周期内,相同拉力作用下卸载时扭矩台肩的最大等效应力较加载时减小。第二、第三周期内,相同拉力作用下扭矩台肩最大等效应力几乎不变。经有限元进一步计算,若交变周期继续增加,扭矩台肩最大等效应力与第二、第三周期相似。说明当扭矩台肩未达到材料屈服极限时,交变载荷对该处应力影响较小。

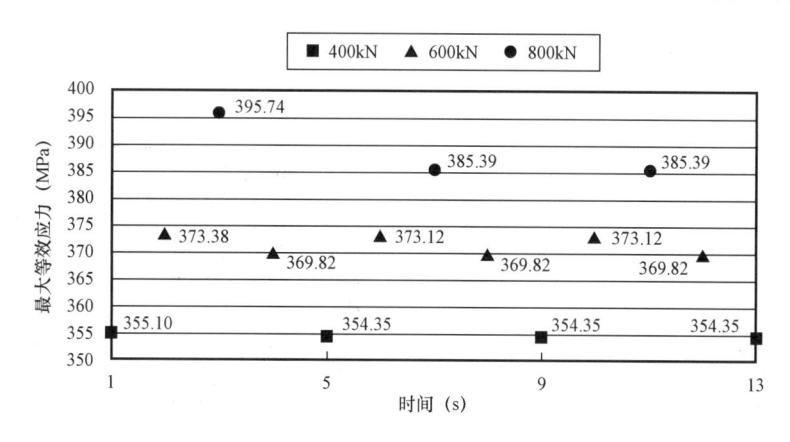

图 9-32 交变拉伸载荷作用下接头扭矩台肩最大等效应力

图 9-33 给出了交变拉伸载荷作用下某特殊螺纹接头扭矩台肩最大接触压力的变化情况。由图可知,轴向拉力为 400kN 时,扭矩台肩最大接触压力随交变周期的增加逐渐减小,减幅在 0.02 以内;轴向拉力大于 400kN,扭矩台肩最大接触压力为 0,这与上扣时扭矩台肩处受轴向压应力有关,即施加轴向拉力时此处接触压力减小。由此可知,交变载荷对扭矩台肩处接触压力影响较小。

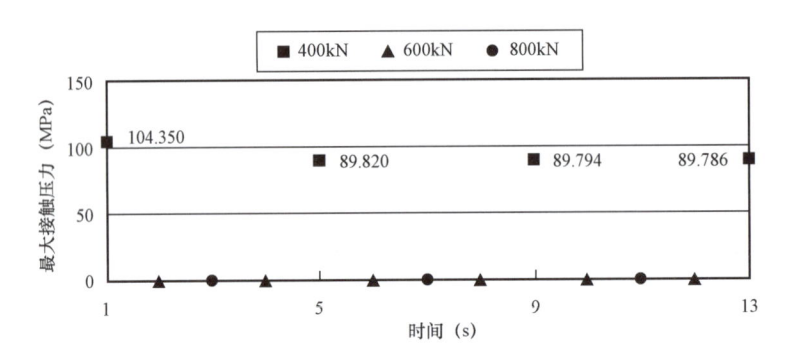

图 9-33 交变拉伸载荷作用下接头扭矩台肩最大接触压力

随交变周期的增加,密封面最大等效应力每周期增加 0.03MPa、最大接触压力减小 0.2MPa。虽然变化幅度较小,但本例中未考虑疲劳裂纹、粘扣、腐蚀及破损等因素影响。若考虑以上因素,交变载荷对接头密封性能的影响将显著增强。

第四节　井筒完整性检测配套技术

一、井口冲蚀、腐蚀检测技术

相控阵探伤仪主要是为了对油气井井口采气树及附属管线本体腐蚀及冲蚀等造成的缺陷进行检测,检测方式采用手动超声波探头扫描,实施数据采集成像。井口装置相控阵探伤检测设备(图 9-34 至图 9-36),主要由集测厚、探伤检测、数据采集功能于一体的采气树现场检测系统及检测数据解释系统几部分组成。

图 9-34　相控阵探伤设备

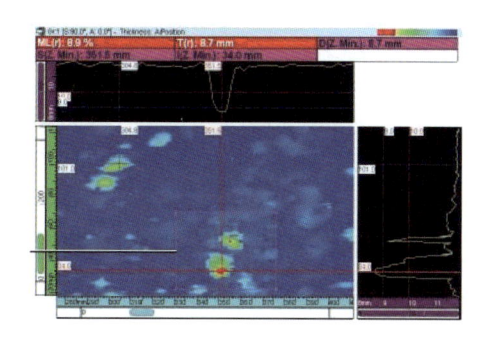

图 9-35 相控阵探伤井口装置检测图   图 9-36 井口装置检测位置

采用相控阵探伤仪,对龙王庙组气藏等生产井的井口装置进行了120余井次的检测工作,包括1号阀门~9号阀门脖颈和特殊四通上法兰脖颈等易冲蚀、腐蚀部位的相控阵扫查和定点检测。通过两轮检测,并没有发现井口有腐蚀和冲蚀现象。同时建立了龙王庙组等气藏生产井井口装置腐蚀冲蚀数据库,保障气井的长期安全生产。

二、井下管柱腐蚀检测技术

(一)多臂井径仪和磁测厚腐蚀检测技术

从提高精度和分辨率出发,推荐的检测方案:ϕ73mm 油管优选 24 臂井径仪,ϕ88.9mm 油管优选 32 臂井径仪,ϕ114.3mm 油管优选 40 臂井径仪。常用检测工具系列见表 9-4,工具参数见表 9-5。

表 9-4 检测工具系列

类别	外径(mm)	测量范围(in)	精度(mm)
24 臂井径仪	43	1¾ ~ 4½	0.76
32 臂井径仪	43	2.2 ~ 7.0	0.76
40 臂井径仪	43	2.9 ~ 9⅝	0.76
磁测厚仪	43	2.9 ~ 9⅝	0.50

表 9-5 检测工具参数

类别	参数
工作温度	175℃
工作压力	100MPa
抗硫化氢浓度	10%(150g/m^3)
主要材料	GH4169,蒙乃尔 K500,MP35N
O 形密封圈	杜邦公司的 0090 抗硫化氢 O 形圈
工作模式	存储式

(二)井下电感探针腐蚀监测技术

该技术采用钢丝作业,下入井下电感探针腐蚀监测工具,在井内悬挂240h以内,测量出井筒实际工况条件下的油层套管腐蚀速率。适用于压力低于100MPa、温度低于125℃的高含硫气井腐蚀评价。井下电感探针腐蚀监测原理如图9-37所示,井下电感探针系统如图9-38所示。

图9-37 腐蚀监测原理示意图　　图9-38 井下电感探针系统

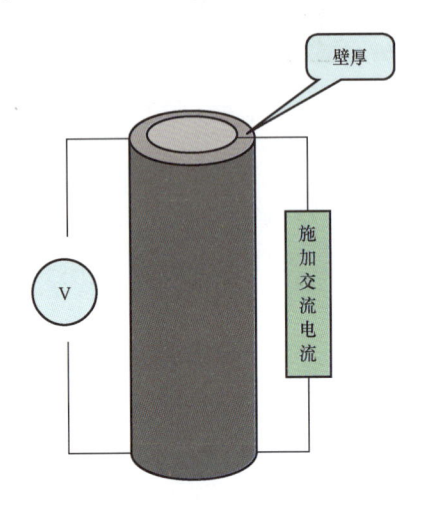

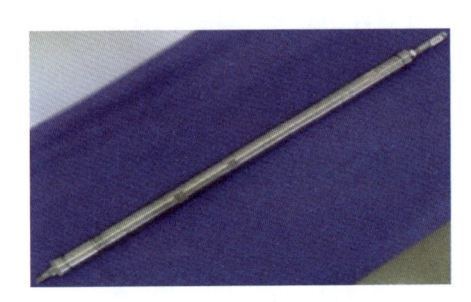

井下电感腐蚀探针在MX27井井深4546m处连续进行了48h的腐蚀监测,井下腐蚀监测现场和起出工具情况如图9-39所示。进行数据处理后计算得到该井条件下4546m处的年腐蚀速率为0.1333mm/a(9-40)。参照碳钢材质室内评价结果(液相条件0.24mm/a)及MX8井取出油管室内检测结果(0.1~0.25mm/a)。

图9-39 井下腐蚀监测现场和起出工具情况

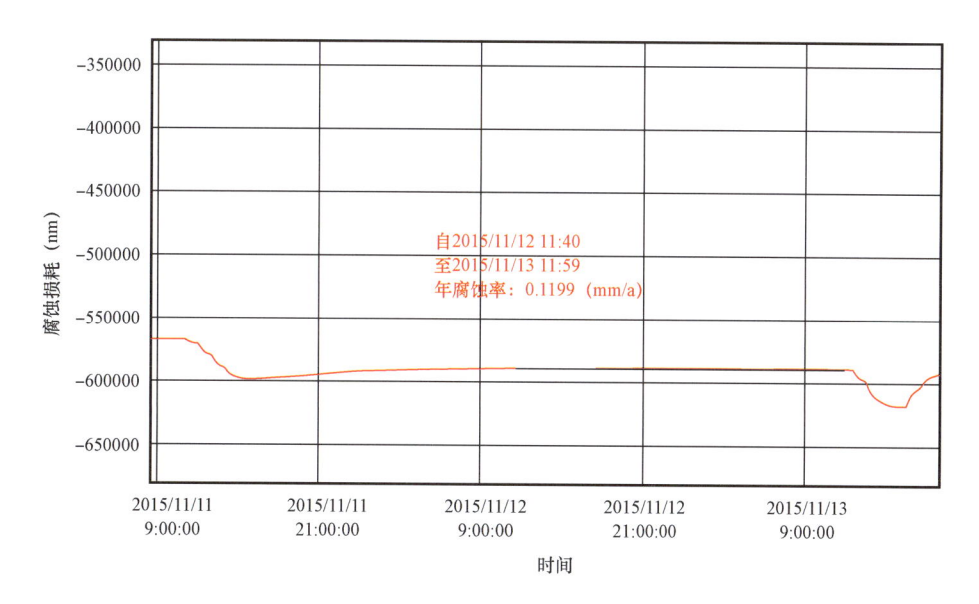

图 9-40　MX27 井井下腐蚀监测结果

三、井下漏点检测技术

漏点检测方法主要有井温测井和超声波测井[16-20]。若仅是油管螺纹渗漏且渗漏速度较大,可用温度测井;若是油管以外的渗漏或渗漏速度较小,可采用超声波测井。常用井下漏点检测工具见表 9-6。

表 9-6　井下漏点检测工具及工艺适应性

工具及工艺类型	轻微泄漏(0.1~10L/min)		中等泄漏(10~100L/min)		严重泄漏(>100L/min)	
	测油管泄漏	过油管测套管泄漏	测油管泄漏	过油管测套管泄漏	测油管泄漏	过油管测套管泄漏
噪声测井			(√)		(√)	
主动声波测井					√	
高频超声波测井	√	√	√	√	√	√
多臂井径仪测井					√	
温度测井			√		(√)	

注:√表示能够检测出;(√)表示可能能够检测出。

参 考 文 献

[1] 郑有成,张果,游晓波,等. 油气井完整性与完整性管理[J]. 钻采工艺,2008,31(5):6-9.
[2] 郭建华. 高温高压高含硫气井井筒完整性评价技术研究与应用[D]. 成都:西南石油大学,2013.
[3] 张智,周延军,付建红,等. 含硫气井的井筒完整性设计方法[J]. 天然气工业,2010,30(3):67-69.
[4] 胡顺渠,陈琛,史雪枝,等. 川西高温高压气井井筒完整性优化设计及应用[J]. 海洋石油,2011,31(2):82-85.
[5] Lzgec. An Integrated Theoretical and Experimental Study on The Effects of Multiscale Hetergoentities in Matrox

Acidizing of Carbonates[J]. SPE 115143,2008.

[6] Gerard Glasbergen. The Optimum Injection Rate for Wormhole Propagation: Myth or Reality [J]. SPE 121464,2011.

[7] Deli Gao,Lianzhong Sun,Jihong Lian. Prediction of casing wear in extended – reach drilling[J]. Petroleum Science,2010（4）.

[8] 胡顺渠,许小强,蒋龙军. 四川高压气井完井生产管柱优化设计及应用[J]. 石油地质与工程. 2011,25(2):89 – 91.

[9] 车争安,张智,施太和,等. 高温高压含硫气井环空流体热膨胀带压机理[J]. 天然气工业,2010,30(2):88 – 90.

[10] 高宝奎. 高温引起的套管附加载荷实用计算模型[J]. 石油钻采工艺. 2002,24(1):8 – 10.

[11] 郑友志,佘朝毅,刘伟,等. 井温、噪声组合找漏测井在龙岗气井中的应用[J]. 测井技术,2010,34(1):60 – 63.

[12] 王宇,樊洪海,张丽萍,等. 高压气井完井管柱系统的轴向流固耦合振动研究[J]. 振动与冲击,2011,30(6):202 – 207.

[13] 王崇革. 理论力学教程[M]. 北京:北京航空航天大学出版社,2004.

[14] 张相庭. 结构振动力学[M]. 上海:同济大学出版社,2005.

[15] 黄桢. 油管柱振动机理研究与动力响应分析[D]. 成都:西南石油大学,2005.

[16] 张智,顾南,杨辉,等. 高含硫高产气井环空带压安全评价研究[J]. 钻采工艺,2011,34(1):42 – 44.

[17] 古小红,母建民,石俊生,等. 普光高含硫气井环空带压风险诊断与治理[J]. 断块油气田,2013,20:663 – 666.

[18] 王云,李文魁. 高温高压高酸性气田环空带压井风险级别判别模式[J]. 石油钻采工艺,2012,34:57 – 60.

[19] 朱仁发. 天然气井环空带压原因及防治措施初步研究[D]. 成都:西南石油大学,2011.

[20] 赵鹏. 塔里木高压气井异常环空压力及安全生产方法研究[D]. 西安:西安石油大学,2012.